2판

결혼과 가정

김시업 저

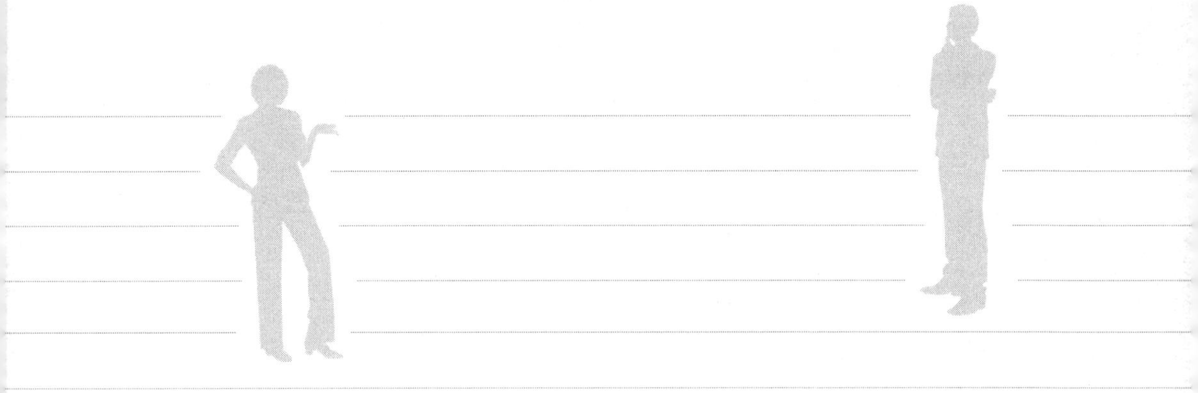

학지사

2판 머리말

최근 들어 결혼에 대한 젊은이들의 가치관이 많이 달라졌다. 결혼을 않겠다는 젊은이들도 많아졌고, 결혼은 하되 자녀는 낳지 않겠다는 젊은이들도 많아졌다. 이런 경향은 남성보다는 여성에게서 더 심하게 나타난다. 그렇다면 요즘 젊은이들이 갑자기 생물학적인 존재로서의 결혼에 대한 욕구가 없어져 버린 것일까? 생물학적인 여러 신체기관이나 기능들이 변화된 것일까? 아마 그런 것은 아닐 것이다. 이러한 변화는 그들이 살고 있는 현대 사회의 제반 사회 · 경제 · 문화적인 여건이 결혼을 쉽게 할 수 있는 상황이 아니기 때문일 것이다.

그들은 결혼하고 싶고, 해야 되는데, 막상 하려니 여러 가지로 너무나 힘들 것 같고, 그래서 결혼을 미루게 된다. 그리고 결혼을 안 하는 것이 아니라 못하게 되는 것이다. 결과적으로 "결혼을 안 할 수도 있다." "결혼을 안 하겠다."라는 가치관을 갖게 된다. 그리고 그런 가치관이 보편화되고 나 아닌 많은 다른 사람들도 결혼을 않고 잘 살고 있는 것을 보니 '결혼 않고 혼자 사는 것' 이 아무렇지도 않게 되는 세상이 되어 버린 것이다. 요즘은 전철이나 버스 안에서 갓난 아이에게 젖을 주는 엄마의 모습을 보기가 어렵고 더불어 어린아이들의 모습도 점점 사라지고 있다. 즉, 인구는 급속하게 줄어드는 데, 노령화는 가속화되고 있다. 그럼 이제 우리 한국에는 누가 유구한 역사와 문화를 계승하고 새로운 문화 및 문명을 창조하며, 누가 일을 하며, 누가 이 나라를 이끌고 갈 것인가?

이런 미래를 생각하니 두려움이 앞선다. 그러나 앞으로의 사회는 1960년대의 가족계획과는 역방향의 정책이 구현될 것이고 사회적인 제반 환경은 원래 결혼하는 것이 자연스러운 생명체인 젊은이들이 결혼하고 싶도록 하는, 결혼하는, 자녀를 많이 낳는 정책과 분위기가 창출될 것이다. "세상의 역사는 필요에 따라 돌고 돈다."는 상식에 막연한 희망을 가져 본다. 그런데 여전히 많은 용감한 젊은이들이 결혼하고 있다. 그래서 "대학생들이 단지 시행착오적인 삶의 체험에 의해서보다는 결혼과 결혼생활에 대한 구체적인 지식을 갖춤으로써 더 나은 인생을 살 수 있을 것이다."라는 이 책의 저술 동기는 아직 유효한 것으로 판단된다. 부디 이 책이 "난 그래도 결혼은 반드시 하겠다."라는 생각을 가진 대학생들에게 도움이 되기를 바란다.

이번 『결혼과 가정』 2판은 1판과 비교해서 우리 현대사회의 노령화가 가속됨으로써 노부부들의 부부관계 및 노후생활에 대한 이해가 중요해지고 있어 "노년기의 부부생활"이라는 새로운 내용을 제12장에 추가시켰다. 그리고 젊은이들의 결혼과 관련된 가치관에 대한 최근의 조사결과와 결혼, 이혼 및 재혼 등에 대한 최근의 통계적 자료들을 추가시켰다. 그리고 기존의 장 체제를 부분적으로 변화시키고 내용상 약간의 보완 작업을 했다.

이번 개정판이 나오기까지 많은 수고를 해주신 김미영, 김미희, 김양하, 김효창 선생님들께 고마운 마음을 전하고, 어려운 상황에서도 훌륭한 책으로 출판해 주신 학지사 김진환 사장님과 이지혜 선생님께 감사드린다. 마지막으로, 내 삶의 25년여 동안의 동반자인 사랑하는 아내와 아들 종성, 딸 혜인에게 사랑의 마음과 미안한 마음을 전한다.

2006년 2월

김시업 씀

1판 머리말

오늘날 젊은 남녀들의 이성관계에 대한 가치관과 행동이 변하고, 또한 그들이 결혼하여 가정을 이루어 살아가는 결혼생활도 바뀌어 가고 있다. 뿐만 아니라 부모세대들의 결혼생활의 체계도 이미 많이 변해 가고 있다. 이와 같은 변화의 근본 원인은 현대 사회의 사회문화, 경제적 구조의 변화에 따른 여성 지위의 향상과 여성들 스스로 '여성의 일생'에 대한 인식의 재조정 때문이라고 볼 수 있다.

남녀노소를 불문하고 행복한 결혼생활의 여부는 한 개인 일생의 행복과 불행을 좌우하는 핵심이다. 그러나 평범하고 행복한 결혼생활을 하는 데에는 수많은 개인적, 부부상호적, 가정외 환경적 요소들의 적절한 조화가 이루어져야 한다. 이런 조화를 이루기 위해서는 그저 백년해로에 대한 간절한 소망보다는 결혼생활에 대한 실체를 인식하고 결혼생활의 온갖 도전에 대응할 수 있는 지혜와 능력을 함양할 필요가 있다.

많은 면에서 서로 다른 남녀가 만나 가정을 이루고, 자녀를 낳고, 교육시키고, 결혼시키고, 자신의 노부모를 모시고 또는 산천에 묻고, 이제 무릎에 손자녀를 앉혀 놓고 따스한 손길로 어루만지고 있는 주위의 노부부들을 보면, 그들의 원만하고 행복한 결혼생활에 대한 존경과 찬사의 마음이 가득해진다. 행복한 결혼생활은 단지 부부가 서로 사랑하고, 성격이 좋고, 운이 좋아 그렇게 된 것이 아니라 그 부부들의 높은 '인간적 능력' 때문이라고 할 수 있기 때문이다.

이 책은 미혼 남녀 대학생들이 행복한 결혼생활 능력을 함양하는 데 필요한 결혼생활과 관련된 다양한 지식을 갖출 수 있도록, 개인의 연령 증가와 변화되는 생활주기에 맞추어 그때마다 핵심적 현상을 한 장의 주제로 삼아 내용을 구성하였다.

제1장과 제2장에서는 결혼과 가족, 남성과 여성에 대한 전반적 이해를 돕기 위

해 결혼 동기, 가족의 기능, 남녀 성역할, 남녀차 등을 중심적으로 다루었고, 제3장에서 제6장까지는 결혼과 인간에 대한 기초적 이해를 돕고, 미혼의 남녀들이 성장하면서 도전받는 이성교제, 사랑, 성, 배우자 선택 및 결혼 결정의 현상을 다루었다.

제7장에서 제10장까지는 결혼해서 실제 부딪치게 되는 임신과 출산, 부모되기, 부부 역할과 의사소통, 부부갈등과 적응 등의 문제 그리고 제11장에서는 불행한 결혼의 해체 현상의 하나인 이혼과 이혼 후의 재혼문제를 다루었다. 마지막 제12장에서는 전통적인 결혼의 형태를 벗어난 개방결혼, 집단결혼, 동거 그리고 독신생활 등을 다루었다.

'결혼과 가정' 또는 '결혼과 가족'이라는 제명하의 교재들은 가족학, 가정학, 가정관리학, 사회학, 심리학, 교육학 등 다양한 학문의 다학제적 연구들의 지식과 이론으로 그 내용이 구성된다. 심리학을 전공한 저자는 타 학문 분야의 지식들을 정리하는 데 많은 능력의 한계를 절감하지 않을 수 없었다. 저자의 미련함과 게으름 때문에 많은 지식들이 원래 연구자의 의도와는 다르게 곡해되지 않았을까 두려움이 앞선다. 부디 이 책이 미혼 남녀 대학생들의 결혼생활 능력을 제고시키는 밑거름이 되기를 바란다.

끝으로 이 책이 나오기까지 많은 수고를 아끼지 않으신 전우병, 이지연, 이주희 선생님께 감사드리며, 기꺼이 출판을 허락해 주신 김진환 사장님께도 감사드린다.

1999년 2월

저자 김시업

차 례

결혼과 결혼생활

사회, 경제, 문화적 환경이 변화하고 결혼과 가족에 대한 가치관이 달라지고 있음에도 여전히 대다수의 남녀들은 인생의 어느 한 시기에 결혼을 하고 가정을 형성한다.

대부분의 사람들에게 결혼 후의 삶은 결혼 전보다 시간적으로 훨씬 더 긴 여생을 보내게 되고, 남편과 아내 그리고 부모로서의 역할수행을 해야 한다는 점 때문에 한 개인의 삶의 질에 커다란 영향을 미치기 마련이다.

이 장에서는 결혼과 가정에 대하여 젊은이들의 이해를 돕기 위해 결혼과 결혼생활에 있어서 알아야 할 결혼의 의의, 결혼과 관련된 변화와 사회적인 의미 그리고 결혼과 생애 가정경제에 대해서 살펴보기로 하겠다.

1. 결혼의 의의

1) 결혼의 동기

최근까지 현대 사회의 성인들이 갖고 있는 결혼에 대한 의식은 모든 남녀가 신체적으로 성장하고 일정한 교육을 받아 직장을 갖게 되고 결혼적령기가 되면 연애나 중매를 통해 으레 결혼을 해야 하는 것으로 간주되어 왔으며, 결혼을 인생의 당연한 한 절차로 생각하고 있었다. 그런데 2005년 12월 수도권 소재 K대학의 미혼 남녀 대학생 458명(남, 153명; 여, 305명)을 대상으로 결혼에 대한 가치관을 조사했다. 〈표 1-1〉에서 보는 것처럼, 현재도 많은 젊은이들이 '결혼은 가급적 하는 것이 좋다.' 고 생각하고 있다(52.2%). 그러나 '반드시 해야 한다.' 는 의견(14.6%)보다는 '삶에 불편이 없으면 안 해도 좋다.' 는 의견(16.8%)이 더 많은 것으로 나타났다. 또한 '반드시 할 필요는 없다.' 는 의견도 16.4%로 상당수를 차지하고 있다. 이는 결혼은 마땅히 해야 하는 것이라기보다는 개인의 성향이나 가치관에 따라 선택할 수 있다는 것으로 해석된다. 이러한 경향성은 여성 응답자들에게서 훨씬 두드러지게 나타나고 있다. 여학생의 경우 42%가 상황에 따라 '안 할 수 있다.' 고 응답하며, '반드시 해야 한다.' 라는 의견은 겨우 6.9%의 응답률을 보이고 있다.

이러한 경향은 2005년 조선일보에서 실시한 '난상토론 우리는 대한민국 싱글 프론티어' 자료를 통해서도 확인이 가능하다. 이 자료에 의하면, '결혼을 할 것인가?' 라는 물음에 미혼 여성은 56%가 '꼭 결혼을 하지 않아도 된다.' 고 답했지만, 미혼 남성은 '결혼하겠다.' 라는 대답이 71%였다. 또한 '인생에서 가장 중요한 것이 무엇이냐?' 라는 질문에도 '결혼' 이라고 말한 미혼 남성은 9.4%인 반면, 미혼 여성은 남성의 절반도 되지 않는 4.1%에 그쳤다(조선일보, 2005).

표 1-1 결혼은 반드시 해야 되는가?

결혼에 대한 의견	남(153명)	여(305명)	전체(458명)
반드시 해야 한다.	30.1%	6.9%	14.6%
가급적 하는 것이 좋다.	54.2%	51.1%	52.2%
삶에 불편이 없으면 안 해도 좋다.	8.5%	21.0%	16.8%
반드시 할 필요는 없다.	7.2%	21.0%	16.4%

(2005년 12월)

한 개인에게 '결혼' 이 인생의 당연한 하나의 절차라는 의식이 선택적인 사항으로 변화되어 가고 있으나 결국 대다수의 사람들은 결혼하게 된다. 그렇다면 사람들은 왜 결혼을 하려는 것일까? 〈표 1-1〉의 조사 대상자들과 동일한 대학생들의 응답결과가 〈표 1-2〉에 제시되어 있다.

표 1-2 당신이 결혼하고자 하는 동기는 무엇입니까?

동 기	남(153명)	여(305명)
정서적 안정(사랑하니까)	57.5%	63%
종족보존(2세를 낳아야)	5.9%	2.0%
사회적 의무(당연히 해야 되니까)	9.2%	6.2%
경제생활의 안정(경제적으로)	16.3%	21.0%
합법적 성생활(성의 충족)	2.0%	0.7%
기타(본능, 심심하니까)	9.2%	7.2%

(2005년 12월)

〈표 1-2〉의 결과는 응답자들이 결혼을 목전에 둔 사람들이 아니기 때문에 결혼 동기의 적절성과 강도 면에서 한계가 있다. 그러나 젊은 미혼 남녀들이 막연하게나마 생각하는 결혼 동기를 추론해 볼 수 있다는 점에서 중요하다. 이들이 가지고 있는 결혼 동기의 특성을 간단히 살펴보면 다음과 같다.

첫째, 남녀 모두 '사랑하니까' 결혼한다는 생각이 가장 많았다. 사실 결혼이라는 제도는 서로 생소한 두 남녀가 만나서 사랑을 하고, 그 결과 물리적, 신체적, 심리적 거리를 최소화시킬 수 있는, 즉 소위 사랑의 실현을 실감할 수 있는 인류 최고의 창의적 제도다. 그러나 '사랑하면 결혼해야 되는가 아니면 안 할 수도 있는가?' 하는 문제, 이와 반대로 '사랑하지 않아도 결혼할 수 있는가 아니면 할 수 없는가?' 하는 문제에 대해서는 젊은이들이 신중하게 생각해 볼 사항이다. 사랑이 결혼의 가장 중요한 동기이지만 결혼, 특히 결혼생활에는 사랑 외에도 다른 조건이 필요하기 때문이다.

둘째, 남성들은 여성에 비해 '2세를 낳아 종족을 보존하려는' 동기가 강하다.

남성들의 이런 경향은 남성 특유의 생물학적 속성 및 성적 본능과 관계가 있다. 남성들이 1회 사정 시에 대략 2억 5천에서 3억 개 정도의 정자를 배출하는 데 비해 여성은 배란일에 단 하나의 난자를 배출한다. 즉 남성은 수많은 정자를 배출하여 종족번식의 확률을 높이려 하고, 여성은 수많은 정자 중 단 하나만을 선택하는 생물학적 속성을 지니고 있다. 남성들은 종족번식에 대한 생물학적 성향과 성에 대한 본능적 충족을 결혼의 중요한 동기로 생각하고 있다. 남성의 종족번식 동기와는 달리, 여성은 종족번식이라는 사건이 출산과 자녀양육과 같은 여성 본래의 의무와 직결되어 있는 관계로 결혼 동기에서 매우 낮은 비중을 차지하고 있다.

셋째, 여성들은 남성에 비해 결혼을 통해 '경제적 안정' 을 추구하고자 하는 경향이 더 강하다. 여성들은 결혼을 함으로써 남성과 사랑의 감정과 친밀감을 교환하며 얻게 되는 정서적 욕구충족은 물론이고, 더불어 실제 삶의 주요 수단인 경제적 안정을 추구하고자 하는 동기를 강하게 나타낸다. 이는 여성들이 결혼이라는 사건을 현실적이고 경제적인 현상으로 인식하는 경향이 더 강하다는 것을 나타낸다고 볼 수 있다.

Stein(1976)은 22세에서 45세까지의 미혼 남녀들을 면담하여, 사람들을 결혼으로 이끄는 다양한 동기들에 관해 연구한 결과, 크게 개인 외적인 요소와 개인 내적인 요소로 나누었다.

개인 외적인 요소로는 부모와 동료들의 결혼생활, 부모나 주위 사람들의 압력, 사회적 기대, 대중매체에서 결혼에 대한 낭만적 묘사 등을 들 수 있다. 개인 내적인 요소로는 사랑, 신체적 매력, 정서적 애착, 외로움에서 벗어남, 사회적 지위의 획득, 경제적 안정, 규칙적인 성관계, 부모나 가정으로부터의 독립, 가족을 갖고자 하는 욕망, 독신 상태에 대한 죄의식 등을 포함하고 있다.

최신덕(1978)은 결혼의 동기를 여섯 가지로 요약하고 있다.

① 성적 욕구의 충족: 부부간의 성적 욕구 충족은 법적으로나 사회적으로 마땅하다고 인정된 행위다. 그렇기 때문에 부부간에는 서로 간의 성적 배타성과

독점성을 하나의 권리로서 인정받을 수 있다.

② 경제적 안정: 결혼함으로써 남편은 가계 부양을 담당하는 역할을 하고 아내는 가사를 맡아 함으로써 한 가정의 경제적 안정을 도모할 수 있다. 이와 같은 동기는 전통적으로 남성에 비해 여성이 강했던 데 비해 요즈음은 여성들의 사회적 진출이 빈번한 가운데 경제적 여건과 부부 역할의 변화로 인해 남성도 중요하게 여기는 동기가 되었다. 남성들이 맞벌이 아내를 배우자로 선호하는 것은 이를 반영한 것이다.

③ 정서적 안정: 결혼함으로써 개인은 미혼 시기의 정서적 방황과 혼란에서 벗어나 정서적, 감정적 안정감을 얻게 된다. 부부간에 서로 생의 동반자로서 이해하고 배려하며 정서적 지원을 해 주게 된다.

④ 자녀출산의 동기: 결혼은 자녀출산의 가장 적법한 수단이다. 그러므로 결혼을 통해 자기보존은 물론 종족계승을 꾀할 수 있다. 우리 전통 사회에서는 결혼이란 가문을 계승하기 위한 목적이 강했다.

⑤ 성인으로서의 신분 획득: 결혼을 안 한다고 해서 법률적으로 성인의 대우를 받지 못하는 것은 아니지만, 결혼을 통해 사회적으로 당당한 성인으로서 인식되며 부모로부터의 완전한 독립을 이룰 수 있다.

⑥ 사회적 기대의 부합: 우리 사회에서는 성인이 되면 결혼하는 것을 정상적인 것으로 간주한다. 남녀 모두 결혼 적령기에 결혼하지 않거나 못하게 되면 주위로부터 직·간접적인 압력을 받게 된다. 따라서 사회에 적응하기 위해서는 마땅히 결혼해야만 한다는 사회적 인식이 팽배하다. 그런데 현대 사회에서는 젊은 남녀 간의 이성교제가 활발해지고 장기화되고 배우자 선택에 대한 자기결정권이 강해짐에 따라 '사랑하기 때문에' 결혼하는 커플들이 많아지고 있다. 두 남녀 간의 애틋하고 진지한 사랑을 두 사람이 실감할 수 있는 정도로 완성시킬 수 있는 가장 강력한 현실적인 수단은 결혼이다. 많은 사람들이 두 사람의 사랑을 실현시키기 위해 결혼한다. 즉, 사랑하는 사람과 언제라도 함께 있고 또 자신들의 사랑을 영속시키기 위한 동기로 결혼하는 것이다.

이와 같이 미혼 남녀들이 정상적인 결혼동기에 의해 결혼하고, 결혼생활을 한다 해도 결혼 동기들이 만족되기는커녕 부부관계, 자녀양육, 경제적 여건, 친인척과의 관계 등으로 인해 행복한 결혼생활을 영위하는 데 어려운 점이 많다. 하물며 순간적인 열정에 의한 결혼, 부모와의 갈등이나 개인적 실패로부터 벗어나기 위한 현실도피적인 결혼, 일시적이고 장기적인 외로움으로부터 벗어나기 위한 결혼, 혼전 임신 때문에 어쩔 수 없이 하게 되는 결혼, 헤어진 사람에 대한 반발로 하는 결혼, 단순히 동정심에 의한 결혼 등은 행복보다는 갈등과 불행이 예정된 결혼 동기로 볼 수 있다(유영주 외, 1996).

2) 결혼생활의 환상과 실제

우리가 흔히 같은 의미로 생각하는 결혼과 결혼생활이라는 단어는 그 개념상 의미의 차이가 있다. 결혼이라는 단어는 미혼 남녀가 서로 만나 좋아하게 되고 사랑하여 많은 사람들의 축복 속에 일생의 단 한 번뿐인 화려한 결혼식을 올리는 상황에 의미의 초점이 맞추어져 있다. 즉, 결혼이라는 단어는 '사랑' '결혼식' '축복' '신혼여행' '인생의 새 출발' 등과 같은 미혼 남녀들을 흥분시키는 사건들을 연상시킨다. 그러나 결혼생활이라는 단어는 '출산' '자녀양육' '맞벌이' '고부관계' '돈' '집장만' '부부갈등' 등과 같은 결혼의 현실적인 어려움도 역시 연상시킨다. 이런 점으로 볼 때 결혼과 결혼생활은 분명 의미의 차이보다는 실제적인 측면에서 다른 점이 많다.

이처럼 결혼과 결혼생활에는 많은 차이가 있음에도 불구하고 많은 미혼 남녀들은 결혼 준비에는 신체적 · 심리적 · 경제적으로 신경을 기울이지만, 결혼생활 준비에는 전혀 주의를 기울이지 않는다. 그래서 철저한 결혼 준비를 하여 화려하고 축복받는 결혼식을 올린 부부라 할지라도 대부분의 부부들은 결혼생활이 본격적으로 시작되는 임신 및 출산기에 이르면 결혼에 대한 환상은 사라지고 결혼생활의 현실적인 어려움에 부딪치게 된다.

결혼에 대한 환상은 결혼생활에 부딪치면서 서서히 허물어지게 된다. 그리고 어떤 경우에는 심하게 좌절된다. 결혼생활을 하면서 겪게 되는 사건들에 대해서 더욱 심하게 실망감에 빠지는 것은 결혼생활에 대한 잘못된 믿음 때문이다. 즉, 결혼생활의 실체에 대한 인식 부족이 한 원인을 제공한다. 특히, 많은 부부들이 일반적으로 지니고 있는 결혼생활에 대한 막연한 기대들은 그러한 실망감을 더욱 크게 한다. 결혼에 대한 잘못된 생각 몇 가지를 살펴보자(김정옥 외, 1997).

첫째, 자신들의 결혼생활만큼은 다른 부부들과는 다를 것이라는 믿음이다. 가장 가까운 자신들의 주변에서 관찰할 수 있는 부부들이 사소한 의견 불일치, 시부모와의 갈등, 부부싸움, 자녀 문제로 인한 고통 등으로 괴로워하는 것을 보면서도 자신들의 결혼생활에서는 그와 같은 일이 일어나지 않을 것이라는 잘못된 기대를 갖는다. 그러나 모든 사람들의 결혼생활에는 일반적으로 부딪치게 되는 공통된 여러 도전들이 있기 마련이다. 우리의 결혼생활도 다른 사람들의 결혼생활과 거의 마찬가지로 일정한 사건들에 부딪치게 된다. 그러므로 이런 도전들을 어떻게 대처해야 될 것인지에 대해 미리 구상하는 의식적인 노력이 필요하다.

둘째, 우리의 갈등은 심각한 것이 아니라는 믿음이다. 배우자의 사소한 문제에 대한 불평이나 불만을 정상적인 결혼생활에서 항상 있을 수 있는 가벼운 사건으로 생각한다. 그러나 모든 부부들의 결혼생활을 하나의 획일적인 기준을 가지고 평가할 수는 없다. 우리의 결혼생활에서 '매일 밤늦게까지 남편을 기다려야만 하는 아내' 의 상황은 매우 고통스럽지만, 다른 부부들의 결혼생활에서는 남편의 늦은 귀가는 아내가 남편에게 구애받지 않고 자기 활동을 할 수 있는 시간적 여유를 주는 행동이 될 수 있다. 그러므로 모든 부부들은 나름대로의 사소한 일이 부부생활을 심각하게 할 수 있다는 생각을 가져야 한다.

셋째, 자신의 배우자가 결혼생활에 필요한 모든 것을 해결해 줄 것이라는 믿음이다. 사람들은 각자 서로에게 바라는 개인적 욕구를 지니고 있다. 부부는 항상 진지한 대화가 필요하다. 자신의 외로움과 우울함을 해결해 줄 수 있는 역할을 배우자가 해 줄 것으로 기대하고 또 마땅히 그래야 한다고 생각하기 쉽다. 그러나 배우자가 자신의 모든 지적 · 신체적 · 정서적 욕구를 만족시켜 주기를 기대하는 것은 매우 비현실적이며 바람직하지 않다.

사람들은 혼전에 결혼생활에 대한 나름대로의 막연한 기대와 희망을 가지고 있다. 사람들이 세상사나 인생의 여러 사건에 대해서 개인적으로 가지고 있는 일정한 정신적인 틀을 스크립트(script)라고 하는데, 이러한 스크립트를 가지고 여러 사건과 현상을 이해하고 또 그것에 따라 특정 상황에 적합한 행동을 하게 된다.

Coleman(1988)은 사람들이 결혼생활에 대해서 사람들이 갖는 스크립트를 전통적인 것과 평등적인 것으로 구분하고 있다. 전통적 스크립트를 지니고 있는 사람들은 가정의 생계유지자 역할은 남편이 그리고 가사를 담당하는 역할은 아내가 해야 한다는 이분법적인 생각을 가지고 있다. 이와는 반대로 평등주의적 스크립트를 갖는 사람들은 남편과 아내의 역할에 대해서 평등주의적인 견해를 갖게 되며 결혼생활에 있어서도 융통성 있는 부부 역할을 수행할 준비가 되어 있다.

표 1-3 결혼생활에 대한 스크립트

구분	내용
전통적 스크립트	• 남편은 생계유지자, 아내는 가사와 자녀양육
	• 전통적인 남성과 여성의 성역할을 고집
	• 남편은 일차적 의사결정자
	• 성행위는 남편에 의해 주도되고, 아내는 수동적으로 반응
	• 남편은 강하고 말이 없으며, 아내는 정서적이고 모성적이다.
	• 갈등해결은 남편이 주도한다.
	• 남편의 직장에 따라 주거를 결정
	• 자아실현과 같은 개인적 성장은 남편에게만 중요시된다.
평등주의적 스크립트	• 남편과 아내는 생계유지, 가사, 자녀양육의 역할을 공동수행
	• 성역할을 융통성 있게 변화시킨다.
	• 의사결정은 남편과 아내가 공동으로
	• 부부의 성은 어느 한쪽에서도 시작될 수 있으며 상호만족을 추구
	• 부부는 서로 정서적 지원을 제공하며 감정을 공유
	• 갈등은 부부 상호 해결
	• 주거는 부부 상호의 상황을 고려하여 결정
	• 개인적 성장은 부부 모두에게 중시된다.

결혼생활에 대한 스크립트의 내용을 〈표 1-3〉에 요약했다. 시대가 변화함에 따라 결혼생활에 대한 전통적 스크립트가 평등주의적 스크립트로 변화해 가는 양상을 나타내고 있다. 그러나 이 두 스크립트 중 어떤 것이 더 좋은가는 개인의 가치판단에 따라 달라진다. 그리고 미혼 남녀들은 일정한 형태의 스크립트를 확고하게 형성하고 있지 못한 경우가 많다. 이런 점에서 남편과 아내가 가지고 있는 결혼생활에 대한 스크립트의 일치도와 확고함은 스크립트 내용의 일치 여부와 그 강력함에 따라 실제 결혼생활의 양상에 영향을 주게 된다.

우리 한국의 문화적 여건상 결혼하려는 부부들의 결혼 준비는 부모 형제에 의해 많은 도움을 받고 수동적으로 진행되어 나름대로 원만한 결과를 보인다. 그러나 아들딸의 결혼 준비에는 적극적으로 주도했던 부모들도 그들의 '결혼생활 준비' 에는 주의를 기울이지 않는다.

미혼 남녀들은 결혼에 대한 환상을 버리고 나름대로 결혼생활의 실체를 파악하는 것이 필요하다. 즉, 결혼할 두 남녀들은 스스로 결혼생활에 대한 철저한 계획을 세우는 것이 필요하다.

우선, 혼전의 생활과 결혼 후의 생활은 여러 측면에서 다름을 인식하고, 결혼한 부부들은 성공적인 결혼을 위해 다음과 같은 변화들을 원만하게 달성해야 한다(Bowman & Spanier, 1978).

① 나의 생활에서 우리의 생활로
② 독신의 불완전한 성생활에서 공인된 부부간의 완전한 성생활로
③ 낭만적 사랑에서 현실적인 책임감 있는 태도와 능력으로
④ 개인적인 구매 패턴에서 배우자, 가족구성원 중심의 구매로
⑤ ~의 자녀라는 입장에서 ~의 배우자라는 입장으로
⑥ ~의 자녀라는 입장에서 ~의 며느리, 사위의 입장으로
⑦ 개인습관에서 가족 중심의 습관으로

이와 같은 변화를 통해 출생가족(family of orientation)의 한 가족구성원, 개성을 갖는 한 개인, 혼전의 데이트나 사랑의 단순한 파트너로서의 역할을 벗어나 결

혼과 더불어 새로이 가정을 형성하고 자녀를 낳아 기르는 생활을 하게 되는 생식가족(family of procreation)의 핵심적 구성원인 부부로서 부모 역할의 수행에 대한 태도 인식과 행동의 직접적인 변화를 이루어야 한다.

이와 같은 Bowman과 Spanier의 기술은 결혼생활 준비에 대한 일반적인 지침이라고 할 수 있다. 결혼을 앞둔 남녀들이나 결혼한 부부들은 미래의 결혼생활에 대해 더욱 실제적이고 구체적인 계획을 세워야 할 것이다.

정현숙 등(1998)의 '결혼생활의 계획' 에 대한 내용을 참조하여 결혼생활을 준비하는 데 있어서 몇 가지 고려해야 될 점을 요약하면 다음과 같다.

첫째, 부부의 직장에서의 일과 가족생활을 어떻게 하면 조화시킬 수 있느냐의 문제다. 남편이 홀벌이를 하든지 부부가 맞벌이를 하든지 간에 부부의 직장일의 근무시간, 근무지, 주요 업무, 지위 등은 부부의 성역할, 자녀양육, 가사분담, 심지어 부부의 성생활에도 막대한 영향을 미친다. 그러므로 부부는 일과 가정사를 확실히 구분지을 수 있는 역할분담의 기준을 분명하게 설정해 놓아야 한다.

부부의 가치관에 따라 다르겠지만, 남편 홀벌이인 경우는 생계유지는 남편이 맡고 가사와 자녀양육은 아내가 맡고, 맞벌이인 경우는 자녀양육과 가사분담에 대한 부부 서로의 역할분담을 분명히 설정해야 한다. 특히, 맞벌이의 경우에는 가사분담이 중요한 문제가 된다. 부부들의 가사분담 유형은 대략 다음의 다섯 가지로 구분된다.

① 부인 전문화형: 부인이 전적으로 가사에 대한 책임을 지며 남편은 단순하게 보조 역할을 하거나 비상시에 적극적으로 돕는다.

② 남편 전문화형: 부인 전문화형과 반대되며, 남편이 전적으로 가사를 도맡아 하며 아내는 보조자의 역할을 한다.

③ 유동형: 부부가 상황에 맞추어 가사를 쉽게 바꾸어서 하거나 함께 공동으로 한다.

④ 제거형: 아예 가사를 하지 않도록 가정생활을 조정하거나 고용인에게 맡긴다.

⑤ 자율형: 부부가 서로 자신의 취향이나 필요에 따라 전개하여 가사를 책임진다.

둘째, 가족계획을 수립하고 자녀양육에 대한 부부 공동의 가치관을 형성해야 한다. 자녀를 가질 것이냐의 여부, 자녀를 갖는 시기는 언제로 할 것이며, 맞벌이의 경우 첫 자녀 출산 후의 부인의 직장 계속 · 휴직 · 사직 여부, 일과 자녀양육이 상충될 경우 탁아는 어떻게 할 것인지, 첫 자녀 출산을 지연시키는 경우 피임을 남편과 아내 중 누가 어떻게 주도적으로 실시할 것인가의 문제에 대해서 부부가 서로 합의해야 한다.

또한 자녀양육에 대해 부모로서 기본적인 입장을 서로 상의할 필요가 있다. 자녀양육이란 자녀들의 신체적 · 지적 · 정서적 발달을 도모하여 한 사회의 구성원으로서 활동할 수 있게끔 독립된 성인으로 성장할 때까지 부모들의 모든 활동을 의미한다. 이와 같은 자녀양육에서는 부모가 자녀의 모든 행동에 대해서 어떤 유형의 통제 방식을 사용할 것인가가 자녀양육의 관건이라 할 수 있다.

Baumrind(1971)는 부모의 자녀에 대한 통제 유형을 통제의 강도와 형태에 따라 독재적(authoritarian) 부모, 허용적(permissive) 부모, 권위 있는(authoritative) 부모의 세 가지로 분류하고 있다.

독재적인 부모는 자녀에게 절대적 복종을 요구하며 자주 체벌을 사용한다. 자녀에게 기성세대의 가치관을 요구하고 자녀의 자율성을 제한하며 자녀와의 솔직한 대화도 부족하다. 이렇게 양육된 아이들은 독립심이 적으며 행동이 위축되고 사회의 규범에 순응하며 타인이 제시한 기준에 자신을 맞추려는 경향이 강하다.

허용적 부모는 자녀에게 체벌을 지양하고 긍정적이고 아량 있는 태도로 자녀의 행동과 태도를 통제한다. 이런 부모는 아이에게 과잉애정과 과잉보호를 제공함으로써 자율이 아니라 아이 스스로 판단하는 주관성이 결여될 위험성이 있다. 이런 아이들은 자율성과 독립심이 부족하고 학습에 대한 의지가 약한 아이로 성장하기 쉽다.

권위 있는 부모는 자녀의 자율성을 인정하며 합리성과 논리적 사고에 근거하여 자녀를 통제한다. 권위 있는 부모들은 독재적인 부모처럼 부모의 일방적인 가치관을 강요하거나 체벌을 사용하지 않는다. 따라서 자녀들은 자율적이고 자긍심이 강하며 자기 통제력이 강한 아이로 성장하는 경향이 있다.

물론 자녀양육의 상황이 매우 다양함을 고려한다면 경우에 따라서는 독재적인 부모나 허용적인 부모가 아이에게 더 좋은 효과를 가져오는 경우도 있을 것이다. 그러나 일반적으로 권위있는 부모 통제 방식이 자녀의 바람직한 성장을 도모하는 데 효과적이다. 권위있는 통제 방식을 사용하는 것 자체도 중요하지만 부부간 서로 일치되는 양식으로 자녀를 일관성 있게 양육하는 것이 필요하다. 그러므로 부부간에 자녀양육에 대해 일반적 통제 양식을 서로 심도 있는 대화로 조정하는 것이 요구된다.

셋째, 인생의 발달주기에 따른 재정계획을 수립하는 것이 요구된다. 한 가족의 구성원들은 생산과 소비의 주체가 된다. 물론 부부는 가계의 핵심적인 주체가 된다. 결혼생활에는 부부의 수입 형태에 따라 누가 지출관리를 주도하느냐, 저축률의 결정, 남편과 아내의 용돈 액수, 탁아비의 결정, 자동차 구입과 집 장만에 대한 구입 결정권과 그 시기, 여행지의 결정과 비용 마련 방식 등 가계와 관계된 경제적 의사결정 등 경제활동은 부부생활이 종결될 때까지 매우 장기적으로 진행된다.

이처럼 가계운용은 부부의 결혼생활의 질에 막대한 영향을 미친다. 그런데 재정계획을 수립할 때 많은 부부들이 자신들의 가족생활주기에 따라 변화되는 적절한 가계운용에 대해서는 주의를 기울이지 않는 편이다. 이에 대해서는 3절의 결혼과 생애 가정경제에서 보다 상세히 알아보도록 하자.

2. 결혼과 사회

1) 결혼과 결혼생활의 변화

미혼 남녀들의 이성교제, 배우자 선택에 대한 가치관이나 기대가 변화됨에 따라 젊은 세대들의 결혼생활에 있어서도 많은 변화를 가져왔다. 즉, 혼인의 형태,

혼인 연령, 자녀를 갖느냐의 여부, 맞벌이에 따른 부부 역할, 자녀교육에 대한 열의와 기대, 노후생활에 대한 대비, 이혼 결정에 대한 심리적 부담, 재혼 등에 대한 태도와 가치관이 많이 달라지고 있다. 미혼 남녀들이나 결혼생활을 시작한 신혼부부들은 이와 같은 변화들을 인식하고 자신들의 이성교제나 결혼생활에 대비해야 한다. 그럼 현대 사회에 들어와 뚜렷한 특징을 보이는 몇 가지 사항들을 살펴보자.

첫째, 성역할이 변화되고 있다. 여성들의 교육수준이 높아지고 경제 · 산업 분야에 대한 진출이 증가하면서 여권에 대한 의식이 향상됨에 따라, 과거 전통적인 남성성(masculinity)과 여성성(feminity)에 대한 개념이 변화되고 있다. 이는 결혼한 부부들에게 있어서도 남편은 한 가정의 생계부양자의 역할 그리고 아내는 가사와 자녀양육의 역할을 수행해야 된다는 전통적 의식을 변화시키고 있다. 성역할의 변화는 이성교제의 상황을 변화시키며, 직업을 구하는 데 있어서도 남녀에게 고유한 직업 영역이 파괴되고, 심지어 '여성 먼저(lady first)' 와 같은 여성에 대한 남성의 기본적 매너마저도 변화시키고 있다. 또한 결혼해서도 남편이 가사와 자녀양육 활동에 참여, 부부 맞벌이, 아내의 가계의사결정권 향상, 수입을 부부 각자가 관리하고 지출하는 부부별산제의 확대 등을 가져오고 있다.

둘째, 배우자 선택의 조건과 결정권이 변화되고 있다. 남녀 사이의 이성교제가 활발해지고 연애결혼이 증가함에 따라 배우자를 선택하는 기준들도 개인의 취향과 의사가 잘 반영되고 있으며, 배우자에 대한 최종적인 선택권도 점차적으로 결혼당사자 두 남녀가 자율적으로 결정하는 추세로 변화되어 가고 있다.

많은 연구 결과에 의하면 미혼 남녀가 배우자를 선택할 때 고려하는 우선 순위를 보면, ① 사랑에 근거한 감정적 만족, ② 장차 가지게 될 사회적 지위나 신분, ③ 배우자의 경제적 능력, ④ 부모로서의 적절한 자질 등 과거에 중시하던 학벌, 가문, 사회적 지위보다는 두 남녀의 사랑이라는 정서적 결합도와 확신 정도를 중요시하고 있다(김태현 et al., 1996).

이현송(1997)의 연구에 따르면, 배우자 선택의 결정권도 1969년 이전에 전적으로 부모가 결정하는 경우가 27.2%에 달했던 것이 1990년과 1991년 사이에는

1.5%로 급격히 감소하고, 이와는 반대로 전적으로 본인이 결정하는 것은 6.6%에서 13.6%로 급격히 증가하고 있다. 특히, 1990년과 1991년 사이에 전적으로 부모 결정이 1.5%, 부모 결정 후 본인 동의는 9.3%, 본인 결정 후 부모 승낙은 75.6%의 결과를 감안하면, 결국 10명 중 9명의 남녀가 자신의 주도적인 결정으로 배우자를 선택하고 있다고 볼 수 있다.

셋째, 남녀 모두 초혼 연령이 점점 높아지고 있다. 현대 사회의 남녀들은 교육기간의 연장, 결혼생활에 따른 심리적 · 경제적 부담, 여성의 취업 확대로 인한 경제적 능력의 신장과 자아실현에 대한 강한 동기, 남녀의 성불균형에 따른 배우자 선택의 제한 등과 같은 원인으로 결혼적령기에 이른 남녀들이 쉽게 결혼을 결정하기 어려운 상황에 처해 있다. 2005년 통계청의 '세계 및 한국의 인구동향' 에

표 1-4 성별 평균 초혼연령 (단위: 세)

	1985	1990	1995	2000	2001	2002	2003	2004
남성	26.4	27.8	28.4	29.3	29.6	29.8	30.1	30.6
여성	23.4	24.8	25.4	26.5	26.8	27.0	27.3	27.5
차이	3.0	3.0	3.0	2.8	2.8	2.8	2.8	3.1

따르면, 남녀 모두 초혼 연령은 점점 높아지고 있으며, 20세 이상의 남녀 미혼율도 상승하고 있다(〈표 1-4〉, 〈표 1-5〉, 〈표 1-6〉 참조).

2004년 평균 초혼연령은 여성 27.5세, 남성 30.6세로 남성이 3.1세 많으며, 2003년의 초혼연령(여성 27.3세, 남성 30.1세)보다 각각 0.2세, 0.5세 높아졌다. 2000년 여성 26.5세, 남성 29.3세에 비해서는 각각 1.0세, 1.3세 증가하여 남녀 모두 평균 초혼연령이 꾸준히 증가하고 있음을 보여 주고 있다. 이는 젊은 층의 결혼과 결혼생활에 대한 가치관의 변화 그리고 경제활동 참여 및 교육수준 증가 등에 의한 것으로 보인다. 여성의 경우만을 볼 때 고등학교 졸업 후 대략 8년 정도 또는 대학 졸업 후 4년 정도 직장생활이나 사회생활을 경험한 후 결혼한다는 것을 의미한다.

표 1-5 여성의 연령별 미혼율 추이 (단위: %)

	1970	1975	1980	1990	1995	2000	2005*
15~19	97.1	97.4	98.2	99.5	99.2	99.3	99.3
20~29	34.6	39.7	43.4	50.8	56.5	63.2	69.3
20~24	57.2	62.5	66.1	80.5	83.3	89.1	92.6
25~29	9.7	11.8	14.1	22.1	29.6	40.1	46.2
30~34	1.4	2.1	2.7	5.3	6.7	10.7	13.1
35~39	0.4	0.7	1.0	2.4	3.3	4.3	5.3
40~44	0.2	0.3	0.5	1.1	1.9	2.6	3.0
45~49	0.1	0.2	0.3	0.6	1.0	1.7	2.2

*2005년 자료는 추정치.
자료 : 통계청. 인구주택총조사 보고서.

우리나라 20세 이상 미혼율이 전 연령층에서 증가를 보이고 있으며, 특히 20대 여성의 미혼율은 1970년 34.6%, 1980년 43.4%, 1990년 50.8%, 2005년 69.3%로 높아지고 있다. 따라서 20대 여성층의 미혼율 증가에 따른 출산 지연으로 출산력 감소가 예상된다.

이와 같이 남녀 모두 늦게 결혼하는 경향은 남녀 모두가 사회경제적 · 심리적 성숙을 기할 수 있는 시간적 여유를 확보할 수 있다는 장점이 있지만, 혼전 기간이 길어지므로 해서 이성교제 기간이 길어진 데 따르는 남녀 커플의 심리적 · 시간적 · 경제적 에너지가 비효율적으로 소모되고 또 독신에 따른 외로움, 결혼이 늦어져 자연 초산 연령이 높아진 데 따르는 아내의 출산 능력과 자녀양육 활동에 상당한 부정적 영향을 끼친다. 특히, 우리나라가 당면한 인구문제인 지속적인 출산력 감소를 가져오고 있다. 가임여성 1명당 평균 자녀 수가 1970년 4.53명에서 2003년 1.19명으로 감소하고 있다.

넷째, 여성의 경제활동이 계속 증가하고 있다. 산업구조의 변화와 여성 학력의 증가로 인해 여성의 취업이 점점 확대되고 있다. 지난 30년간 여성의 경제활동 참가율은 계속 증가하여 2005년 현재 48.8%에 이르렀다. 이는 15세 이상의 여성

표 1-6 여성의 경제활동 참가율

연도	비율(%)	연도	비율(%)
1980	42.8	2001	49.9
1985	41.9	2002	49.0
1990	47.0	2003	49.0
1995	48.3	2004	49.8
2000	50.1	2005	48.8

자료: 통계청(2005). 통계로 보는 여성의 삶.

중 거의 절반 정도가 경제활동을 하고 있음을 뜻한다.

〈표 1-6〉에서 보는 바와 같이 15세 이상의 여성 경제활동 참여가 지난 1980년에는 42.8%에서 1995년에는 48.3% 그리고 2001년에는 49.9%로 증가 추세에 있다. 이와 같은 한국의 여성 경제활동 참가율은 스웨덴(76.9%), 미국(69.7%), 일본(59.9%)보다는 낮고, 멕시코(40.4%), 터키(28.16%)보다는 높은 수준이다.

여성은 경제활동에 참가함으로써 미혼 때나 결혼생활에 있어서 과거처럼 남자에게 경제적으로 종속되는 태도에서 벗어나 자신의 주관적인 생각으로 독립적 행동을 할 수 있게 되었다. 특히, 남녀간의 실질적인 권력관계에 있어서 동등권을 행사할 가능성이 높아졌다. 여성들의 이와 같은 경제적 능력은 혼전의 이성교제, 독신, 결혼생활, 이혼결정, 재혼의 여부를 결정하는 데 직·간접적인 영향을 발휘함으로써 남녀의 역할을 변화시키는 중요한 요인으로 작용하고 있다.

다섯째, 결혼한 부부들의 평균 자녀 수가 점점 감소하고 있다. 출산율 감소의 원인으로는 남녀의 혼인 연령이 높아지는 데 따른 여성의 출산력 약화, 자녀출산과 양육에 드는 경제적·심리적·신체적 부담에 대한 두려움, 자녀보다는 부부 각자의 인생에 대해 더 높은 가치를 부여하는 것, 노후생활을 자녀에게 의존하는 경향성의 감소, 다양한 피임법과 적극적인 가족계획 등을 들 수 있다. 〈표 1-7〉의 출산력 추이를 살펴보면, 1970년 조출생률(인구 천명당 출생아 수)은 31.2명에서 1990년 15.4명, 2003년에는 10.2명으로 지속적인 감소세를 보이고 있다.

1970년대 초반에는 100만 명 이상이 태어났으나 그 후 지속적으로 출생아 수가 감소하여 2003년에는 49만 3,000명으로 나타났다. 또한 합계 출산율, 즉 가임여성들이 일생 동안 낳는 평균 자녀 수가 4.5명(1970년), 2.8명(1980년), 1.47명(2000년), 1.19명(2003년)명으로 나타났다.

이 같은 출산율은 2003년을 기준, 일본(1.29명), 미국(2.04명), 프랑스(1.89명), 독일(1.34명)보다 낮은 것으로 우리나라는 1970년에서 2003년 사이(약 33년간)에

표 1-7 출산력 추이

	1970	1983	1990	2000	2001	2002	2003
출생아 수(천 명)	1,007	778	659	637	557	495	493
조 출생률(%)	31.2	19.5	15.4	13.4	11.6	10.3	10.2
합계 출산률(명)	4.53	2.08	1.59	1.47	1.30	1.17	1.19

자료 : 통계청(2004). 2003 인구동태통계연보(총괄 · 출생 · 사망편).

3.34명이 감소, 일본(0.84명), 독일(0.69명), 영국(0.72명) 등에 비해 감소 속도가 매우 빠른 것으로 나타났다.

이 같은 출산율의 감소는 부부가 갖는 제반 능력을 부부 공동의 생활, 각자의 관심 영역에 대한 지속적 활동, 여성의 취업활동과 자아실현에 투자할 수 있다는 점에서 부부의 결혼생활을 원만하게 만드는 긍정적인 요인으로 작용하고 있다. 또한 부부가 부모로서의 역할과 의무는 대략 50~60세로 과거 사회에 비해 일찍 끝나고 평균수명의 연장으로 인해 노후생활이 길어지고 있다. 따라서 길어진 노후생활을 생동감 있고 적절한 긴장을 유지하면서 보낼 수 있는 대비책이 필요하다.

여섯째, 이혼율이 계속 증가하고 있다. 통계청의 『인구동태통계연보』에 따르면(〈표 1-8〉 참조), 이혼율은 1970년 0.4쌍, 1980년 0.6쌍의 낮은 수치에서 1990년 1.1쌍으로 증가한 후, 2003년 인구 1,000명당 3.50쌍이 이혼하는 꾸준한 증가 추세를 보이다가 2004년 현재 2.9쌍으로 낮아졌다. 최근 이혼이 계속 늘어나는 것은 자기 중심적인 삶의 지향 등 가치관의 변화와 부부간 성격차이 등에 의한 것

표 1-8 연도별 혼인 및 이혼통계 현황 (단위 : 건수, 인구 천명 당 건수)

연 도	혼인건수	조혼인율[1]	이혼건수	조이혼율[2]
1970	295,137	9.2	11,615	0.4
1980	403,031	10.6	23,662	0.6
1990	399,312	9.3	45,694	1.1
2000	334,030	7.0	119,982	2.5
2001	320,063	6.7	135,014	2.8
2002	306,573	6.4	145,324	3.0
2003	304,932	6.3	167,096	3.5
2004	310,944	6.4	139,365	2.9

주 : 1) 조혼인율 = 해당연도 혼인건수 ÷ 해당연도 주민등록연앙인구(7월 1일 기준) × 1000
2) 조이혼율 = 해당연도 이혼건수 ÷ 해당연도 주민등록연앙인구(7월 1일 기준) × 1000
자료: 통계청(2004). 인구동태통계연보(혼인, 이혼편). 각년도.

으로 풀이된다. 2004년 이혼 건수(139천 건)의 65.5%(91천 건)가 20세 미만의 미성년 자녀를 두고 있으며, 그중에 1명의 자녀는 28.1%(39천 건), 2명의 자녀는 32.7%(46천 건), 3명 이상의 자녀가 있는 경우도 4.7%(7천 건)나 된다. 미성년 자녀가 없는 이혼도 꾸준히 증가하고 있는 추세나, 결혼 연수가 5년 미만인 부부의 이혼율은 줄어드는 반면, 동거기간이 20년 이상인 부부의 이혼이 증가하고 있다. 이와 같은 경향성은 사회 환경의 변화와 현대 부부의 자녀 수 감소, 여성의 경제능력 향상, 이혼에 대한 사회적 인식이 점점 허용됨으로써 오랫동안 부부생활을 한 사람들도 점차 쉽게 이혼하는 경향을 보인다. 이런 점으로 미루어 볼 때, 결혼생활을 하는 부부들은 부부생활 기간 내내 언제라도 쉽게 헤어질 가능성이 높은 상황 속에 놓여 있다고 할 수 있다.

이와 같이 미혼이나 결혼한 부부들과 관련 깊은 사회적 상황들이 급격한 변화를 보이고 있다. 남녀에 대한 성역할, 배우자 선택의 조건과 결정권, 초혼 연령의 증가, 여성취업의 증가, 자녀 수의 감소, 이혼율의 증가와 같은 현상은 미혼남녀들이 결혼과 결혼생활에 대한 준비, 미래의 실제 결혼생활을 해 나가는 데 있어 기본적으로 인식해야만 하는 사실들이다. 특히, 남편들은 과거보다 변화가 상대적으로 적은 데 비해 아내들은 많이 변화되었다. 그렇다면 부부생활에 잘 적응하기 위해서는 여성들의 의식 변화에 대한 남성들의 높은 인식이 요구된다고 하겠다.

2) 결혼의 의미

2004년 한 해 동안 새롭게 부부관계를 맺은 혼인 건수는 총 31만 944건으로 약 62만 명의 남녀가 부부로 탄생했다. 앞서 보았듯이 사람들은 '서로 사랑해서' '경제적 안정을 위해서' '2세를 얻고자' 등의 동기로 결혼한다. 대부분의 사람들은 일생의 어느 한 시기에 결혼을 하고 새로운 가정을 형성한다. 현대 사회에 들어와 결혼을 함으로써 두 미혼 남녀의 사랑을 실현한다는 개인의 정서적 측면이 강조되고 있지만, 결혼은 결혼식이라는 공식적인 의례를 통해 두 사람이 부부라는 사실을 공개하고 승인을 받으며, 그가 속해 있는 사회문화적 규범에 따라 부부, 부모, 사위와 며느리 등과 같은 새로운 역할을 수행해야만 되는 사회적 측면이 더 강한 제도다.

결혼이 갖는 의미는 개인의 가치관과 시대의 변화에 따라 달라지겠지만, 일반적으로 적절한 연령에 도달한 남녀가 상당히 지속적인 기간 동안 정서적, 성적, 사회적, 경제적으로 결합됨을 의미한다(정현숙 et al., 1998). 이와 같은 결혼의 의미를 좀 더 구체적으로 살펴보면 다음과 같다(김양희, 이형실, 1997).

첫째, 결혼은 두 사람의 정서적 결합이다. 현대 남녀들의 결혼의 주요 동기는 '서로 사랑하기 때문에' 다. 이러한 동기는 결혼을 통해 두 사람이 서로 보살피고, 함께 있기를 원하고, 삶의 동반자로서 지속적으로 두 사람의 인생을 영위하고자 하는 것을 반영한다. 부부가 서로 연인, 친구, 삶의 동반자로서 믿고 이야기할 수 있는 사람을 필요로 한다.

둘째, 결혼은 성적으로 일부일처의 관계다. 결혼을 함으로써 부부들은 서로 성적 파트너로서의 독점권을 행사할 권리와 의무를 지니게 된다. 상호 배우자의 혼전 이성관계는 일반적으로 묵인되지만, 결혼 후의 혼외정사에 대해서는 심리적으로나 법률적으로 용인되지 않는다. 즉, 혼인하고 난 후에는 각자 성적 정절을 지켜야 할 의무가 있다.

셋째, 결혼은 법적 책임의 관계다. 결혼이란 적절한 연령(법적으로 남자는 만 18세 이상, 여자는 만 16세 이상)에 이른 서로 반대의 성을 가진 사람들만이 맺을 수 있는 법적인 약속이다. 혼인신고를 함으로써 각 배우자는 상대 배우자의 재산을 공유할 수 있는 권리를 갖는다.

현재의 가족법에서는 배우자가 사망 시 직계비속이 있으면 생존하고 있는 배우자는 그들과 재산을 공동상속하고, 직계비속이 없으면 피상속인의 직계존속과 공동상속하도록 하고 있다.

넷째, 결혼은 자녀적출을 보장하는 관계다. 혼인신고를 함으로써 부부에게 태어나는 자녀를 적출로 인정하고 부모에게 자녀를 보살필 법적 책임이 부여된다. 배우자들은 개인적으로 사랑, 즐거움, 생의 동반자로서의 상호 의존과 배려를 위해 결혼하지만, 사회적 관점에서 볼 때는 결혼을 함으로써 자신들이 갖게 되는 자녀를 양육하고 부양할 법적 의미를 갖게 된다.

다섯째, 결혼은 공적 의식의 관계다. 부부는 혼인신고를 함으로써 법적인 책임과 권리를 갖기 전에 결혼식 의례를 통해 공적인 의식을 치른다. 부모형제, 친인척, 친구들에게 결혼할 것을 공포하고 결혼식을 올림으로써 중요한 사람들로부터 결혼생활에 필요한 사회적 지지와 경제적 지원을 이끌어 내게 된다.

사람들이 어떤 개인적인 동기로 결혼을 했든지 간에 상관없이, 결혼한 부부들은 사회문화적인 관습과 규범 및 법률적인 의무와 권리를 수행해야만 된다. 따라서 실제의 결혼생활은 부부 각자의 의도나 기대와는 다르게 새로운 도전들에 부딪치게 된다. 그러므로 부부는 결혼이 갖는 개인적 · 사회적 · 법률적인 기본적 의미를 인식함으로써 행복한 결혼생활을 해 나가는 데 요구되는 바람직한 지침을 마련할 필요성이 있다.

3. 결혼과 생애 가정경제

가족의 경제적 자원은 가정경영의 모든 활동에 필수적으로 활용되며, 생활의 질적 향상과 직접적으로 관련되는 중요한 자원으로서, 때로는 가족 내에 긴장과 갈등을 야기시키는 요인이 되기도 한다. 따라서 가족의 소득 정도와 가계를 관리하는 능력은 가족생활에 대한 성원들의 만족과 밀접한 관련을 갖는다. 우리 주변에는 효과적으로 장기적인 재정계획을 세우고 결혼생활을 시작하는 커플들은 그리 많지 않다. 그러나 가족의 경제 자원은 무한한 것이 아니고 제한된 자원이기 때문에 가족생활을 향상시키기 위해서는 무엇보다도 결혼 전부터 가정경제에 대한 장기적인 안목을 바탕으로 계획을 잘 설정해야 할 뿐만 아니라, 효과적인 재정관리 기술도 습득해 나가야 한다.

1) 재정계획의 필요성

한 가족이 형성되어 소멸할 때까지 가계는 여러 가지 예측 불가능한 사건들에 부딪히며, 그중 몇몇 사건들은 가계경제를 심각하게 위협할 수도 있다. 이러한 위험에 대비하여 현재와 미래의 소득과 자산을 보전하고 증진시킴으로써 가계의 안정과 성장을 도모하는 일련의 장기적인 과정을 재정계획이라고 한다.

산업사회와 더불어 나타난 다음의 몇 가지 변화들은 가족의 재정계획을 그 어느 때보다도 더욱 필요하게 만들었다.

첫째, 가족 생활 주기를 통하여 지속적으로 소득과 지출의 균형을 맞추기란 쉽지 않다. 일반적인 통계를 볼 때, 소득은 30대 초반부터 증가하여 40대 초반에 최고조에 달했다가, 그 이후로 점차 감소하고 55세 이후에는 급격하게 감소한다. 반면, 결혼하여 자녀가 없을 때에는 소득이 지출을 상회하지만, 40대 이후에는 상황이 바뀌는 것으로 나타난다. 따라서 가족의 전 생애에 걸쳐 소득과 지출의 균형을 맞추어 일정 수준 이상의 소비를 보장할 수 있는 철저한 재정계획이 수립되어야 한다.

둘째, 가족을 둘러싼 경제환경은 수시로 변하여 근로소득의 실질구매력을 떨어뜨리고 때로는 소득을 중단시킨다. 잇달은 기업의 부도와 경제상황의 악화, 감원 및 조기 퇴직으로 인한 소득 중단, 인플레이션으로 인한 자산가치의 하락, 점점 복잡해지는 세금 등 최근에 나타나고 있는 일련의 경제적 변화는 가족으로 하여금 그러한 상황에 대처하는 계획과 전략을 수립하도록 요구한다.

셋째, 산업사회에서 보편적인 핵가족 제도 하에서는 노후의 생활을 자녀(특히 장남)에게 기대기보다 부모 스스로 해결하려는 의식이 확산된다. 더구나 평균수명의 연장으로 은퇴 후 근로소득 없이 자녀에게 의존하지 않고 지내야 하는 기간이 길어지고 있기 때문에 노후대책이 더욱 필요하다(이승신, 김기옥, 김경자, 심영, 정순희, 1996).

2) 가족생활주기

한 개인의 삶의 내용은 연령이 증가함에 따라 일정한 단계(stage)를 거쳐 형성되는 것처럼, 두 남녀가 결혼을 통해 부부가 되어 한 가족으로 성립되어 가는 모습도 일련의 특정한 발달 유형을 나타낸다. 이러한 가족의 일련의 발달 단계를 가족생활주기(family life cycle)라고 한다. 미혼의 젊은 남녀들과 이제 막 결혼한 신혼 초의 부부들이 결혼생활에 잘 적응하기 위해서는 이 같은 가족생활주기에 대한 일반적인 이해를 가질 필요가 있다.

모든 가족구성원들은 각 가족생활주기에 따라 부딪치게 되는 특정 사건에 부모, 조부모, 자녀로서 적절한 대처를 해야만 하는데, 이를 발달과업이라고 한다. 그런데 한 가족의 생활이 전체적으로 원만한 발달을 이루기 위해서는 이전의 발달과업이 어느 정도 성취된 후 다음 주기의 발달과업으로 이어져야 한다.

사회학자 Duvall과 Miller(1977, 1985)의 가족생활주기 8단계와 Carter와 McGoldrick(1980)이 제안한 6단계 모델을 참고하여 가족생활주기에 따른 가족의 발달과업과 요구되는 구체적 적응들의 내용을 살펴보자.

신혼부부기 결혼이라는 새로운 삶의 형태에 적응하는 시기로서 남편과 아내로서의 역할과 앞으로 출산하게 될 자녀들에 대한 부모로서의 책임감으로 가족체계를 갖추어야 되는 시기다. 그러나 부부가 결혼에 대해 서로 다른 기대를 갖고 있거나 결혼에 대한 환상과 실제가 매우 다를 경우 이 시기는 꽤 어려워질 수 있다. 일반적으로 첫 자녀를 출산하기 전인 이 시기의 부부들은 부부관계 만족도가 대체로 높은 경향이 있다(Campbell, 1975; Glenn, 1982, 1991).

이때의 부부들은 성실한 상호작용과 진지한 의사소통을 통해 가정의 토대, 가계운영의 계획, 가사에 대한 분담체제, 상호 만족스러운 성관계, 이상적인 의사소통 패턴, 상호 부부간 친구관계의 지속적 유지, 친척들과의 조화로운 관계, 미래의 부모 역할 등에 대해서 서로 합의된 의사결정과 과업을 수행해야만 한다.

현대의 신혼부부들은 맞벌이, 가정경제의 여건, 자녀양육에 대한 부담, 출산자녀 수의 감소, 여가활동에 대한 욕구 등으로 인해 첫 자녀의 출산 시기를 늦추는 경향이 있지만, 대개의 신혼부부들은 결혼 2~5년 사이에는 자녀출산의 책임감, 자녀성장의 기쁨과 도전, 자녀와의 정서적 상호작용에 대한 기대 등으로 인해 결국 자녀를 출산하게 된다. 그리고 거의 모든 부부들은 자녀를 출산하고 양육하는 데 따르는 두려움과 여러 부담에도 불구하고 자신들의 선택에 대해서 후회하지는 않는다고 말한다.

자녀출산 및 양육기 이 시기는 첫 아이의 출생부터 생후 약 36개월까지에 해당되는 기간으로서 일반적으로 두 명의 자녀를 낳는다. 둘만의 부부생활은 자녀출산을 계기로 아이를 양육해야 하는 부모로서의 새로운 역할에 적응해야 하는 큰 변화를 경험한다. 자녀출산을 전후로 겪게 되는 부부의 심리적, 정신적 및 재정적 부담은 준비되지 않은 부부에게 의외로 큰 부담이 된다. 일반적으로 이 시기부터 부부간 만족이 급격히 저하되기 시작한다.

이 시기의 부부들은 출산과 자녀양육에 따른 경제적 비용을 마련하고, 아내의 가사 증가로 인한 부부간 가사분담을 재조정하며, 부부간 의사소통 능력이 세련되어지고, 자녀와 함께 하는 생활공간의 재배치, 자녀양육자로서 부모 역할을 조정하고 실천하며, 조부모와 손자녀 간의 관계 설정, 부모와 자녀 간의 애정적 상호작용의 수준들을 결정해야 한다. 아이의 출생에 따라 제반 생활 여건이 급격히 변화하는 시기이기 때문에 무엇보다도 원활한 의사소통과 합의된 의사결정에 따라 부부, 부모로서의 역할수행 능력을 갖추는 것이 중요하다.

부모와 함께 사는 맞벌이부부들은 아이를 출산함으로써 조부모, 부모, 자녀(손자녀)가 포함되는 3세대 가족을 이루게 된다. 이런 경우의 가족은 핵가족과 남편 홀벌이의 가족에 비해서 자녀양육을 누가 주도할 것인가의 문제, 조부모와 부모 간의 자녀양육방식의 불일치, 조부모의 손자녀에 대한 과잉애정이나 냉담 등으로 인해 가족구성원 간의 갈등이 심화될 수 있다. 그러므로 젊은 부모들은 부부 간 긴밀한 대화를 통해 자녀들의 양육방식으로 인해 발생될 수 있는 문제들을 점검하고 양육방식에 대해 조부모와 일치된 의견을 수렴하는 노력이 필요하다.

학령전기 자녀기 첫 아이가 유치원에 입학할 시기가 되는 6세까지 정도에 해당되는 시기다. 이 시기의 아동들은 신체적, 지능적, 사회적으로 발달이 현저하게 이루어지는 시기이므로 부모의 심신적 에너지가 자녀들에게만 집중되기 쉽다. 따라서 부부 둘만의 상호작용이 적어지고 배우자에 대한 관심과 배려가 급격히 감소되는 시기이다.

이 시기의 부부들은 급격히 성장하는 자녀의 지적 · 사회적 요구에 적절히 대응할 수 있는 관심과 능력을 배양하고, 자녀의 성장에 따른 생활공간의 확대를 꾀해야 한다. 또 어린 아동을 포함한 가족구성원 전체의 생활에 필요한 예측가능한 비용과 예측불가능한 비용을 마련하며, 비상 시를 대비하고 부부간 그리고 부모-자녀 간의 적절한 의사소통 패턴을 구축해야 한다.

특히, 이 시기는 자녀가 한 사회의 구성원으로서 정상적으로 활동할 수 있는 제반 능력의 근본적 기초를 함양하는 기간이다. 이때의 아동들은 대인관계의 기본이 되는 자아개념과 자아존중감, 대인관계 스타일, 지적 호기심 충족, 학습에 대한 습관적인 태도와 동기, 사회적 규범에 대한 순응과 거부 등의 형성에 있어 부모로부터 지대한 영향을 받는다. 따라서 부모의 합리적이고 민주적이면서 일관된 양육과 훈육방식이 중요하다.

초등학교 자녀기 자녀가 초등학교에 입학하여 졸업하는 13세까지 해당되는 시기다. 아동들이 많은 시간을 학교에서 보내기 때문에 부부 중 자녀양육자는 심신의 여유를 갖게 된다. 아동은 본격적으로 부모의 보살핌에서 벗어나 제도적인 교육을 받게 되면서 한 사회의 공동체적 구성원으로서의 자질을 훈련받게 된다. 부모는 아동의 학교에서의 성취를 적극 격려하고 지원하게 된다.

이때의 부모는 자신들의 사생활을 보장받을 수 있도록 아동의 생활을 적절하게 규제하고, 새롭게 지출되는 교육적 재정비용을 마련하고, 부부관계의 지속성을 점검하고, 아동의 변화하는 발달적 요구에 충분히 효과적으로 대응할 수 있어야 하며, 아동의 발달을 돕기 위하여 학교와 긴밀한 보조를 맞추어 나갈 수 있어야 한다.

이 시기의 아이들은 가정에서보다는 학교에서 동연령층의 남녀가 집단을 이루어 공동적인 상호작용을 하며, 세상을 살아가는 데 필요한 여러 지식과 기능을 습득하는 시기다. 이 시기의 아동들에게는 학교에서의 학습능력이 자존감을 형성하는 중추적 차원이 된다. 부모들은 자녀의 초기 지적 능력 형성에 주의를 기울일 필요가 있다.

중 · 고등학교 자녀기 첫 아이가 13세부터 20세 정도까지의 시기로서 청소년을 갖는 가족이다. 아이들이 성장함에 따라 부모 역시 중년기를 맞이할 시기여서 부모와 자녀 모두 큰 변화를 경험하는 시기다. 서로가 인생의 큰 변화를 맞는 시기이기 때문에 부모-자녀의 두 세대 간 갈등이 발생된다. 특히, 이 시기에는 자녀에 대한 부모의 영향력이 감소되어 종종 세력 다툼이 일어난다. 부부간의 심신적인 에너지는 감소되고 청소년 자녀로 인한 스트레스로 인해 부부의 결혼만족도는 일생 중 최하점에 떨어진다.

이때의 가족들은 소원해질 수 있는 부부관계를 재정립하며 가족구성원들의 다양한 요구에 대처하고, 증가하는 가정재정에 대비를 해야 하며, 부모와 청소년 자녀 간에 성숙한 의사소통의 기술을 개발해야 하고, 친인척과의 관계도 원만하게 조정해 나갈 수 있는 능력을 갖추어야 한다.

이 시기의 부모들은 자녀들이 정신적 · 지적으로 성장함에 따라 점점 자녀에 대한 통제력이 약화 되어 감을 실감한다. 특히, 부모들은 사회문화의 급격한 변화에 맞출 수 없는 기성세대이기 때문에 청소년 자녀와 가치관적인 충돌이 많아진다. 부모들은 이제 서서히 자신들로부터 자녀들을 분리시킬 마음의 준비를 하기 시작해야 한다. 부부 각자의 자연적인 생리적 쇠퇴와 더불어 사회생활과 가정생활의 압력으로 인한 부부간 관계도 서서히 소원해질 수 있다. 그러므로 부부는 지나온 결혼생활을 되돌아보고 서로 동반자적인 동료로서의 역할을 점검할 필요성이 있다.

성인 자녀기 자녀들이 20세가 넘어 성인으로서 본격적으로 사회 진출을 하는 시기다. 자녀들은 대학 입학과 졸업, 군입대, 배우자를 탐색하는 활발한 이성교제 등에 에너지를 투입하는 시기로서 자녀들 스스로도 인생의 큰 도전을 맞는 시기이다. 이때의 부모들은 자녀를 자신과 '완전히 분리시키는 데' 어려움을 갖게 되어 부모-자녀관계의 어려움을 발생시키기도 한다. 젊은 성인 자녀들은 부모의 합리적이고 적극적인 노력과 지원이 필요한데, 어떤 부모들은 어린 자녀를 양육하듯이 일방적으로 계속해서 모든 것을 돌봐주기를 고집하기도 한다. 일반적으로 이 시기에는 부부의 결혼만족도가 다시 증가하기 시작한다. 이 시기는 막내 자녀가 결혼생활을 시작할 때까지 약 8년 정도 지속된다.

이 시기의 가족들은 가정의 물리적 설비와 자원을 재배치하고 본격적인 성인생활로 진입하는 자녀들을 과감하게 밀어내야 하며, 자녀가 부모로부터 정서적 · 경제적으로 독립할 수 있는 준비를 지원하고, 자녀가 결혼함으로써 형성한 자녀의 가족과 긴밀한 유대를 확립하며, 부부관계를 부부 둘만의 관계로 재조정하는 일이 요구된다.

부모들은 자녀들을 성인의 세계로 성공적으로 내보내고 난 후 자신들의 '빈 둥지'에 두 사람만이 남아 있게 된다. 이때의 아내들은 지금껏 어머니의 역할에만 익숙해 있다가 다시 아내의 역할로 돌아오는 데 어려움을 겪기도 한다. 그러나 현대에는 많은 여성들이 사회경제적 활동을 하는 관계로 이 시기에 자녀양육의 책임으로부터 벗어난 '자유' 를 체험하는 시기이기도 하다. 이처럼 자녀가 완전히 성인으로 독립하기 시작하면 부부간의 결혼만족도는 다시 높아지기 시작하게 된다.

중년기 이 시기는 막내 자녀가 집을 떠나서부터 부부의 은퇴기까지 계속된다. '빈 둥지 시기(empty nest period)' 라고 부르는 이 시기는 각 가정의 부부의 결혼연령, 자녀의 수, 자녀들의 교육기간, 자녀의 결혼 유무, 결혼시기 등과 같은 여러 요인에 따라 그 기간이 결정된다. 과거 자녀 수가 많았던 시대에는 성인 자녀기가 연장되어 노년기까지 지속되는 까닭으로 이 시기가 매우 짧았으나 20세기 동안에 대략 2～13년까지 증가되었다.

이 시기의 가족들은 부부 둘만의 텅빈 보금자리에 적응해야 하고, 부부와 조부모의 생활을 조정하며, 부부 사이의 관계를 계속적으로 재조정해야 하고, 고령과 죽음에 이르는 노부모를 돌보며, 부부 자신들의 은퇴에 적응해야 하고, 또한 부부 자신들의 노화에 따르는 신체적 · 정신적 쇠약에 대처하는 능력들을 갖추어야 되는 발달과업에 부딪치게 된다.

특히, 이 시기의 가족들 중 노부모를 모시고 있는 부부들은 자녀들을 독립시키기 위해 신체적 · 경제적으로 많은 노력을 쏟고, 자녀의 독립으로 인해 부부간의 상호의존성이 높아지는 반면, 교육이나 결혼 등의 이유들로 자녀들을 모두 떠나보낸 부부들은 심리적 허탈감과 공허함에 빠지기 쉬워 노부모 부양에 집중하기 어렵게 되고 특히, 직업을 가지지 않고 자녀 양육에만 전념해 온 어머니의 경우 빈둥지 증후군(empty nest syndrome) 등을 경험하게 된다. 더불어 부부 자신들조차 노화기에 접어들기 때문에 자녀 독립과 노부모 부양이라는 이중의 역할수행에 큰 어려움을 겪게 된다.

즉, 이 시기의 부모세대는 자녀세대들을 독립시켜야 하고 부모세대들에게는 보살핌을 수행해야 하는, 두 세대 사이에 끼어 있는 샌드위치 세대(sandwich generation)라고 할 수 있다.

노년기 이 시기는 직업을 가진 부부들의 은퇴에서부터 두 배우자의 사망까지 계속된다. 부부가 맞벌이를 하는 경우, 일반적으로 남편의 연령이 더 많기 때문에 남편은 아내보다 먼저 은퇴하여 가정에 홀로 남으므로 자연 잡다한 가사를 많이 하게 되고, 여유로운 시간을 효과적으로 보내는 데 어려움이 따른다. 또 만성적으로 신체적 질병이 나타나 그들의 자녀들에 의해서 보살핌을 받게 된다. 대개 아내의 수명이 길어 남편이 먼저 사망하는데, 홀로 남은 아내가 중년기 자녀가 지켜보는 가운데 사망함으로써 가족생활주기는 끝난다.

이 시기의 부부들은 자신들의 노화와 배우자의 죽음에 적응해야 하고, 자녀들에 대한 독립과 의존을 균형 있게 조정해야 되며, 자녀와 함께 사는 경우 손자녀와의 안정적인 상호작용의 패턴을 형성해야 하고, 죽음을 맞이할 심리적 · 경제적 준비를 해야 한다.

노년기 시기의 부부들은 상호간 심신적으로 쇠퇴해 가는 배우자들에 대해 깊은 연민의 정과 인간적인 동료의식을 갖게 된다. 건강하고 경제력이 있는 부부들은 이제 인생의 모든 책임과 의무에서 벗어나 서로에게만 관심과 배려를 제공할 시간적 여유가 많아지므로 여행을 하거나 새로운 여가활동에 대한 관심이 많아진다. 일반적으로 이 시기의 부부들은 배우자 중 한쪽이 죽기 전까지는 상당히 높은 부부만족도를 나타낸다.

이러한 가족생활주기에 따른 부부의 결혼만족도는 결혼기간과 만족도가 전체적으로 U자 형태를 나타낸다고 한다(Jorgensen, 1986). 즉, 결혼 초기에는 서로 높은 만족도를 보이다가 점점 하강하나 노년기를 앞두고 부부관계가 다시 서서히 향상되는 형태를 보인다는 것이다.

3) 가족생활주기에 따른 재정계획

대부분의 사람들이 생활목표를 성취하기 위해서 경제적 자원을 필요로 하기 때문에 경제적 목표를 곧 생활목표로 생각하는 경향이 있다. 이와 같이 한 가족의 재정목표와 생활목표는 서로 통합되어 있어서 경제자원관리에서의 산출은 기

표 1-9 가족생활주기별 가계재무목표의 우선 순위

가족주기	1차 목표	2차 목표	3차 목표	4차 목표
신혼기	주택 마련	절세	긴급자금 비축	노후 준비
자녀출산/양육	긴급자금 비축	부채 최소화	교육자금 준비	노후 준비
자녀교육기	교육자금 준비	부채 최소화	노후 준비	긴급자금 비축
자녀결혼기	자산축적	절세	노후/상속 준비	특별자금
은퇴기	노후 준비	상속준비	자산보전절세	

자료: Duyer, D. P. (1989). *The Seven Stages of Financial Planning*; 정현숙 등(1998), 재인용.

본적인 생활목표를 파악해야 가능할 것이다(유영주, 서동인, 홍숙자, 전영자, 오윤자, 이인수, 1995). 각 가정은 그들이 처해있는 가족생활주기상의 단계에 따라 가족의 전반적인 생활목표뿐만 아니라 가족구성, 주택사정, 소비구조, 가족의 상호작용 유형, 가족의 자원, 생활 문제 등에서 많은 차이점을 가진다(이길표, 주영애, 1995). 따라서 가족의 재정을 계획할 때는 각 가계의 가족생활주기상의 단계를 우선적으로 고려해야 한다. 각 주기별로 재정을 계획할 때 우선시해야 할 재정목표는 〈표 1-9〉와 같다.

가족생활주기 전반에 걸쳐 거의 대부분의 가족들이 필요로 하는 인생의 5대 소요 자금은 주택마련자금, 자녀교육자금, 자녀결혼자금, 노후자금, 긴급예비자금이다.

주택마련자금 지난 20여 년간 우리나라에서 주택가격은 실질소득이나 물가보다 훨씬 빠른 속도로 상승하여 주택을 임대한 가정보다 소유한 가정이 경제적으로 더 유리하다는 인식을 심어 주었다. 주택은 다른 재화에 비해 상당히 고가여서 주택마련을 위해 다른 측면에서의 소비를 줄여야 하는 경우가 많다. 내 집 마련에 있어 중요한 것은 구입시기다. 참고로 대우경제연구소가 전국의 3,108가구를 대상으로 조사한 바에 따르면, 결혼 후 처음 내 집 장만 때까지 걸린 시간은 1970년대에 10.8년, 1980년대에 10.3년, 1990년대에 9.9년으로 점차 짧아지고 있다. 최초 내 집 장만 기간은 학력별, 소득별로 큰 차이를 보여 가장의 학력이 대졸 이상이거나 월평균 소득이 200만 원 이상인 가구에서는 내 집 장만 기간이 짧아진 반면, 저학력, 저소득층에서는 오히려 길어지고 있어 주택문제의 양극화가 심각한 것으로 나타났다. 최근 주택구입 시기보다 더욱 중요시되는 문제는 주택자금의 조달이다. 일단 사두기만 하면 가격이 오르던 시대는 이미 지나갔기 때문에 내 집 마련의 시기를 잡을 때는 부동산 경기 순환보다는 주택마련자금 준비 정도에 맞추는 것이 더 합리적이다.

자녀교육자금 한국보건사회연구원은 2003년 18세 미만의 자녀를 둔 전국 4,534가구를 대상으로 자녀양육비 규모 등의 실태를 면접 조사한 결과, 한 달 평균 가구소득은 150만 원 미만 15.3% 등 250만 원 미만의 가구가 전체의 46.4%를 차지했으며, 350만 원 이상은 27.8%로 이 중 450만 원 이상의 고소득 가구도 15.6%나 되는 것으로 나타났다. 월 평균 소비지출액은 233만 5,000원으로 이 가운데 공·사교육비를 포함한 자녀양육비가 56.6%인 132만 1,000원으로 가장 많았다. 또 절반이 넘는 가구가 가정의 가장 큰 경제적 고통요인으로 자녀양육 및 공교육비(28.9%)와 사교육비(27.2%)를 꼽았고, 다음은 주거비(9.2%), 공과금(8.0%), 식료품비(4.6%) 등의 순으로 나타났다.

자녀결혼자금 한국소비자보호원(2003)이 서울과 부산 등 전국 5대 도시에서 최근 2년 사이 결혼한 신혼부부 418명을 대상으로 '결혼 문화 의식 및 실태'를 조사한 결과, 평균 결혼 비용으로 9,088만 원을 지출한 것으로 나타났다고 밝혔다. 이 가운데 주택자금 부담이 전체의 69%(6,226만 원)로 가장 컸고, 혼수 비용 20%(1,819만 원), 피로연과 신혼여행 경비 등 결혼식 비용이 11%(1,043만 원)를 차지했다. 특히, 응답자의 62%가 혼수와 주택자금을 부모에게 전적으로 의존하는 것으로 나타났으며, '결혼을 준비하면서 배우자와 다툰 적이 있느냐?'는 물음에 40%가 '그렇다'고 응답했으며, 그 이유로는 예물 예단(38%), 신혼집 선택(28%), 결혼비용(15%), 결혼식 장소 선택(9%), 함들이(7%) 등을 차례로 꼽았다.

노후생활자금 퇴직예상연령과 평균 수명을 고려하여 계산한다. 노후생활비의 주된 원천은 퇴직금과 연금, 저축 그리고 자녀로부터의 보조다. 앞으로 자녀로부터의 보조는 점점 줄어들 것이므로, 노후 대비는 스스로 해야 할 것이다. 퇴직 후 부부가 같이 생존해 있는 경우, 안락한 생활을 위해 필요한 비용은 은퇴전 생활비의 70~90% 정도다. 노후의 주거 형태는 노후 생활비를 결정하는 중요한 요인이다. 은퇴 후 도시에 산다면 그 이외의 지역보다 생활비가 더 든다고 보아야 하며, 건강 상태에 따라 의료비용이 추가된다.

긴급예비자금 만일의 사태에 대비하여 가계의 안정성을 유지하기 위해 필요한 자금으로 그 수준은 가족이 처한 생활주기의 단계에 따라 가장 크게 달라진다. 비상시 필요한 금액을 추정해 보려면, 지난 1년 간의 소득이나 지난 달의 소비지출액 등을 참고한다. 긴급예비자금은 최소한 현재의 한 달 소득이나 기본 생활비의 6~12배 정도를 준비해 두는 것이 좋다. 또한 긴급예비자금은 어느 정도는 쉽게 현금으로 전환될 수 있는 형태로 갖고 있도록 한다.

남성과 여성

1. 남성과 여성의 유사점과 차이점

1) 성별

사람의 성별(sex)은 염색체, 생식기의 외부 형태 및 내부 구조와 생식선, 호르몬 등에 의해 결정된다. 모든 유전정보는 단일세포(접합자) 속에 있으며 여기서 생명이 싹트기 시작한다([그림 2-1] 참조). 접합자는 남자의 정자가 여자의 난자에 침투할 때 비로소 형성된다.

정자와 난자는 각각 23개의 염색체를 가지고 있다. 접합자가 형성될 때 난자와 정자의 염색체가 결합하여 모든 세포를 이루는 23쌍의 염색체를 형성한다. 정자가 가지는 22개의 염색체와 난자가 가지는 22개의 염색체는 항상 짝을 이루고 있다. 나머지 1쌍의 염색체는 성염색체인데 난자는 항상 독특한 X염색체를 제공하고 정자는 X 혹은 Y염색체를 제공한다. 만약 정자의 성염색체가 X이면 결과적으로 XX 결합이 이루어지고 그 접합자는 여성으로 발달하게 된다. 만일 정자의 성염색체가 Y면 결과적으로 XY 결합이 이루어져 그 접합자는 남성이 된다.

수태와 함께 결정되는 초기의 성별 차이는 태아가 수태 후 6~8주에 이를 때까지 염색체 결합 상태 이외의 어떠한 차이점도 보이지 않다가([그림 2-2] 참조) 수태 후 6~8주가 지나야 비로소 내적 생식기관의 차이가 남녀별로 나타나기 시작한다.

일단 내적 생식기관이 발달하면 그 다음 단계로 호르몬 생식이 시작된다. 즉, 태아가 3개월째 접어들면서 남성 호르몬의 하나인 테스토스테론(testosterone)의 분비가 진행되면 남아로서의 외적 생식기관이 발달하게 되고 만일 테스토스테론이 분비되지 않을 경우에는 여성 생식기관이 발달하게 되는 것이다([그림 2-3] 참조).

만일 이때 호르몬 분비에 문제가 생기거나 호르몬 감응도에 이상이 생길 경우 또는 이 기간 동안에 호르몬이 산모에게 외적으로 주입되는 경우 태아의 성 분화에 문제점이 생겨 자웅동체(hermaphrodite)라는 모호한 생식기를 지닌 사람으로 태어난다. 유전인자가 이에 상응하는 생식기관의 발달을 예정하고 있기는 하지만 그것을 보장하는 것이 아님을 알 수 있다.

한편 8주 후에 남녀 태아는 호르몬 분비 여하에 따라 성 분화가 본격적으로 진행되지만 일단 출생한 후에는 약 8세까지 호르몬의 분비가 거의 없는 편이어서 이 기간 동안에는 호르몬이 성차의 발생에 전혀 기여하지 않는다. 사춘기에 이르러서야 남녀 모두에게 성 호르몬의 분비가 크게 증가되어 여성의 경우는 남성에 비하여 많은 양의 에스트로겐(estrogen)과 프로게스테론(progesteron)의 분비가

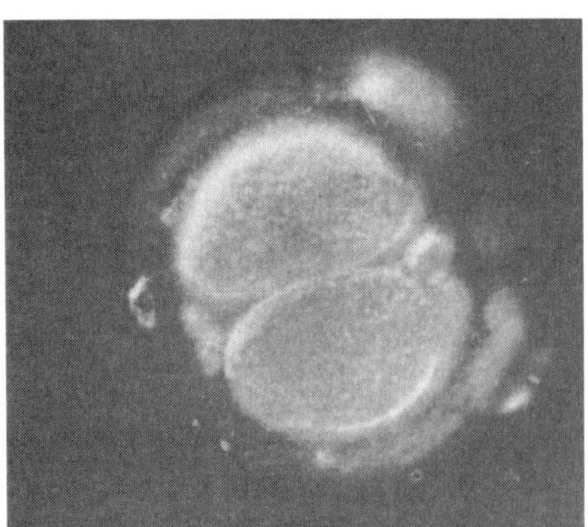

[그림 2-1] 수 정

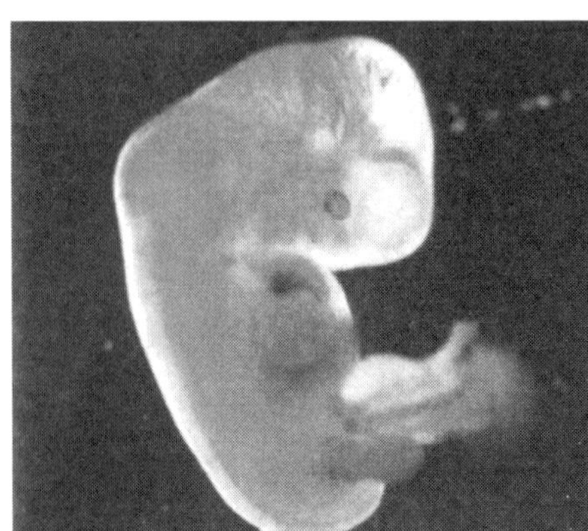

[그림 2-2] 성적 구조에서 차이를 보이지 않는 6주 전의 태아

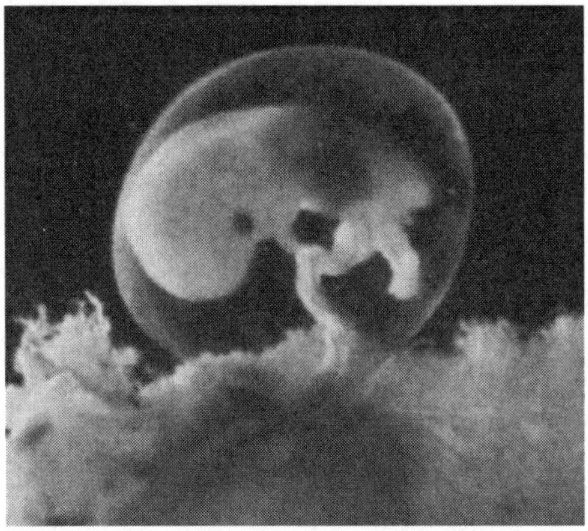

[그림 2-3] 성적 구조에서 차이를 보이는 12주째의 태아

일어나 이것이 주기적 분비(생리주기)의 현상으로 나타난다. 남성의 경우는 훨씬 많은 양의 남성 호르몬인 테스토스테론의 분비가 진행되어 수염이나 음모의 성장, 목소리의 변화 또는 성기의 확장 등의 이차적 성 특징의 발달을 가져오게 되는 것이다.

2) 성

성별(sex)이 남성인가 여성인가에 대한 생물학적 구분을 하는 용어인 것과는 달리 성(gender)은 사회심리 · 문화적 용어로서 특정 문화에서 남녀에 대한 사회적 기대치를 포함하고 있다. 따라서 특정 개인이 지니고 있는 사회적 역할기대들을 내포한 특성들을 남성성(masculinity), 여성성(femininity)의 관점으로 본다.

남성성과 여성성 모든 사회는 남성과 여성에게 바라는 행동적 특성과 심리적 특성이 무엇인가를 규정하고 있다. 개인주의나 집합주의처럼 남성성과 여성성은 문화 간 차이를 나타내는 개념으로 사용되기도 한다. 남성성은 사회적으로 남녀의 역할이 명확히 구분되는 사회, 즉 남자는 자기주장적이며 거칠고 물질적 성공을 추구하는 반면, 여자는 보다 겸손하고 부드러우며 삶의 질에 관심을 두는 사회에 해당한다. 일반적으로 남성성과 여성성이라는 것은 생물학적인 특성과 아동 초기의 경험에 뿌리박고 있는 상당히 안정된 개개인의 특성이라고 생각된다. 어느 정도의 예외는 있겠지만 생물학적으로 아주 남성적인 남성은 심리적으로도 남성성이 높을 것이며, 가장 여성적인 생물학적 특성을 보이는 여성은 심리적으로도 여성성이 높을 것이라고 추측하기도 한다(〈표 2-1〉, 〈표 2-2〉 참조).

예컨대, 남성적인 특성으로 간주되는 공격적인 성향을 보이는 여성은 여성성이 결핍된 것으로 본다. 또한 순종적인 여성은 여성의 바람직한 특성을 가진 것으로 간주되어 공격 성향을 가진 여성보다 사회에서 인정되는 여성스러운 여성이 될 가능성을 가지고 있다. 즉, 남성성 항목에 적게 해당될수록 그 여성은 더욱 여성적이라고 간주되고 반대의 경우도 마찬가지다. 이처럼 모든 사회는 남성, 여성에게 바람직한 특성이 무엇인지를 규정하고 있다.

그러나 최근에 심리학자들은 이런 식의 가정에 회의를 품기 시작했다. 과연 남성성과 여성성이 단일 차원에 존재한다고 규정하는 것이 타당한 것인가? 남성적이 아니라면 반드시 여성적이어야 하는가? 혹은 개인 속에 두 가지 성이 갖는 특

표 2-1 남성성과 여성성

남성성	여성성
적극적인	감사해하는
오만한	정다운
자기주장적인	협조적인
권력적인	의존적인
자신있는	감정적인
냉소적인	흥분하기 쉬운
신중한	두려워하는
지배적인	여성적인
야심적인	변덕스런
강한	이해심 많은
선견지명이 있는	포용감 있는
솔직한	소극적인

표 2-2 남성과 여성의 성격특성

남 성	여 성
정직하다.	의존적이다.
창의적이다.	수동적이다.
용감하다.	무기력하다.
참을성이 있다.	두려움이 많고 소심하다.
성취지향적이다.	헌신적이다.
모험적이다.	유순하다.
자발적이다.	냉소적이고 비웃기를 잘한다.
운동을 좋아한다.	방황을 한다.
자존심이 있다.	신체적 외모에 관심이 많다.
문제해결적이다.	생기가 없다.

징들을 연합하면서 남성적인 동시에 여성적일 수도 있는가? 다시 말해서 양성성(androgyny)이 가능한가?

성정체감 성정체감(gender identity)은 심리학적 용어로서 자아를 소녀 또는 소년으로 나아가 여성 또는 남성으로 보는 관점이다. E. H. Erikson은 성정체감은 이성과의 원만한 관계를 정립하기 위한 기초가 될 뿐 아니라 가정이나 사회에서 자신이 속한 문화권의 요구에 적합한 성역할을 수행해 나갈 수 있게 하는 기초가 된다고 하였다.

남성화와 여성화의 개념을 반영해 주는 성정체감은 자신의 신체와 행동들을 다른 사람과 비교함으로써 그리고 사회화 과정을 통해서 아주 어린 시기부터 학습된다. 따라서 아동들은 자신의 성별을 아는 것 외에도 다른 사람의 성별을 올바르게 인식할 수 있다. 예컨대, 어린 아동들은 성별 판단의 근거로 다른 아동들이나 성인들의 옷 모양, 머리 모양과 같은 단순한 단서를 이용해서 남녀를 구별하지만 성장함에 따라 다른 복잡한 단서를 가지고 성별을 올바르게 인식한다.

아동기 사회화에서 중요한 부분도 바로 개인에게 기대되는 성역할을 인식하고 이에 적합한 행동양식을 발달시켜 나가는 것이다. 즉, 성정체감을 확립해 나간다는 것 자체가 남성다움과 여성다움이라는 성역할의 고정관념적 기대에 맞추어 가는 것이기도 하다.

양성성 양성성(androgyny)은 남성과 여성이 전통적인 남성특성과 여성특성을 공유하고 있음을 의미한다. 즉, 양성성을 갖는 사람은 남성 역할과 여성 역할의 어느 한쪽의 역할에 구애받지 않고 상황에 따라 자유롭게 선택할 수 있는 사람을 뜻하는 긍정적인 가치를 지니고 있는 것으로 간주된다. 심리학 분야에서 양성의 개념을 연구하게 하는 데 주요 역할을 한 Bem은 남성성이나 여성성의 초기 개념들이 보여 주듯이 사람들이 어느 하나에만 국한된 것은 아니라고 하였다(Bem, 1974). Bem의 의견에 동조적인 연구자가 늘어가면서 Bem은 양성성이 의미 있는 개념이라고 생각하게 되었다. 따라서 남성이나 여성은 모두 남성적 및 여성적 특징을 함께 갖고 있을 수 있다. 즉, 한 사람은 주장적인 동시에 양보적이며 도구적인 동시에 표현적일 수 있다.

Bem은 양성적인 사람이 전통적으로 성전형화된 사람들에 비해서 더 긍정적인 상태라고 간주한다. 예를 들어, 문헌연구에서 밝혀진 것은 아동이 성교차 전형화(cross-sex typing)된 경우, 즉 여성성 특질을 가진 남아나 남성성 특질을 가진 여아의 경우에 일반적으로 더 높은 지능과 더 풍부한 창조성을 보였다. 결과적으로 양성적인 사람은 성전형화된 사람들에 비해 더 폭넓은 능력을 가졌고, 상황이 어떤 것을 요구하느냐에 따라 남성적인 주장성이나 여성적인 온정을 보일 수도 있고 또 다른 상황에서도 똑같이 효율적이라는 것이다.

양성성이란 매우 흥미로운 개념이며, 앞으로도 더 많은 연구자들의 관심을 끌 수 있을 것이다. 많은 논평가들이 제안하는 것처럼 남성들도 정서적인 표현을 할 수 있고, 자신의 감정을 타인에게 얘기할 수 있으며, 모든 상황에서 자신의 지배욕구에 대해 덜 걱정할 수 있다면 바람직한 일이라고 할 수 있다. 동시에 여성들도 더 주장적이어야 하고, 경쟁 상태에서 성취를 위하여 노력하며 타인에게 전적으로 의존하지 않으면서 충분히 독립적일 수 있어야 한다.

Jung은 인간은 남성적인 특성과 여성적인 특성을 모두 가지고 있는데, 남성에게 억압되고 있는 여성적인 측면인 아니마(anima)와 여성에게 억압되고 있는 남성적인 측면인 아니무스(animus)가 있다고 하였다. 다시 말해 남성과 여성은 각각 이성의 태도와 감정 등의 심리적 특성도 갖고 있지만 여러 가지 사회적 억압에 의해 다른 성의 특성들이 무의식 속에 숨어 있다는 것이다. 따라서 남성과 여성 모두는 이 두 특성을 조화롭게 발달시켜야 의식과 무의식의 세계가 조화를 이루어 자아실현에 도움이 되지만, 그렇지 못하면 여러 가지 문제와 갈등을 일으키는 요인이 된다고 주장하였다.

이러한 아니마와 아니무스는 여러 세대에 걸쳐 남자와 여자가 상호작용을 하는 가운데 서로 영향을 주고, 서로 다른 성에게 적절히 반응하면서 이성을 이해하는 데 유용한 특징들을 획득해 온 것이라 하였다. 이 관점에서 볼 때 양성성은 전통적인 남성과 여성의 성역할에 대한 고정관념에서 탈피하여 사회변동에 따른 성역할의 변화를 촉진시키고 있다.

3) 남성과 여성의 차이점

남자와 여자가 여러 가지 측면에서 차이가 있다는 고정관념을 미리부터 갖게 되는 이유는 남녀가 우선 생물학 · 해부학적으로 전혀 다르다는 사실 때문이다. 과거와 현재를 막론하고 우리 사회에서는 남녀 간의 일반적 능력과 지능의 차이, 성격과 사회적 역할의 차이, 권리와 의무의 차이, 평등과 불평등의 논란 등에 관해 많은 논의가 있어 왔다.

현대 사회는 외관상 분명 남녀평등을 지향하고 있지만, 여성의 경우 아직도 전통적으로 규정된 성역할에 따르도록 강요 받고 있다. 물론 남성과 여성은 생물학 · 해부학적 조건이 다르듯이 심리적 특성에서도 차이가 있을 수 있고, 그런 부분이 곧 여성에 대한 편견이나 남녀차별의 정당한 이유가 될 수 없는데도, 성에 대한 고정관념과 남녀 간의 차이에 대한 상식적인 믿음이 여성들에 대한 차별대우의 근거로 작용하기도 한다. 따라서 남녀의 차이점을 연구한 대다수의 연구 결과는 연구자가 가지고 있는 성에 대한 편견이나 문화적 배경이 많은 영향을 끼친 것으로 나타났다.

많은 심리학자들은 남녀 차이에 대한 일반적인 관념이 어느 정도 근거가 있고 타당한 것인가를 규명하기 위해 지적 능력의 측면과 주어진 과업에 대한 성취수준의 문제, 예컨데 지각, 기억 그리고 학습, 지능과 인지양식, 성취동기수준 등을 검증하려 하였다. 또한 성격특성과 사회적 행동의 측면, 예컨대 성격요인과 기질, 활동수준과 정서적 성향, 사회적 접근과 회피 그리고 대인 간의 권력관계 등이 심리사회적 특성에서 남녀 간 어떤 차이가 있는가를 검증하려고 노력하였다.

『남녀차이의 심리학(The psychology of sex differences)』을 저술한 Maccoby와 Jacklin(1974)은 그들의 저술에서 남녀 차이의 실상과 본질에 대해 보다 분명한 결론을 얻으려고 시도한 결과, 다음 세 가지 부분에 대한 연구 결과에 대해 논의하였다. 첫째, 남녀 차이가 상당히 명확하게 나타나는 측면들, 둘째, 흔히 남녀 차이가 있다고 알려져 왔으나 그 증거를 발견할 수 없는 측면들, 셋째, 연구 결과나 증거가 불충분하여 아직 남녀 차이에 관하여 분명한 결론을 내릴 수 없는 부분들이 바로 그것이다.

이 책에서는 남녀 차이가 분명히 나타난 능력의 차이와 인생주기 전체에 걸쳐 영향받는 남녀의 성인기에 대해서만 논의해 보고자 한다.

증거가 명확한 능력의 차이 약간의 상반된 주장이 있기는 하나 남녀 차이가 분명히 나타난 측면은 언어 능력, 시각-공간적 능력, 수리 능력 그리고 공격성 등 네 가지뿐이다.

먼저 언어 능력에서, 말을 유창하게 한다거나 논리성은 여성이 뛰어나다. 즉, 같은 시간 내에 긴 문장을 조리 있게 구성하여 설득력 있는 문장을 작성하는 능력은 여성이 남성보다 더 뛰어나다. 언어 능력의 남녀차는 11세경에 처음으로 나타나며, 여성은 중학교, 고등학교 때와 그 이후에도 남성보다 뛰어나다. 여성은 철자와 같은 비교적 단순한 언어과제뿐만 아니라 언어유추, 난해한 문장 이해, 그리고 창작 등과 같은 복잡한 과제에서도 남성보다 뛰어나다.

시각-공간 능력에 있어서는 반대로 남성이 여성을 능가한다. 이러한 현상은 아동기보다는 청소년기와 성인기에서 더욱 명확히 나타난다. 분석적인 접근을 요하는 그림 속의 숨은 도형 찾기, 막대기와 틀 검사 등과 같은 인지 양식에 관한 능력, 비분석적인 공간 능력인 토막짜기 소검사, 미로의 탈출구 알아맞히기, 도형판에 있는 도형 알아맞히기 등에서 차이를 보인다. 수리 능력에서도 남자가 여자보다 우세하다. 수량개념 획득이나 산술의 학습 능력에서 초등학교 시기까지는 별다른 차이가 없으나 12~13세경부터 남자의 수리 능력이 여자보다 빨리 발달한다.

공격성에서도 남자가 여자보다 더욱 공격적인데, 남자는 신체적 공격과 언어적 공격 양자에 있어 모두 우세하다. 또한 공격에 관한 환상과 같은 약한 형태의 공격이나 직접적 공격 그 어느 것에서도 남자가 여자보다 우세하다.

이와 같은 남녀 차이는 이미 2세경부터 나타나고, 연령의 증가와 더불어 남녀 모두 공격행동이 어느 정도 감소하기는 하나 남자들은 성인이 될 때까지 범문화적 경향을 보이면서 계속 유지되고 있다. 남자가 공격성에서 우세한 점은 성 호르몬의 특성 등 생물학적 측면이 강하게 나타난 것이며, 이와 더불어 사회적 학습과 강화가 남자에게 더 많이 허용되었기 때문이라고 생각된다. 또한 실제적으로도 성폭력, 아내구타 등 남녀 사이에서 일어나는 공격행동의 결과들은 전통적으로 공격성이 남성의 특성으로 간주되어 왔던 고정관념을 확인해 주는 것이기도 하다.

남성과 여성의 성인기 개인이 남자 혹은 여자로서 사회에서 적응하여 살아가기 위해 나타나는 변화과정과 특성을 살펴보면 청소년기 이후 남성과 여성 모두 자아정체감을 형성하기 시작한다는 것을 알 수 있다.

일반적으로 남성은 경쟁적이고 항상 성공을 추구해야 하고 또 희로애락의 감정을 밖으로 나타내지 않아야 한다고 훈련받아 왔다. 그러한 것이 남성의 특징이기도 하다. 또한 남성들은 너무 부드러운 자세를 취하거나 무엇을 두려워해서는 안 되며, 분노와 기쁨 역시 억압해야만 한다. 그러므로 남성들은 이러한 정서와 감정을 거부하거나 억제함으로써 많은 스트레스를 받게 된다.

이와 같은 신체적 및 심리적 스트레스가 남성으로 하여금 여러 가지 질환을 일으키게 하여 여성보다 수명이 짧아진다는 주장이 많다. 이러한 주장은 A형 성격의 행동특성이 심장질환이나 고혈압 등과 관련성이 있다는 연구에서도 그 증거가 나타나고 있다. A형 성격 소유자들은 주로 남성의 특성을 계속적으로 보여 주고 있는데, 그 주요한 내용은 증오심, 공격성, 안절부절못하는 태도, 일과 승진에 대한 집착, 약속시간 엄수 등이다(Friedman & Rosenman, 1974).

이와 같은 남성의 역할은 특히 대인관계의 측면에서 두드러지게 나타난다. 사실상 우리가 어떤 사회적 지위를 차지하고 있으면 일반적으로 사회적 역할은 자동적으로 부과된다. 하지만 남성의 역할은 자신이 계속적으로 노력해야만 유지할 수 있게 된다. 남성은 대인관계에서 독립적이고 자신감이 넘쳐 흐르며, 강력해야 한다는 역할기대로 말미암아 일상생활의 행동이나 대인관계에서 상당히 긴장되고 불안정할 수밖에 없다. 이와 같이 감정을 억누르고 표출하지 않기 때문에 자기의 진정한 감정적 교환을 하지 못하게 된다.

이러한 남성의 인위적인 역할문제는 남성과 남성 간의 우정이나 인간관계뿐만 아니라 아내와 어린 자녀들에게도 좋지 않은 영향을 준다(Pleck & Sawyer, 1974). 특히, 엄격하고 성취중심적인 남성은 자녀들과 깊은 관계를 맺고 공통적인 활동을 하기 어렵고, 또한 그들은 일상생활에서 언제나 냉정해야 하므로 감정을 표현하거나 온화하고 인자한 모습을 보이기가 어려워진다. 이런 까닭에 아버지는 자녀들과 정서적으로 깊은 관계를 맺기 어려워지고, 또한 자라나는 자녀들에게 냉정한 아버지의 모델이 된다.

남성이 청소년기의 성적 특징과 성인이 되어서 남성의 성적 특징에 대하여 별다른 갈등이나 부담을 느끼지 않는 데 비해 여성의 경우는 완전한 여성이 되기 위한 생리적 변화, 신체적 변화, 임신, 출산 외에도 사회적 성취와 진출 및 주부 역할의 성실한 수행이라는 인습적인 성역할 관점으로 인해서 불안감과 갈등을 겪게 된다.

흔히 가정주부를 지향하고 연애, 결혼 및 출산을 통하여 보람을 느끼는 여성은 그다지 커다란 적응의 문제가 없지만, 독자적인 전문직을 추구하거나 가정과 직장일을 같이 운영하려는 여성들에게는 임신, 출산 그리고 어린 자녀의 양육이 대단히 많은 시간과 정력을 소모하는 과업이다. 이것이 바로 남성이 남성성과 직업적 역할 사이에 아무런 갈등을 일으키지 않는 것과는 달리 여성이 여성답다는 여성성과 직업적 역할 사이에서 갈등을 일으키는 원인이 된다.

또한 가정이 파괴되고 부부가 이혼을 택한 경우에도 남성보다 여성에게 피해가 더욱 큰 것은 남성이 직업 중심으로 자아정체감을 형성하는 것과는 달리 여성은 결혼이라는 인생의 디딤돌이 자아정체감 형성에 커다란 좌표가 되기 때문이다(Donvan & Adelson, 1966). 결혼이 파괴된다는 것은 여성의 자아정체성을 상실하는 결과를 가져와 사실상 이중 삼중의 위기를 맞게 된다.

결혼생활이 원만히 진행되고 있는 30대 후반의 여성에게는 성적 욕망이 가장 강한 시기인 반면에 남성은 성적으로 쇠퇴하기 시작하는 시기다. 또 여성은 어머니로서 그리고 아내로서 많은 책임을 지고 가정에 얽매여 생활을 꾸려나가야 하는 반면 남성은 직장을 중심으로 보다 폭넓은 자기개발과 확장이 이루어진다.

2. 남성과 여성의 성역할 획득

개인의 성정체감에 따라 각 문화는 서로 다른 성역할(gender role)을 부여한다. 성역할이란 생물학적 성차에 의거하여 사회로부터 기대되는 일련의 성격특성을 말한다. 다양한 사회의 많은 사람들은 아직도 남성과 여성은 분명히 구별되며, 일반적인 남성과 여성의 전형적인 특성들에 관한 신념, 즉 행동적 특성과 심리적 특성을 소유하고 있다는 성역할 고정관념(gender role-stereotype)을 가지고 있다.

성역할 고정관념이란 남녀의 성격적 특성에 대한 구조화된 신념들의 집합으로, 역할 중심적인 관점에서 볼 때 어떤 동일 상황에서 성별에 따라 특정한 동일 행동을 기대하는 태도적, 행동적 편향으로 정의된다(Williams, 1985). 따라서 어느 사회에서나 성별과 관련하여 그 구성원들은 특정 성별이 가지는 일련의 특성에 대해 대체로 비슷한 생각을 가지고 있다고 할 수 있다.

전통적으로 남성은 남성적 성역할만을 소유하고 여성은 여성적 성역할만을 지니고 있을 것으로 기대되었다. 따라서 사람들은 사회적으로 적절하다고 규정된 성역할 행동을 수행하게끔 사회화되어 간다. 즉, 여성은 정서적이고, 온화하며, 조용하고, 이해심이 많은 특성을 지니는 반면, 남성은 독립적, 지적, 지배적, 모험적, 자기신뢰적일 것으로 생각한다. 가족이나 문화사회적 계층에 따라 다소 다른 점은 있겠지만 사회화 과정은 사회에서 통용되는 가치들을 수용하게 하는 경향이 있다.

대중매체에서도 남성과 여성에 대한 많은 표본들이 제시되고 있다. 예컨대, 성인 남성은 적극적으로 문제를 해결하고, 직장에 나가는 것으로 표현되지만, 성인 여성은 퇴근해서 돌아오는 남편과 가족을 위해 요리를 해서 기다리고, 아이들을 양육하고 시어른들을 봉양하는 모습 등으로 표현된다.

결과적으로 인간은 남성적이든 여성적이든 어느 한쪽 면을 두드러지게 취하고자 한다. 그 결과 개인의 성격이 남성적인 것과 여성적인 것의 상호작용의 산물이라는 사실을 인정하는 대신에, 모든 남자는 남성적이고 모든 여자는 여성적이라고 생각하는 과장된 신념을 고정화시키게 만들었다.

1) 아동기와 청소년기의 성역할학습

대부분의 이론가들이 환경이야말로 성역할 발달에 중요한 역할을 한다는 견해를 갖지만, 성역할을 획득하는 방법에 대해서는 대표적으로 다음의 세 가지 이론이 언급되고 있다.

정신분석학 이론 정신분석학의 아버지인 Freud에 의하면, 아동은 두려움으로부터 벗어나려고 동성의 부모를 동일시한다고 한다. Freud는 이 두려움은 부모로부터의 애정 상실에 대한 두려움이나 보복에 대한 두려움 중 하나라고 보았다. 애정 상실에 대한 두려움은 소년과 소녀 모두로 하여금 그들의 동성인 부모를 동일시하려는 결과를 낳는다.

Freud의 심리성적 발달의 단계 중 3단계인 남근기 동안의 여아와 남아는 서로 다른 경험을 하게 된다. 남아는 '오이디푸스 콤플렉스(Oedipus complex)' 라고 불리는 경험을 하게 된다. 이것은 그리스 오이디푸스가 아버지를 살해하고 어머니와 결혼하게 된다는 신화로부터 나온 것으로, 이 콤플렉스를 해결하기 위한 수단으로 성역할 동일시가 이루어진다. 다시 말하면, 이성의 부모를 향한 근친상간적 성적 욕망이 현실적으로 불가능하다는 것을 깨닫게 되고, 아버지가 자신을 거세할지도 모른다고 느끼는 거세불안을 없애기 위한 방법으로 아버지처럼 되려하거나 또는 아버지를 동일시한다.

한편, 여아는 이 시기 동안에 자신은 남근이 없다는 것을 알게 되고, 남근선망을 하지만 점차 근친상간적 욕망을 억압하고 어머니를 동일시한다. 따라서 Freud는 이 시기에 동성 부모를 성공적으로 동일시하는 것이 적절한 성역할 획득의 시작이라고 보았다. 결과적으로 아버지와 어머니 모두가 아동의 성별 분화를 돕는 촉진과 지지의 근원이 되어 아동으로 하여금 특정 방향의 성정체감을 발달시킨다.

비록 대부분의 3~4세 아동은 생식기 차원에서 남성과 여성 간의 차이를 모르고, Freud의 동일시 이론이 성역할 획득에 대한 설명으로서 타당한지에 대한 과학적 검증이 거의 없음에도 불구하고, 성역할 차이에 대한 그의 이론은 아직도 상당한 영향력을 가지고 있다.

사회학습 이론 학습 이론에 따르면, 아동은 칭찬이나 보상과 같은 긍정적 강화에 의해 그들의 성에 적합한 행동을 학습하고 처벌이나 부정적 강화에 의해 이성의 성역할을 억제한다. 학습 이론 접근에서는 성역할은 전적으로 환경과 경험에 의해 획득된 후천적인 행동양식으로 간주하고 있다. 대부분의 성역할 특성은 사회화 과정에서 문화가 기대하는 고정관념적인 성역할 특성과 일치되는 행동에 대해 가정, 학교, 사회 등으로부터 강화를 받거나 모방함으로써 학습된다.

Maccoby는 부모가 남아와 여아에게 다른 옷을 입히는 것도 성역할 획득에 영향을 끼치지 않을 수는 없다고 주장하고 있으며, 남아와 여아에게 부모가 각기 다른 장난감을 주는 것도 이와 동일한 효과를 가져올 것이라고 하였다. 예컨대, 여아가 총이나 축구공을 가지고 놀거나 남아가 인형을 가지고 놀면 부모로부터 처벌과 제재를 받기 쉽다. 반면에 여아가 인형을 가지고 놀고 남아가 총이나 축구공을 가지고 노는 행동은 격려나 보상 등의 정적 강화를 받는다. 즉, 보상과 처벌의 결과로서 남아는 인형을 가지고 노는 행동이 억제되고 여아는 총이나 축구공을 가지고 노는 행동이 억제된다.

이와 같이 아동의 놀이도 중요한 사회화 기능을 담당하기 때문에 남아는 남아용 장난감으로 남아끼리 노는 가운데 남자 역할의 활동적 측면을 학습해 나갈 것이며, 여아도 놀이 속에서 여성 역할의 정서적 측면을 학습해 갈 것이다. 특히, 6~7세경에 성정체감을 획득하게 되면 아동들은 자신과의 유사성으로 인해 동성 모델에 더 많은 주의를 기울이며, 더 많은 호감을 갖고 동성의 행동을 모방하는 데 적극 동기화된다. 즉, 관찰을 통한 모방이라는 심리기제를 통해 아동들은 동성역할 모델을 학습함으로써 자연스럽게 성역할 정체감을 발달시켜 나가게 된다. 특히, 성별에 적합한 행동을 하면 강화를 받는다는 것을 파악하게 되면서부터 아동의 성전형화가 가속화된다.

아동들이 학습해야 할 성역할 행동은 너무 많기 때문에 보상과 처벌만으로 아동들의 성역할 학습을 설명하기에는 불충분하다. Bandura(1977)와 같은 사회학습 이론가들은 개인의 성역할이 타인의 행동을 관찰함으로써 획득된다고 주장한다. 모델링(modeling) 개념은 사회학습 관점에서 성역할 획득을 이해하는 데 중요하다. 아동은 자기도 모르는 사이에 각기 자기와 같은 성이 사용하는 언어와 제스처를 관찰하고 모방하는데, 심지어는 감정표현이나 사고방식까지도 모방하기도 한다.

아동은 4세에 성의 구체적 특성을 동일시할 수 있는데(Albert & Porter, 1986), 부모는 어린 아동들의 성역할 사회화에 가장 먼저 그리고 가장 많은 영향을 미친다. 그러나 많은 부모들은 자신들의 말과 행동이 아동의 성역할 사회화에 기여한다는 것을 깨닫지 못한다(Culp et al., 1983).

아버지는 어머니보다 성에 적절한 행동을 하도록 아동에게 더 많은 압력을 가한다(Fagot & Fletcher, 1987). 딸보다는 아들에 대해 더 높은 성취의 표준을 설정하고, 딸에게는 더 가족지향적으로 사회화시키고 대인관계적 측면을 강조한다. 결국 부모의 고정관념에 따른 차별강화를 통해 성유형화(sex-typing)가 일어나 아동들도 일찍부터 성별에 적합한 행동을 발달시켜 나가게 된다.

또래들도 앞서 언급한 장난감이나 놀이를 통해서 아동의 성역할 행동을 인정하거나 부정함으로써 전통적인 성역할 규준을 강화시킨다. 놀이친구에서 학교생활까지 계속적으로 이어지는 또래들의 역할은 아동의 성역할 획득에도 많은 영향을 준다. 아동과 청소년들은 또래의 언어 사용과 의류, 관심사 등에도 적지 않은 영향을 받는다. 그러나 아동기와는 달리 청소년기에 이르면 또래집단들은 보다 평등주의적 성역할을 지향하기 시작한다(Cecas & Seff, 1991).

아동의 학교생활도 사회화 과정에 영향을 미치는데 일반적으로 교육환경과 학교의 교과과정도 성역할 학습에 영향을 준다. 예컨대, 오늘날 유아원이나 유치원 또는 초등학교 교사들이 대부분 여성이라는 점에서 남자아이건 여자아이건 간에 공히 두 성이 여성화된 환경에 치우치는 결과를 가져와 일반적인 학교 환경이 결과적으로 남아보다는 여아에게 더 적합하게 되었다.

남녀 학생들에게 서로 구분되는 특정 과목에 대한 이수와 교사가 학급에서 남녀 학생들에게 무심코 성차를 구분지어 반응하는 언행이나 지도도 성역할 규준을 강화시킨다. 학교 환경은 남학생들에게는 도구적인 역할을 취하도록 하고 여학생들에게는 감정표현적인 역할을 취하도록 하는 식의 사회적 상호작용 속에서 남녀 교사들이 각각 남자와 여자에게 예상되는 행동과 특성에 관한 모델로서 행동하게 된다.

인지발달 이론 인지발달 이론의 관점은 남아는 남아답게 여아는 여아답게 되기 위해서 아동 스스로가 성별을 인지하여 자신의 성에 알맞은 성역할 행동을 취해 가는 인지능력을 성역할 발달의 주요 요인이라고 보는 관점이다.

Kohlberg(1966)는 성역할 학습은 아동의 사고발달과 병행한다고 가정하고 성역할발달이 2~3세에 시작한다고 하였다. 2세의 아동들은 자신과 타인을 '남아'와 '여아'로 인지할 수 있지만 머리모양이나 옷의 스타일, 장신구, 소품과 같은 피상적인 정보를 기초로 해서 남녀를 구별한다. 예컨대, 아동들은 긴머리나 치마를 입고 있으면 소녀라고 생각하며, 비록 그들이 남아라 할지라도 남아라는 생각을 하지 못한다. 따라서 머리모양이나 옷의 스타일이 바뀌면 성이 바뀐 것으로 생각한다.

6, 7세가 되어서야 비로소 아동은 비로소 자신들의 발달된 인지 능력을 바탕으로 개인의 성별은 변화될 수 없다는 것을 이해하기 시작한다. 예컨대, 여아가 짧은 머리모양에 바지를 입고 있다 할지라도 여전히 소녀임을 인식하며, 여아들은 성장해서 어른이 되어도 아버지가 될 수는 없다는 것을 이해한다. 비로소 아동은 개인의 성이 머리모양이나 옷과 같이 외모의 변화와는 상관없이 생물학적인 성은 변하지 않는다는 성의 항상성을 인지하게 된다(Kohlberg, 1966, 1969). Kohlberg의 관점은 아동의 이러한 인지적 이해는 성역할 행동에의 적합함에 대한 보상과 부적합함에 대한 처벌의 결과가 아니라, 사람의 기본적 특성을 인지할 수 있는 구체적인 정신적 능력이 발달된 것임을 주장하고 있다.

이 시기의 아동들은 성의 항상성을 알게 되면 자신의 성에 알맞게 행동하려 하고 동성의 또래들과 어울리려고 한다. 또한 이 연령의 아동들은 자신과 타인에게 엄격한 성역할 고정관념을 적용하는 경향이 있다. 예컨대, 학교 운동장에서 고무줄 놀이와 축구를 하는 집단을 관찰하고 있는 아동은 자신의 성에 맞는 집단에 합류하며 그 집단의 놀이 속에서 자신의 성에 적합한 행동을 발달시켜 가는 것이다. 또한 인형은 여아의 장난감이므로 남아가 가지고 놀아서는 안 되고 여아가 남아의 장난감인 총을 가지고 놀면 비난을 받을 수밖에 없다고 생각한다. 추상적 사고가 가능하고 가설을 설정해서 모든 가능한 개념의 조합을 구성해 낼 수 있는 청소년기 혹은 그 이상의 연령에 이르게 되면 성역할에 대한 개념은 다시 변화하기 시작한다.

2) 성역할의 변화

일상생활을 자세히 들여다 보면 남녀가 많은 공통점을 지니고 있다. 남성은 성취를 추구하지만 동시에 타인과의 친밀성을 추구하고, 이와 유사하게 여성은 친밀성을 추구하지만 성취도 추구한다. 따라서 남성도 부드러움을 표현할 수 있으며 여성처럼 울고 싶을 때 울면서 감정표현도 자유롭게 할 수 있고 여성도 남성처럼 때로는 공격적이며 직업지향적일 수 있다.

양성적 성역할 양성성 개념으로 양성적 성역할을 강조한 Bem(1965)은 정상적인 성인은 전적으로 남성적 성향이나 여성적 성향만을 갖는 것이 아니기 때문에, 보다 유능하고 적응을 잘하는 성인일수록 여성성과 남성성을 적절하게 조합할 수 있는 양성적 성역할을 잘 수행하고 있다고 주장하였다. 전통적인 양극단적 성역할에 도전하는 양성적 성역할은 남성과 여성이 개인의 생물학적 성보다는 오히려 기질이나 상황 및 개인이 갖고 있는 인성에 따라 그들의 정서를 자유롭게 표현하고 행동을 선택할 수 있다는 것을 기본으로 하고 있다. 양성적 성역할은 융통성과 성역할의 통합을 꾀하는 특성 때문에 심리적으로 건강한 성역할을 지향하고 있다.

남성의 특성과 여성의 특성을 공유하는 양성성 소유자들이 전통적인 양극적 성역할을 수행하는 개인들보다 더욱 적응적이라는 증거가 있다. 예컨대, 남성 세계에서 성공하는 여성은, 고정관념화된 남성의 능력적인 특성—지위, 자기주장, 합리성뿐만 아니라, 여성스런 온화함을 함께 지니는 양성의 성격 소유자다. 양성적 개인들은 사회적 상황에서 더 큰 자신감을 나타내고(Puglist & Jackson, 1981), 긴장에 대해서도 보다 빠른 회복력을 지니고 있다(Roose & Jackson, 1987). 결혼생활에서도 더 많은 집중과 더 큰 만족을 느끼는 경향이 있다(Stephen & Harrison, 1985).

이러한 양성성에 대해 최근 한 보고서에 의하면, 우리나라에서 "남성적 특성과 여성적 특성을 고루 갖춘 '양성형(兩性形)' 남성과 여성이 크게 늘었다."고 보고하고 있다. 17~39세 남녀 300명을 대상으로 한 결과 양성형으로 분류된 남성과 여성은 각각 66.7%와 57.3%로 과반수였고, 남성형 남성은 20.0%, 여성형 여성은 29.3%에 불과했으며, 이러한 경향은 연령이 낮아질수록 강하게 나타났음을 보고하고 있다. 이는 상당수가 자신의 성이 지닌 장점과 더불어 이성(異性)의 장점을 추구하고 있음을 반영하고 있다(조선일보, 2004. 12. 27. '性역할 고정관념 무너졌다').

평등주의적 성역할 현대의 성역할은 극단을 보였던 전통적인 성역할에서 점차 벗어나서 평등주의적인 성역할로 대체되고 있다. 비록 변화의 속도는 문화가 다른 동양과 서양에서 서로 차이를 보이고는 있지만, 전통적인 성역할에서 평등주의적인 성역할로의 이동은 이제 당연시되고 가속화되는 추세에 있다. 물론 여성이 남성보다 더 많이 평등주의적 성역할을 지향하는 것은 사실이다. 남성은 이러한 성역할의 변화에 소극적이거나 때로는 저항적이지만, 변할 수밖에 없는 현실 상황에 따르지 않을 수 없다.

현대 가정은 자녀 수가 적어지고 취업모가 늘어남에 따라 예전의 가정에서와는 달리 여성들이 가정 내에서 보다 큰 힘을 갖게 되었다. 이와 같이 여성의 취업활동은 여성이 남성과 동등한 의사결정권을 가질 수 있는 데에 커다란 역할을 하였다. 따라서 전통 사회에서는 여성의 역할로만 간주되어 왔던 가사노동과 아동양육에 참여하는 남성들이 최근에 이르러 계속해서 증가하고 있다.

그러나 가사나 육아에서 똑같은 양을 나누어 분담하는 것은 성역할의 변화가 느린 편인 우리나라 가정에서는 물론 취업모가 보편화된 서양에서조차 완전히 정착되지 못한 실정이다. 따라서 취업모의 경우 전업주부보다 더욱 힘든 상황에 놓여 있다.

대부분의 가정에서 아직도 남성이 여성보다 더 큰 힘과 최종 의사결정권을 가지고 있으며 가장으로서의 권위를 누리며 생활하고 있다. 일단 아이를 출산해서 어머니가 되면 여성들은 육아 때문에 직장을 일시적으로 또는 영구적으로 쉬어야 하고 늘어난 가사 때문에 성역할에 대한 평등주의적 입장을 지니고 있던 부부들도 아이의 출산과 더불어 이전의 전통주의적 성역할로 돌아가는 경향도 없지 않다.

3) 성역할의 피해

각 문화는 여성과 남성에게 서로 다른 성역할을 부여하고 있으며, 개인에 따라 자신들의 성정체감 내용도 다르다. 우리 사회의 많은 사람들은 아직도 남성과 여성은 분명히 구별되는 심리적 특성과 행동적 특성을 소유하고 있다고 생각하여 성역할 고정관념에 따라 사고하고 행동한다. 성역할 고정관념은 여성과 남성이 실제로 어떻게 다른가를 뜻하는 것이 아니라, 사회가 생각하기에 여성과 남성이 어떻게 다른가를 나타내는 것이다. 성역할 고정관념은 우리에게 너무나 익숙해져서 특정 개인이 어떤 행동과 특징을 보이는 것은 그 사람의 성별 때문이라고 단정짓는 경향을 높인다.

이렇게 남성과 여성이 정반대의 특성을 소유하고 있다는 양극적 성역할 (bipolar gender role)은 사람들에게 전통적 성역할을 수행하게 함으로써 남성과 여성 모두에게 자신이 처한 상황에 적절하고도 융통성 있게 대응하지 못하게 하여 많은 피해를 가져온다.

남성의 성역할 피해 우리 사회에서 남성의 성역할은 보상적인 측면과 불리함을 함께 가지고 있다. 남성에 대해 사회가 갖는 성역할 고정관념으로는, 남성은 돈을 벌어서 가족을 부양해야 하고 직업에서도 성공해야 하며, 보다 경쟁적이고 적극적이고 개방적이고, 감정적이어서는 안 되고, 여성을 보호해야 한다는 것이다.

남성은 가족의 기본 생계를 위해 선택의 여지없이 마땅히 일정한 직업을 가져야만 한다. 남성들은 아내와 자녀 그리고 부모와 친척 및 동료들의 기대에 부응하고 이러한 역할들을 수행하기 위해 열심히 일해서 돈을 벌어야 한다. 직장, 가정, 사회에서도 끊임없이 성공해야 하며 경쟁에서도 이겨야 한다는 생각과 승진하고 출세해야만 한다는 심리적 압박감에 사로잡혀 과로하게 되고 결과적으로는 신체적 건강을 해치게 되며, 승진과 실직에 대한 공포감 및 불안감과 같은 심리적 피해도 뒤따르게 된다.

이와 같이 경제활동에 대한 남성의 책임수행 여부와 수입은 남성의 자존심과

도 관련이 있으며, 남성은 적절한 경제적 역할에 대한 욕구를 충족시키지 못하면 그것이 커다란 심리적 스트레스를 초래한다(Kessler & Neighbors, 1986).

남성은 감정적이거나 표현적인 속성을 억제하도록 사회화된다. 남성들은 여성들처럼 슬프거나 아플 때에도 눈물을 보이기 어려울 뿐만 아니라 사랑, 행복 및 슬픔도 쉽게 표현하지 못한다. 아무리 남성이 마음속 깊은 곳에 사랑과 슬픔과 행복과 같은 감정이 충만되어 있다 하더라도 이를 표현하기란 쉽지가 않다. 이와 같이 남성의 감정표현에 대한 어려움은 어린 시절부터 시작되고 있다. 아동 시절부터 자신의 느낌을 정직하게 표현하는 것을 학습하지 못한 것이다.

Bonkowski와 그의 동료들(1985)의 연구결과에 의하면, 부모가 이혼한 평균 9세 정도의 아동들 중 남아의 절반 정도만이 여아와 거의 유사하게 부모의 이혼에 대한 감정표현을 할 수가 있었다. 이와 유사하게 자신의 감정을 억제하는 성인 남성은 직업상의 갈등이나 스트레스, 일상생활의 좌절감 등을 표현할 수 없어 일의 효율성에도 영향을 미치게 되고, 가정에서도 아내와 노부모와의 관계에서 다소 어려움을 겪는 등 많은 대인관계에서 성공적인 적응이 어려워지고 있다.

남성은 나약함을 보여서는 안 되고 항상 강해야 하며 타인에게 도움을 청하는 것을 남자답지 않게 보는 고정관념은 결과적으로 남성으로 하여금 자신의 정서적, 신체적 문제의 노출을 꺼리게 하고, 상담이나 장기 진찰을 받아야 하는 상황에서도 이를 망설이게 하기도 한다. 이는 주위로부터 나약함과 무능함에 대한 비난을 회피하기 위한 것이지만 결국 상황에 따른 융통성 있는 행동을 수행하는 데 어려움을 갖게 된다.

남성이 성을 친밀한 감정과 사랑으로부터 오는 것이 아닌 목적과정으로 개념화시켜 수행이나 성취, 남성성을 증명하는 수단으로 생각하는 성역할 고정관념은 성관계에서도 반드시 남성이 주도해야만 하는 것으로 여기게 한다. 이는 정력에 대한 지나친 관심과 집착을 가져오고 또 성에 대한 부정적 시각을 갖게 하기도 한다. 성관계에서도 늘 주도적이어야 한다는 압박감과 스트레스 때문에 오히려 성적인 역기능을 겪기도 한다.

이 외에도 남성은 공격적이어야 한다는 고정관념으로 인해 모든 일을 공격적으로 추진하기 때문에 일의 수행 능력에서 일부는 개선에 도움이 되기도 하지만 공공연한 공격성과 폭력으로 인한 비행과 같은 일탈행위 등을 유발시킬 수 있다. 반면에 긍정적인 측면에서 보면 전통적 성역할의 영향으로 남성은 여성과 비교하여 볼 때 보다 긍정적인 자아개념, 많은 자신감 및 높은 지위를 소유하고 있다 (Wagner et al., 1986).

여성의 성역할 피해 여성은 수동적이고 정서적이며 온화하고 이해심이 많아 보다 가족지향적인 성역할을 할 것으로 기대된다. 이러한 성역할로 인해서 생계와 사회적 지위를 위해서 남성에게 많은 의존을 해 왔고 여성의 관심은 오로지 결혼, 가정, 자녀에만 전념하는 것이 일반적이었다. 따라서 학창시절에는 모든 영역에서 남학생을 능가했던 여학생들마저도 성인이 되면 남자보다 뒤지게 되는 것은 정말 안타까운 일이다. 그것은 성차별과 성역할의 사회화에 원인이 있다고 생각된다.

전통적인 여성의 성역할 고정관념으로 인해 여성들은 자기충족적 예언(self-fulfilling prophecy)이 가져오는 부정적 효과로 말미암아 남성들과는 달리 여성들 자신이 무능하다고 보는 경향이 있다(Wagner et al., 1986). 이렇게 여성들이 자신들에게 부과된 성역할을 긍적적으로 받아들이지 않는 것은 여성의 자기평가에도 많은 영향을 끼치고 있는 것이 틀림없다. 따라서 여자로 태어났기 때문에 더 많은 불이익을 받는다고 생각한다(Fabes & Laner, 1986). 그 예로는 고소득 직업을 구하기가 어려운 점, 남성으로부터 데이트 신청을 기다려야 한다는 것, 차별대우를 받는 것 등이 있다.

여성들은 자신이 여성임에도 불구하고 다른 여성들에 대해 편견을 가지고 있기도 하다. 180명의 여성을 대상으로 네 편의 학술논문에 대한 평가를 하게 한 연구에서, 여성들은 남성이 쓴 논문보다 여성이 쓴 논문을 덜 신뢰하였다(Paludi & Baner, 1983). 또 다른 예로 여성들은 남성에 비해 자신의 신체를 부정적으로 보는 경향이 있어서 자신이 비만이거나 약간 살찐 상태라고 생각을 한다. 이와 같이 자신의 신체에 대한 긍정적이지 못한 태도는 낮은 수준의 자존감과도 관련이 있다(Mintz & Betz, 1986).

많은 여성들이 사회로부터 기대되는 여성의 역할 때문에 상당한 압박감을 가지고 있다. 특히, 결혼한 여성은 남편과 자녀 그리고 일하는 여성인 경우에는 직장에서까지 상대들을 편안하게 해 주도록 기대되고, 또 집안도 깨끗하게 정리정돈을 해야 하며, 시댁식구들 간의 유대도 돈독히 해야 한다는 기대 속에 살고 있다. 이렇듯 여성은 자신을 위해서보다는 남편이나 자녀, 타인을 위해 살고 있다고 생각하기 때문에 남편의 성공이나 실패 및 자녀의 성공에도 많은 심리적 부담감을 갖는다.

여성들의 결혼으로 인한 불편감은 결혼의식 과정인 주례사에서도 드러난다. 전통적으로 가부장적인 한국사회에서 '부부 일심동체(一心同體)론' 이 주를 이루어 왔다. 하지만 사실 그것은 두 사람의 주체성을 무시하는 이상주의(理想主義)로서 한 사람의 중심 아래 다른 한 사람이 고사(枯死)당할 수밖에 없게 됨을 의미하며, 따라서 부부가 서로를 잘 이해하기 위해서는 '이심이체론' 이 필요하다는 주장이 제기되고 있다(조선일보, 2004. 5. 25. '여성 이야기').

아내로서, 어머니로서, 커리어우먼으로서 초인적인 힘을 발휘해야 한다는 현대 여성들이 갖는 심리적 압박감인 '슈퍼우먼 콤플렉스' 는 상당 부분이 비현실적이고 실현 불가능하다. 그럼에도 많은 여성들이 이를 실현시키고자 하기 때문에 직장이나 남편의 비협조적 태도에 많은 스트레스를 받고 있으며, 결혼생활에서 갈등과 방황도 많이 겪고 있다.

Caplan(1985)의 연구 결과에 의하면, 결혼생활에 있어서 여성이 남편보다 결혼생활에 대해 덜 행복해한다고 하였다. 결혼생활에 대한 여러 질문에서 아내가 남편보다 좌절감, 불만족, 문제, 불행감, 이혼욕구의 정도가 높았다. 정신적 건강 문제에서도 아내가 더 신경쇠약 증세를 보였으며, 심리적 불안을 더 많이 경험하고 스스로가 적응을 잘 하지 못한다고 자책하는 비율이 높았다.

사회는 여성에게 교육과 고용 분야에서 여성의 직업적 성취를 제한시키고 있다. 여성들에게 어머니됨을 선택하도록 종용하는 사회적 기대와 교육받은 여성 모델의 부족 및 여성 자신의 주부 역할 선호성 때문에 남성보다 교육받을 기회가 훨씬 적다. 또한 독신 상태의 마감을 의미하는 결혼의 선택과 뒤따라 이어지는 자녀출산이 여성의 경제적 잠재력을 방해하기도 한다.

취업 시에도 여성은 성차별을 역시 감당해야 하는데 남성과 동일한 자격을 갖추었음에도 남성들보다 낮은 지위에 있고 전통적으로 남성이 가졌던 직업을 원할 때에는 어려움을 겪는다(Riemer & Bridwell, 1982). 일반적으로 여성들은 해당 직업에 덜 적합한 존재로 평가되고 있고, 소득 역시 남성들에 비해서 훨씬 못 미치고 있다. 요컨대 성별과 관련하여 사회가 갖고 있는 고정관념이 초기 사회화 과정에서부터 깊이 개입됨으로써 개인의 삶의 방향이나 목표에 이르기까지 전 생애에 걸쳐서 그 영향력을 미치고 있다. 특히, 성역할 고정관념이 여성들의 심리사회적 발달에 체계적으로 부정적인 영향을 미칠 수 있다는 점에서 기존의 성역할 고정관념에 대한 좀 더 비판적인 시각이 필요하다.

여성으로서의 긍정적인 측면은 남성보다 수명이 길고 감정표현이 좀 더 자유로우며, 자녀들과 보다 밀접한 유대감을 가질 수 있다는 점을 들 수 있다. 그리고 주부 역할을 좋아하는 여성은 비록 전통적인 여성의 역할을 잘 수행해야만 할지라도 남성들의 직업적 자기성취와 상응하는 성취감을 갖기도 한다. 즉, 가족들에게 가정의 안락함을 제공하고 자녀를 성공적으로 키우는 것이 곧 자기성취라고 생각하며, 따라서 남성 못지 않는 큰 성취감을 얻는다.

4) 성폭력

성폭력은 상대방의 동의없이 강제적으로 성적인 행위를 하거나 성적인 행위를 하도록 강요당하는 폭력행위를 말하는데, 성폭력인지 아닌지를 구분하기 위해서는 우선 당하는 사람의 입장에서 동의 없이 강제로 성적인 행위가 이루어졌는지를 알아보아야 한다.

성폭력은 여성은 물론이고 남성까지 포함해서 인간에게 가해지는 모든 신체적, 언어적, 정신적 폭력을 포함한다. 예컨대 단순한 언어폭력에서부터 성적 희롱, 성기노출, 어린이 성추행, 강간, 근친강간, 직장 내 성폭력, 데이트강간, 강도

강간, 윤간, 아내강간, 위계에 의한 강간 등 다양하며, 최근에는 음란전화를 통한 성폭력과 컴퓨터 통신에서 이루어지고 있는 사이버섹스를 통한 성폭력 등도 생겨나고 있다. 성폭력의 불안감이나 공포 및 그것으로 인한 행동의 제약도 간접적인 성폭력에 해당된다.

과거에는 성폭력 피해를 은폐하거나 단순한 개인적 문제로 다루는 경향이 있었고 심지어는 피해 당사자의 잘못으로 생긴 일이라고 단정하기도 하였다. 성폭력에 대한 잘못된 인식이 좀처럼 바뀌지 않아 아직도 성폭력은 여성들이 동기유발을 했거나 처신을 잘못해서 일어난다고 생각하는 사람들이 많다. 실제로 어느 사회든 그 사회의 성숙도를 가늠할 수 있는 지표가 바로 성과 관련된 남성들의 의식과 관행이다.

성은 인간의 본능이며 남녀관계의 가장 기본적인 바탕이다. 그것을 어느 정도로 아름다운 성문화로 만들어 가느냐 하는 것은 한 사회나 문화권의 수준을 결정하는 중요한 척도가 된다. 그런데 우리 사회는 대부분 낙제점이며 대개가 성폭력 피해자는 여성들이다. 그 결과 성폭력 피해자들은 감당하기 어려운 신체적, 심리적, 사회적 고통 속에서 평생을 불행하게 살아가야 하는 경우까지 발생한다.

여성에게만 순결을 강요하는 성문화 때문에 성폭력 피해로 갖가지의 갈등과 혼란을 야기시켜 문제가 장기화되고 사회생활을 하기 어려운 지경에까지 이르게 하기도 한다. 특히, 성폭력 피해자가 학생인 경우는 대부분이 집중력 감소로 학습장애를 보이고 학교에 가기를 싫어하고 심하면 무단결석이 잦아지기도 한다. 특히, 청소년에 대한 성폭력은 그들의 성장 가능성을 파괴하는 잔인한 범죄행위라 할 수 있다.

지금까지 취업 여성들 중 많은 여성들이 직장생활을 하면서 알게 모르게 겪는 성과 관련된 폭력으로 인해 심리적 갈등을 경험하고 있고, 또 그러한 문제를 솔직히 털어놓기가 꺼려지고 부끄러운 문제라는 인식으로 인해서 괴로움과 고통을 느끼고 있다. 성희롱이 바로 그것이다. 성희롱이란 권한이나 지위가 대등하지 않은 사이에서 상대방이 원하지 않는 성적 접근을 하는 행위를 말하며, 당하는 상대방으로 하여금 불쾌한 감정을 느끼게 하는 행위다. 성희롱은 남녀가 함께 일하는 직장에서는 자주 발생되며 가해자들은 대부분 직장에서 상사의 지위에 있는 남성으로 고용이나 승진이나 직무상의 혜택 등을 미끼로 위협하는 경우가 많다.

심리적, 신체적 피해 일반적으로 피해자는 상대방에 대한 혐오감이나 두려움뿐만 아니라 자신에 대한 죄책감, 혐오감, 부끄러움 등의 심리적 증상을 보인다. 그 외에도 타인에 대한 분노가 공격성으로 나타나기도 하고 심리적으로 불안과 무기력감이 나타나기도 하며 식욕부진, 두통, 불면증과 같은 신체 증상을 호소하기도 한다. 이러한 상태가 장기화되면 우울증이나 대인기피증, 자포자기 상태에 빠질 수도 있다.

대부분의 피해자는 성적으로 위축감을 느끼게 되고 성행위에 대한 혐오감을 느낀다. 이러한 부정적인 성의식이 성장하여 결혼 후 남편과의 성관계에서도 어려움을 느끼거나 성적인 불안감과 성적 관심이 감소되는 등 성생활에 있어서 부정적인 경험으로 이어지기도 한다.

그 밖에 신체적인 피해로 지속적인 출혈, 성기관 손상, 세균감염, 성병이나 에이즈감염, 임신중절수술, 기타 신체적 상해 등을 겪는다. 강간으로 인해 임신중절을 할 경우 때에 따라서 조기폐경이나 불임증을 유발시켜 여성 피해자에게 엄청난 상처를 주기도 한다.

성폭력의 발생 원인 사회에서 기대되는 남성과 여성의 성역할 규준은 성문화에도 그대로 반영된다. 우리 사회의 성문화는 지나치게 남성 위주로 구성되어 있기 때문에 여성들은 일상생활을 해 나가는 데도 어려움을 느끼고 있다. 즉, 남성은 성을 표현하거나 성관계를 갖는 데 자유롭고 적극적인 것이 남성성의 상징인 양 인식되고 있는 반면에 여성은 표현에 소극적이고 남성의 요구에 수동적으로 따라갈 것을 요구받는다.

남성은 선천적으로 성본능이 강하고 이를 표현하는 것이 남성다운 행동으로 인식되고 여성은 육체적 순결을 지켜야 하는 것으로 기대된다. 예컨대 남성에게 문제가 발생하면 그럴 수 있는 일이라고 쉽게 용서되어 왔고, 여성에게 문제가 발생하면 미혼일 경우에는 인생을 망치게 되고 기혼일 경우에는 심지어 이혼을 당하여 결국은 주위로부터 모두 외면당하게 된다. 따라서 똑같은 행위에 대해서도 남성에게는 허용적이지만 여성의 경우에는 금지하는 쪽으로 규정되어, 남녀에게 다르게 적용되는 이중적인 규범으로 인해 성폭력이 발생했을 경우 그 행위를 피하거나 막지 못한 여성에게 책임을 전가시키는 결과를 가져온다.

최근 범람하고 있는 비디오, 잡지, 영화, 컴퓨터 통신 등의 다양한 대중매체에서는 성을 상업적인 이윤추구의 수단으로 적극 이용하고, 성을 생물학적인 성적 충동으로만 접근하여 공격적, 동물적, 정복적, 폭력적, 가학적으로 묘사하고 있다. 따라서 이러한 비인간적인 성을 조장하는 성산업은 여성을 성적 대상화하는 것을 당연시하여 성폭력을 조장하고 있다. 남성들의 일반적인 매춘 문화도 남성이 성충동에 의해 강제적인 성행위를 하는 것을 일상적인 남성적인 성행위의 하나로 학습시키는 결과를 낳기 때문에 이 문화 속에서 살고 있는 여성은 그들의 동의 없이 일방적이고도 강제적인 성폭력의 피해자가 될 수밖에 없다. 또한 올바른 성교육의 부재도 성폭력의 발생을 조장시킨다.

예방과 대책 성을 둘러싼 온갖 범죄와 관련하여 우리 사회도 이제 비로소 성에 대한 새로운 인식과 근본적인 대책을 마련해야 한다는 움직임이 일고 있다. 성폭력 문제에 대해 사회적 관심이 높아진 이유는 성폭력이나 성희롱이 여성의 일상적인 삶을 위협하고 있다는 것에 사회가 공감하고 있음을 나타내는 것이다.

성폭력 예방은 건전한 성문화에서 출발한다. 성폭력은 이제 감추고 쉬쉬할 문제, 일부 특정 개인의 문제에 국한된 것이 아니라 우리 모두의 문제라는 인식과 성을 무조건 감추려 하지 않고 공개적으로 토론할 수 있는 분위기를 만들어야 예방 대책을 모색할 수 있다. 성을 표현하고 행동하는 데 있어서도 남성에게는 능동적이고 적극적일 것을 요구하고 여성에게는 수동적이고 소극적일 것을 요구하는 성문화도 이제는 바뀌어야 하며, 남성의 성적 방종은 묵인하면서 여성의 성은 순결 이데올로기를 통해 억압하는 남녀불평등 성문화도 평등한 성문화로 변화되어야 한다. 건전한 이성교제를 위한 전용놀이공간의 확대도 요망되며 폭력적이고 비인간적인 성을 조장하는 음란 비디오, 잡지, 영화 등의 규제도 필요하다.

성폭력은 타인의 신체를 침해한 성적 폭력이라는 인식 또한 필요하다. 만약 성폭력 피해가 발생했을 때에는 언제 어디서나 쉽게 신고하고 대책을 논의할 수 있는 성폭력 전담기관을 확대하고, 성폭력 피해자는 성폭력을 유발했다는 통념에서 벗어나 피해자가 수사나 재판과정에서도 다른 피해를 당하지 않도록 해야 한다. 성폭력 피해 발생 시 피해자의 심리적인 문제를 치료, 상담할 수 있는 상담기관을 확대하고 성폭력 가해자에게도 적절한 상담과 교육 프로그램을 실시해 재범을 막을 수 있는 제도적 장치가 필요하다.

이성교제

1. 이성교제의 기능과 문제점

1) 이성교제의 의의와 배경

인간은 일정한 연령에 도달하게 되면 자아의식이 발달하면서 이성에 대해 새로운 홍미와 관심을 가지게 되고 이에 따라 자신의 관심을 표현할 대상자를 찾기 위해 이성교제를 시작하게 된다. 이는 매우 자연스런 현상이라 할 수 있다.

사회적 관점에서 볼 때는 성숙한 남성과 여성들이 만나서 서로의 상호작용을 통해 자신과는 다른 이성의 성역할과 퍼스낼리티를 관찰할 수 있는 기회를 제공받고 가벼운 교제에서부터 배우자 선택에 이르기까지의 역할을 수행한다. 결혼 이전의 성인기에 이성과 친밀한 관계를 맺는 방법을 익히고 실행하는 것은 중요한 발달과업으로서, 이는 장차의 부부관계 및 부모됨과 직결되는 과정이라 할 수 있다.

18세기 중엽 영국에서 일어난 산업혁명으로 말미암아 배우자의 선택이나 결혼이 부모나 친족에 의해 결정되었던 구혼제도에 많은 변화를 가져왔다. 가정에서 어머니를 도와 가사와 육아에만 종사해 왔던 미혼 여성들이 취업을 위해 자신들의 활동무대를 옮기게 됨으로써 가정 밖에서 남성들과의 접촉이 빈번해졌고 결과적으로 부모로부터의 통제에서 점차적으로 벗어나 데이트를 위한 더 많은 시간을 보낼 수 있게 되었다.

20세기의 교통과 통신의 발달, 대중매체의 발달은 남녀의 접촉을 보다 쉽게 만들어 미혼 남녀의 사회적 상호작용의 기회를 더욱 증가시켰고 이성교제와 배우자의 선택 역시 부모의 권한에서 당사자의 권한으로 변화해 가는 추세를 맞고 있다. 즉, 개인의 권리를 최대한 존중받고 자신의 행복을 추구할 자유를 인정받고자 하는 자유주의적 결혼관으로 변화되어 가고 있다.

데이트의 풍속도도 사회 변화와 문화 발달에 따라 변화해 가고 있는데 전통 사회에서의 데이트는 일정한 공식적 패턴을 지니고 있다. 남성은 데이트를 할 때 남성인 자신들이 데이트를 주도해야만 한다는 압박감에 많은 긴장을 경험하며, 여성 또한 남성의 데이트 신청을 기다리며 남성에 대한 관심 표현은 단지 간접적이고 수동적인 방법을 통해서만 가능했다.

데이트 비용도 남자들의 부담이었고 여성은 그 대가로 남성들을 즐겁게 해 주려고 노력하게 되었으며 이러한 상호작용은 결국 배우자 선택을 그 목표로 삼고 있다. 그러나 남성과 여성의 양극적인 성역할이 평등주의적 성역할로 바뀌어 감에 따라 동등성과 상호성 그리고 공유를 전제로 하는 데이트로 많은 변화를 가져왔다.

2) 이성교제의 기능

이성교제는 이성을 알게 되는 자연스런 과정으로 이성에 대한 관심을 구체화시키며 사랑의 기쁨을 느끼게 하고, 서로의 인격을 존중해 나가면서 삶의 의미를 찾을 수 있게 하는 기능을 한다. 원만한 이성교제는 비록 배우자의 선택과는 무관하게 시작되었다고 할지라도 인격 성장과 인간관계의 적응을 보다 원활하게 하는 사회화의 기능이나, 오락 및 배우자 선택의 기능 등 여러 가지 기능을 수행한다.

이성과 친밀한 관계를 맺고 유지하는 것은 단순히 감정적으로 사랑한다는 느낌을 갖는 것보다 훨씬 더 복잡하고 많은 노력을 요구하는 과정이다. 이성과 가까워지는 과정, 실망과 갈등이 있을 때 이를 해결하고 극복하는 방법 등을 익히지 못한다면, 미래의 배우자와 친밀한 관계를 맺고 유지하기가 어렵게 되며 앞으로의 원만한 결혼생활을 영위하고 자녀에게 안정된 정서적 환경을 제공하는 데 많은 어려움을 가져올 것이다.

따라서 건전한 이성관계를 맺고 지속시키는 방법과 건강한 성의 윤리와 과정에 대해서 배우는 것은 정신적, 신체적 양면에서 건강하고 성숙된 성인으로 성장하여 장차 훌륭한 부모가 되는 기반을 이루게 한다.

인격 성장의 기능 두 남녀의 교제로 인한 상호작용을 통해 내가 어떤 사람인가를 알게 해 주어 결국 자신과 상대방의 행위가 서로에게 어떤 영향을 미치는가를 깨닫게 해서 자신에 대한 자아평가와 자아의식을 성숙시키게 된다. 따라서 대인관계에서 더욱 의식적이고도 자제하는 반응과 인식의 변화를 가져오게 한다. 다시 말해서 이성교제를 통해 자신의 장점과 단점을 알게 되면 사회에서 기대하는 인격체로서의 성장이 가능하고 정서적 안정과 자아의식을 발달시켜 정상적인 인격성장을 도모하게 한다.

사회화의 기능 사회가 성인 남녀에게 기대하는 사회구성원으로서의 역할에 대해서 두 남녀 간의 교제는 각 성에 대한 이해를 보다 수월하게 하여 그들과 잘 지낼 수 있는 방법을 학습하게 한다. 즉, 성역할과 퍼스낼리티가 다른 이성과의 상호작용 관계를 통해 동성에게서는 얻을 수 없는 다양한 역할을 학습함으로써 의사소통 능력과 다른 사회적 기술을 개선시키고 사회적 매력을 증대시키며 친밀한 상호작용의 증진으로 기본적인 사회생활의 훈련을 가능하게 만든다.

이성을 잘 이해하게 됨으로써 성인 남녀는 사회에서 용납되는 방식으로 자신의 행동과 사고방식을 조절하고 통제하게 되며 대인관계에서의 원만한 적응과 함께 이성이나 사랑에 대해 막연한 기대를 하는 비현실적인 사고를 보다 현실적인 사고로 승화시킨다.

오락의 기능 데이트나 남녀의 모임은 여성과 남성 모두에게 즐거움과 생활의 활력을 제공한다. 배우자 선택의 과정을 내포하고 있지 않다 하더라도 단지 젊은 남녀가 여가의 일부분을 함께 하는 것만으로도 즐거운 레크리에이션으로서의 기능을 충분히 발휘한다. 젊은이들은 이성과 만남을 가짐으로써 자기 생활에 흥미와 의미를 찾을 수 있으며, 이러한 데이트는 스스로 좋아서 선택한 하나의 활동의 수행이기도 하다.

배우자 선택의 기능 이성교제의 궁극적인 목적은 배우자 선택이라고 할 수 있다. 결혼을 원하는 사람들에게 있어서 데이트는 유사한 생각이나 희망했던 특성을 지닌 사람을 발견하는 과정이라 할 수 있다. 즉, 데이트는 구혼과정의 시작으로 자신에게 적절한 배우자를 찾아내는 효과적인 방법이다. 바람직한 이성교제에 의한 이성관계는 바람직한 부부관계의 기초가 된다. 자기가 어떤 사람들과 어울려 살고, 특히 어떤 유형의 사람을 배우자로 선택할 것인지를 탐색하는 폭넓은 이성교제는 인격적으로 서로 잘 조화를 이룰 수 있는 배우자의 선택을 가능하게 해 준다.

3) 이성교제의 문제점과 개선 방안

이성교제를 시작했다는 것은 자신의 감정을 현실화시킬 만큼 대인관계 능력이 있고, 아울러 가족이 아닌 누군가의 사랑을 받을 만큼 매력을 갖추었다고 할 수 있다. 더욱이 배우자 선택의 기초로서의 역할을 하는 이성교제는 오히려 바람직한 과정이다.

부모의 간섭 오늘날 자녀들은 대개 부모와 같이 살지만 자신들의 데이트 관계에 대하여 부모에게 말하는 것을 매우 조심스러워한다. 그러나 만약 부모가 어떤 사람과 데이트하는 것을 원치 않는다면, 왜 부모가 찬성하지 않을까 하는 문제와 상대를 계속 만날 것인지 아닌지를 분리해서 생각하는 것이 좋다. 부모들은 자녀들을 아주 잘 알고 사랑하며 자녀가 잘 되기를 바라고 있다.

사실 부모세대들은 전통 사회에서 성장하여 청소년기나 결혼 이전의 기간에 이성교제에 대한 많은 경험을 해 보지 못한 세대들이기 때문에 결혼 전의 건전한 이성관계가 무엇인지 자녀들에게 제시해 주기가 쉽지만은 않다. 자녀들의 이성교제에 대해서 노심초사 염려하는 이유도 여기서 비롯된다.

부모들도 자녀들의 이성교제를 무조건 제약하고 부모가 원하는 상대가 아닐 때 교제를 원천 봉쇄하기보다는 자녀들의 이성친구 선택과 이성교제를 통한 자녀들의 의견에 귀를 기울여서 부모와의 허심탄회하고 진솔한 대화를 유도하고, 자녀들의 폭넓고 바람직한 이성관을 키워 주어 자신에게 가장 적합한 배우자 선택에 도움이 될 수 있는 기회를 마련해 주어야 할 것이다.

남녀 당사자들이 느끼는 문제점 데이트는 남녀 모두에게 여러 가지 문제를 가져온다. Knox와 Wilson(1983)의 연구에서 여성들과 남성들의 견해를 모아 데이트에서 발생되는 여러 문제점을 확인하였다(김정옥 외, 1997 재인용).

원치 않는 성적 행동과 관련된 압력은 여대생들이 가장 빈번하게 보고하는 문제로서, 두 사람 간의 감정적인 관계가 발전되기 이전 상태인 아주 빠른 시기에 섹스 쪽으로 관계를 이동하려 한다고 느꼈다. 따라서 여기에서 비롯되는 여학생들의 딜레마는 교제하는 남자와의 성적인 진행을 늦추면서, 맘에 드는 그가 자신에게 다음 데이트를 신청하도록 충분한 관심을 표현해야만 한다는 것이다.

남성의 35%, 여성의 20%가 데이트 상대와의 커뮤니케이션을 문제점으로 생각한다. 한 커플이 시간을 보내는 장소와는 상관없이 파트너에게 무엇을 말하고 어떻게 말해야 된다는 것을 아는 것은 데이트에서의 의사소통에서 아주 중요한 요소가 되었다. 불편감을 느끼는 것은 각 파트너의 관심사에 서로 차이가 있는 것에서 비롯되며 상대방의 대화 내용이 지루함을 줄 때는 더더욱 그러했고 질투 또한 문제를 유발하기도 한다. 수줍음에서는 남성이 의외로 20% 정도나 문제를 호소했는데 특히 첫 데이트 때 수줍은 느낌이 들었다고 한다. 데이트 장소도 교제를 하는 커플들에게 문제를 일으키는데, 이미 정서적 관계가 형성된 사람들에게는 그다지 큰 문제를 가져오지 않았지만 데이트를 막 시작한 사람들에게 문제가 되었다.

성적 오해는 여학생들이 보고하고 있는 데이트 문제였는데, 섹스에 대한 기대 없이 자신의 데이트에 깊은 애정을 갖고 데이트에 임할 때 남성 쪽의 오해로 인해 발생하는 경우가 많다.

데이트 비용 역시 남녀 모두에게 문제가 되고 있는데 여성들도 데이트에서의 비용 지불을 종종 하고 있지만, 아직까지는 남성들이 비용 지불을 자신의 역할로

표 3-1 이성교제 시 여자 대학생이 느끼는 문제점

여자대학생들이 보는 문제점	비율(%)
성적 행동과 관련된 원치 않는 압력	23
데이트 장소	22
커뮤니케이션	20
성적인 오해	13
데이트 비용	9

자료: Knox & Wilson(1983).

표 3-2 이성교제시 남자 대학생이 느끼는 문제점

남자대학생들이 보는 문제점	비율(%)
커뮤니케이션	35
데이트 장소	23
수줍음	20
데이트비용	17
정직성/개방성	8

자료: Knox & Wilson(1983).

받아들이고 있는 것 같다. 일부 여성들은 남성들의 일부가 데이트 비용 지불 후의 대가로 기대하는 성적인 행위로 인해 데이트 비용에서 자기에게 드는 비용은 철저히 자신이 부담하는 경우가 있기도 하다.

이성교제의 기타 기술적 문제 이성교제를 하고 있는 젊은이들이 가장 많이 하는 고민 중의 하나는 어느 정도에서 신체적 접촉을 제한할 것인가의 문제로 결혼 전의 성행위 통제에 대한 것이다. 데이트에 있어서 각 파트너가 느끼는 부분에 더 솔직해지는 것은 중요한 문제다.

또 다른 문제로는 자신의 생활을 유지할 수 없을 정도로 한 사람에 집착된 이성교제로 인해 건전한 인격체의 만남이 되지 않고, 다른 인간관계 또한 피상적으로 만드는 경우이다.

개인에 따라서는 교제 파트너에 대해 경쟁 요소가 작용하여 감정표현의 어려움으로 인해 오히려 불안정감이나 나만 상대방에게 관심이 있고 상대방은 나에게 관심이 없다는 생각 등으로 열등감을 느끼기까지 한다. 한편으로 이성교제가 유희적 행동이나 쾌락만을 추구하는 일시적 만남으로 끝날 경우가 많은데, 이때 만약 한쪽 파트너가 두 사람 간의 관계 발전을 진지하게 생각하고 교제를 유지한 경우에는 상처를 크게 입기도 한다. 최근 무절제한 성적 접촉과 이성관계로 인해서 늘어나는 미혼모 및 성문란의 경향은 많은 경우 성과 임신에 대한 무지에서 비롯된 것이다.

이와 같이 우리나라의 젊은 미혼 남녀들은 아동기 때부터 남녀교제 훈련이 잘 되어 있지 않기 때문에 데이트 방법이 일반적으로 서툴며 냉정성을 잃고 때로는 이성까지 상실하여 경솔한 판단을 내리기 쉽다.

기타 문제점 우리나라에서는 전통적인 폐쇄적 관습으로 인해 남녀가 자유스럽게 접촉할 기회가 비교적 적다. 이는 자기 이상에 맞는 상대 선택에 장애를 주며 폭넓은 이성관계와 이성에 대한 올바른 이해를 돕는 데 어려움을 준다.

데이트에 대한 사회인식의 보편화, 즉 이성교제에 관한 사회적으로 승인된 일반 원칙 또한 아직 제시되지 않고 있어 교제를 하고 있는 많은 남녀에게 적지 않은 불안을 주고 있다. 아직도 낡은 세대의 전통적인 폐쇄적 사상으로 인해 결혼 전의 이성교제는 여성에게 불명예로 남아 있는 경우가 많아 이성교제의 보편화에 계속 영향을 미치고 있다.

개선 방향 요즘은 남성과 여성 모두에게서 결혼연령이 늦어지고 있고, 앞으로 더욱 많은 남녀가 이성교제에 더 많은 시간을 보낼 것이다. 이성교제는 남성과 여성이 커플을 이루어서 배타적이고 헌신적인 관계로 나아가게끔 하는 중요한 과정으로, 결혼 전에 다양한 사람과 사귈 충분한 시간을 갖고 자기에게 가장 바람직한 배우자를 선택하기 위한 기초 과정으로서 역할을 할 것이다.

데이트에 있어서 필요한 것은 각 상대자가 느끼는 부분에 더 민감해지고 솔직해지는 것이다. 예컨대, 여성은 데이트를 할 때 남성에게 성적 적극성보다 파트너의 인간적 측면에 더 초점을 두는 행동을 선호함을 인지시켜 주는 것이 좋다. 남성은 데이트가 잘 되어 가는 것에 대한 전적인 책임을 지는 것에 얽매이지 않고, 긴장을 풀어 의사소통에서의 걱정도 덜면 더 느긋하고 여유로운 의사소통의 가능성을 기대할 수 있다.

2. 이성 친구의 선택

1) 파트너 찾기

데이트는 자신이 원하는 파트너를 찾아내서 선택하는 것으로부터 시작된다. 데이트 상대를 만나고 찾기 위한 동기가 사람마다 서로 다르듯이 상대를 구하는 방법 역시 다양하다.

미혼의 성인 482명을 대상으로 데이트 할 사람들을 어느 곳에서 어떻게 만났는지를 연구한 응답자들의 반응이 〈표 3-3〉에 나와 있는데, 이들은 대부분 데이트 상대를 만나는 장소로서 직장이나 학업장소의 중요성을 지적했다. 또한 취미 활동을 즐기거나 밖에서 작업할 때 다른 사람들과의 만남을 통해서도 이루어진다. 동성 친구들 역시 새로운 데이트 상대를 만나는 데 중요한 역할을 하고, 서로가 데이트 상대를 이어 주는 수단으로서의 역할을 한다(Austrom & Hanel, 1985).

일반적으로 남자들이 데이트 관계를 먼저 유도하지만, 남자들과 만나기를 원하는 여성들이라면 남성이 자신에게 데이트를 청하도록 하는 행동의 빈도를 증가시켜야만 했다. 독신자 주점에서의 행동 연구에 의하면, 여성들이 더 자주 유혹하는 행동으로 자신이 상대해 주겠다는 의사를 보여 줄수록 남성들의 접근이 더 많아진다(Moore, 1985).

표 3-3 데이트 장소

만남의 장소	여성(%)	남성(%)
작업이나 공부하는 장소	53	38
취미활동이나 스포츠클럽	41	33
공동의 친구	38	34
파티	34	36
야간수업	20	10
독신자 주점	18	24

자료: Austrom & Hanel(1985); 김정옥 외(1997), 재인용.

2) 대인매력에 영향을 미치는 요인

신체적 매력 신체적 매력이 갖는 효과는 자신를 비롯한 데이트 상대 모두가 아름다울 수 없기 때문에 많은 문제를 야기한다. 신체적 매력을 지나치게 강조하는 점에 대해 경고하는 옛 속담들도 있지만 신체적 매력의 중요성은 데이트 상대를 컴퓨터에 의해 가상적으로 선택하는 댄스파티에 초대된 대학의 남녀 신입생들의 연구에서 증명되었다. 피험자에게 수집한 신체적 매력 수준(공정한 판단자들이 평가한), 지능, 사교술 그리고 여러 가지 성격특성을 포함한 풍부한 자료와 이들 평가와의 상관관계를 보았을 때, 남녀 모두가 매력적인 파트너를 미래의 데이트 상대로 보다 적합하다고 평가했다. 신체적인 외모가 매력의 결정 요인으로 작용된 것이다(Walster, 1966).

짝짓기 가설(matching hypothesis)에 의하면, 비슷한 수준의 신체적 매력을 지닌 사람들이 서로에게 끌린다고 한다. 이러한 짝짓기는 사람들을 서로 끌리게 하는 것 외에도 신체적 매력 차원의 관계를 좀 더 부드럽게 진전시킨다. 따라서 데이트 커플의 연구를 통해 매력의 유사성이 구애로 발전되는 것과 관련이 있음을 발견했다(White, 1980). 특히, 진지한 관계로의 발전은 서로가 신체적 매력수준에서 상당히 유사한 경향이 있다는 Murstein(1972)의 결과가 짝짓기 가설의 타당성을 더욱 지지해 준다.

신체적으로 매력적인 사람들에게 끌리는 수많은 이유 중 한 가지는 바람직한 특성을 잘 생긴 사람에게 귀인시키는 일종의 후광효과(halo effect)의 영향 때문이다. 즉, 매력적인 사람은 그렇지 못한 사람에 비해 민감하고, 재미있고, 지적이고, 능력 있고, 유쾌한 사람으로 보이는 경향을 가지고 있다.

잘 생긴 남녀에게 끌리는 두 번째 이유는 그들과의 교제가 타인으로 하여금 우리의 신분을 높이 평가하게 한다는 점인데, 남성은 그들이 미모의 여성을 동반하고 있을 때 훨씬 더 유능한 것으로 간주된다는 점을 발견했다(Sigall & Landy, 1973).

바람직한 성격 특성 성격 특성 또한 대인매력에 영향을 미치는 또 하나의 분명한 요인이다. 특정 개인이 말 많고 기만적이며 불쾌한 사람으로 보이는 것보다는 성실한, 정직한, 의존할 만한 등으로 묘사되었을 때 가상적 인물에 대한 피험자의 호감도 평정이 훨씬 높았다(Anderson, 1968).

〈표 3-4〉는 555개의 성격특징의 호감도에 관해 Anderson이 실시한 연구 결과 중 일부를 나타낸 것이다. 이들 평정은 우리가 가치 있게 평가하는 타인의 개인적인 속성에 관한 통찰력을 제시해 준다. 또한 이들 평정은 우리가 가치를 두

표 3-4 성격특징의 호감도

순위	특성	순위	특성
1	성실한	11	현명한
2	정직한	12	동정심이 많은
3	이해심 있는	13	사람이 좋은
4	충실한	14	믿을 만한
5	진실한	15	성숙한
6	신뢰할 수 있는	16	따뜻한
7	지적인	17	열심인
8	의존할 만한	18	친절한
9	개방적인	19	다정한
10	사려깊은	20	자상한

자료: Anderson(1968).

는 성격특성에 관한 경험적인 지침을 제공해 준다.

지능과 능력 및 지위 일반적으로 사람들은 총명하고 능력 있는 사람을 좋아하는데(Anderson, 1964), 〈표 3-4〉의 조사 자료가 이러한 견해를 지지하고 있다. 상당수의 사람들이 이상적인 배우자의 필수적인 특징으로 지능과 직무상의 성공을 강조하기도 한다. 그러나 경우에 따라서 사람들은 능력이 너무 뛰어난 사람을 싫어할 수도 있다.

사회적 지위 또한 인기의 중요한 결정요인이다. 초등학교 수준에서조차도, 아이들은 인기 있는 급우와 사귀려는 분명한 선호를 보여 준다. 성인들에게 있어서는 여성보다도 남성의 대인관계에서 더욱 높게 나타난다. 여대생들에게 다양한 직업 분야에 있는 남성을 데이트 상대로 받아들일 가능성을 평가하게 했을 때(VanGorp, Stempfle & Olson, 1969), 여대생들은 높은 신분의 직종(변호사 혹은 의사)에 있는 남성에게 선호를 표시했고, 낮은 신분의 직종(수위, 바텐더)의 남성에게는 그 반대였다.

흥미롭게도 여성의 신체적 매력은 그들이 수용할 수 있는 사회적 신분에 대한 기준에 영향을 미쳤다. 매력적인 여성일수록 그렇지 못한 여성에 비해 그들의 미래의 데이트 상대로 높은 신분을 요구하고 있었다. 분명히 여러 형태의 신분(권력, 특권, 명성 등)이 실질적으로 대인매력을 신장시키고 있었다.

근접성 분명히 물리적 근접성(proximity)은 두 사람이 서로 매력적일 수 있는 가능성에 영향을 준다. 친구를 선택하고 데이트 상대를 고를 때 고려하는 수많은 변인을 생각할 때, 공간적 배치가 미치는 중요한 영향은 자신의 집이 넓은 공터에 접하고 있는 사람이 거리를 사이에 두고 접해 있는 사람보다 그 단지에서 두 배 이상의 많은 친구를 사귄다는 연구 결과에 의해 상당히 강조되었다. 분명히 중앙에 있는 공터가 사람들이 서로 만나 친구가 되게 할 가능성을 증가시켰다. 우정의 유형에 대한 이 연구 결과 외에 배우자 선택도 근접 효과의 영향을 크게 받는다. 비록 현대 사회의 점증하는 지리적 유동성이 근접성의 중요성을 감소시킬지 모르지만, 이웃에서 성장한 사람과 결혼할 가능성이 높다(Bossard, 1931; Ineichen, 1979).

다양한 가설이 대인매력에서의 근접성 효과에 대한 설명으로 발전해 왔다. 가설은 다음과 같다.

- 접촉의 증가가 누군가에 대한 더 많은 정보를 제공해 주고, 그리하여 그는 특별한 사람으로 구분되게 된다.
- 어떤 자극에 대한 단순 노출은 그것을 더욱 좋아한다는 증거가 있다(Zajonc, 1968). 따라서 어떤 인물과 잦은 접촉은 그들과 친숙해지고, 그들에 대해 긍정적인 느낌, 즉 호감을 갖게 해 줄 수 있다(실제적인 상호작용이 없을 때조차도).
- 사회적 상호작용의 규범이 즐거운 만남을 증진시켜 준다. 다시 말해, 우리 사회는 우리에게 사람들을 만날 때 그들에게 친절하게 대하라고 요구한다. 나아가 타인에게 친절히 하라는 사회적 압력은 그들이 이웃이나 급우일 경우 더 커진다. 이웃과의 불편한 관계는 서로 고통스러운 일이다. 따라서 우

리는 이웃사람에 대해 친밀하고 긍정적 관계를 맺으려는 노력을 더 많이 기울이게 된다(권석만, 2004).

유사성과 상보성 결혼한 쌍 및 데이트 쌍은 연령, 인종, 종교, 사회적 지위, 교육, 지능, 신체적 매력 그리고 태도 등이 유사한 경향이 있다(Rubin, 1973). 비교적 유사한 사람들이 서로 결혼하는 경향성을 동류결혼(homogamy)이라고 부르며, 유사성은 우정 형성에도 역할을 한다. 사춘기의 가장 친한 친구에 관한 연구(Kandel, 1978)에 의하면 연령, 성, 학년, 민족 등과 같은 인구통계학적인 요인이 상당한 유사성을 띤다고 한다.

태도 유사성에 대한 광범위한 연구를 하였던 Donn과 Byrne(1973)의 연구에서도 피험자들이 실험자가 제시한 정보를 토대로 낯선 사람의 호감도를 평가하도록 했을 때, 낯선 사람에 대해 피험자가 느끼는 매력은 일관성 있게 그들이 공유하고 있는 태도 유사성의 비율에 대한 직선함수로 나타냈다. 유사성을 지닌 낯선 사람은 비유사한 사람보다 더 지적이고, 더 적응적이며, 더 바람직한 작업 동료로서 평가되었다.

사람들이 서로 상호작용을 하면서 누군가와 의견이 일치한다는 것은 항상 즐거우며 강화를 주는 경험이다. 그러한 강화 경험의 가능성은 우리가 자신과 유사한 사람과 연계되어 있을 때 더욱 커진다. 따라서 유사한 사람들간의 관계성은 그들이 각자에게 제공하는 큰 상호적인 강화에 의해 촉진된다. 또한 우리는 일반적으로 타인에게 수용되고자 하기 때문에 많은 사람들은 아마도 상대에게 잘 받아들여지고 거부의 가능성이 적다는 기대감으로 유사한 타인에게 이끌릴 것이다. 그래서 많은 데이트 상황에서도 사람들은 신체적 매력에서 비슷한 데이트 상대자를 좋아하며, 또 비슷한 태도와 가치를 갖는 사람을 좋아한다.

상반되는 사람이 서로 끌린다는 개념은 매력의 유사성 효과와 상반되는 듯이 보이는데, 사실상 겉으로 드러난 모순은 피상적이며 유사성 경향은 삼보 관계 속에서 동시에 일어날 수 있다. 예컨대, 지배적이고 복종적인 부부가 상반된 서로의 성격에 이끌려 결혼을 했지만, 종교나 사회경제적 계층, 정치적인 태도 그리고 오락적인 기호 등은 매우 유사할 수 있음을 의미한다.

호혜성 호혜성(reciprocity)에 관한 증거로, 사람들은 자기를 좋아하는 사람을 좋아하고 자신이 타인을 좋아하면 그들이 자신을 좋아하는 것으로 보는 경향이 있다(Berscheid & Walster, 1978). 따라서 호감이 호감을 증진시키고, 사랑은 사랑을 증진시키는 상호작용이 있다. 그러나 이러한 직관적이고 호소력이 있는 단순한 원리는 여러 측면에서 제한점이 있다.

첫 번째의 제한은 호감 혹은 칭찬의 출처는 사람에게 영향을 끼친다. 예컨대, 인기 있는 급우와 같은 인물로부터 받는 칭찬은 인기 없는 급우로부터 받는 칭찬보다는 더 큰 호혜적인 호감을 일으킬 것이다.

두 번째의 제한은 구태의연한 일부러 흥미 없는 척하는 일상적인 방식을 포함한다. 이러한 상식적인 생각은 이성이 교제하자고 제안할 때 상대적으로 거의 흥미를 보여 주지 않는 것(비호혜성)이 그 상대에게 관계를 더 열심히 추구하게 만든다는 뜻을 내포하고 있다. 그러나 Walster 등(1973)의 연구에서는 일부러 흥미 없는 척하는 것은 권할 만한 것이 못 된다고 하였다. 사람들은 다른 사람에게는 흥미 없는 척하는 경향이 있지만, 자신을 적극적으로 받아들이는 이성을 좋아한다고 한다.

자기지각 사람들은 자신의 행동으로부터 태도 및 동기를 추론함으로써 자신을 잘 이해하려고 한다(Bem, 1972). Valins(1966)는 자기지각 노력이 매력에 중요한 역할을 한다고 제안하였다. 그의 연구에서 남성 피험자의 실험과제는 반나체의 여성 사진을 보는 것이었다. 각 피험자의 가슴에 마이크로폰을 부착시켜 증폭된 심장박동을 들을 수 있도록 하여(심장박동에 대한 청각적인 피드백의 통제를 통해) 남자 피험자들에게 슬라이드로 본 여러 여성들의 매력을 평가하게 했을 때, 남성들은 그들의 심장박동에 분명한 영향을 준 여성에게 가장 끌렸다고 지적했다. 이 연구 결과는 사람들이 자신의 정서 상태를 해석하고자 하는 욕구가 있음을 보여 준다.

Schachter(1964)는 우리가 일반적으로 정서와 연합된 생리적 각성을 경험할 때(심장박동에 대한 거짓 피드백을 제시함으로써 위장한 정서), 우리는 환경적인 상황 특성을 살펴보고서 자신의 정서를 해석하려 한다고 제안했다. 이처럼 특별한 상황에서, 남성에 대한 가장 그럴듯한 해석은 그들은 자신의 심장박동에 분명하게 영향을 준 여성으로 인해 정말로 '흥분한다' 는 것이다.

많은 사람은 어떤 이성이 자신에게 어울리는지의 여부에 고심하면서 많은 시간을 보낸다. 이러한 생각 중 대부분은 "영미가 마음이 변했다고 전화할 때 담담했어. 아마도 난 그녀에게 빠지지는 않았었나 봐." 또는 "난 그녀와 함께 있으면 막 흥분이 되고 기쁨을 자제할 수가 없어. 그녀는 내가 찾던 그 사람임에 틀림없어." 와 같은 자기지각 노력을 포함하고 있다. 따라서 대인매력은 우리가 자신의 행동 및 정서를 해석하는 방식에 영향을 받는다.

자기존중감 사회적 교환 이론(social exchange theory)은 대인관계가 당사자들 간의 공정한 교환에 기초한다고 가정한다. 예컨대, 뚱뚱하고 못생겼지만 매우 부유한 늙은 사람과 데이트를 하는 아름다운 젊은 여성의 진부한 사례를 통해 이를 쉽게 이해할 수 있다.

또한 사회적 교환이론은 사람들의 자기존중감 수준이 어떤 특정인에게 이끌리는 경향을 가져오는 데 영향을 미친다. 만약 당신이 비교적 낮은 자기존중감을 가지고 있다면, 이성으로부터 비교적 시장가치가 낮게 평가받기 쉽다. 이러한 평가는 당신이 장래의 데이트 상대는 물론 친구를 선정하는 기준에 영향을 미칠 것이다. Kiesler와 Baral(1970)은 낮은 자기존중감의 피험자가 높은 자기존중감의 피험자보다는 매력적이지 못한 데이트 상대를 선택했음을 발견했다.

요약하면, 당신의 자기존중감 수준은 당신이 누구에게 매혹될 것인가에 영향을 준다. 자신에게 호의적인 긍정적 자기개념을 가진 사람은 자신에게 비호의적인 부정적인 자기개념을 가진 사람에 비해 자신이 좀 더 넓은 선택의 범위를 가진 것으로 본다.

3. 이성관계의 발달

1) 이성교제의 단계

자유교제(group or random date) 이성교제에 익숙하지 않은 사람들이 처음 시작하는 이성교제의 첫 단계로서, 혼자서 만나기에 자신이 없으므로 여러 사람이 함께 참여하는 그룹데이트와 학창시절에 많이 하는 미팅(meeting) 및 특정 상대를 정하지 않고 자유롭게 서로 부담 없이 많은 이성과 교제를 하는 것을 말한다. 자신의 정보에 대한 노출이나 교환을 많이 하지 않는 특징으로 인하여 서로에 대해 신비감을 간직한 채 서로가 느끼는 호감이나 매력의 정도에 따라 교제를 계속할 것인지의 여부를 결정하기도 하는데, 친구나 선배, 부모 및 친척이 다소 관여하는 경우가 많다.

지속적 교제(steady date) 많은 데이트 상대자 중 자기가 가장 매력을 느끼는 한 사람을 선정하여 고정적으로 만나게 되는 데이트를 말한다. 한 사람과의 고정된 이성교제의 진행을 통해 상대방에 대해 좀 더 잘 알게 되고 애정을 느끼기도 한다. 따라서 자유교제와는 달리 단순히 오락적인 관계에서 벗어나 책임감을 느끼게 되고 상대방과 협조하는 긍정적인 태도를 지닐 수 있게 한다. 더 나아가서는 서로의 가능성과 장래를 고려하기도 하며 상대에 대해 서로가 현실적이고 객관적으로 평가하는 것을 가능케 한다. 이 단계에서는 심리적인 안정감을 얻게 되고 남녀 상호 간에 자아욕구의 충족을 가져올 수 있다.

결정적 교제(pinning date) 고정된 이성과의 데이트가 서로의 관심과 참여 속에 만족스럽게 진행되면 마침내 '장차 결혼을 할 것이다.' 는 생각을 하기에 이르게 된다. 따라서 프로포즈를 하게 되고 서로 구속적인 단계로 접어들게 되면서 결혼을 준비하는 시기로서, 결혼과 관련된 사항에 대해 진지한 의견교환이 이루어진다. 이 시기에는 상대방의 가족이나 친지들과도 친숙해지게 되고 육체적인 친밀감도 깊어지는 시기다.

2) 자기노출과 친밀감의 형성

친밀감은 동성이나 이성 간의 오랜 교제로 인해 형성되는 친근한 관계를 말하는 것으로, 상대방을 얼마만큼 좋아하고 편안하게 생각하느냐에 따라 자기개방을 용이하게 만든다.

사적인 정보를 타인에게 개방하는 자기노출(self-disclosure)은 타인과의 표면적이고 형식적인 의사소통과는 달리, 깊고 개인적이며 의미 있는 의사소통을 의미한다. 따라서 자기노출은 우정뿐만 아니라 더욱 친밀한 관계를 형성시키는 중요한 요인으로서 역할을 한다. 예컨대, 누군가가 특정인에 대해 알기를 원한다면 서로 상대방에게 기꺼이 자신에 대한 정보를 노출해야 하며 이것은 상호적인 자기노출을 필요로 한다. 따라서 자기정보에 대한 노출로 인해서 상대방의 거부나 거절을 가져오기도 하기 때문에 본질적으로 위험스럽기는 하지만 잠재적 보상이 크기에 상당한 기능적 가치를 지닌다고 볼 수 있다.

자기노출은 복잡한 상황적 결정요인에 의존하는데 일반적으로 사람들은 자신들의 전기적인 정보(거주지, 나이, 교육수준 등)는 다소 쉽게 노출하지만, 자신이 갖는 내적인 두려움(직업에 대한 불안정감 등)과 같은 개인의 독특한 정보의 노출에 대해서는 상당히 꺼리며(Altman & Taylor, 1973), 사람들 대부분이 자신이 좋아하는 사람과 상당히 잘 아는 사람에게 노출하려는 경향이 있다.

자기노출의 수준을 5단계로 나누어 살펴보면 다음과 같다.

- 1단계: 상대방과 의식적으로 거리를 두려고 하며, 자신의 감정이나 성격에 관한 정보를 아무것도 노출하지 않는다.
- 2단계: 상대방에 대해 의식적인 거리를 두지는 않지만 자발적으로 자신에 관한 정보를 노출시키지 않는다. 여기에서 상대방과 교환하는 정보에 구체

적인 정보를 제외시킨다.

- 3단계: 상대방에게 노출하는 정보는 여전히 모호하며 자신의 독특성에 대한 정보는 별로 나타나지 않고 상대방의 반응에만 대응하는 정도다.
- 4단계: 상대방의 관심이나 흥미에 부응하도록 자신의 개인 정보 및 생각, 태도에 관해 자발적으로 전달하게 된다. 친근감이 형성되고 신뢰감으로 인해 자신의 독특성에 대한 정보도 노출하게 된다.
- 5단계: 상대방의 요구에 맞게 자신의 성격이나 감정 및 생각을 자발적으로 거의 노출한다. 상대방이 가진 부정적인 정보도 서로의 의사소통과 노출로 감정을 건설적인 방향으로 변화시키려는 태도를 지닌다.

이와 같이 자기노출을 하는 두 사람은 자신을 노출하면 할수록 서로 좋아하게 되는 경향이 있다. 그러나 서로의 노출로 상대방이 가진 상이점이나 상대방에게 받는 부담감으로 인해서 갈등을 겪게 되면 관계가 더 나빠질 수도 있다. 아무리 친밀한 관계라도 상이점에서 오는 불편함과 갈등은 불가피하기 때문에 여기에서의 문제는 얼마만큼 서로 조화를 이루느냐 하는 것이다.

상대방의 입장에서 타인을 이해하려는 노력을 의미하는 감정이입적 태도는 상대방으로 하여금 자기 자신을 있는 그대로 표현하게 하여 쌍방이 보다 덜 방어적으로 느끼고 신뢰와 수용하는 자세를 갖게 만든다. 따라서 친밀감을 형성시키기 위해서는 서로가 상대방의 욕구를 잘 인지하여 그에 부응하도록 자신을 변화시키는 것도 필요하다고 할 수 있다. 친밀한 관계에 영향을 주는 요인들에 대한 정보는 우리가 맺는 인간관계의 증진에 유익한 자료로 역할을 하기 때문에 이에 대한 올바른 인식이 필요하다.

친밀한 관계는 두 사람 각자가 서로의 관계에서 인격적인 성장에 도움이 되는 관계를 유지할 수 있느냐, 즉 기본적인 신뢰감 속에 애정을 가지고 각자가 갖는 고유 영역을 유지하면서 서로를 긍정할 수 있고 보다 균형적이고 수용적인 분위기를 조성할 수 있느냐의 문제를 놓고 상호관계의 성숙 정도를 평가해 볼 수도 있다.

결과적으로 친밀한 사람들은 서로 자신의 정보를 털어놓는데, 사랑하는 사람이나 매우 가까운 친구들에게는 서로의 개인적인 정보, 즉 내력, 장단점, 특이사항, 희망, 공포, 가치관에 대한 대부분의 정보를 나누게 된다. 즉, 서로에 대해 배려와 세심한 관심을 가지고 있고 서로를 진정으로 아끼고 사랑하게 된다. 또한 신체적 근접성에서도 친밀하지 않은 사람에게 느끼는 감정과는 달리 서로를 편안해 하고 이를 기꺼이 받아들인다.

3) 관계의 해체

앞에서 대인관계나 이성관계에서 묘사되었던 장밋빛 관계 발전의 모습은 실상의 일부에 불과하다. 많은 관계들은 흔히 갖가지 양식으로 잘못되어 가며 이는 파트너 서로 간에 상당한 고통을 일으킨다. 이와 같은 고통이 발생하는 데는 자동차 사고나 기계의 결함처럼 많은 원인들이 있을 수 있다. 따라서 특정 관계 속에서 한 명이나 두 명의 파트너가 관계를 맺을 자질에서 가망이 없을 수 있거나, 이들이 다른 상황에서 유능하더라도 그 관계에서의 구조가 잘못될 수 있거나, 외부 요인들이 이 관계를 혼란시킬 수 있다.

Duck의 관계해체 이론의 첫 번째 단계인 붕괴 단계에서 파트너들(또는 한 명의 파트너)은 진행되어 가고 있는 관계에 대해 고통을 느껴 감에 따라 파트너와의 관계에 대해 집중적으로 곰곰이 생각하는 특징이 있는 정신내적 단계를 가져온다. 이 시점에서는 상대 파트너에게 정보전달이 되지 않는다. 고민은 비밀로 유지되거나 일기나 비교적 익명의 다른 사람들과 나눠지게 된다.

일단 그 관계에 대해 어떤 조치를 취하기로 결심하게 되면, 그 파트너와 직면하게 되는 문제를 처리해야만 된다. 그러나 사람들은 흔히 자기 파트너에게 말없이 또는 자신의 퇴장에 대한 상황을 둘러대면서 관계를 철회하기도 한다(Baxter, 1984; Lee, 1984). 예컨대, 그들은 "전화할게요."라고 말하고서 전화하지 않거나, "연락합시다."라고 말하고서 파트너와 전혀 접촉하지 않거나, "애인이 되지 말고 친구로 지냅시다."라고 말하고서 거의 아무런 접촉을 갖지 않는다.

두 번째 단계인 이자 간 단계는 파트너들이 대면해서 관계에 대한 자신의 느낌들을 철저하게 이야기하고 장래의 방침을 결정하는 단계다. 만일 그들이 파탄하기로 결정한다고 가정하면 그들은 사회적 단계로 신속하게 이동한다.

이때에 각 파트너들은 다른 사람에게 자신의 결심을 이야기하고 자신의 주장에 대해 다소의 지원을 구해야만 한다. 이유 없이 그냥 어떤 관계를 철회하는 것은 좋지 않다. 우리는 다른 사람들이 자신의 결정에 동의하거나 우리 자신을 밀어 주고 지원하는 것을 필요로 한다. 다른 사람들은 동정하거나 일반적으로 이해하는 것과 같은 방식으로 우리를 지지해 줄 수 있다. 보다 더 중요하게, 그들은 사건들에 대한 우리의 소견과 파트너의 소견, 아울러 관계의 결함들에 대한 우리의 이야기를 들어 주고 상대의 입장을 지원해 줄 수 있다.

다음으로는 무덤치장 단계다. 일단 관계가 사멸하게 되면 사람들은 그 관계를 '훌륭하고도 품위 있게, 그 관계가 어떻게 탄생했고, 어떤 모습이었으며, 왜 사멸했는가' 를 타인들에게 알리는 비석을 갖추고서 묻어야만 한다. 사람들은 자신들의 관계의 내력에 관한 설명서를 만들어야 하며, 다른 사람들이 이것을 볼 수 있도록 말하고 다니며, 이를 인정받고자 한다.

우리는 자신의 사회적 연결망들 속의 멤버들의 지지를 적극적으로 추구하며 자신의 파트너에 관해서 뒷공론을 함으로써 사회적 단계와 무덤장치 단계에서 핵심적 역할을 수행해 나간다. 어떤 사례들에서 우리는 자신과 자신의 파트너가 함께 만나게끔 도와줄 수 있는 중재인들을 찾기도 하고, 다른 사례들에서는 단지 어떤 사람이 후원해 주고 파탄과 그 원인들에 대한 우리 자신의 견해를 널리 알려 주기를 바란다.

LaGaipa(1982)가 제시한 하나의 결정적인 점은 어떤 관계를 떠나는 모든 사람들은 장차의 사용을 위해서 '사회적 명예' 를 온전하게 남겨 놓고서 떠나야만 된다는 것이다. 즉, 우리는 장차의 관계들이 방해당하지 않는 방식으로 떠나야만 된다. 우리는 그동안 실망을 겪어 왔다거나 비합리적인 괴짜나 비합리적인 파트너로 인해 곤란을 당했다는 평판을 남겨 놓고서 떠나야만 된다. "나는 우리가 잘해 보려고 애썼는데도 그렇게 되지 않았기 때문에 그만두었다." 라고 말하는 것은

표 3-5 개인적 관계들의 해체 단계들에 관한 개요

	해체단계	한계점
붕괴단계	• 관계에 대한 불만족	나는 더 이상 참을 수 없다.
정신내적 단계	• 파트너의 행동에 대해 개인적으로 집중함	나는 철수하는 것이 합당할 것이다.
	• 파트너의 역할수행의 적절성을 평가함	
	• 관계를 유지하는 것이 갖는 부정적 측면들을 기술하고 평가함	
	• 철수에 수반되는 부담들을 고려함	
	• 대안적 관계들의 긍정적 측면들을 평가함	
	• 표현/억제의 딜레마에 봉착함	
이자 간 단계	• 대결/회피의 딜레마에 봉착함	나는 이렇게 할 작정이다.
	• '우리의 관계에 관한 대화' 속에서 협상함	
	• 파트너와 대결함	
	• 개선과 화해를 시도함	
	• 철수나 감소된 친밀성에 수반되는 공동부담들을 평가함	
사회적 단계	• 파트너와 해체 이후의 상태를 협상함	이제는 불가피하다.
	• 사회적 연결망내에서 뒷공론과 토론을 개시함	
	• 공개적으로 협상가능한 체면유지적/탓을 돌리는 이야기들과 해명들을 내놓음	
	• 만일 있다면 함축된 사회적 연결망의 영향들을 고려하고 당면함	
	• 중재팀들을 초청함	
무덤치장 단계	• 마무리활동을 함	
	• 관계의 사후의 귀인을 재공식화함	
	• 파탄의 내력이나 이야기에 대한 자신의 견해를 공식적으로 배포함	

자료: Duck(1982); 홍대식(1992), 재인용.

사회적으로 인정받을 수 있다. "내가 내 파트너를 찼으며, 나는 내 파트너를 내 마음대로 다루는 데 싫증이 나서 관계를 깨어 버렸다."라는 진술은 새로운 관계들을 맺는 데 장차 자신의 신용을 파괴해 버릴 수 있다.

해명들은 흔히 이를 완료하는 데에 필수적인 '마무리' 활동을 개시하는 목적에 도움을 준다(Harvey et al., 1982). 이것의 큰 부분은 파트너나, 헤어지기 이전에 있었거나 그 이후 계속 있어 왔던 관계상에서의 어떤 결함을 언급하고 있는 해체에 관한 어떤 설명을 선택하는 것을 포함한다(Weber, 1983). 공적으로 인정 가능한 이야기를 만드는 것은 어떤 관계의 상실을 마무리짓는 데 필수적이다(McCall, 1982).

4) 데이트 성폭력

데이트 성폭력은 10대에서 20대에 집중적으로 일어나지만, 30대나 40대, 50대에서도 일어난다. 일반적으로 데이트 성폭력은 이성과 계획된 만남을 갖는 데이트 도중, 예컨대 이성과 함께 영화관에 가거나, 스포츠 관람을 하거나, 드라이브를 할 때 일어나는 성폭력을 말한다.

그러나 데이트 성폭력은 한 인간으로서 존중받아야 할 데이트 상대자의 몸과 믿음에 대한 폭력이다. 이것은 방금 전에 만난 사람에 의해, 몇 번 데이트를 한 사람에 의해 또는 약혼한 사람에 의해서도 발생할 수 있다. 이때 사용되는 폭력은 물리적인 힘이나 흉기뿐 아니라 심리적인 위협, 위압적인 목소리 등도 포함될 수 있다. 일반 성폭력이나 성추행과는 다르게 데이트 성폭력은 숙박업소에서 가장 빈번하고, 그 다음이 가해자의 집으로 나타났다.

데이트 성폭력의 가장 큰 문제점은 가해자뿐만 아니라 피해 당사자도 이것을 강간, 즉 성폭력 범죄로 인식하지 못하는 데 있다. 데이트 성폭력 피해 여성 중 57%는 자신의 피해 경험을 강간으로 규정했으며, 나머지 43%는 그것이 강간이라는 사실조차 알지 못할 정도다. 다만 도덕적으로나 윤리적인 잘못을 저지른 정도로 여긴다.

사회분위기 자체가 남성들에게만 일방적으로 성을 허용하는 분위기이기 때문에 데이트를 하다가 혈기왕성한 남자가 여성의 의사에 반하여 성욕을 행위로 표출하는 것은 부도덕한 행위이지 결코 폭력이나 범죄행위로 볼 수 없다는 시각이 이 사회에 만연해 있다.

여성의 친절한 행동에 대해 남성은 이 친근함을 '성적인 행위나 성관계를 해도 좋다.' 는 신호로 해석하여 성폭력을 가해 왔으며, 여성의 크고 작은 저항에도 불구하고 남성들은 자신들의 그런 행위들이 설득에 의한 승인된 행동으로 생각하기도 한다. 여성들의 경우 때때로 여성 자신의 욕구를 명확하게 결정하지 못해, 남성의 성적 행위들이 여성들이 거부감을 느끼지 않는 행위까지만 이루어지고 진행되는 중간에 그런 행위들이 중단될 수 있다는 생각으로 인해 남성들의 행위에 정확한 의사전달 및 저항하는 행동을 보이지 못해서 강간을 당하기도 한다.

데이트 성폭력을 예방하기 위해서 여성은 평소에 'Yes' 인지 'No' 인지 알 수 없는 애매한 태도를 보이지 말고 의사표현을 분명히 하여 성관계에 대한 자신의 생각과 성적인 한계를 설정해서 남성에게 정확한 의사전달이 되도록 해야 한다. 따라서 누구도 내가 원하지 않는 성행위를 강요할 수 없다는 것을 확신해야만 한다.

평소에도 체력단련을 통해 힘을 기르고, 호신술을 익혀 두며, 데이트 상대로 위험한 남성들은 피하도록 하고, 상대를 잘 모르거나 친밀한 관계가 될 마음이 없을 때는 남성의 집을 방문하거나 혼자 있을 때 자신의 집에 초대하지 않도록 한다. 더불어 여성 자신의 무의식적 메시지에도 주의를 해야 할 것이다.

데이트 성폭력을 예방하기 위해서 남성은 데이트 상대에게 애무, 키스, 성관계를 강요하지 않아야 하며 상대방의 'No' 는 거부표시로 받아들이며, 본인과 상대방의 욕구에 대해서 서로 명확하게 이야기를 나누고 친밀한 우정을 나눠서 여성들이 남녀관계에서 무엇을 원하고 있는지를 이해해야 할 것이다. 특히, 성폭력 피해자들이 겪는 후유증과 고통을 알고 나면 적어도 가해자는 되지 않을 것이다 (한국성폭력상담소, 1998).

제4장 사 랑

인간은 사랑하고 사랑받으려는 욕구를 지니고 태어난다고 한다. 즉, 사랑은 일생 동안 행복감의 원천이 되며, 결혼과 가족의 속성을 결정하는 기초가 되기도 한다.

"왜 결혼하는가?"라는 질문에 80%(Duvall, 1986)가 사랑하기 때문이라고 응답하고 있다. 그러나 Landis 부부(1976)는 과연 사람들이 사랑을 얼마나 바르게 인식하고 있는가에는 회의를 나타내며 많은 사람들이 사랑에 대해 오해하고 있음을 지적하기도 한다.

과거에 사랑은 과학의 영역이 아닌 신비의 영역으로 간주되어 왔다. "당신은 나를 얼마나 사랑하는가?" 혹은 "당신은 나를 얼마 동안 사랑할 것인가?"와 같이 질문하거나 객관적인 측정과는 상당히 거리가 먼 영역이었다.

그러나 1970년대부터 사회과학자들은 사랑의 정의와 그 과정에 관해서 탐색하기 시작하였다. 즉, 사랑은 어떻게 시작되고, 어떻게 발전해 가며, 어떤 기능을 하고, 어떻게 그리고 왜 식는지를 규명하기 시작한 것이다.

약 20년이 조금 넘는 기간 동안 각종 연구 결과로 밝혀진 사랑(love)은 두 사람 간의 좋아함(liking), 성적 매력(sexual attraction) 그리고 강렬한 정서적 상호작용

(intense emotional interaction) 등을 포함하는 것으로 나타났다. 또한 사랑은 우정보다 외모에 더 영향을 받고, 유사성에는 덜 영향을 받는다(Aron et al., 1989)고 한다.

다음 절에서는 이와 같은 사랑이 어떻게 전개되며 사라지고, 또 어떤 사람이 사랑하는 관계를 더 오래 지속시킬 수 있는가에 대해서 논한다.

1. 열정적 사랑과 동반자적 사랑

인간 행동을 이해하기 위한 시도로서 수세기 동안 관찰자들은 여러 종류의 사랑에 대해서 논해 왔다. 학자들마다 분류의 기준이 달라 사랑의 종류도 다양하다. 여기서는 그중 대표적인 몇 가지만을 택해서 간략하게나마 그 특징을 알아본다.

1) 사랑의 종류: 다양성

고대 그리스인들은 네 가지 형태의 사랑을 기술했다(Lewis, 1960). 스토르지(Storge)는 애정과 돌봄을 나타낸다. 이것은 부모가 자식에게 갖는 감정과 같다. 비슷하게 우리는 아무런 대가도 바라지 않고 애완동물이나 무생물을 사랑할 수 있는 것이다. 필리아(Philia)는 친구들 간의 감정을 말하는 것으로, 우리가 대인매력을 말하는 것과 같다. 에로스(Eros)는 낭만적 사랑이다. 이것은 한 사람이 사랑하는 사람에게 완전히 몰입된 것으로 특징지을 수 있다. 최근 연구는 바로 이 에로스에 초점을 맞추었으며, 나중에 보다 자세히 기술할 것이다. 아가페(Agape)는 자비로 다른 사람들을 향한 감정에 관련된다. 친절과 예절이 바로 아가페에 기인되며, 현대 사회에서 때때로 결핍된 면을 보이기도 한다.

Hendrick 부부(1986)도 열정적(passionate), 유희적(game-playing), 우정(friendship), 논리적(logical), 소유적(possessive), 헌신적(selfless)인 여섯 가지 형태의 사랑 유형체계를 제시한다. 이 여섯 가지 사랑유형을 측정하는 검사(〈쉬어가

쉬어가기

사랑 유형검사

※ 다음 문항에 대하여 '예'와 '아니요'로 답하시오.

1. 나는 첫눈에 반한다는 것이 가능하다고 생각한다.
2. 나는 한참 지난 다음에야 비로소 내가 사랑하고 있음을 안다.
3. 우리 사이에 일들이 잘 풀리지 않으면 나는 소화가 잘 되지 않는다.
4. 현실적인 관점에서 나는 사랑을 고백하기 전에 먼저 나의 장래 목표부터 생각해 보지 않으면 안 된다.
5. 먼저 좋아하는 마음이 얼마 동안 있은 다음에 비로소 사랑이 생기게 되는 것이 원칙이다.
6. 사랑하는 사람에게 자신의 태도를 다소 불확실하게 해 두는 것이 언제나 좋다.
7. 우리가 처음 키스하거나 신체적 접촉이 있었을 때, 나는 성기에 뚜렷한 반응(발기, 축축함)이 오는 것을 느꼈다.
8. 이전에 연애 상대였던 사람들 거의 모두와 지금도 좋은 친구관계를 유지하고 있다.
9. 사랑하는 사람을 결정하기 전에 인생설계부터 잘 해 두는 것이 좋다.
10. 나는 연애에 실패한 후 너무나 우울해 자살까지 생각해 본 적이 있다.
11. 나는 사랑에 빠지면 흥분이 되어 잠을 이루지 못할 때가 있다.
12. 사랑하는 사람이 어려운 처지에 빠지면 설사 그가 바보처럼 행동한다 할지라도 힘껏 도와 주려고 노력하는 것은 당연하다.
13. 사랑하는 사람을 고통받게 하기보다는 차라리 내가 고통받는 것이 낫다.
14. 연애하는 재미란 그것을 진행시키면서 동시에 내가 원하는 것을 얻어 내는 재주를 시험해 보는 데 있다.
15. 사랑하는 사람이라면 나에 관하여 모르는 것이 있다 하더라도 그것 때문에 그렇게 속상해하지는 않을 것이다.
16. 비슷한 배경을 가진 사람들끼리 사랑하는 것이 좋다.
17. 우리는 만나자마자 서로가 좋아서 키스를 하였다.
18. 사랑하는 사람이 나에게 관심을 보이지 않으면 나는 온몸이 아프고 쑤신다.
19. 사랑하는 사람이 행복하지 않으면 나도 결코 행복해질 수 없다.
20. 대개 제일 먼저 나의 주의를 끄는 것은 그 사람의 상냥한 외모다.
21. 최상의 사랑은 오랜 기간의 우정으로부터 싹튼다.
22. 나는 사랑에 빠지면 다른 일에는 도무지 집중하기가 어렵다.

23. 그의 손을 처음 잡았을 때 나는 사랑의 가능성을 감지하였다.
24. 나는 어떤 사람하고 헤어지고 나면 그의 좋은 점을 발견하려고 노력한다.
25. 나는 사랑하는 사람이 다른 사람하고 같이 있는 것 같은 생각이 들면 도저히 견딜 수가 없다.
26. 나의 두 애인이 서로 알지 못하도록 교묘하게 꾸민 적이 적어도 한 번은 있었다.
27. 나는 매우 쉽고 빠르게 사랑했던 관계는 잊어버릴 수 있다.
28. 애인을 결정하는 데 한 가지 고려해야 할 점은 그가 우리 가정을 어떻게 생각하는가 하는 것이다.
29. 사랑에서 가장 좋은 것은 둘이 함께 살며, 함께 가정을 꾸미고 그리고 아이들을 키우는 것이다.
30. 사랑하는 사람의 소원 성취를 위해서라면 나는 기꺼이 나의 희망을 희생시킬 수 있다.
31. 배우자를 결정하는 데 있어 가장 먼저 고려해야 할 점은 그가 좋은 부모가 될 수 있겠는가의 여부다.
32. 키스나 포옹이나 성관계를 서둘러서는 안 된다. 그것들은 서로 충분히 친밀해지면 자연스럽게 이루어지는 것이다.
33. 나는 매력적인 사람들과 연애하는 것을 좋아한다.
34. 나와 다른 사람들 사이에 있었던 일을 애인이 알게 된다면 매우 속상해할 것이다.
35. 나는 연애를 시작하기 전부터 나의 애인이 될 사람의 모습을 분명히 정해 놓고 있었다.
36. 만일 나의 애인이 다른 사람의 아기를 갖고 있다면 나는 그 아기를 내 자식처럼 키우고 사랑하며 보살펴 줄 것이다.
37. 우리가 언제부터 서로 사랑하게 되었는지 정확히 알 수 없다.
38. 나는 결혼하고 싶지 않은 사람하고는 진정한 사랑을 할 수 없을 것이다.
39. 나는 질투 같은 것을 하고 싶지는 않지만, 나의 애인이 다른 사람에게 관심을 가진다면 참을 수 없을 것 같다.
40. 나의 애인에게 방해가 된다면 차라리 내가 그만두겠다.
41. 나는 애인의 것과 똑같은 옷, 모자, 자전거, 자동차 등을 갖고 싶다.
42. 나는 연애하고 싶지 않은 사람하고는 만나고 싶지도 않다.
43. 우리들의 사랑이 끝났다고 생각될 때도 그를 다시 보면 옛날 감정이 되살아나는 때가 적어도 한 번쯤은 있었다.
44. 내가 가지고 있는 것은 무엇이든지 나의 애인이 마음대로 써도 좋다.
45. 애인이 잠시라도 나에게 무심해지면 나는 그의 관심을 끌기 위하여 때로는 정말 바보 같은 짓도 할 때가 있다.
46. 깊이 사귀고 싶지 않더라도 어떤 상대가 나의 데이트 신청에 응하는지를 시험해 보는 것도 재

미있을 것이다.

47. 상대를 택할 때 고려해야 할 한 가지 중요한 점은 그가 자신의 직업을 어떻게 생각하는가 하는 것이다.
48. 애인과 만나거나 전화한 지 한참 되었는데도 아무 소식이 없다면 그에게 그럴 만한 이유가 있기 때문일 것이다.
49. 나는 누구와 깊게 사귀기 전에 상대의 가정적 배경이 나와 잘 맞는지부터 생각해 본다.
50. 가장 좋은 연애관계란 가장 오래 지속되는 관계이다.

〈채점과 해석〉

채점 방법은 각 척도별로 '예'로 대답한 문항의 수를 더하기만 하면 된다. 즉, '예'로 대답한 문항의 번호를 적어 아래의 척도 분류표에 따라 각 척도별 '예'로 반응한 총 합계를 구한 다음, 각 척도를 100으로 응답률을 계산한다. 가장 높은 백분율을 차지한 것이 당신의 사랑 유형이다.

예를 들면, '가장 좋은 친구' 척도는 전체 여덟 문항이 있는데 그중 여섯 개 문항에 '예'라고 대답을 했다면, '가장 좋은 친구' 척도에서는 80%가 된다.

한편 논리적 척도는 총 아홉 개 문항이 있는데 이 중 다섯 개 문항에 '예'라고 대답했다면 백분율은 60%가 나온다. 이 경우 당신은 '가장 좋은 친구'의 사랑을 하고 있는 것이 된다. 다시 말해서 당신의 애인을 가장 좋은 친구로 여긴다고 해석할 수 있다.

〈척도 분류표〉

동반자적 사랑 : 2, 5, 8, 21, 29, 32, 37, 50 (8문항)
이타적 사랑 : 12, 13, 19, 24, 30, 36, 40, 44, 48 (9문항)
논리적 사랑 : 4, 9, 16, 28, 31, 38, 42, 47, 49 (9문항)
소유적 사랑 : 3, 10, 11, 18, 22, 25, 39, 43, 45 (9문항)
낭만적 사랑 : 1, 7, 17, 20, 23, 35, 41 (7문항)
유희적 사랑 : 6, 14, 15, 26, 27, 33, 34, 46 (8문항)

자료: Lasswell, M., & Lasswell, T. E. (1982). *Marriage and the Family.* Health and Co., pp. 491-495.

기〉를 참조로 자신의 사랑 유형을 측정해 볼 수 있다)에서, 남성은 여성보다 열정적 사랑과 유희적 사랑 점수가 더 높았으며, 반면에 여성은 우정, 논리적, 소유적 사랑에서 남자들보다 높은 점수를 나타냈다(Hendrick et al., 1984).

자신들이 어떤 유형의 사랑에 빠져 있는지를 질문했을 때, 낭만적인 파트너들이 더 유사하게 지각하는 경향이 있다(Hendrick et al., 1988). 또한 열정적 사랑은 높고 유희적 사랑이 낮은 파트너들간의 관계가 가장 오래 지속되는 것으로 나타났다.

반면, Abraham Maslow는 두 가지 유형의 사랑이 있다고 제안했다. 존재적 사랑(B-Love, being-love)은 이기적이지 않고 건강하며 자기 자신보다는 다른 사람의 욕구와 성공에 관심을 두는 사랑이다.

결핍된 사랑(D-Love, deficiency-love)은 이기적인 사랑으로, 이것의 주목적은 자기 자신의 욕구와 흥미를 만족시키는 데 있다. 따라서 사귀고 있는 파트너의 한 사람 또는 둘 모두가 존재적 사랑에 관심을 두기보다는 결핍된 사랑에 관심을 두었을 때 그 관계는 고통스러워지는 것이다(Wright, 1984).

이상에서 열거했던 여러 가지 유형의 사랑 모두가 중요하지만, 최근 연구의 초점은 열정적 사랑의 감정 상태에 맞추어져 있다.

2) 열정적 사랑

사랑에 빠진 사람은 사랑하는 대상에 대해서 논리적이거나 실제적으로 생각하는 것이 아니라, 관심의 대상자에 대해서 강박적인 사고를 한다(Milardo et al., 1983). 다른 활동이나 다른 사람과의 관계는 포기하고 연인과의 상호작용만을 원한다. 어떤 사람은 다른 사람들보다 더 강력한 열정적 사랑을 경험하게 된다. 예를 들어, 사랑에 대해서 많은 것을 생각하는 사람은 사랑에 빠질 가능성이 더 높다(Tesser & Paulhus, 1976).

Tennov(1979)는 곤두박질치듯이 사랑에 빠지는 것을 Limerance(파리 끈끈이에 착 달라붙는 것)라고 명했다. Limerance를 경험했던 사람들은 "난 그 사람의 모든 것을 사랑해!" 또는 "난 전에는 전혀 알지 못했던 강력한 매력을 누군가에게서 느꼈어!" 라는 말에 전적으로 동의하는 경향이 있다. 이런 느낌은 바나나 껍질을 밟고 미끌어지는 것과 같은 사건들과 비교될 정도(Solomon, 1981)로 순식간에 끌려드는 것으로 묘사되곤 한다.

열정적인 사랑은 단순히 좋아하는 것과는 분명히 다르다. 좋아하는 것은 상대에 대해서 긍정적인 평가와 더불어 그 사람과 함께 시간을 보내려는 바람들을 말한다(Byrne, 1971). 반면에 열정적인 사랑은 보다 더 강력한 감정뿐만 아니라 성적인 욕망까지도 포함한다(Hatfield & Rapson, 1987).

열정적 사랑에 관한 한 가지 이론은 행동과학자들로부터 상당한 주목을 받았다.

열정적 사랑의 삼요인 이론 열정적 사랑의 삼요인 이론(three-factor theory of passionate love)은 열정적 사랑에 선행되는 세 가지 조건들을 언급한다(Hatfield, 1988).

첫째, 사랑에 빠지는 개인, 즉 사람 요인이다. 이들은 낭만적 사랑이 남녀관계에서 예상할 수 있고 바람직한 부분일 수 있다는 문화권 내에서 살아야 한다는 것이다(Dion & Dion, 1988). 우리에게는 사랑이 자연스럽게 보일 수 있지만, 인간사를 들여다보면 비교적 새로운 것이다. 11세기 프랑스를 예로 들면, 그 때의 사랑은 손댈 수 없는 기혼 여성에 대해서 기사가 품고 있는 이상화되고 비성적인 열정으로 여겨졌다(Gregersen, 1983). 결혼하기 위해서 경제적 필요성이 요구되는 사회구조에서는 열정적 사랑을 몰랐다. 서유럽에서는 17세기까지도 사랑이 이상적인 결혼의 기초가 된다고 여기는 사람은 없었다. 북미에서는 최소한 100여 년 동안 약혼인(約婚姻)이 받아들여졌다.

오늘날 서구 사회의 젊은이들은 사랑을 할 준비가 잘 되어 있다. 이것은 사랑이 성과 결혼의 필수 전제조건이라는 규준을 표현하는 소설, 노래, TV쇼, 영화 등에 노출된 결과다(Dion & Dion, 1975). 반면에 약혼인이 법으로 규정되었던 인도는 최근에 들어서야 사랑을 기초로 한 결혼으로 변화하기 시작하였다. 결과적으로 열정적 사랑과 부모의 희망에 반항하는 것을 묘사하는 영화들이 인도 중산층 젊은이들에게 인기를 끌었다(Kaufman, 1980).

둘째, 열정적 사랑이 발생하기 위해서는 적당한 사랑의 대상이 나타나야만 한다. 다양한 연령과 배경을 갖는 성인들을 대상으로 한 연구에서, 약 반 정도가 자신의 삶 동안 적어도 한 번 '첫눈에 반한 사랑'을 경험했다고 보고했다(Averill & Boothroyd, 1977). 실험실 상황에서도, 낯선 두 명의 이성에게 2분 동안 서로의 눈을 응시하도록 했을 때, 열정적인 사랑의 느낌이 일어났다(Kellerman et al., 1989). 우리는 특정한 사랑 대상(즉, 성적으로 매력적이며 이미 밀접한 관계에 있지 않은 여성)을 예상하도록 프로그램되었다고 생각할 수 있다. 그런 사람이 나타났을 때 사랑에 빠지게 되는 것이다.

그러면 사람들마다 적당한 사랑 대상이란 어떤 것인가? 남성은 낭만적 사랑의 이상적인 파트너에 대해서 신체적 특징을 강조하는 경향이 있다(Nevid, 1984). 즉, 이들은 파트너의 얼굴, 체중, 매력도 그리고 다른 신체특징에 관심을 갖는다. 여성들도 매력을 강조하지만, 따뜻하고 부드러우며 친절한 파트너를 역시 원한다. 남녀 모두에게 솔직, 성실, 성격 등의 요소는 오랫동안 관계를 유지하는 데 중요한 요소로 간주된다. Buss(1988, 1989b)의 사회생물학적 접근에서는 남성은 젊고 아이를 낳을 수 있을 만큼 건강한 여성을 찾으며, 여성은 능력 있고 자신과 자녀를 보호할 수 있는 남성을 찾는다고 보고하고 있다.

열정적 사랑의 세 번째 선행 요소는 모든 종류의 강렬한 정서적 흥분이다. 이 강렬한 정서적 흥분을 사랑이라고 해석하게 된다는 것이다. 불안과 공포는 사람들로 하여금 다른 사람과 같이 있으려는 친화행동(affiliation behavior)을 유발시킨다(Riordan & Tedeschi, 1983). 비슷한 방식으로, 첫 번째와 두 번째 요인들이 있고 강한 정서적 흥분이 일어날 때 친화욕구가 나타나며, 이 시점을 우리는 사랑에 빠졌다고 정의하는 것이다.

이런 경우 정서적 흥분은 우리가 이를 불안이나 공포로 해석하는 것이 아니라 사랑으로 쉽게 해석하게 한다. 사람들이 성적인 매체, 당혹스런 상황에 처해 있는 것, 싸우는 상황 등 다양한 방식으로 흥분될 때, 이성 파트너에게 낭만적인 관심이 높아진다는 연구 결과가 있다(Dutton & Aron, 1974; Istvan 등 1983; Przybyla et al., 1985).

사랑에 빠진 사람들은 연애에 대해서 부모가 간섭함으로써 야기되는 분노조차도 사랑을 나타내는 신호로 재해석할 수 있다. 이 현상을 '로미오와 줄리엣 효과(Romeo and Juliet effect)' 라고 부른다(Driscoll et al., 1972). 다른 연구자들도 흥분이 열정적 사랑을 일으키는 것을 발견하였다(Allen et al., 1989).

열정적 사랑이 강렬하고 부분적으로 비현실적인 기대와 잘못 해석된 감정에 기초하기 때문에 무한정 감정 상태를 지속시킬 수 없다. 따라서 열정적인 사랑에 빠진 사람들은 결국 헤어지거나(더 이상 뜨거운 사랑을 하지 않기 때문에), 오래 지속될 수 있는 보다 현실적인 사랑의 유형(동반자적 사랑, companionate love)으로 변하게 된다.

3) 동반자적 사랑

한 관계가 열정적으로 시작되었다 해도 동반자적 사랑으로 전개될 수 있다. 동반자적 사랑은 긍정적인 감정과 함께 친밀하고 애정적이며 돌보는 우정과 유사하다. 또한 동반자적 사랑관계는 많은 면에서 유사성을 가지며, 서로 좋아하고 존중한다. 이런 깊고 지속적인 느낌들은 "내 애인(내 배우자)은 나의 가장 좋은 친구다."라는 말 속에 내포되어 있다. 두 사람간에 보살핌은 관계를 보다 지속시킨다(Steck et al., 1982). 또한 동반자적 사랑은 열정적인 사랑보다 덜 소모적이고 소유적이기 때문에 파트너로 하여금 자신의 일, 친구들, 자녀뿐만 아니라 서로에게 집중할 수 있게 한다. 동반자적 사랑은 흥분되고 만족스런 성생활을 포함시킬 수 있다.

사랑의 실체를 파악하기 위해서 Sternberg(1984)는 사랑의 삼각형 이론(triangular theory of love)을 주장하였다. 그에 따르면 이상적인 애정관계는 세 가지 요소들, 즉 친밀감(intimacy), 열정(passion), 헌신(commitment)으로 구성된다. 친밀감(intimacy)은 사랑하는 관계에서 나타나고 가깝게 연결되어 있으며 긴밀히 결합되어 있다는 느낌을 일컫는다. 거기에는 사랑하는 사이에서 경험하는 따뜻함과 같은 느낌들을 포함한다. 이는 교제기간에 비례하여 서서히 증가하나 일정단계에 이르면 더 이상 증가하지 않으며 동반자적 사랑에 해당된다. 열정

(passion)은 사랑하는 관계에서 낭만, 신체적 매력, 성적인 몰입같은 것들로 이끄는 욕망을 말한다. 즉, 사랑의 동기적인 뜨거운 측면이다. 이는 매우 급속히 발전하나 교제기간이 길어짐에 따라 감소하거나 변질된다. 헌신(commitment)은 사랑하는 사람과의 사랑을 지키겠다는 선택이자 결정이며 책임의식이다. 이것은 파트너가 애정관계를 지속시키고 문제를 해결하고 극복하려는 모든 노력을 말한다. 이 세 요소 모두가 균형 있는 조화를 이룰 때 완성된 사랑(consummate love)이 나타난다(Sternberg, 1986, 1988).

연인들간의 의사소통 연인들은 서로 매우 깊은 사적인 문제들을 의논한다(Sollie & Fischer, 1985). 관계를 시작하는 초기에 한 파트너의 자기노출이 다른 파트너의 관심을 실제로 불러일으킬 수 있다. 특히, 남성은 관계 초기에 여성보다 더 많은 자기노출을 보인다(Derlega et al., 1985).

자기 자신을 노출시키는 행동이 관계 발전에 중요한 역할을 한다는 것은 사실이지만, '어떤 내용을 노출시켜야 하는가' 하는 문제가 따른다. 즉, 서로 사랑하는 연인 사이라 할지라도 말해서는 안 되는 '금기 사항' 이 있다는 것이다(〈표 4-

표 4-1 연인 사이에서 피해야 할 화제들

금기시되는 화제	예	응답률*
관계의 상태	우리 서로 사랑하는 거야? 결혼할거야?	34%
관계외 행동	다른 사람을 사귀고 싶니? 다른 사람을 만나고 있니?	16%
관계준거	우리는 도대체 어떤 사이야?	13%
이전 관계	옛날 친구(남자/여자)에 대해서 말해 줄래?	13%
갈등	우리는 서로 너무 달라!	11%
부정적 자기노출	난 전과가 있어! 너 피임약 먹었니?	9%

* 응답에서 4%가 위의 어떤 항목에도 적합하지 않아 제거되었다. 따라서 전체 100%가 되지 않는다.

1〉 참조, Baxter & Wilmot, 1985).

이런 내용을 말함으로써 관계가 깨질 위험성이 있기 때문이다. 예를 들어, "이전의 관계에 대해서 말하는 것이 현재의 관계를 위협할 수 있기 때문에 난 과거를 말하지 않아!" 라고 말하는 응답자가 63%였다(Baxter & Wilmot, 1985).

몇몇 사항들을 말하는 것이 상대방을 불쾌하게 만들 수 있지만, 털어놓지 않거나 대화를 그만둔다면 오히려 그 커플의 헤어질 가능성 또한 높아진다(Tolstedt & Stokes, 1984). 즉, 자기노출이 감소되면 사랑의 감정도 감소한다는 것이다.

2. 연애관계의 변화

연예관계는 시간이 경과함에 따라 초기 매력, 관계형성, 지속, 악화, 이별의 다섯 단계로 나눌 수 있다(Levinger, 1980).

1) 관계를 지속시키기: 형평성의 역할

열정적인 사랑은 쉽게 식는다고 예상할 수 있지만, 동반자적 사랑 역시 실패할 수 있다. 한 관계의 많은 요소들이 그 관계의 성공여부에 중요한 역할을 하게 된다. 각 파트너는 서로 사랑과 성적인 보상을 받기를 원한다. 사람들은 친밀성과 관계 내에서 일어나는 문제를 결정할 수 있는 힘을 원한다(Kelley & Rolker-Dolinsky, 1986).

관계에 대해서 자신이 쏟는 노력과 비교하여 받은 보상에 만족감을 갖는 파트너는 형평성(equity)을 경험한다(Hatfield, 1983). 자신이 받은 보상보다 쏟은 노력이 더 많다고 느끼는 파트너는 형평성을 느끼지 못하고, 관계에 대해서 점차로 불만을 가지게 될 가능성이 높다(Clark & Waddell, 1985). 사랑은 두 사람 모두가 서로를 민감하고 공정하게 다룰 때 가장 잘 유지된다(Tesch, 1985). 즉, 두 사람 모두 똑같이 관계를 위해 노력한다고 느낄 필요가 있다.

그러나 시간이 지남에 따라 둘 중 한 파트너가 다른 파트너에 비해 형평에 어긋나게 취급받고 무시당한다고 느끼기 시작할 수 있다. 예를 들어, 한 사람이 다른 사람보다 상당히 많은 돈을 벌었거나 집안일을 더 많이 했다면 그 사람은 불공평하다고 느끼기 시작할 수 있다는 것이다(McAdams, 1982). 데이트를 하는 미혼 커플이든 결혼한 커플이든 모두 이 형평성을 경험할 필요가 있다(Utne et al., 1984).

남녀 모두 관계에서 통제력과 힘을 행사하기를 원한다. 그러나 그 힘의 가장 중요한 원천에 대한 지각에 있어서 남녀차가 있는 것도 사실이다. 50쌍의 데이트 커플을 대상으로 한 조사에서, 남자 파트너보다 관계에 더 많은 노력을 한다고 응답한 여성은 자신의 관계에서 비교적 힘이 약하다고 느꼈다. 관계를 위해 노력을 덜 기울이는 사람은 상대적으로 더 큰 힘을 발휘한다고 느꼈다.

여성은 사랑과 애정을 힘과 통제의 원천으로 보는 반면, 남성은 다른 여성에게 낭만적인 관심을 갖는 것과 같이 다른 일에 손을 대고 있을 때 가장 큰 힘을 발휘하고 통제력을 갖는 것으로 지각했다(Sprecher, 1985). 또한 형평성에 어긋나게 취급받았을 때, 여성은 사랑을 보류하고 억제하는 경향이 있으나, 남성은 다른 여성에게 관심을 둠으로써 사귀고 있는 파트너에게 위협을 가한다.

2) 질투

질투는 연인관계에서 보편적인 현상이다(White & Mullen, 1990). 연인들이 서로 관계에 몰입되었다고 느꼈을 때는 또 다른 파트너와 사귈 가능성이 적다(Johnson & Rusbult, 1989). 사실이든 사실이 아니든 어떤 경쟁자가 있다고 믿었을 때 정서적 고통이 뒤따르게 된다. 극도의 질투심에 휩싸인 사람은 빠른 심장박동이나 공복감과 같은 신체적 증상을 나타내기도 한다(Pines & Aronson, 1983). 즉, 한쪽 연인이 새로운 상대를 구하려고 한다는 생각은 불안, 공포, 분노감을 일으키며 자존감을 낮추게 한다(Bunk & Bringle, 1987; Mathes et al., 1985; Smith 등, 1988). 질투는 강렬한 불쾌감정이지만 상대에게 쉽게 표출하기 어렵기 때문에 그만큼 해소하기 어려운 마음의 고통이 된다. 따라서 질투는 간접적이며 우회적으로 표현되는 경우가 많다.

여대생의 약 1/3 가량과 남학생의 1/4 정도가 자신의 파트너에게 일부러 질투심을 불러일으키려고 했다는 조사 결과가 있다(White, 1980b). 이들은 다른 사람과 시시덕거리고 현재와 과거의 애정관계를 말하거나, 다른 사람과 데이트를 하는 등 이와 유사한 일들을 벌인다. 왜 그럴까? 그 목적은 자존감, 주의를 끌거나 또는 복수를, 자신의 파트너가 관계를 어떻게 생각하는지를 시험해 보기 위해서다. 이런 유형의 게임은 관계악화의 첫 단계가 될 수 있다. 또한 상대 파트너의 옛사랑을 계속해서 들춰내는 사람은 악화의 길로 치닫게 될 수 있다.

어떤 사람은 다른 사람들보다 훨씬 더 많은 질투를 경험한다. 한 조사에서 성인의 약 과반수가 자신을 질투심이 많은 사람이라고 응답했다(Pines & Aronson, 1983). 혼외정사를 생각하는 사람이 가장 질투가 적었고(Buunk, 1982), 성적으로 독점을 요구하는 사람이 가장 질투심이 많았다(White, 1980b). 질투심이 매우 많은 사람은 종종 부적절하고 의존적이라고 느끼며, 이런 질투는 전통적인 남성성을 지닌 남성과 전통적인 여성성을 지닌 여성 사이에서 보편적으로 나타난다(Hansen, 1985). 부모가 서로 질투심을 표현할 때, 그들의 자녀들도 미래의 파트너에게 똑같은 방식으로 반응하도록 학습시키는 결과를 초래할 수 있다(Bringle & Williams, 1979).

3) 관계악화와 헤어짐

연인관계가 악화된다는 것은 매우 고통스런 과정이다. 낭만은 시간이 흘러감에 따라 서서히 없어지기도 하고, 갑자기 식어버리기도 한다. 모든 관계의 약 1/4 정도가 바람피우는 것과 같은 결정적인 사건이 밝혀진 후에 갑자기 헤어진다는 조사 결과가 있다(Baxter, 1984). 다음의 예들은 두 가지 유형의 헤어짐을 예시한다.

나를 열받게 했던 첫 번째 일은 그녀가 내 개를 좋아하지 않았다는 사실이다….

그녀가 전에 약혼했었던 사실을 알았다…. 우리는 많이 싸웠고, 이것은 우리를 긴장에 휩싸이게 했다. 마침내 난 헤어지기로 결심했다.

그녀가 휴학을 하고 있을 때 내가 다른 여자를 사귀었던 사실을 그녀가 알아냈다. 그녀는 나에게 따졌고, 그것으로 헤어졌다.

불화가 있는 미혼 남녀관계에서 파트너들은 서로 많은 시간을 싸우면서 보냈고(Lloyd & Cate, 1985a), 결혼 전의 이와 같은 갈등의 정도는 결혼 후의 불만족을 예측한다(Kelley et al., 1985). 또한 관계에 대해서 의심이 계속 지속될 때, 사랑은 줄어들고 갈등은 깊어간다. 파트너들은 이 갈등에 능동적으로 혹은 수동적으로 반응할 수 있다(Rusbult et al., 1986; Rusbult & Zembrodt, 1983).

능동적 반응들에는 관계를 끝내는 것(퇴출)과 갈등을 개선하려는 적극적인 노력(표명) 등이 있으며, 수동적인 반응들에는 개선되기를 기다리거나(충절), 그냥 내버려 두어서 관계가 끝나도록 하는 것(방치) 등이 있다. 가장 건설적인 대안은 충절과 표명이다. 이것은 관계를 유지하기 위한 가능한 방법들을 나타낸다. 자존감이 낮을수록 방치나 퇴출반응을 하는 경향이 높다는 연구 결과도 있다(Rusbult et al., 1990).

관계해체는 파트너들이 관계에 서로 헌신하지 않는다고 느꼈을 때 일어날 가능성이 크다(Lund, 1985). 커플들을 서로 유지시키는 것은 사랑이 아니라 헌신 정도이다. 그러나 사랑은 두 사람에게 이별을 더욱 고통스럽게 만든다(Lee, 1984).

관계의 헌신 정도가 강하더라도 여전히 실패할 가능성은 있다. 초기의 매력과 욕망은 장기간 보상을 줄 만큼 충분치 않을 수도 있으며, 새로운 다른 파트너가 더욱 바람직해 보일 수도 있다. 게다가 남자들은 자신의 파트너가 섹스를 거부하고 분위기만 찾으며 자기 자신에게만 열중한다고 불평을 하는 반면, 여성들은 자신의 파트너가 자기 의견을 무시한 채 섹스를 요구하고 너무 자기 멋대로이며 생각 없이 행동한다고 불평한다(Buss, 1989a).

특정 사건들 — 첫 번째 큰 싸움, 사고 등 — 은 커플을 더 가깝게 하거나 아니면 두 사람 간의 거리를 넓히는 전환점으로 작용할 수 있다(Lloyd & Cate, 1985b). 한 관계를 유지하는 것은 두 사람이 헌신적으로 열심히 노력할 것을 요구하며, 밀접한 관계에서는 반드시 갈등이 발생한다(Baxter, 1990). 〈표 4-2〉에서는 밀접한 관계의 발전, 유지 그리고 해체에 포함되는 요소들을 요약했다.

그렇다면 관계가 깨지는 것을 피하기 위해서 연인들은 무엇을 할 수 있을까? 여러 연구들은 관계를 유지하는 데 도움이 되는 몇 가지 결정적인 요소들을 확인했다. 〈쉬어가기〉에는 사랑을 계속 유지하기 위한 기법들을 기술한다.

표 4-2 관계 진행단계: 이로운 행동과 해로운 행동

진행단계	관계에 이로운 것	관계에 해로운 것
초기 매력	근접과 반복적인 노출 긍정적인 감정 강한 친화욕구	근접과 반복적인 노출 부재 부정적 감정 친화욕구가 약함
관계 형성	신체, 태도와 성격에서의 유사성 호혜성	비유사성 호혜성 부재
지속	흥미, 다양성, 상호만족 질투하지 않기 형평성과 긍정적인 평가	흥미, 다양성, 상호만족이 적음 질투 불평등과 부정적 평가
불화	관계를 개선하기 위한 지속적 노력	관계를 개선하기 위한 노력이 적거나 없음
이별	지금의 관계를 계속 유지하는 데서 오는 좋은점 관계를 지속시키기 위한 헌신: 성공할 것이라는 예상 새로운 파트너가 없다.	새로운 생활에서 오는 좋은 점을 찾음 관계를 끝내기로 결정 혹은 실패할 것이라는 예상 새로운 파트너가 있다.

쉬어가기

사랑을 계속 유지하기 위한 기법

연애 초기에는 전혀 그럴 가능성이 없어 보이지만, 따뜻한 감정은 종종 무관심, 좋아하지 않음 그리고 증오로까지 변한다. 미혼 대학생들 사이의 연애는 2년 이내에 약 50%가 헤어졌다(Hill 등, 1976). 시간이 흘러감에 따라 사람도 변하고 관계도 역시 변한다. 왜 관계가 실패하고, 무엇을 할 수 있을까? 이 질문에 대해서 세 가지 일반 위험영역이 밝혀졌다(Byrne & Murnen, 1988).

첫째, 연인들은 시간이 흘러가면서 서로 더 잘 알게 되듯이 또한 많은 비유사성을 발견하게 될 수 있다는 것이다. 유사성이 호감에 미치는 영향력의 중요성을 고려해 보면, 중요한 비유사성이 관계 진행에 얼마나 지장을 초래할 수 있는지를 알 수 있을 것이다. 관계 초기에 서로에 대해서 모든 것을 알기란 불가능할 뿐만 아니라, 열정적인 사랑으로 인한 강렬한 감정은 논리적이고 이성적인 사고를 방해한다. 이것은 남성이든 여성이든 그들 두 사람이 얼마나 비슷한가를 솔직하게 평가하는 것을 어렵게 만든다. 초기의 심취가 식고, 우정의 기본 요소가 사라졌다고 지각할 때, 그 커플의 사랑은 깨질 수 있다. 깊이 빠지기 전에 서로에 대해서 가능한 한 많은 것을 아는 것이 두 사람에게 매우 중요하다(Jones & Stanton, 1988).

장기간 유지되는 관계에서 어려운 점은 서로 유사한 두 사람이라 해도 한쪽 파트너가 변했는데 다른 파트너는 변하지 않고 그냥 있다면 서로 유사하지 않게 될 수 있다는 것이다. 연애 초기에는 너무 잘 어울리는 쌍이라 해도 나중에는 어울리지 않는다는 것을 알게 될 수 있다(Levinger, 1988).

커플들이 이런 종류의 비유사성 문제를 피하기 위한 방법은 변화를 조화시키는 데 있다. 예를 들어, 한 사람이 교육을 더 받으려 하거나 새로운 직업에 종사하고 또는 새로운 취미영역을 개발하려 한다면, 그 파트너는 그냥 물러나 있기보다는 적어도 함께 하려는 생각을 해야만 한다.

관심의 두 번째 일반 영역은 권태로, 이 주제에 대해서는 연구된 바가 거의 없다. 대학생을 대상으로 한 연애실패에 관한 연구는 헤어짐의 원인으로 가장 자주 인용된 것이 바로 권태였음을 밝혔다(Hill 등, 1976).

계속해서 똑같은 파트너와 만나면서 똑같은 일을 똑같은 방식으로 계속한다는 것은 서로에게 흥미를 떨어뜨리게 할 수 있다. 사람은 틀에 박힌 생활을 한다고 느낄 때 부정적인 감정이 일어난다. 그때 부당하게도 이런 불행감을 제대로 조정하지 못한 상대 파트너 탓으로 돌리게 된다.

권태 문제를 해결하는 방법에 대해서 많이 알려져 있지는 않지만 그 위험성에 대한 자각은 커플들로 하여금 권태를 피하거나 극복하는 방법을 찾도록 동기화시킨다. 예를 들어, 커플들은 새로운 취미나 여가활동 또는 교육 등을 발전시킬 수 있다. 일상생활(섹스, 대화, 주말계획 잡기, 식사 준비, 휴가계획 잡기 등)을 하면서 커플들은 다양성의 중요성을 잘 알 것이다. 보통 신선함은 단조로움보다 선호된다. 지루하다는 느낌은 다른 것을 더욱 권태롭게 하고, 갑자기 새로운 파트너가 유일한 돌파구가 될 수 있다.

부드러운 관계를 유지하는 데 가장 중요한 문제는, 긍정적인 평가를 서로 점점 더 안 한다는 것이다. 서로 간에 호감과 존중을 계속해서 표현함으로써 우정이 촉발되고 지속된다는 점을 기억하라. 오랜 기간 낭만적인 관계를 지속해 온 사람들은 종종 이 점을 잊어버린다. "신혼시절은 이제 끝났다."라고 말할 때, 이것은 긍정적이고 사랑이 넘치는 상호작용이 부정적인 것으로 바뀌었음을 의미한다. 서로에게 비판을 하고 잔소리하며 단점을 들춰 내는 등의 행동을 파트너들은 종종 놀랍게도 당연한 것으로 받아들인다. 이런 식으로 서로를 대하기 시작한 두 사람은 사랑이 식을 뿐만 아니라 친구가 되는 것조차도 끝날 수 있다(Baucom 등, 1989; Margalin 등, 1989). 연인이든 부부든 그들이 처음 데이트할 때만큼 친절하고 정중하며 찬사를 계속한다면, 훨씬 더 쉽게 긍정적인 관계를 유지할 것이다.

요약하면 비유사성, 권태 그리고 부정적인 평가 등의 요소가 관계실패에 기여한다. 헤어짐의 고통을 피하려면 파트너들은 이 세 가지 문제영역들을 명심해서 그렇게 되지 않도록 지속적인 노력을 기울여야 한다.

표 4-3 긍정적인 관계를 증진시키기

이로운 행동	예
긍정적인 감정 교환하기	좋은 소식을 함께 한다. 정서적 지지와 관심 있음을 보여 준다. 필요할 때 도움을 준다. 함께 있을 때 파트너가 행복해 하도록 노력한다. 잔소리를 하지 않는다. 호의를 되돌려 준다.
친밀	서로 믿는다. 서로 신뢰한다. 사생활을 존중한다.
다른 사람과의 상호작용	파트너가 없는 자리에서 그(그녀)를 지지 옹호한다. 파트너의 친구들에게도 관대함을 보여 준다. 다른 사람들에게 파트너를 비난하지 않는다. 서로의 비밀을 지켜준다. 다른 관계에 대해서 질투와 비판을 하지 않는다.

우리 대다수는 우정의 법칙에 대해서 어떠한 공식적인 교육도 받아본 적이 없기 때문에 성공적인 쌍들이 어떻게 상호작용하는가를 배우는 것이 도움이 될 수 있다. 일본에서 수백 명의 친구들을 대상으로 한 연구들은 특정 행동이 성공적인 우정을 특징지운다는 것을 보여 주었다(〈표 4-3〉 참조). 최소한 15년 동안 결혼생활을 유지해 온 351쌍의 미국 부부들은 결혼생활의 성공 비밀이 우정, 헌신, 유사성, 그리고 긍정적인 감정을 자주 유발시키는 데 바탕을 둔다는 것에 동의하였다(Lauer & Lauer, 1985).

3. 성행동 의사결정

어떤 요인들이 우리들로 하여금 특정 성행동을 하게 하거나 아니면 피하게 하는가? 이 절에서는 이와 같은 성행동 의사결정에 영향을 미치는 내 · 외 요인들을 알아볼 것이다.

1) 성관계에 대한 조망

성행동은 많은 사회 요인들에 의해서 영향을 받는다(DeLamater, 1981). 종교, 가족, 동료 등을 통해서 우리는 성욕에 어떻게 반응해야 하는지를 배운다. 대부분의 종교들은 인간의 성행동에 대해 종족번식의 생식기능을 강조한다. 이는 성행동이 자녀를 낳기 위해서 결혼생활 내에서만 이루어져야 한다는 것을 의미한다. 이런 종교적 전통하에서는 자위, 구강성교, 항문성교, 혼외정사 등의 성행동이 받아들여지지 않는다. 따라서 독실한 신자들은 종교를 믿지 않는 사람들보다 성에 대한 태도와 행동 면에서 더 보수적인 경향이 있다. 이런 사람들에게 종교는 중요한 영향력을 발휘하기 때문이다(Falbo & Shepperd, 1986).

성행동의 종족번식 기능에 대한 접근에도 불구하고, 많은 사람들은 성행동의 관계 지향성에 더 많은 관심과 흥미를 갖는다. 이런 사람들은 성행동을 언제, 누구와 그리고 할지 말지를 결정하는 데 있어 파트너와의 관계의 질을 강조한다(Reiss, 1960). 대부분의 대학생은 마음에 없는 사람보다는 사랑하는 사람과의 성행동을 좋아한다(Sherwin & Corbett, 1985). 그 이유는 부모, 잡지(Lantz, 1977), 드라마 등으로부터 일시적인 섹스(casual sex)보다는 낭만적인 사랑이 더 좋다는 메시지에 노출되었기 때문이다.

낭만적인 파트너가 없다면, 남성은 여성보다 사랑 없는 섹스를 하는 데 더 허용적이다. 이런 선호는 남성이 여성보다 성에 대해서 더 유희적인 지향성을 갖는다는 것을 암시한다. 이 견해에 따르면, 섹스를 통해서 한 파트너와 신체적 쾌락을 나누는 것은 정당하다. 남성들이 여성보다 성 정보를 동료 친구로부터 더 많이 얻는다는 사실은 그만큼 유희적 스타일로 발달할 가능성을 높인다는 것이다(Reiss, 1967). 그러나 앞으로는 에이즈(AIDS)에 대한 공포가 증가함에 따라 유희적 섹스가 감소할 것으로 예상된다.

이상의 종족번식의 생식기능, 관계성, 유희성 조망들은 젊은 커플들의 성행동에 영향을 미친다. 종족번식의 생식적인 조망을 갖는 커플들은 결혼 후까지 섹스를 참을 것이다. 또 관계적 조망을 갖는 커플들은 서로 사랑을 고백한 후에 섹스를 하는 경향이 있고(보통 데이트한 지 약 6개월 정도 지난 후), 유희적 커플들은 만난지 일주일 내에 섹스를 한다(Peplau, 1977).

혼전성교는 "이렇게 하는 것이 옳은 일인가?"에 대한 갈등을 야기시킨다. 이 문제는 〈쉬어가기〉에서 자세히 다룬다. 또 다른 관심거리 중에서 혼전성교의 장 · 단기 효과도 기술한다.

2) 자기중심성 대 상황윤리

성가치 형성에 미치는 영향력은 어릴 때부터 있지만, 실제 행동에 영향을 주는 것은 세월이 지난 후에야 일어난다(Reiss & Miller, 1979; Singh & Forsyth, 1989). 그 사이에 다른 요인들이 성행동 의사결정에 영향을 미친다.

성에 미치는 영향력으로서 문화적인 영역을 드는 이론도 있다. Piaget는 사람

쉬어가기

책임지기와 자신을 보호하기

당신은 혼전성교를 할지 말지를 어떻게 결정하는가? 성적인 면에서 능동적으로 되려는 결정은 부분적으로 신체적 욕구, 파트너의 요구, 동료의 압력, 사회구조의 지각된 가치 등의 요소들에 기초한다(Randolph & Winstead, 1988; DeLamater, 1981). 그러나 어떤 영향력이든지 간에 이 결정은 주어진 파트너와 즉각적으로 성행동을 하는 단기적인 효과뿐만 아니라 장기적인 효과도 있다.

가능한 즉각적인 효과들 중에는 결정이 종교나 부모의 가르침과 갈등을 일으킬 때의 죄책감이나 부끄러움이 있고, 또한 헤어짐에 대해서 더욱 두려워하게 되며, 독립심을 잃게 되는 것 등이 있다(McCormack, 1980). 원치 않는 임신과 성병감염 등의 위험성도 고려해 보아야만 한다.

건강과 출산능력에 미치는 결과 등과 같은 장기적인 효과도 있다. 예를 들어, 성적으로 활동적이었던 젊은 여성의 결혼 가능성은 변할 수 있다. 비록 남자 대학생들이 자기 배우자감의 순결을 40년 전보다는 덜 중요한 것으로 여긴다 해도(Hudson, 1980), 여전히 처녀성은 한 여성을 적합한 배우자로 지각하는 데 중요한 영향력을 행사한다. 또한 남녀 모두 상대편의 과거 성행동에 대해서 의심을 표현한다. 성경험이 없는 대학생들은 성경험이 많은 사람들을 데이트 상대자든 배우자감이든 바람직하지 않다고 여긴다(Istvan & Griffitt, 1980).

의사결정을 이루는 한 가지 방법은 손익분석(cost-benefit analysis)을 써서 어떻게 판단을 내리는가를 배우는 것이다(Larrick 등, 1990). 사람들이 각 가치(얼마나 손해를 보는가 또는 얼마나 이득이 되는가)에 따라 가능한 한 다양한 장 · 단기 결과들을 고려해 보도록 배운다면, 전반적인 행복을 최대화할 수 있는 행동을 한다는 가정이 있다. 이와 같은 의사결정의 추리 원리를 배워서 그 사람의 첫번째 성행동과 같이 전혀 새로운 상황을 포함한 다양한 상황들에 적용할 수 있다는

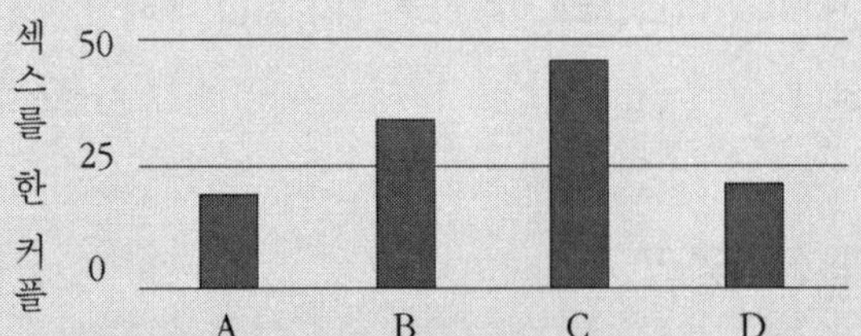

A: 첫번째 데이트에서

B: 우연한 데이트 후에 사귀어 보기로 생각하면서

C: 커플이 되기로 결정

D: 아직 섹스를 하지 않음

[그림 4-1] 데이트 커플들의 섹스 시기

연구 결과가 있다.

성경험을 하기 시작한 젊은이들은 현재 관계의 질을 강조하는 경향이 있다. 남성보다는 여성이 상대자의 매력과 사랑에 더 큰 관심을 표명한다(Christopher & Cate, 1984). 여성과 성경험이 없는 남성들은 성행동의 전제조건으로 친밀감을 들고 있다.

[그림 4-1]은 성적으로 능동적인 커플들이 관계의 어느 시점에서 섹스를 하기 시작했는지를 보여 준다(Christopher & Cate, 1985). 서로 원하는 낭만적인 성관계를 시작하는 것은 사랑과 애욕, 그리고 갈등 등의 복합적인 혼합물이다.

혼전 성행동이 이후의 성행동에 영향을 미치는가? 몇 가지 증거는 그럴 수 있다고 제시한다. 결혼 전에 여러 명의 성파트너가 있었던 사람은 결혼생활에 불만을 갖고 혼외정사를 할 가능성이 많다(Athanasiou & Sarkin, 1974).

결혼 전에 동거를 하는 것은 이후의 결혼생활에 긍정적이든 부정적이든 영향을 미치지 않으며, 문제가 되는 것은 혼전임신이다. 즉, 혼전임신은 관계를 방해하고 재정적 부담을 가중시킴으로써 이별 가능성을 높인다는 것이다(Furstenberg, 1976).

요약하면, 섹스를 할지 말지를 결정하는 것보다는 파트너와 사귀면서 대화할 수 있는 능력을 갖추는 것이 이후의 만족감에 훨씬 더 중요하다는 것이다.

들이 성숙해 감에 따라 어떻게 자기중심성을 벗어나는가를 설명하였다. 이 세상에 대한 자기중심적인 견해는 이기심, 무관심 그리고 자기본위이다. 미성숙은 자기중심적인 어린이로 하여금 다른 사람들의 견해를 공유하거나 취하고 이타적으로 행동하는 것을 방해한다. 그러면서 점점 인습적 도덕추리를 하게 된다. 이 시기에는 감정이입이 더욱 보편적이 된다. 자기중심성과 인습적 도덕추리 간의 차이점들이 성행동 의사결정에 어떻게 적용되는가?

한 가지 가능한 해답은 도덕적 행동에 대한 철학적 공식이 제공하고 있다. 1966년 개신교 목사인 Joseph Fletcher는 상황윤리(situation ethics)로 알려진 도덕철학을 공식화했다. 이 상황윤리는 앞에서 언급했던 아가페의 개념과 유사한 것으로, 타인의 복지에 관한 관심을 실천할 필요성을 강조한다.

우리는 행동의 장·단기 효과를 짐작해 봄으로써 가능한 가장 윤리적인 행동을 하고 있는지를 평가할 수 있다. 상황윤리가 어떻게 작동하는지의 예는 두 파트너가 서로 섹스를 원하는지 확실히 하고, 피임에 대해서 상의하여 원치 않는 임신을 막을 방도를 취하며, 성병이 없음을 확인하기 위해 병원검사를 할 때까지 섹스를 참게 된다는 것이다.

Fletcher의 입장은 종종 '좋다고 느낀다면 섹스를 해도 된다.' 는 식으로 잘못 해석되어 왔지만, 실제로 이런 소리는 자기중심성과 유희적 입장이 일치하는 것이지 상황적 윤리에 맞는 소리는 아니다. Fletcher는 서로 사귀는 각자에게 장 · 단기적으로 가장 사랑스럽고 최선이 되도록 행동하라고 강조한다.

그러나 이 상황윤리는 문제점을 안고 있다. 즉, 성욕과 강렬한 감정이 자신의 판단에 어떻게 영향을 미치는지 또는 성행동을 했을 때 나타날 수 있는 가능한 모든 해로운 결과들을 확실히 안다는 것은 모든 사람에게 불가능한 일이라는 것이다(Nelson, 1978). 성행동을 포함해서 많은 경우에 우리는 단순히 그렇게 하기를 원했기 때문이라고 생각하지 않고, 나름대로 타당한 이유가 있어서 행동한다고 자신을 설득할 수 있다.

스위스의 발달심리학자인 Jean Piaget는 Fletcher의 입장과 일치하는 의사결정 개념을 소개하였다. Piaget는 도덕성이라고 정의되는 두 가지 유형의 정의(justice)를 구분했다. 하나는 응보적 정의(retributive justice)로, 이것은 행동의 결과를 토대로 해서 의사결정을 하는 것이며, 따라서 처벌받는 것을 피하려 한다. 나머지 유형은 분배 정의(distributive justice)로, 이는 처벌을 피하려 하기보다는 하고자 했던 의도를 토대로 도덕판단을 하게 한다. 이런 정의 유형은 사람들마다 다르고, 이것은 그들의 행동을 특징화시킨다.

자신의 부모가 전혀 용납하지 않기 때문에 혼전성교를 하지 않는다고 말하는 사람은 응보적 정의에 기초한 것이다. 또한 서로 친밀하고 사랑하는 관계하에서만 섹스를 원할 수 있기 때문에 혼전성교를 피한다고 말하는 사람은 분배 정의에 기초한 것이다.

위의 예에서 보면 행동이 둘 다 똑같고 두 사람 모두 성교를 피한다는 점을 주목하자. 그러나 그들의 이유는 전혀 다르다. 이것이 성행동 의사결정의 기저에 깔린 동기를 이해하는 데 있어 열쇠가 된다.

3) 책임감

Kohlberg(1981, 1984)는 일련의 6단계를 따라 도덕추리를 발달시켜 간다고 개념화시켰다. 〈표 4-4〉는 이 단계가 어떻게 성문제에 적용될 수 있는지를 보여준다.

표 4-4 도덕 발달단계에 따른 성윤리

단계의 지향점	추리 예
전인습적 수준 1단계: 처벌과 복종: 처벌을 피하고 권력을 존경한다. 2단계: 도구적 상대성: 먼저 자신의 욕구를 만족시킨다.	10대 미혼모는 아이를 낙태시켜야 한다. 그 이유는 그녀가 아이를 낳는 것은 죄를 짓는 것이기 때문이다. 또 그 아이는 그녀의 삶에 파멸을 가져올 수도 있기 때문이다.
인습적 수준 3단계: 착하고 멋진 남녀: 동조와 의도; 다른 사람들이 한 것처럼 행동하며 해를 입히지 않으려 한다. 4단계: 법과 질서: 자신의 의무를 다한다; 사회질서를 지킨다.	10대 미혼모는 아이를 낙태해야 한다. 그 이유는 그녀는 자신이 파트너를 사랑했다고 생각하기 때문이다. 10대 미혼모는 아이를 낙태를 하는 것이 그녀에게 옳은 일이라 해도 살다보면……
후인습적 수준 5단계: 사회적 계약존중: 개인의 가치들은 시대법을 토대로 한다. 6단계: 보편적 윤리원칙: 정의와 호혜성 그리고 평등을 윤리원칙으로 사용한다.	일단 결혼을 해서 출산한 다음 이혼해야 한다. 그녀와 그녀의 남자친구는 책임을 져야 한다. 따라서 아이를 낳아야 하고 그러고 나서 입양기관에 맡길 수도 있을 것이다.

첫 번째, 도덕추리의 전인습적 수준에서 도덕성은 쾌락을 추구하고 고통을 피하려 하는 자기중심적인 특징이 있다. 두 번째 도덕추리의 인습적 수준에서는 법과 질서에 동조하여 권위적인 인물이 설정한 규칙에 부합되도록 하려는 특징이 있다. 대다수 성인들은 이 두 번째 수준에 머물러 있으며, 그중 소수의 사람만이 세 번째 수준으로 진행된다. 세 번째 수준인 도덕추리의 후인습적 수준은 옳고

그른 단순한 규칙들보다는 더 높고 더 추상적인 보편적 윤리 원칙을 토대로 도덕 문제의 해결책을 찾으려 한다.

도덕추리에서의 변화 성에 대해서 효율적으로 추리하는 능력은 청년초기에 극적으로 변한다. 11～17세 사이에 인습적 추리가 발달된다. 대다수의 11세 아이들은 성행동은 출산과 직결되므로 10대의 섹스를 금해야 한다고 믿는다. 그러나 15세나 16세 청년 대다수는 성의 관계성 개념을 적용해서 섹스의 즐거움을 사랑의 표현으로 정당화시킨다(Schoof-Tams et al., 1976).

10대들의 성 기준이 어떻게 되었든지 간에 중요한 것은 그들이 성행동으로 인해서 자주 일어나는 문제점들을 효과적으로 피하고 미래를 설계하는 데 어려움이 많다는 사실이다.

도덕추리가 성행동 의사결정에 미치는 효과 중 대학생, 특히 남자 대학생들의 성행동 의사결정은 그들이 가지고 있는 도덕추리 단계와 관련된다는 증거들이 있다. [그림 4-2]는 단계 4(법과 질서)에 있는 청년이 그 이전 단계나 이후 단계에 있는 청년들보다 통계적으로 유의미하게 성경험이 적었음을 보여 준다. 또한 단계 4에 있는 남녀 모두 자신의 성행동에 대해서 죄책감을 가지며 처벌받게 될 것

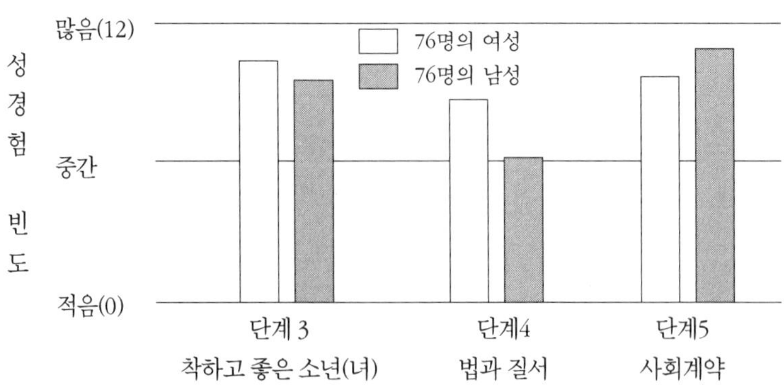

[그림 4-2] 도덕 발달단계에 따른 성경험 정도

이라고 예상한다(D' Augelli & Cross, 1975).

단계 4에서 성문제에 관한 도덕적 입장은 사회적으로 용납되지 않는 행동을 한 사람을 비난하게 한다(Reeder & Coovert, 1986). 또한 이 단계에 있는 사람은 다른 사람들의 행동을 지도 감독하려 한다. 성을 죄악시하는 것이 이런 경향성을 강화시킨다는 몇 가지 증거가 있다. 한 실험에서 여대생들로 하여금 막 월경을 시작한 13세 소녀에게 성적인 조언을 하는 테이프를 만들도록 했다. 성을 죄악시하는 정도가 높은 피험자들은 두 사람이 서로 사랑하든 하지 않든 상관없이 혼전성교를 하지 말아야 한다고 주장했다(Mendelsohn & Mosher, 1979). 이와 같이 성에 대해서 부정적인 태도와 죄악시하는 사람들은 검열제도를 선호하여 엄격한 성 기준을 위반하는 사람들에게 처벌을 가해야 한다고 주장한다(Fisher et al., 1988).

요약하면, 젊은이들은 성행동을 결정하는 데 있어서 자주 혼란되고 불안함을 느낀다. 그 이유는 성과 관련된 사회구조의 메시지와 갈등을 일으키기 때문이다. 또한 이 결정은 각 개인의 자기중심성과 도덕적 추리수준에 따라 영향을 받는다(Forsyth & Nye, 1990). 사회가 제공할 수 있는 최선의 것은 성행동 문제에 포함되는 모든 것에 대해서 잘 알 수 있도록 도움을 주는 것이다.

성

남녀 간의 성기능은 많은 유사점이 있지만 다른 점도 많다. 이 차이점을 알지 못했을 때, 다른 사람의 반응을 오해하거나, 무엇이 일어나고 왜 그런지를 잘못 해석하기 쉽다. 다음의 사례는 남편이 오르가슴 후에 반응이 없는 것에 대해 그의 아내(25세, 주부)가 성지식이 부족하여 어떻게 잘못된 가정을 하고 불필요한 공포가 유발되었는지를 잘 보여 준다.

> 나는 결혼을 잘못했다고 생각하며, 성에 대해서 잘 알지 못한다. 내 남편은 나와 성관계를 가지려 할 때는 문제가 없다. 그는 열정적이고 나에게 키스를 퍼부우며, 껴안고, 내 몸 구석구석을 만지려 한다. 그는 결코 서두르지 않고 나를 흥분시킬 수 있다. 어떤 시점에 도달한 후, 난 그가 나의 목덜미에 키스를 하거나 나의 귓볼을 빨았을 때에도 흥분이 된다. 난 그때 보통 "이제 해요!" 라고 말한다.
>
> 여기까지는 전혀 문제가 없다. 그리고 난 거의 항상 극치감을 맛본다. 그러나 나를 짜증나게 하는 것은 그가 사정을 하고 난 후다. 난 여전히 흥분된 상태로 키스를 하고 애무하기를 원한다. 난 다시 섹스하기를 원하지만 남편은 그렇지 않다.
>
> 사정을 하면 그는 완전히 식어버린다. 그는 섹스와 나에 대해서 모든 흥미를 잃어버린 듯이 보인다. 사실, 그는 보통 두 가지 일 중 하나를 한다. 대부분의 밤을 그는 그저 뒤척이다가 금방 잠든다. 난 무엇이 잘못됐는지 곰곰이 생각해 보았고, '그

는 날 정말로 사랑하지 않을지도 모른다. 그저 나를 이용하는 것일지도 모른다.' 는 생각을 한다. 특히, 주말 내내 잠만 자다가 출근했을 땐 상황이 더 나쁘다. 그는 침대에서 일어나서 무엇을 먹을지를 혼자서 일방적으로 정해버리고 TV 앞에 앉아 있는다. 그는 섹스를 더 많이 하기를 원하는 아내가 있는데도 TV나 보고 앉아 있다.

어느 토요일, 그가 섹스 후에 피자를 먹으며 농구를 보는 데 정신이 팔려 있을 때, 난 화가 나서 자위를 하기로 했다. 나는 침실문을 열어 놓고 그가 나의 신음소리를 듣게 했다. 그러면 그가 들어와서 나를 보고 흥분할 것이라고 생각했는데 그런데 그는 전혀 움직이지도 않았고, 다음 날 아침 좋았냐는 말밖에 하지 않았다.

섹스를 하는 동안 그렇게 흥분하던 사람이 어떻게 잠시 후에 전혀 욕구가 없어지는 건지? 뭐가 잘못된 것은 아닌지?

상담사례는 오르가슴 이후의 남녀 신체반응 차이를 묘사한다. 남성은 어떤 자극도 흥분을 유발시키시지 못하는 불응기(refractory period)를 경험한다는 사실을 Masters와 Johnson(1970)이 보고하였다. 오르가슴 후에 성반응이 급격히 떨어지는 현상은 남성들에게는 전형적인 것이지만, 보통의 여성은 그렇지 않다. 더구나 여성들에게 더욱 자극을 가하면 흥분을 지속시킬 수 있고, 때때로 다시 오르가슴에 도달하기도 한다. 이런 면에서 보면 상담사례에서 나타난 부부는 둘 다 이상이 없다.

그러나 사례의 남편의 행동 중 어떤 면은 적절치 못한 것도 있으며, 아내가 오르가슴 후에 후희(아내를 껴안고 다정스럽게 대화하는)에 관심이 많다는 사실을 남편이 인식한다면 도움이 될 것이다. 성행동이 끝났을 때 후희는 즐겁고 사랑을 지속시키게 한다.

여러분이 자동차의 부속에 대해서 어느 정도 안다면, 그 부속이 어떻게 기능하는지에 대해서 쉽게 배울 수 있다. 이와 같이 이 장에서는 성체계가 어떻게 기능하는지를 설명한다. 또한 무엇이 성욕을 불러일으키는지에 대해서도 논의한다. 성욕이 성행동을 일으킬 때, 여기에는 신체적인 흥분과 심리적인 흥분의 특정 패턴(성반응 주기)을 포함한다. 그 다음으로 오르가슴, 해소기(resolution period)와 불응기(refractory period)에 있어서 남녀의 유사점과 차이점에 초점을 맞춘다. 또한 다양한 성행동의 유형과 성문제들에 대한 남녀의 유사점과 차이점을 알아본다.

1. 성 욕

성적인 만족을 얻으려는 욕구는 자연스런 현상이다. 그러나 자기 자신의 그런 욕구는 쉽게 알 수 있지만, 다른 사람의 성적인 동기는 단지 간접적으로만 관찰될 수 있다. 즉, 그들의 느낌을 말해 보라고 물어 볼 수 있거나 그들이 행동하고 말하는 것을 토대로 그런 느낌을 추측할 수 있다. 그러나 이것은 그들이 실제로 느끼는 바를 정확히 알 수는 없는 것이다. 그러면 '성욕(sexual desire)'은 무슨 뜻일까?

1) 리비도를 측정할 수 있을까

Sigmund Freud는 우리 모두로 하여금 쾌락을 추구하도록 동기화시키는 특별한 에너지인 리비도(libido)라는 것이 있다고 제안했다. Freud는 이 에너지를 본능적인 것으로 개념화했지만, 세상 사람들은 성적인 관심도와 성행동 빈도 면에서 많은 차이가 있다.

인류학자들이 보고했던 두 가지 극단적인 예들을 들자면, 아일랜드의 Inis Beag라는 마을에 사는 남자와 여자는 결혼해서 자손을 출산할 목적으로만 성교하도록 성행동을 엄격히 제한할 것을 강하게 경고 받는다. 따라서 이 마을 주민들은 자위, 오럴섹스, 혼전성교, 혼외정사 등을 했다는 보고가 거의 없다(Messenger, 1971). 반면에 남태평양 Magania 섬에서는 사춘기가 시작되자마자 혼전 성행동을 하며, 빈번한 성행동을 하지 못한 사람은 조롱의 대상이 된다(Marshall, 1971). 따라서 아일랜드 마을에서 태어나고 자란 사람은 성행동을 자주 하지 못하고 즐거움을 맛보지 못하지만, 태평양 섬에서 태어나고 자란 사람은 성행동을 자주 하고 큰 즐거움을 맛본다.

이러한 예에서 볼 수 있듯이, 성욕은 비록 생물학적 근거를 가진다 해도 우리가 무엇을 배웠는가에 크게 영향을 받는다. 따라서 성욕과 성행동은 문화권마다, 또 사람마다 크게 다르다.

성욕에 대한 연구의 한 가지 접근법은 사람들에게 묻는 것이다. 즉 "당신은 한 달에 몇 번이나 섹스를 하고 싶은가?" (Frauman, 1982). 78명의 대학생 집단에서 65%가 한 달에 2~13번의 섹스를 원했고 남녀 차이는 없었다. 또한 이 학생들이 자신이 바라는 것보다는 더 적은 성행동(한 달에 1~6번)을 실제로 한다고 보고했다.

성적으로 흥분시키는 행동들에 대해서 보다 자세히 질문을 하는 것은 무엇이 성욕을 결정하는지에 대한 보다 나은 이해를 제공한다. 예를 들면, 키스를 하는 것이 흥분되는가 아니면 키스를 당하는 것이 흥분되는가? 애무를 하려고 하는가, 아니면 애무를 당하려 유혹하는가?

이런 질문에 대한 응답에 있어서 중년의 사람은 그들이 성욕을 만족시키는 데 문제점을 가지고 있는지의 여부에 따라 서로 응답이 달랐다. 즉, 중요한 성적인 문제를 갖지 않는 사람들은 이런 질문에 큰 관심을 가지고 즐긴다고 응답하였다. 반면에 오르가슴을 별로 느끼지 못하는 남녀는 키스를 하는 행동에 가장 적은 흥미를 갖는 것으로 나타났다(Harbison et al., 1974).

2) 성욕의 신체, 정서, 인지적 측면

Kaplan(1979)은 성기능장애를 갖고 있는 사람들은 자기도 모르는 상태에서 섹스는 즐거운 것이 아니라고 결정한다고 제안한다. 이들의 성적인 문제점들은 그들 자신의 결정, 즉 "난 느낄 수 없어!" 라는 생각에서 유래된다. 치료자들은 이들이 성행동을 하지 않음으로써 섹스의 많은 즐거움을 맛보지 못했기 때문에 성행동을 즐겨야 한다는 사실을 주지시켜야만 한다고 주장한다. 또한 성에 대한 회피는 부부관계에서 어려움을 낳을 수 있다.

이와 같은 생각은 사람들이 성에 대해서 어떻게 생각하느냐가 그들의 성욕에 영향을 미친다는 것을 암시한다. 성행동 개입에 대한 Mosher(1980)의 이론은 두 가지 정서(홍분과 즐거움)가 에로틱한 상황에 반응하는 양식에 영향을 미친다고 기술한다. 즉, 홍분 요인과 즐거움 요인이 성경험을 하도록 동기를 부여한다는 것이다. 성행동이 시작된 이후, 즐거움이 일어나고 오르가슴에서 절정을 이룬다. 홍분과 즐거움이 상대 파트너에 대한 사랑과 결합될 때 성욕은 증가한다.

Levine(1987)은 이 성욕을 두 가지 요소로 나눈다. 첫 번째 요소인 추동은 성욕의 생리학적인 경험(성적인 긴장에 대해서 신체적인 해소욕구)으로 구성된다. 두 번째 원망(wish) 요소는 상대 파트너와 연결된 느낌, 생각, 환상 등을 포함하는 인지적인 측면을 말한다.

상황과 원하는 성 파트너의 가용성(availability)에 따라 성적인 홍분은 욕망의 자연스런 결과가 된다. 성적으로 홍분했다고 해서 아무나 하고 강제로 성행동을 한다거나, 시간과 장소를 가리지 않고 무분별한 성행동을 허용하는 것은 아니다. 성적으로 매우 허용적인 사람들조차 강압적인 섹스나 길거리에서 성행동을 하는 것을 옹호하지 않는다.

그러면 서로 협동적인 파트너와 함께 일상적인 상황 하에서 홍분이 일어났을 때 어떤 일이 발생하는가?

3) 생리적인 성반응 주기

인간이 보이는 생리적인 성반응에 대한 과학적인 연구는 Masters와 Johnson (1966, 1970)의 선구적 연구와 근본적으로 연결된다. 그들은 1,000명 이상 피험자들의 성적 홍분을 실험실에서 체계적으로 관찰하였다. 그 결과 성적 자극으로 인해 일어나는 반응이 어떠한 신체적 변화를 가져오는지를 증명하는 데 성공하였다.

그들의 주요 공헌은 오르가슴(성적 홍분의 최고조) 때의 생리적 특징을 자세히 설명해 주었다는 데 있다. 그들의 연구는 성욕에 관한 양성적인 관점의 핵심적 물음에 직접적으로 답하였다. 즉, 성적 자극에 대한 신체적 반응에서 남녀가 유사한 점은 무엇이며, 차이점은 무엇인가? 남녀에게서 관찰된 공통적인 차이점은 어느 정도나 생리적 요인에 기인되는 것인가? 남녀의 성반응 패턴을 형성하는 데 신체적 변화와 사회적 풍습이 상대적으로 어떻게 영향을 미치는가?

Masters와 Johnson(1966, 1970)의 실험실 연구절차에는 장단점이 있다. 모든 피험자들이 똑같은 환경에서 그리고 똑같은 상태에서 관찰되었기 때문에 개인의 기분이나 주어진 상황에 따른 변화를 통제할 수 있다는 장점이 있다. 비록 실험실 상황에서 성관계를 맺는다는 것이 어려울 것이라고 생각하겠지만, 그 피험자들은 꽤 쉽게 적응한 것으로 보고 된다. 관찰은 명확한 척도와 녹음장치 그리고 사진기록 등을 사용하여 사람이 만들어 낼 수 있는 오류를 최소화하였다.

이 연구에서의 단점은 피험자 선정에 있었다. 피험자들은 대부분 자원한 사람들로 구성되었는데, 백인이고 학구적인 중상류층에 속하는 사람들이었다. 연령 범위도 21세 이하는 한 명도 없고, 65세 이상도 겨우 몇 명에 불과하였다. 따라서 이 자료에서는 연령이나 사회계층에 따라 변화할 수 있는 성반응의 측면을 밝히지 못했다.

그들이 얻은 정보는 자연적으로 오르가슴에 도달할 수 있는 사람들의 것만을 포함하며, 성교나 자위를 통해 오르가슴에 도달할 수 없는 사람의 자료는 포함되지 않았다. 또한 실험실 상황의 특성이 피험자들의 성반응에 영향을 주었을 수도 있다. 그러나 이런 제한점에도 불구하고 그들의 연구는 인간의 성반응을 이해하는 데 획기적인 계기를 마련해 주었다.

성반응의 단계 Masters와 Johnson은 생식기만이 아니라 신체의 전반적인 성반응을 고려하였다. 그들에 의하면 신체적 변화에도 규칙적인 순서가 있다. 간략하게 살펴보면 다음의 네 가지 단계로 나뉜다.

① 흥분 단계

남자는 음경의 발기로써 성적 흥분상태를 알 수 있다. 발기시의 크기는 평소의 두 배 이상이 된다. Masters와 Johnson이 관찰한 결과를 보면 크기의 증가는 작은 음경의 경우보다는 큰 음경의 경우가 비례적으로 덜 증가한다고 보고한다.

발기는 어떻게 이루어지는가? 발기현상은 음경에 있는 핏줄이 충혈되는 데서 기인한다. 이런 충혈현상은 여성의 기관 내에서 뿐만 아니라 남성기관 내에서도 일어나고, 따라서 이것은 성적 자극에 대한 일차적인 반응이라고 간주된다. 동시에 음낭의 피부는 두꺼워지고 팽창하며, 음낭주머니도 발기하여 몸쪽으로 향한다. 음낭주머니 속에 있는 고환도 역시 몸쪽으로 당겨진다.

여성의 성적 흥분은 질에서 부드러운 분비액이 나오면서 축축히 젖는 것으로 나타난다. 이러한 현상은 성적 자극이 주어진 지 10초 내지 30초 이내에 나타날 수 있다. 이런 분비액은 질벽의 충혈 상태에 의해 일어나는 일종의 '땀반응' 에서 나온다. 혈관은 질의 조직을 통해 물기를 발산한다.

이 단계에서 음핵에도 변화가 일어난다. 질의 입구 앞에 위치한 음핵은 아주 예민한 말초신경이 모여 있는 것으로, 흥분 단계 동안에는 음핵과 가까운 부위가 충혈되기 때문에 부풀어오른다. 동시에 경부와 자궁도 위쪽과 뒤로 당겨진다. 질은 1인치 정도 길이가 늘어나고 질의 벽도 부드러워지면서 정상적인 붉은 자주색이었던 것이 짙은 자주색으로 변한다.

또한 남녀는 젖꼭지의 발기로도 흥분 상태가 표시된다. 여자는 유방의 크기가 증가하며 젖꼭지 부위의 검은색 테두리가 부풀고 충혈된다. 또한 남녀 모두 수의근은 팽창하며 불수의근은 수축하는 경향을 보인다. 맥박이 빨라지며, 혈압도 올라간다. 대부분의 여자와 남자의 1/3 정도는 '성반점(sex-flush)' 이 나타난다. 홍역 때와 비슷한 반점이 복부에서부터 시작하여 젖 부위로 퍼진다.

② 고원 단계

분명히 하나의 단계로 구분되기는 하지만 고원(plateau) 상태는 기본적으로 첫 단계에서 시작했던 과정이 계속됨으로써 나타난다. 이 단계의 특징은 핏줄의 충혈상태가 계속되는 것과 근육의 긴장이 증가되는 것과 관련되어 있다.

여성에게는 변화가 현저하다. 가장 중요한 것은 Masters와 Johnson이 부르는 '오르가슴대(orgasmic platform)' 의 변화다. 이는 질의 외부를 감싸는 조직이 팽창하는 것을 뜻한다. 이런 현상은 질의 직경을 50% 정도나 더 작게 축소시킬 수 있게 하며, 그 결과 음경을 잡을 수 있게 된다. 자궁의 크기도 계속해서 증가하며 음핵은 완전히 발기한다. 질의 바깥쪽 음순은 충혈되고, 질의 안쪽 음순은 색이 변한다. 아이를 낳아 본 여자는 색깔이 밝은 빨간색에서 진한 포도주색으로 변하며, 아이를 낳은 일이 없는 여자는 핑크색에서 밝은 빨간색으로 된다. 이런 색깔의 변화는 자극이 계속되기만 하면 어느 순간에라도 오르가슴이 일어날 것이라는 신호이다. 남성에게서의 특수한 변화란 음경 끝부분의 크기가 조금 더 증가하며 사람에 따라서 더욱 붉은 자주색으로 짙어진다.

이 단계에서의 남녀 모두의 신체적 변화는 호흡, 혈압 그리고 맥박률이 증가하는 것이다. 성반점은 점점 더 현저하게 나타나며 수의근과 불수의근 둘 다 팽창한 상태가 된다.

③ 오르가슴 단계

여성의 오르가슴(orgasm)은 오르가슴대에서 일어나는 리듬 있는 수축으로 표시된다. 처음에는 4, 5초 정도의 간격을 두며 수축을 하던 것이 점차 긴 간격을 두면서 강도도 덜해진다. 수축의 빈도도 약한 오르가슴일 때는 세 번에서 다섯 번 정도고, 강한 경우에는 25번 정도도 가능하다고 한다. 동시에 자궁에서도 수축이 일어나는데 처음에는 경부의 위쪽 끝에서 시작해 밑부분으로 진행된다. 신체를 통하여 다른 근육들도 역시 리듬 있는 수축을 할 수 있다.

남성의 오르가슴도 역시 리듬 있는 수축의 단계가 있다. 여성과 마찬가지로 처음에는 4, 5초의 간격으로 일어나다가 점차 덜 빈번해지며 강도도 감소된다. 오르가슴 전에 정자세포들은 정자소낭에 모인다. 액같이 모인 정자세포액이 처음에는 몇 번의 수축과 함께 요도로 밀려나오며 그 후의 수축을 통하여 음경 밖으로 나온다.

오르가슴 단계 동안에 남녀의 신체 변화는 절정에 이른다. 맥박과 호흡, 혈압은 가장 높은 수준으로 올라가고, 성반점이 가장 현저하며, 팔과 다리 그리고 목의 근육은 경련을 일으키며 수축한다.

④ 해소 단계

매우 빠른 시간 안에 신체는 자극 전의 상태로 돌아가기 시작한다. 근육은 이완되고 팽창되었던 곳은 수축되며, 성반점도 사라지고, 맥박과 혈압 그리고 호흡도 정상적으로 돌아간다. 생식기가 팽창된 상태에서 되돌아가는 데는 좀 더 시간이 걸려야 한다. 오르가슴이 일어나지 않은 경우에는 이런 과정이 더 오래 걸린다.

남성의 해소(resolution) 단계는 성적으로 다시 흥분하거나 재발기할 수 없는 기간이다. 아주 드물게 몇 분만에 다시 발기할 수 있는 남성도 있으나 대부분 상당히 오래 걸리며, 나이에 따라 기간이 길어진다.

여성에게는 이런 기간이 없다. 여성들은 즉시 자극해도 또다시 오르가슴에 도달할 수가 있다. Masters와 Johnson은 몇몇의 여성에게는 여섯 번 내지 열두 번까지도 계속적인 오르가슴이 가능했음을 발견하였다. 여러 번의 오르가슴이 가능하다는 발견은 그들의 연구 결과 중 가장 관심을 끌었던 부분이다.

남녀의 성욕에 대한 신념이 함축하는 것 Masters와 Johnson 역시 인간의 성반응을 완전히 객관적으로 관찰했다고 말할 수는 없다. 오히려 그들의 발견은 성욕에 대한 남성과 여성의 지배적인 가정에 도전하기 위해 제시되었던 것 같다.

그들의 가장 분명한 목적은 남자가 여자보다 더욱 성적이라고 빈번하게 가정되는데 그것이 사실인지를 밝히려는 데 있었다. 그들의 연구에서 여성은 더 성적인 존재로 등장한다(Robinson, 1976). 그들이 여성의 성욕을 강조했던 것은 연구를 제시하는 방식에서 엿볼 수 있다. 그들은 특히 『인간의 성반응(The Human Sexual Response)』에서 남자보다도 여자의 성욕을 더 많이 논의했다. 성 단계를 다룰 때에도 여자의 반응을 더 먼저 고려했으며, 남자의 반응은 덜 강조하였다. 또한 여자의 성적 주기를 남자의 것보다 더 많이 관찰하였다. 피험자의 숫자는 남녀가 비슷하였지만 여성의 주기는 7,500번이나 관찰되었으나 남자는 2,500번만 관찰되었다.

Masters와 Johnson은 여자가 남자보다 성적으로 더 반응적이라는 것을 명백히 보여 주었다. 예를 들어, 4단계를 통한 반응의 진행을 추적해 보았을 때, 남자에게서는 단지 한 가지의 분명한 패턴만을 발견했지만 여자에게서는 세 가지나 발견하였다고 보고하였다. 그들은 이러한 세 가지 패턴도 "여성이 보이는 다양한 성반응의 대표적인 것에 불과하다."고 하였다. 또한 그들은 남자는 오르가슴 사이에 '재발기할 수 없는 기간'이 있는 데 비해 여자는 여러 번의 오르가슴 능력을 갖는다고 또 다른 증거들을 통해 인정하였다. 마지막으로 그들은 『인간의 성적인 무능력(Human Sexual Inadequacy)』에서 여자보다 남자가 더 많은 문제를 갖고 있다고 지적한다.

Masters와 Johnson은 여자가 남자보다 오르가슴에 이르는 데 시간이 더 오래 걸린다는 가정에 도전하려고 시도했다. 그들은 성적인 자극을 받는 동안 여성이나 남성의 생리적인 반응이 근본적으로 유사하다고 강조하였다. 그들은 4단계를 논의하면서도 진행되는 사건들이나 영향받는 신체의 부위 그리고 신체적인 변화의 이유 등 남녀의 유사한 반응을 강조한다. 즉, 현저한 해부학적 차이에도 불구하고 남녀 모두가 성적 자극에 대해서 보이는 신체적인 반응은 동질적이라는 것이다.

오르가슴에 도달하는 시간에 있어서는 여성이 남성보다 더 오래 걸린다는 것을 깨닫고 있었다. 그들은 성교가 여자에게는 가장 큰 자극이 되지 못한다는 것을 강조함으로써 자신들의 연구 결과와 다른 사람들이 경험적으로 터득한 것 사이의 불일치를 설명하였다. 음핵은 말초신경이 밀집되어 있는 아주 민감한 부위라는 것을 기억해 보자. 반면 질의 벽에는 말초신경이 많지 않아 접촉에 아주 둔감하다. 직접적인 음핵의 자극은 너무 강하거나 때로는 통증을 주지만 간접적인 음핵의 자극은 여성의 오르가슴을 일으키는 주요 요인이 된다. 오르가슴을 가장 직접적으로 일으킬 수 있는 방법은 자위다. Masters와 Johnson은 여성에게는 이 방법이 성교보다 더 효과적인 성적 방출 통로라고 말한다. 두 번째 방법은 파트너가 입이나 손으로 자극해 주는 것이다. Masters와 Johnson은 이런 방법을 사용할 때에는 남성과 여성 간에는 오르가슴에 도달하는 시간에 차이가 없다고 주장한다.

음핵 자극의 중요성은 다른 연구자들이 여성 성욕의 본질을 다룰 때도 반영되었다. 그들은 성교가 아닌 음핵의 자극이 여성에게는 '중요한 성적 사건'이라고 강조한다. 이는 대부분의 사람들이 갖고 있는 성행위의 개념과 현저하게 대조된다. 왜냐하면 사람들은 '성행위(having sex)' 를 전적으로 성교와 동등하게 생각하기 때문이다. 음핵을 자극하는 것이 전희일 수는 있다. 그러나 남녀가 서로 성교를 하기 전까지는 음핵을 자극하더라도 성교를 한 것이 아니다.

Masters와 Johnson이 암시하였고 후에 다른 학자들이 명백하게 밝힌 것은, 남성과 여성은 근본적으로 성행동이 다르다는 것이다. 남성에게 성교는 오르가슴에 도달할 수 있는 가장 효과적인 방법이지만, 여성에게는 가장 효과가 적은 방법이다. 대부분의 사람들은 남자가 선호하는 성적 유형을 '성행위' 라고 정의 내린다. 이런 사실은 현재의 성적 관습이 아직도 남성의 욕구에 따라 형성되고 있음을 반영하고 있다.

Masters와 Johnson의 마지막 도전은 현재 지배적인 가정, 즉 여성의 성욕은 생식기의 질과 음핵을 통하여 두 개의 오르가슴으로 이루어진다는 신화에 대한 것이다. 이런 개념의 근본적인 책임은 Freud에게 있다고 볼 수 있다. 그는 질 부위의 오르가슴만이 성숙한 성인의 성적 반응이라고 하였다. 이런 개념은 여성의 심리성적인 발달에 대한 이론 속에 들어 있다.

남근기 동안에 어린 여아들은 음핵 자위를 시도하며, 그것은 성욕에 대한 적극적인 접근이라고 볼 수 있다. 그러나 여아는 음핵을 축소된 불충분한 음경에 불과한 것이라고 깨닫게 되면서 수치감을 느끼고 음핵 자위와 적극적인 성에 대한 접근을 포기한다. 성적 관심이 새로 일어나는 사춘기의 여아들은 음핵 자극은 계속 피하면서 질의 자극과 수동적이고 수용적인 성적인 목적에 초점을 둔다. 음핵에서부터 질의 자극으로 전이를 하지 못하는 여아는 성적으로 미숙하고 성욕에 대해 여성적으로 적절하게 접근하지 못하는 것으로 간주된다.

Masters와 Johnson은 그들이 발견한 4단계의 반응을 사용하여 자극의 근원과는 관계없이 오르가슴 반응은 하나뿐이라는 것을 증명하였다. 더욱이, 성교 중에도 음핵이 우선적으로 여성의 오르가슴을 주관한다는 것이다.

오르가슴의 생리는 비록 자극의 근원에 달려 있는 것은 아니지만 자극의 주된 부위가 질이냐 음핵이냐에 따라 여자의 오르가슴 경험은 달라질 것이다. 한 연구에서 성적으로 적극적이고 교육수준이 높은 103명의 여성들을 대상으로 조사했을 때, 그중 몇몇은 성교 동안에 일어나는 오르가슴과 음핵 자극을 통한 오르가슴의 느낌을 구별하여 표현했다. 즉 어떤 사람은 성교 동안의 오르가슴이 더욱 충만하고 완전한 느낌을 준다고 하는 반면, 음핵 자극이 더 좋다는 사람도 있었다.

이렇게 다른 경험은 질과 음핵 자극에 대한 남자와 여자의 반응을 반영한다. 어떤 여성은 성교를 하는 동안에 자신이 남자 파트너를 자극하고 있다는 사실 때문에 더 큰 쾌락을 느낄 수 있다. 어떤 여성들은 질을 통한 성행위가 일차적으로는 남성의 쾌락을 위한 것이라는 데 분개하여 기쁨이 반감된다.

남성들은 성교의 자극을 즐길 수 있지만 자신의 여자 파트너가 오르가슴에 이를 때까지 발기 상태를 유지시킬 수 없을지도 모른다는 사실을 걱정한다. 게다가 모든 남성과 여성들이 음핵 자극을 통해 오르가슴에 도달하는 것을 편안하게 생각하는 것은 아니었다. 이런 것은 대리적인 방법이라고 생각하기도 하고, 어떤 때는 그 여자가 '참된' 질의 오르가슴을 느낄 능력이 없다는 표시처럼 느껴진다. 반대로 어떤 사람들에게는 이런 방법을 사용한 자극이 자기 혼자만을 위한 것으로 생각되어 더욱더 성적 흥분을 느끼고 오르가슴의 쾌락을 맛볼 수도 있었다.

남녀 모두에게서 성행동은 오르가슴의 느낌을 갖고자 하는 목적이 크다. 그러나 위에서 열거했던 것과 같이 여성의 신체적 성반응에 대한 몰이해로 인해서 오르가슴의 느낌을 맛보지 못한다고 호소하는 여성이나 남성이 의외로 많다. 다음 절에서는 이와 같은 문제점을 해결하기 위한 방책으로 성적 각성에 도달하는 몇 가지 방법을 열거해 본다.

4) 성적 각성의 달성

성감대로서의 마음 성감대(erogenous zone)라는 용어는 성적으로 민감하고 반응적인 신체영역을 말한다. 사람들이 보통 성감대에 관하여 생각할 때, 성기와 가슴과 같은 영역을 떠올린다. 비록 그것이 대부분의 사람에게 있어서 특히 민감한 영역이라는 것이 확실하지만, 다른 신체영역의 잠재력을 인식하지 못한다면 그것은 아무런 쓸모가 없다. 실제적으로 신체의 모든 영역이 성감대로서 기능할 수 있다.

궁극적인 성감대는 마음이다. 이것은 사람들의 정신적 상태가 성적 각성을 지배하는 데 대단히 중요하다는 것을 의미한다. 파트너가 제 아무리 열정적이고 능숙하게 성기를 자극한다 해도 상대방이 성적인 분위기가 되어 있지 않으면 절대적으로 영향을 미치지 못한다. 반대로, 아무런 자극이 없더라도 성적인 공상은 대단한 각성을 가져온다. 실제로 어떤 사람은 단지 공상만으로도 오르가슴에 이를 수 있다고 한다(Kinsey et al., 1953).

공상은 때때로 다른 형태의 성적 자극과 결합하여 발생한다. 예컨대, 대부분의 사람들은 자위를 하는 동안 공상에 빠진다(Hunt, 1974). 그러나 어떤 사람이 특별한 사람에 대해 자주 공상을 하면서 성적인 흥분에 도달한다고 해서 실제로 공상이 현실로 이루어지기를 간절히 바란다는 의미는 아니라는 점을 확실히 해야 한다. Sue(1979)는 성교 동안에 공상에 빠지는 것은 남녀 모두에게 매우 일반적이라는 것을 밝히고 있다. 더욱이 남녀 모두는 자신의 성교 공상의 주요 목적이 성적 각성을 고양시키는 것임을 알고 있다. 이 같은 공상의 일반적인 주제들이 〈표 5-1〉에 열거되어 있다.

자기자극 자신의 성기를 자극하는 것을 일반적으로 자위(masturbation)라고 한다. 그 용어는 매우 나쁜 뜻을 내포하고 있기 때문에, 다수의 성학자들은 자기자극 또는 자기성애(autoeroticism)와 같은 용어를 사용하기를 좋아한다. 비록 자기자극이 양성에 있어서 상당히 일반적이지만 계속적인 논쟁거리가 되어 왔다.

자위에 대한 부정적 태도의 기원은 성행위는 단지 출산만을 위한 것이라고 주장하는 Judeo-Christan 종교의 교리에서 최초로 나타난다. 자기성애는 비생식적인 본질 때문에 전통적으로 부도덕한 것으로 비난받아 왔다.

19세기와 20세기 초의 의학적 제도는 자위를 부도덕한 행위로 간주하는 견해에 의해 영향을 받았으며, 일반적으로 자기자극은 사람들의 신체적, 정신적 건강에 해롭다고 했다. 실제적으로 이때에는 자위에 대한 비난과 억압이 심했다. 아

표 5-1 성교 동안의 공상

주제	남성	여성
이전의 여성(남성)	42.9	41.0
상상의 여인(남성)	44.3	24.3
구강-성기 성행위	61.2	51.4
집단 성행위	19.3	14.1
성적 관계가 강요되고 압도되는 것	21.0	36.4
다른 사람이 성교를 하는 당신을 관찰하는 것	15.4	20.0
다른 사람이 성적으로 매혹적인 당신을 발견하는 것	55.2	52.8
성적으로 거절되고 모욕당하는 것	10.5	13.2
다른 사람에게 당신과 함께 성관계를 강요하는 것	23.5	15.8
다른 사람이 처음에는 저항한 후 당신에게 응하는 것	36.8	24.3
다른 사람의 성행위를 관찰하는 것	17.3	13.2
동성의 다른 사람	2.8	9.4
동물	0.9	3.7

* 비교를 위해서, 위의 백분율을 얻고자 양성 모두에게 있어서 '종종' 그리고 '때때로'라는 반응을 합했다. 구체적인 공상을 대답한 반응자의 수는 남성의 103~106명이고, 여성은 105~107명이었다.

이들은 수갑을 차고 잠자도록 강요되었고, 일부 사람들에게는 정조대가 채워졌다(Diamond & Karlen, 1980).

이런 사실을 가정한다면, 미국뿐만 아니라 유교적인 전통이 깊은 우리나라의 많은 성인들이 자기자극을 계속적으로 비난하고 있다는 것은 놀라운 일이 아니다. 이미 50년 전 Kinsey, Pomeroy 그리고 Martin(1948)은 많은 사람들이 자위를 한다는 것을 알았지만, 자기자극에 대한 죄의식은 아직도 일반적인 현상이다.

이러한 부정적인 태도에도 불구하고 자기자극은 우리 사회에서 매우 널리 퍼져 있다. Hunt(1974)의 연구에서 남성의 94%, 여성의 63%가 적어도 한 번 정도는 오르가슴에 이르는 자위를 했다고 보고했다. 이러한 숫자는 Kinsey 등(1948, 1953)의 관찰과 유사하며, 또한 남성이 여성보다 더욱 빠른 연령에 자기자극을 시작한다는 것을 발견했다.

Hunt(1974)의 결과는 자기자극이 결혼한 성인들에게까지도 일반적으로 계속된다는 것을 보여 준다. 즉, 젊은 부부 중 72%의 남편, 63%의 아내가 자기자극을 한다고 보고했다. 이와 같이 많은 수의 남편과 아내가 자기자극을 하지만, 상대편에게 그런 사실을 털어놓고 이야기를 하지 않는다고 한다(Diamond & Karlen, 1980). 그 이유는 간단하다. 그들 대부분은 자신이 자기자극을 한다는 사실을 아내 또는 남편이 알았을 때 "혹시 그(그녀)가 나에게 성적인 욕구불만이 있어서 자위를 하는 것은 아닐까?"라는 불필요한 의심을 피하기 위해서인 것이다. 그러나 결혼한 사람들 사이에 만연되고 있는 자기자극은 상대편에 대한 성적인 불만족 때문이 아니라는 것이 밝혀지고 있다.

성학자들은 점차 자기자극이 정상적이고 건강하며, 때로는 사람들의 성행위의 중요한 요소라고 인식하고 있다(Gadpaille, 1975). 특히, 이와 같은 자기자극은 적합한 성파트너를 구하기 힘들 때 더욱 분명한 가치를 지닌다. 더욱이 많은 사람들은 자기자극을 '실제로 이루어지는 성행위'의 대체물 이상으로 간주하게 되었다. 즉, 어떤 사람은 실제 성행위보다는 자기자극을 통해서 얻는 즐거움이 더 크다는 사실에서도 볼 수 있다(Hite, 1976).

또한 성치료자들은 성적으로 문제가 있는 환자의 성반응을 조사하고 치료하는 데 자기자극이 매우 가치 있다는 것을 알았다(LoPiccolo & Lobitz, 1972). 요약하면, 자기자극은 이상 성행동이 아니며, 잠재적으로 가치 있는 성적 표현의 양식이라는 것이다. 따라서 과거 시대에 있었던 지나친 죄의식을 가질 필요는 없다.

전 희 전희(foreplay)는 넓은 범위의 성행위에 포함된다(Hunt, 1974). 전희는 신체의 모든 촉각적 자극을 말하는데 일반적으로 키스에 의해 시작되며, 상대방 신체의 모든 부위로 확대된다.

전희의 중요성은 남성에 의해서 과소평가되는 경향이 많다. 이것은 전희라는 용어 자체가 성교를 위한 준비에 불과하다는 것을 암시하고 있기 때문이다. 따라서 어떤 사람은 성교에만 너무 열중해서 전희의 고유한 즐거움을 인식하는 데 실패한다. “즐거움의 반은 전희에서 얻는다.”는 말이 있듯이 전희의 중요성을 수용하는 것이 현명하다. 또한 전희는 자신을 위해서도 즐길 수 있는 것이다.

성 교 이성애 성교는 질 속에 음경을 삽입하는 것인데, 우리 사회에서 대부분이 인정되고 실행되고 있는 성행위다. Kinsey와 그의 동료들(1948, 1953)은 이것이 결혼한 커플들의 전체 성행동의 약 80~85%가 된다는 것을 발견했다. 삽입은 일반적으로 적당한 질의 매끄러움을 요구한다. 그렇지 않으면 삽입 자체가 어렵고 또한 여성에게는 고통스러운 통증만을 가져다 준다. 그러한 매끄러움이 없으면 상대방은 인공적인 윤활제를 사용할 수 있다. 실제의 삽입행동은 협동적인 것이어야 한다.

파트너들은 성교를 함에 있어서 여러 가지 체위의 변화를 사용할 수 있다. 대다수의 커플들은 한 번의 성교에서 한 가지 이상의 체위를 사용한다고 한다. 자주 사용하는 네 가지 체위가 있다. 그 중 남성 상위 및 ‘전도사(missionary)’ 체위가 가장 일반적이다. 50여 년 전 Kinsey의 조사가 실시되었을 때, 많은 커플들은 오직 이 체위에 한정되었다.

그러나 Hunt(1974)의 자료는 많은 변화가 있다는 것을 나타낸다. Hunt는 다른 세 가지 일반적 체위에 관해 결혼한 커플들에 질문함으로써 75%가 여성 상위를, 50%가 측와(side by side) 체위를, 40%가 후방 체위를 사용한다는 것을 발견했다.

다른 여러 기법 커닐링거스(cunnilingus)는 여성 성기를 구강으로 자극하는 것을 뜻하며, 펠라티오(fellatio)는 음경을 구강으로 자극하는 것을 말한다. 이와 같은 구강성교는 전희에서 중요한 요소로서 작용하고 성교에서도 주요한 행위가 된다. 구강성교는 이성애 커플에게 있어서 오르가슴의 주요 원천이 되며, 동성애 관계에서는 더욱 중심적인 역할을 한다. 그러나 이와 같은 구강성교는 자기자극과 마찬가지로 부정적 태도의 잔재가 있다. 그럼에도 불구하고 구강성교는 Kinsey 조사 이후 매우 증가된 것 같다. Hunt(1974)에 따르면 35세 미만의 결혼한 커플들 중 80%가, 25세 미만의 90%가 구강성기 접촉을 경험했다고 보고

하였다.

항문성교(anal sex)는 파트너의 항문과 직장 안에 음경을 삽입하는 것을 말한다. 항문 부위에 대한 구강과 손의 자극은 전희에서는 상당히 일반적이지만 성교에서는 보기 드물다. Hunt(1974)의 조사에서 35세 미만의 결혼한 커플 중 단지 6%만이 정기적으로 항문성교를 한다고 보고했다. 항문성교는 본질적으로 이성애 커플에서보다는 동성애 남성 커플 사이에서 더 인기가 있다(Bell & Weinberg, 1978).

2. 성행동의 유형

앞 절에서는 성반응 자체에 초점을 두었다. 이 절에서는 성별, 연령 그리고 결혼상태와 같은 변인이 성행동의 유형과 어떻게 관련되는지를 알아볼 것이다. 즉, 혼전, 부부간 그리고 혼외정사와 같은 다양한 성행동 유형에 대해서 특정 집단이 갖는 태도와 실제로 경험한 빈도를 언급할 것이다.

1) 혼전성교

확 산 관련된 조사연구를 비교하는 데 약간의 어려움은 있지만, 최근 20년간 혼전성교가 증가된 것은 분명하다. 미국의 경우 25세의 젊은이들 중 남성의 97%와 여성의 67%가 혼전성교를 하고 있다는 조사결과가 있다(Hunt, 1974). 우리나라의 경우도 정확한 비율은 알 수 없지만, 아마도 많은 데이트 커플들이 혼전성교를 경험하는 것으로 추측해 볼 수 있다. 따라서 이와 같은 추세로 계속 혼전성교가 증가한다면 처녀로 결혼하는 사람들이 오히려 소수집단이 될 수도 있을 것이다. 비록 그 차이가 줄어들고 있지만, 여전히 여자보다는 남자가 성경험을 더 많이 하는 것으로 나타난다(DeLamater & MaCorquodale, 1979).

혼전성교라는 말은 10대들에게 남몰래 숨어서 이루어지는 섹스를 연상시킨다.

그리고 많은 사람들이 결혼을 늦게 하는 경향이 많아지면서 성인들도 혼전성교 경험을 점차로 많이 하게 되었다. 그러면 10대와 성인들 중 누가 더 혼전성교 경험이 많을까? 이런 질문에 Zelnick와 Kantner(1977)는 1971년에서부터 1976년까지의 짧은 기간에 청소년들의 혼전성교 빈도가 매우 상승했다는 것을 발견하고, 10대의 혼전성교가 더 빈번해지고 있음을 주목하였다.

물론 혼전의 성행위는 결혼해서 하는 성행위보다는 훨씬 적고 다양하지도 않다(Victor, 1980). 그러나 성인들(나이 들고 경제적으로 독립한)의 혼전 성관계는 결혼한 커플들의 성관계와 전혀 차이가 없다.

태 도 사람들은 혼전성교에 관한 여러 가지 견해들을 갖고 있다. Reiss(1960)는 네 가지 일반적 견해를 확인했다.

- 금욕: 이 관점은 혼전성교는 어떠한 상황에서든 잘못된 것이기 때문에 삼가야 한다고 가정한다.
- 애정이 있으면 허용: 이 태도는 안정되고 사랑하는 관계에서라면 수용한다는 것이다.
- 애정이 없어도 허용: 이 관점은 서로 사랑하지 않아도 매력을 느낀다면 할 수 있다고 가정한다.
- 이중기준: 이것은 남성에게는 허용되지만 여성에게는 허용되지는 않는다는 생각이다.

대부분의 부모들과 기관(교회, 학교 등)은 형식적으로는 금욕적인 견해를 취하고 있다. 그러나 실제로 많은 조사 결과를 보면, 애정이 있으면 허용한다는 태도가 지배적인 것을 알 수 있다.

비록 미국의 조사 결과이지만 Tavris와 Sadd(1977)는 젊은 여성들(22~24세) 사이에서조차 절반 이상이 오직 한 사람의 혼전 상대가 있다는 것을 발견했고, 모든 연령에 걸친 조사 연구에서는 반응자의 15%만이 5명 이상의 성교 파트너가 있었다고 밝히고 있다. 혼전성교에 대한 태도는 점점 허용되는 쪽으로 변화되지만, 이러한 태도 변화가 아무나 하고 마음만 맞으면 성교를 해도 된다는 태도의 변화를 의미하는 것은 아니라는 점을 확실히 해 둔다.

2) 부부간의 성

결혼에서의 중요성 성은 결혼이라는 결합에서 매우 중요한 요소다. 커플들의 전체적인 결혼만족은 성적 관계에 대한 만족과 높게 관련되어 있다는 상당한 증거가 있다(Hunt, 1974; Tavris & Sadd, 1977). Hunt는 자신의 부부관계를 '매우 친밀한' 것으로 평가한 기혼 남성의 79%가 성생활을 '매우 즐거운' 것으로 평정했고, 반대로 결혼을 '매우 친밀하지 않거나 또는 매우 거리감이 있는' 것으로 평정한 남자의 12%만이 성생활을 '매우 즐거운' 것으로 평정했다. 또한 여성에 있어서도 남성과 같은 반응이 나타났다. 따라서 부부생활의 만족감과 성생활은 깊은 관련이 있다고 볼 수 있다.

물론, 좋은 성생활이 훌륭한 부부생활을 촉진하는지 또는 좋은 결혼생활이 훌륭한 성생활을 촉진하는지의 여부를 확인하기는 어렵다. 그러나 부부의 친밀성이 성적 즐거움을 유도하며, 이것이 부부간의 만족을 증가시키는 것으로 추측해 볼 수 있다.

빈도와 실행 결혼한 부부들은 얼마나 자주 성교를 하는가 하는 질문에 대해서 그 결과는 매우 다양하다. 20대와 30대의 부부들은 평균 매주 약 2~3회의 성행위를 한다(Hunt, 1974; Westoff, 1974). 부부들의 성교의 빈도가 Kinsey 연구 이래 증가되었다고는 하지만, 아주 조금 증가한 것으로 보인다. 결혼 후 첫 5년 동안 성교의 빈도는 최초 수준의 약 절반으로 감소하는 경향이 있다. 이러한 경향은 일과 아동양육에서 오는 피로가 증가하기 때문이며, 부부들이 서로 성적인 일상성에 익숙해지기 때문이라고 보고한다(Greenblat, 1983).

그럼에도 오늘날의 부부들은 오랜 전희와 긴 성교를 하며, 더 자주 구강성교를 하고, 더 다양한 체위를 사용한다는 연구 결과가 있다. 또한 최근 연구들에 따르면 남편들은 아내의 성적 즐거움에 관심을 더 많이 가지며, 부인들은 두 세대 이

전보다 더욱 자주 오르가슴을 느낀다고 보고한다.

2004년 실시된 국제조사에서 세계 41개국 국민들의 연간 성행위 횟수는 평균 103회로 나타났다. 우리나라의 경우, 조선일보와 리서치 플러스, 한국 성과학연구소가 전국의 기혼여성 1,000명을 조사한 결과, 한 달에 섹스를 한 번 이하로 하는 섹스리스 여성이 28%에 달했다. 20대 부부 중에도 섹스리스 비율이 12%를 넘었으며, 여성의 성욕이 가장 왕성해지는 40대의 불만이 가장 높았다. 또한 기혼여성이 바람직하다고 생각하는 섹스 횟수는 주 1회(31%), 주 2회(26%), 주 3~4회(10%), 기타(15%), 잘 모르겠다(9%), 2주 1회(9%)로 나타났다(조선일보, 2005).

나이 드는 것의 영향 결혼한 부부들의 성활동 수준은 중년기와 후기 성인기 동안에 꾸준히 감소하는 경향이 있다(Westoff, 1974; Wilson, 1975). 이러한 감소 경향은 생리적인 요인보다는 부부들이 서로에게 갖는 성적인 매력이 점점 둔감해지고 성생활도 일상화되기 때문인 것으로 생각된다.

물론 사람들의 성반응이 연령에 따라 변한다는 것은 사실이다(Masters & Johnson, 1966). 남녀 모두 연령이 증가함에 따라 각성이 느리게 진행되며, 오르가슴의 강도도 현격히 감소된다. 그리고 남성들의 불응기가 길어지고, 여성들에게는 질의 매끄러움과 탄력이 감소된다.

이러한 변화에도 불구하고 60대, 70대 그리고 80대에도 성적 관계를 유지할 수 있는 능력을 갖고 있다. 한 연구에서(Pfeiffer, Verwoerdt, & Wang, 1968)는 78세 이상 커플 중 10% 정도가 성행위를 지속하고 있다는 것을 보고했다. 노령에도 성행위를 지속하는 부부들은 대개 젊었을 때 좋은 성관계를 가졌던 사람들이라는 연구 결과도 있다(Pfeiffer & Davis, 1972).

단조로움의 회피 결국 많은 부부는 성적 관계가 단조로워지는 문제와 싸워야 한다. 이 문제의 정확한 해결책은 없다. 그러나 Janda와 Klenke-Hamel(1980)은 커플들이 단조로움을 물리치는 데 도움이 되는 세 가지 방법을 제시했다.

① 커플들은 자신의 성욕구와 선호에 관해서 서로 개방적으로 의사소통하도록

노력할 것을 강조한다.

② 커플들은 성교 자체보다는 전희에 마음을 쏟기를 권한다.

③ 커플들은 개방적인 마음을 유지하면서 새로운 형태의 성적 표현을 시도하는 데 노력을 해야 한다.

3) 혼외정사

유 형 간통 및 혼외정사는 결혼한 사람들이 배우자 이외의 다른 사람과 성애적인 행동을 하는 것을 말한다. Clanton(1973)은 혼외정사의 세 가지 유형을 구별했다.

첫째, 비밀 혼외정사는 다른 사람과의 성행위 사실을 배우자가 전혀 모르게 유지한다.

둘째, 합의 혼외정사는 다른 사람과의 성행위에 대해 배우자가 알고 있다. 각 배우자는 그것을 묵인하고 인정하기조차 한다. '부부 교환하기' 또는 '성의 모험'과 같은 극단적인 경우에서는 두 배우자들이 적극적으로 혼외정사에 관여한다.

셋째, 애매한 혼외정사에서는 한 배우자가 상대의 혼외정사 사실을 알게 되지만 모른 척한다. 대개 그러한 행동은 이혼으로 이어지는 부부간의 싸움이나 충돌을 회피하기 위해 묵인되고 있다. 여기서는 단지 파트너의 한 사람만이 혼외정사를 하고 나머지 파트너는 묵인 내지 포기한 상태로 남아 있게 된다. 예컨대, 아내는 남편이 습관적으로 매춘부를 찾는 것을 알면서도 모른 척할 수 있다.

확 산 다수의 사람들이 혼외정사에 대해 대단히 부정적인 태도를 취하고 있다. 그럼에도 많은 사람들이 혼외정사와 연루되어 있는 것도 사실이다.

많은 연구결과는 미국인 남편의 약 40~50%와 미국인 아내들 중 약 25~35%가 최소한 한 번은 혼외정사를 한 것으로 밝히고 있다(Thompson, 1983).

이러한 수치는 남성이 여성보다 '연애사건'을 더 많이 갖는다는 것을 의미하지는 않는다. 남성들의 혼외정사가 더 많은 것은 아마도 매춘부를 찾아가는 것과 일회성의 우연한 성관계까지도 포함하기 때문이다. 이와 같은 행위는 여성들에게는 드물다. 그러므로 만약 '연애사건' 을 매춘부가 아닌 다른 어떤 사람과 지속적으로 만나는 것으로 정의한다면, 남녀 모두 매우 비슷할 수도 있다.

우리나라의 경우, 조선일보와 한국성과학연구소, 한국화이자, 리서치 플러스가 기혼 여성 1,000명을 설문 조사한 결과, 응답자 중 63%가 '남편 이외의 남성과 성관계를 가질 수 있다.' 고 대답했다. '반반' 이라는 응답도 21%에 달했다. '있을 수 없는 일' 이라고 응답한 비율은 16%에 그쳤다(조선일보, 2005).

동 기 사람들은 왜 혼외정사를 할까? 그 이유는 여러 가지가 있을 수 있지만, 몇 가지 일반적인 것을 고찰해 보자.

첫째, 결혼에 대한 불만족이 혼외정사 가능성과 깊은 관계가 있다는 것은 분명하다(Bell et al., 1975). 결혼생활이 불행한 사람들은 단순히 애정을 추구하고 자신의 결혼생활에서 얻을 수 없는 정서적 지지(또는 그밖의 다른 것들)를 추구한다. 또한 상대편에 대한 분노의 표현으로서 혼외정사를 하기도 하는데, 때때로 배우자들은 서로에게 보복하기 위해서 연애사건을 일으키기도 한다.

둘째로, 부부간의 성적인 불만족은 곧바로 혼외정사에 대한 흥미를 부추긴다는 증거가 있다(Bell et al., 1975). 비록 이런 사실이 여성보다는 남성에게 더 공통적인 요인일지라도 남녀 모두에게 적용될 수 있다. 이런 경우의 사람들은 단순히 자신의 부부관계로부터 얻지 못하는 성적 만족을 추구한다.

셋째로, 어떤 사람들은 결혼생활이나 부부간의 성생활에 만족하고 있으면서도 새롭고 다른 성적 경험을 갈망한다. 그러나 새롭고 다른 성적 경험을 추구하려는 동기로 이루어지는 혼외정사의 결말은 생각하는 것처럼 만족스러운 경험을 가져다 주지는 못한다. Hunt(1974)의 자료는 혼외정사가 부부간의 성만큼이나 좋은 것이 아니라는 것을 보여 준다. 그는 혼외정사가 흥분기술에서 다양하지 못하고 부부 간의 섹스만큼 '매우 즐거운' 것으로 간주되지 않는다는 것을 알았다. 따라서 성의 새로움을 추구하는 사람들은 자주 큰 실망에 빠지게 된다는 것이다.

넷째로, 어떤 특정 동기가 있는 것이 아니라 우연히 두 사람이 서로에게 매력을 느껴 혼외정사를 한다. 사람들은 결혼할 때 자신의 배우자가 아닌 다른 사람에 대한 성애적 반응을 중지하는 것이 아니라 성욕구를 억압하는 것뿐이다. 따라서 가끔씩 자연발생적인 매력은 이러한 생각을 무시할 만큼 충분한 힘을 발휘하여 혼외정사를 하게 만든다는 것이다.

충 격 혼외정사의 성행위가 결혼에 미치는 영향은 행위의 본질과 결혼의 본질에 따라 매우 다양하다. 일반적으로, 혼외정사는 대부분의 결혼에 파괴적인 영향을 미친다. 즉, 결혼생활에 매우 중요한 신뢰와 애정을 쉽게 손상시킨다.

그러나 혼외정사가 부부간의 불만족에 의해 동기화되었다면, 결혼생활에 대한 이러한 파괴적인 영향력은 그렇게 크지 않다. 왜냐하면 이미 결혼생활에 대해서 서로 미련도 희망도 갖고 있지 않을 가능성이 높기 때문이다.

한편, 혼외정사는 때때로 결혼에 대한 긍정적인 효과를 가져다 준다. 혼외정사를 경험한 대부분의 사람들은 부부결합의 본질과 중요성에 대해 새로운 평가를 한다(Tavris & Sadd, 1977). 즉, '담장 밖에 있는 잔디가 더 푸르다.' 고 생각하는 대다수의 사람들은 자신이 실제로 '푸른 잔디' 를 갖고 있음을 깨닫게 된다는 것이다.

3. 성문제

성교는 실질적으로 매우 단순한 행위라고 생각된다. 하등동물도 별 어려움 없이 실행할 수 있다. 그러나 인간은 오히려 복잡한 성행위를 하고 있으며, 많은 사람들이 성문제로 고민하고 있다. 실제로 Masters와 Johnson(1970)은 미국인 커플들의 약 절반가량이 만성적인 성적 어려움을 겪고 있다고 주장한다. 비록 이것이 확실치 못한 추정이라고 하지만, 성의 문제가 드물지 않다는 것은 분명하다.

성기능장애(sexual dysfunction)는 성기능에서의 어떤 손상을 언급하는 전문적인 용어이다. 여기서는 다양한 일반적 손상의 종류를 서술하고, 그 원인을 논의

하겠다. 논의는 주로 Masters와 Johnson(1966, 1970, 1976) 그리고 Kaplan(1974, 1979)의 연구에 기초하고 있다.

Masters와 Johnson은 성적 문제를 각 개인 내에 존재하기보다는 오히려 성적 결합 내에 존재하는 것으로 보아야 한다고 주장했다. 즉, 전통적으로 성 문제는 파트너 중의 한 사람에게 있다고 보고 남성의 성적 불능이나 여성의 불감증에 대해 이야기하였다. 그러나 Masters와 Johnson의 연구는 성 문제를 성관계의 맥락 속에서 보는 것이 더욱 정확하고 적합하다는 것을 제안한다. 즉, 성 문제는 개인보다는 오히려 커플들에 해당된다는 것이다.

1) 전형적인 남성 문제와 그 원인

발기의 어려움 일부 남성들은 성교를 할 만큼 충분한 발기를 하지 못하거나, 지속적으로 유지하는 데 어려움을 겪는다. 이것을 성적 불능이라고 말한다. 이 용어는 매우 부정적이고 심지어 인격을 손상시키는 의미를 내포하기 때문에 발기의 어려움(erectile difficulties)이라는 용어를 더 선호한다.

Masters와 Johnson(1970)은 일차적 발기와 이차적 발기의 어려움을 구분했다. 여성의 질에 삽입하기 위한 충분한 발기를 전혀 경험하지 못한 사람은 일차적 발기의 어려움을 갖는다고 한다. 또 과거에 몇 번의 성교 경험을 했으나 현재는 발기에 어려움을 가지고 있는 사람을 이차적 발기의 어려움을 가졌다고 말한다. 이차적인 것이 일차적인 것보다 훨씬 더 일반적이다.

과거에는 발기의 어려움에 대한 생리적 원인이 과소평가되었지만, 현재로서는 발기의 어려움이 당뇨병과 같은 상당히 일반적인 질병들과 그 부작용에 의해 발생한다는 것이 분명하다(Melman & Leiter, 1983). 새로운 자료가 나옴에 따라 전문가들은 그들의 견해를 수정하고 있으며, 이제는 대다수의 사람들이 발기기능장애 사례의 1/4 정도가 생리적 요인에 의해 영향을 받고 있다고 생각한다. 그러므로 대부분의 성 문제 치료가들은 발기 문제를 가진 남성들에 대해서 가능한 기질적 원인을 발견하기 위해 철저한 의학적 조사를 권한다.

이상의 생리적 원인도 중요하지만, 발기 문제의 더 큰 주된 원인은 심리적 요인이다. 실제로, 대부분의 발기가 어려운 원인은 성적 수행에 대한 불안이다. 이러한 불안을 갖게 되는 데는 많은 경로가 있다. 어떤 남성에 있어서는 양육에 깊은 뿌리를 둔, 자신의 남성다움에 대한 의심으로부터 나오는 경우도 있고, 성적 욕구의 도덕성에 관한 의심에서도 생길 수 있다. 이러한 남성은 성을 더럽고 죄악시하는 견해에 조건화된 매우 종교적인 가정의 사람들이다.

이같이 사람을 약하게 만드는 불안은 남성들의 성격에 근거하지만, 이것은 성관계에서 우연히 '실패' 를 경험한 후 그것에 대해 과대반응을 함으로써 얻어진다. 그러나 남성들은 자신의 성적인 힘과는 전혀 관계가 없는 많은 이유로 해서 성적 관계에서 실패할 수 있다. 예를 들어 피로, 근심, 긴장, 파트너와의 갈등, 부정적 기분, 과음 또는 특정 약물의 사용 등에 의해 성관계를 실패하는 경우가 많다.

이러한 사건에 대해서 파트너의 반응이 중요하다. 만일 파트너가 그 사건을 큰 이변인 것처럼 받아들이면 남성은 자신의 성반응에 대해 걱정하게 된다. 이런 의심의 씨앗이 자라게 되어 차후의 성적 관계에서 발기를 하지 못하는 최악의 상태가 발생될 수도 있다. 그러므로 남녀 모두가 이런 현상에 대해서 정확히 이해한다면 쉽게 치유될 수도 있는 문제이다.

그러나 불행하게도, 남성에게 있어서 성적 수행은 자신의 남성을 과시하려는 욕망(필자는 이를 '변강쇠 콤플렉스' 라 부른다) 때문에 우연한 발기 문제에 대해서 지나치게 동요함으로써 문제가 더욱 악화되는 것이다.

조 루 남자가 항상 너무 빨리 절정에 도달할 때 조루(premature ejaculation) 문제가 있다고 한다. 그러나 '너무 빠른 것' 이 무엇인지 말하기는 매우 어렵다. 여러 학자들이 적당한 사정 시간 규준을 설정해 놓았지만, 학자마다 제각각이어서 어느 것이 옳고 그르다고 말할 수 없다. 종합적으로 볼 때, 삽입이 어려울 정도, 즉 삽입하자마자 사정이 되는 경우나 혹은 더 심하면 삽입도 하기 전에 사정이 되는 경우, 이를 조루라고 하는 것이 현재로서는 가장 합당한 것으로 보인다.

여러 가지 요인이 조루를 가져온다. 일부 남성들에게 있어서는 단지 성교를 연장시키고자 하는 아무런 노력을 기울이지 않는 문제 때문에 발생하기도 한다. 전형적으로, 이러한 남성들은 여성 파트너의 만족에 대해서 아무런 관심도 두지 않는다. 이런 남성들은 대부분 자신의 사정 시간이 빠른 것으로 생각하지 않는다. 그러나 그 파트너는 아마도 불만이 매우 많을 것이다.

한편, 남자가 파트너의 만족에 관심을 두고 있다고 해도 문제는 여전히 나타날 수 있다. 그 원인은 첫 번째 성경험을 하는 경우 거의 대부분이 빠른 시간에 절정을 경험해야 하는 상황이 많다는 점이다. 예를 들어, 몰래 혼자서 하는 자기자극, 차의 뒷자리에서 은밀하게 이루어진 성교 그리고 매춘부와의 경험 등은 남자들이 일반적으로 재빨리 오르가슴에 도달하고자 하는 상황들이다. 이 같은 첫 경험을 가진 남성들은 빠른 절정에 조건화되어, 그 이후의 삶에서 오르가슴을 지연시키는 방법을 학습하는 데 어려움을 갖게 된다.

2) 전형적인 여성 문제와 그 원인

불감증 오르가슴을 느낄 수 없어서 불행해하는 여성을 불감증 또는 오르가슴의 어려움(orgasmic difficulties)에 의해 고통받는다고 말한다. 이것은 남성의 발기 어려움과 마찬가지로 일차적, 이차적 오르가슴의 어려움으로 구분한다.

일차적 오르가슴의 어려움을 가진 여성들은 어떤 자극으로도 결코 오르가슴을 경험할 수 없다. 미국 여성의 약 10% 이상이 이 문제로 고통받는다는 증거가 있다(Kaplan, 1974). 과거에는 오르가슴을 경험했으나 현재는 그렇지 못한 여성들은 이차적 오르가슴의 어려움을 가진다고 말한다.

많은 심리적 및 상황적 요인이 여성의 오르가슴의 어려움을 가져온다. Masters와 Johnson(1970)에 따르면, 이것은 무엇보다도 성에 대한 부정적인 태도 때문이라는 것이다. 우리 사회에서 많은 여성들은 성이 더럽고 죄악이고 남성만이 즐기는 타락적인 행동이라고 배워 왔다.

이런 식으로 학습된 여성들은 성에 대해서 부끄러움, 죄의식 등과 같은 부정적인 감정을 갖기 쉽다. 그러한 부정적인 태도는 많은 여성들이 자신의 성을 충분하고 자유롭게 표현하는 데 방해가 된다. 이러한 감정은 성의 즐거움을 감소시키고 오르가슴의 반응을 억압한다.

더 큰 문제는 여성이 오르가슴을 느낄 수 있는 자극을 경험해 보지 못했다는 사실이다. 즉, 진짜로 불감증인 것이 아니라 오르가슴 경험을 해 보지 못했기 때문에 느끼지 못한다는 것이다. 앞에서도 논의한 것처럼, 대부분의 여성들은 삽입성교 자체만으로는 오르가슴에 도달하기가 매우 어렵다.

그러나 이런 사실을 모르는 많은 남성 파트너들은 성에 대한 전통적인 성교 양식(삽입성교)에 사로잡혀서 다른 방법의 자극을 시도하려 하지 않음으로써 여성들은 오르가슴을 느낄 수 없었던 것이다.

방관(spectatoring)은 여성에게 일반적인 문제다. 오르가슴은 부드러운 성애적 자극이 집중되는 경우 매우 쉽게 이루어진다. 어떤 사람이 절정에 도달해야겠다는 확고한 결의를 지닌 채 성교에 접근하고 무슨 일이 진행되는가를 분석적으로 관찰하는 경우, 성애적 자극의 즐거움을 느낄 확률은 그만큼 떨어지게 된다. 따라서 절정에 이르고자 하는 데 대한 과잉관심은 오히려 오르가슴에 도달하는 것을 방해한다.

억제된 성욕구 성에 대해서 매우 적게 또는 전혀 관심을 나타내지 않는 사람을 억제된 성욕구(inhibited sexual desire)에 의해 고통받고 있다고 말한다(Kaplan, 1979). 이 증상은 남녀 모두에게서 나타나는데 일반적으로 여성에게 더 흔하다.

성에 대한 무감각은 아마도 오르가슴의 어려움을 가져오는 여러 가지 요인에 기인한다. 성에 대한 부정적 태도는 양육과정에 의해서 나타났거나 불만족스러운 성경험의 결과로 나타났을 수 있다. 또한 성적 무감각은 때때로 성적 권태나 파트너와의 갈등으로 인해서 나타나 점진적으로 심화될 수도 있다.

배우자 선택 및 가족구성

사람들은 결혼을 통해 가정이라는 공동체를 형성하고, 그 속에서 각자 책임감 있는 역할을 수행해 가면서 성숙된 인격체로 완성됨과 동시에 사회구성원의 생산과 사회화로 사회를 존속시킨다. 따라서 결혼은 개인에게 뿐만 아니라 사회적으로도 중요한 의미를 갖게 되는 것이다.

우리나라의 전통적인 결혼은 개인의 행복과 욕구 충족보다는 가문의 영속과 번영을 위한, 양쪽 집안의 결합 수단이었다. 이때는 결혼 당사자가 배우자를 선택하는 것이 배제되었고 양쪽 집안의 대표자가 배우자를 결정하였다. 그러나 현대 사회에 들어오면서, '남녀 7세 부동석' 은 '남녀 7세 자동석' 이라는 우스갯소리가 나올 정도로 이성교제가 자연스러워졌다. 이러면서 결혼과 관련된 규범과 가치의식은 개인의 주관적인 면인 사랑, 인격 대 인격의 결합, 믿음을 더욱 중요시하게 되고, 결혼의 주체가 가족간에서 결혼당사자로 변모하게 되었다.

배우자 선택은 결혼을 이루기 위한 전 단계로서 개인의 행복뿐만 아니라 가족의 성공적 발달 여부를 결정해 주는 매우 중요한 과정이다. 즉, 한 광고 문안처럼 "순간의 선택이 평생을 좌우한다!" 이런 배우자 선택은 개인의 의사에 따라 자유롭게 선택할 수 있다고 생각할 수 있다. 즉 '사랑하면 되지' 혹은 '사랑은 모든 것을 극복할 수 있어' 라며 '두 사람 간의 사랑' 만을 외치며 결혼에 돌입하려는 모습이 주위에서 심심치 않게 보인다.

그러나 결혼과정은 현실적으로 개인의 의사에 전적으로 맡겨지기보다는 사회문화적으로 적격자의 범위가 규제되어 있고 부부 역할의 변화에 따라서도 달라질 수 있다. 즉, 부부관계가 동반자적 성격보다 도구적 성격이 강한 사회에서는 배우자 선택이 당사자들의 의견보다 전체 가족의 도구적 기능에 초점이 맞춰진다.

결혼생활의 행복 여부는 배우자 선택을 어떻게 하느냐에 좌우되는 경우가 많다. 그러므로 배우자 선택의 중요성을 깨닫고 자신에게 가장 적합한 선택기준을 형성하는 것이 요구된다.

1. 배우자 선택

배우자 선택 시 기본적으로 고려해야 할 사항들(Melville, 1983)을 제시하면서 이 절을 시작한다.

배우자 선택 시 고려할 사항은 다음과 같다.

① 사랑한다는 것만으로는 결혼의 이유가 충분하지 않으며 책임과 의무를 수반하는 냉혹한 현실이 결혼이라는 사실을 알아야 한다.

② 성적인 매력이 사랑의 전부는 아니며, 상호 애정, 존경, 신뢰감 등이 수반되지 않는 한 그 관계는 오래 지속되지 않는다.

③ 인생관, 결혼관 등 기본적인 가치관이 상호 조화될 수 있어야 한다.

④ 상대방의 결점을 있는 그대로 받아들일 수 있어야 하며, 자신의 약점 또한 솔직하게 내보일 수 있어야 한다.

⑤ 특정한 상황에서 느끼는 매력이 또 다른 상황에서는 전혀 다른 느낌을 줄

수도 있으므로 다양한 상황에서의 상호관계를 통해 그 관계를 재검토해야 한다.

⑥ 결혼을 하면 무엇인가 변화하리라는 생각은 잘못된 생각이다. 따라서 상대방을 변화시키려는 시도보다는 이해하고 서로 존중하려는 노력이 무엇보다 중요하다.

⑦ 오래 사귄다고 성공적인 결혼생활이 보장되는 것은 아니지만, 일정한 교제 기간을 통하여 상대방을 이해하고 파악한 후에 결혼하는 것이 결혼생활의 적응에 도움이 된다. 연구 결과들을 종합해 보면, 최소한 9개월 이상의 교제 기간이 바람직한 것으로 보인다.

⑧ 한 사람을 배우자로 선택한다는 것은 상대방의 약점, 부족한 점도 함께 받아들임을 의미한다. 따라서 상대방으로부터 완전함을 기대하는 것은 무리이고 개인의 욕구를 모두 충족시켜 줄 상대방은 존재하지 않는다는 사실을 인식해야 한다.

성공적인 결혼이란 두 사람이 잘 협력하고 잘 적응하여 살아가는 것을 의미하므로, 배우자 선택에 있어서도 그 사람이 얼마나 완전한가를 따지기에 앞서 서로의 개성을 비교, 보완하려는 자세가 필요하다.

1) 배우자 선택 기준

〈개인적 측면〉

성장배경 이것은 개인이 자라 온 양육과정 중의 심리적, 감정적 배경을 뜻한다. 결혼생활의 행복은 당사자들의 적응과 조화에 의해 결정되므로, 개인의 성격 형성에 영향을 미치는 심리적 배경은 중요한 기준이 된다. Terman은 행복한 결혼생활을 영위할 수 있는 성격의 조건을 다음과 같이 제시하고 있다.

그들 부모의 결혼생활이 행복했으며, 그들의 어린 시절이 행복했고, 그들은 부모와 특별한 갈등이 없었고, 어린 시절에 가정에서 훈육이 잘 이루어졌으며, 부모와의 접촉이 많고, 부모가 성(性)에 대해 솔직한 태도를 보여 주었으며, 어린 시절에 가혹한 벌을 받지 않았고, 결혼 전의 건전한 이성교제를 통해 성에 대한 혐오나 반감을 가지고 있지 않는 경우 등이다.

외 모 일반적으로 여성보다 남성들이 배우자 선택에 있어서 외모에 신경을 쓰고 있으나, 외모에 대한 가치기준은 개인에 따라 차이가 많다. 그러나 배우자 선택에 있어서 외모는 치명적인 결함이 없는 한 중요한 요건은 아니다.

건 강 배우자의 건강 상태는 중요한 조건 중의 하나인데, 특히 유전성이나 고질적인 질병의 유무에 관해 알아보는 것이 현명하다. 실제로 강호철(1984)의 연구에 따르면, 남성의 경우 24.2%, 여성의 경우 15.5%가 배우자 선택 시에 건강을 신중하게 고려해 보겠다는 응답을 했다.

연 령 현대 사회에서는 대체로 비슷한 연령의 배우자를 선택하는 경향이 있다. 그러한 경향은 두 남녀의 연령이 비슷할 때 서로 공감대를 형성할 수 있고 쉽게 적응할 수 있기 때문이다. 일반적으로 배우자 선택기준으로서의 연령은 시대와 사회에 따라서 다르지만 남자가 여자보다 약간 나이가 많아야 한다는 것이 지배적이다. 이것은 남자의 경제적 능력, 지위, 신분을 비롯하여 가장으로서의 위신을 반영하는 문화적 배경에서 유래된 것으로 보인다.

실제의 조사 연구들을 보면 평균 3세 정도의 연령차를 원하는 것으로 나타난다. 강호철(1984)의 연구에 따르면 2~3살 정도의 연령차를 원하는 응답자가 전체 46.7%로 가장 높은 비율을 차지하고 있으며, 동갑인 배우자를 원하는 경우는 7.3%밖에 안 되었다. 또한 남녀 모두 3~5세의 연령차를 원하고 있는 것으로 나타났다.

경제력 개인의 경제력은 교육적 배경, 직업 등과 밀접한 관계를 맺고 있고 부모로부터 받은 유산이나 재산과는 상관없이 개인이 생활해 나갈 수 있는 개인의 경제적 능력을 말한다.

실제 조사 결과에 따르면, 학력 면에 있어서 남성은 자신과 동등하거나 낮은 학력수준의 배우자를, 여성은 자신과 동등하거나 더 높은 학력수준의 배우자를 선호하는 것으로 나타났다(송재희, 1988). 한편, 외국의 경우는 응답자 대부분이 자신과 비슷한 교육수준의 배우자를 원하는 것으로 나타났다(Schoen & Wooldredge, 1989).

직업에 있어서는 남성은 교육자, 간호사 등을 선호하고, 여성은 교수나 사업가, 연구원 등을 원하는 것으로 나타났다(강호철, 1984; 송재희 1988).

〈사회적 측면〉

지 위　개인의 사회적 지위는 일반적으로 수준이 유사한 사람들을 배우자로 선택하는 경향이 있다. 그 이유는 사회적 지위가 비슷할수록 생활 방식이나 가치관에 공통된 부분이 많기 때문에 접촉하기가 쉽다는 데 있고, 전통 사회의 계급제도가 현대에까지 영향을 미쳐 아직도 가문이나 가족의 사회적 지위를 따지는 경향이 남아 있기 때문이다.

실제 조사 결과를 더 자세히 들여다보면, 남성보다는 여성이 결혼을 통한 지위 상승을 원하는 경향이 더 강한 것으로 나타났다(송재희, 1988). 즉, 남성의 경우 43.5%가 자신의 가정과 같은 정도의 사람을 원하고 있으나, 여성은 52.5%가 자신의 가정보다 높은 경제력을 가진 가문의 사람을 원하고 있는 것으로 나타났다. 특히, 여성의 경우 자신보다 낮은 지위의 배우자를 원하는 경우는 극소수에 불과했다.

종 교　종교적 속성은 사회적 계층이나 가치관과 같은 다른 요인들과 결합하여 배우자 선택에 있어서 타 종교에 대해 배타성을 지니게 된다. 전통적으로 우리 사회에서는 배우자의 선택에 있어서 종교적 요인이 크게 작용하지 않았지만, 기독교가 전파된 이후 점차로 종교적 영향력이 확대되고 있다.

지리적 인접 결혼은 지리적으로 인접한 거리에 살고 있는 사람들 사이에서 이루어지기 쉽다. 특히, 현대 사회에서는 자유로운 이성교제를 통한 연애결혼이 보편화되면서 지역적으로 가까운 경우에 상호 접촉의 기회가 빈번하고 사회, 문화적 배경이나 가치관이 비슷하기 때문에 결혼이 성사될 가능성이 높은 것이다.

특히, 지역차별이 배우자 선택에도 작용한다는 조사 결과가 나와 충격을 주고 있다. 강은숙(1981)의 조사 결과에 따르면, 남성은 배우자의 출신지역에 대해 '상관없다' 가 43.9%인 반면, 여성은 '특정 지역을 제외한 다른 도라면 상관없다.' 는 응답이 35.1%로 가장 높게 나타나 여성이 특정 지역에 대한 보수적인 태도나 내혼적 경향이 강함을 알 수 있다.

2) 배우자 선택 이론

결혼 전 2자관계 형성 이론(premarital dyadic formation theory) Lewis(1973)는 두 남녀가 처음 알게 되면서 결혼을 결심하기까지의 배우자 선택과정의 여섯 단계를 제시하였다.

① 유사성 형성 단계: 상대방의 사회적 배경, 가치관, 관심, 인성 등이 유사함을 지각한다.

② 친화력 형성 단계: 의사소통하려고 노력하거나 친밀감의 발달이 가능해야만 둘 사이의 관계가 지속될 수 있다. 즉, 이 단계에서는 서로 의사소통이 원활해지고, 상대를 긍정적으로 평가하면서, 두 사람 간의 관계에 대해서 만족을 하며, 상대가 자기를 인정한다는 느낌을 발달시킨다.

③ 자기노출 단계: 솔직하고 개방적인 자기표현을 통하여 서로 더욱 가까운 친밀감을 형성하는 단계다.

④ 역할취득 단계: 역할수행에 대해 서로의 능력 등을 정확하게 파악하여 서로의 역할에 대해서 규정을 한다.

⑤ 역할조화 단계: 이 단계에서는 서로에게서 관찰된 성격 등의 유사점을 토대로 두 사람 사이에서 보완할 필요가 있는 상호 역할에 대해서 파악하고 조

화시킨다.

⑥ 2자관계의 결정화 단계: 두 사람 간의 역할영역이 결정되고 한 커플로서의 정체감을 발달시키며, 외부 세계와의 경계를 설정하여 상호 관여나 개입을 증가시킴으로써 배우자관계가 가능하게 되고, '우리' 라는 개념을 발달시키는 단계이다.

Lewis는 이상의 여섯 단계가 연속적인 과정이며 앞 단계가 완성되어야 다음 단계로 나아갈 수 있다고 하였다. 또한 이러한 단계를 충실히 완수해야만 행복한 결혼의 지속이 가능하다고 주장하였다

여과망 이론 최초로 배우자 선택의 여러 요인을 발달적 모형으로 인식한 학자는 Kerkoff와 Davis(1962)였다. 이들은 배우자 선택이 단순히 사회적 배경과 욕구에 의해 결정되는 것이 아니라 일련의 여과망을 거치면서 이루어지며, 이 여과망보다 사회적 배경이나 집단성원 의식, 가치관과 흥미, 보완적 욕구 등이 관계진전에 영향을 미친다고 보았다. Udly(1971)는 이러한 견해를 좀더 확대시켜서 하나의 모형을 제시하고 있다.

이 모형에 의하면 배우자 선택과정은 모든 가능한 데이트 상대로부터 관계를 맺기 시작하여 결혼에 이르기까지 여섯 개의 여과망을 거치면서 최종적으로 한 사람을 선택하는 것으로 구성되어 있다([그림 6-1] 참조).

① 근접성의 여과망을 통하여 모든 가능한 대상자 가운데 현실적으로나 지리적으로 쉽게 만날 수 있는 사람만으로 대상을 제한한다.

② 매력의 여과망을 통하여 서로 매력을 느끼며 호감을 갖는 사람들로 대상이 좁혀진다.

③ 사회적 배경의 여과망을 통하여 인종, 연령, 종교, 사회계층, 직업, 교육수준 등이 비슷한 파트너들로 대상이 더 좁혀진다.

④ 의견일치 여과망을 통하여 인생관, 결혼관 등 중요 문제에 동일한 가치관이나 태도를 지닌 파트너만 남게 된다.

⑤ 상호 보완성 여과망으로 파트너 서로 간의 욕구와 필요를 충족시켜 줄 수

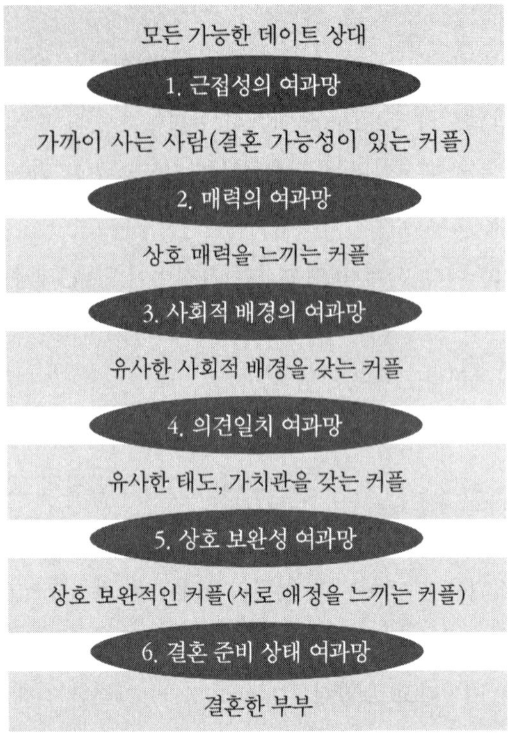

[그림 6-1] 여과망 이론

있고, 어느 한 편의 단점을 다른 쪽에서 보완해 줄 수 있을 때 결혼할 가능성이 더 커진다.

⑥ 결혼 준비 상태의 여과망을 통하여 비로소 결혼에 이르게 된다. 예를 들어, 남성의 경우 병역을 마친 뒤나 취직을 하는 등 결혼에 적절한 시기와 준비가 갖추어져 있어야 결혼할 수 있는 것이다.

자극-가치-역할 이론 자극-가치-역할 이론(stimulus-value-role theory)은 Murstein(1970)이 바로 위에서 제시했던 여과망 이론을 보완 · 발전시킨 이론으로서, 교환 이론을 기본으로 하고 있다. 즉, 비교적 자유롭게 선택이 가능한 상황하에서는 서로 가지고 있는 장점과 단점의 교환가치에 따라 파트너 서로가 매력을 느끼고, 교제를 계속해야 할지를 결정하게 된다는 것이다. 그리고 관계발전의 과정을 좌우하는 요인은 자극, 가치, 역할로서 각각의 요인이 선택의 전 과정에 작용하지만 최대의 영향력을 행사하는 단계는 각각 다르다고 한다.

① 자극 단계(stimlus stage): 첫 번째 만남의 단계로서, 만나는 사람 서로가 상호 매력을 느낌으로써 교제가 시작된다. 직접적인 상호작용을 시작하기 전에 외모, 명성과 같은 관찰가능한 상대방의 자질을 평가하여 매력을 발견하는 단계이다. 여기서는 특성의 공평한 교환이 이루어질 수 있는지를 분석하게 된다. 자원의 공평성에 기초하여 관계의 지속 여부를 결정한다. 따라서 파트너 서로가 느끼는 총체적인 매력이 어느 정도 균형을 이룬다면, 다음 단계로 진행하게 된다.

② 가치 단계(value stage): 전 단계에서는 아직 상호간의 접촉은 없었지만, 가치 단계가 되면 대화를 통해 인생, 정치, 종교, 결혼, 성(性) 등과 관련된 서로 간의 가치관을 비교한다. 중요한 사항에 관련된 가치관이 동일하다든가 비슷하다면 서로에게 더욱 매력을 느끼게 되고 다음 단계로 진전된다.

③ 역할 단계(role stage): 이 단계에서는 현재와 결혼 이후의 역할수행 능력과 상호 역할기대를 고려하며, 역할기대가 서로 일치하고 적절하다고 판단될 때 결혼으로 발전하게 된다. 반면에 서로 간의 역할기대가 맞지 않고 역할수행 능력이 부족하다고 느껴지면 그 관계는 지속되지 못한다.

교환 이론(exchange theory) 사람들은 투자한 비용(cost)보다 더 많은 이득을 얻고자 하는 고전 경제학의 행동 원리를 배우자 선택 상황에도 적용한다. 남녀 두 사람이 서로를 선택하는 데 있어 우선적으로 결혼을 통해 보상적인 결과를 최대화시키려 한다는 것이다. 그러므로 자신이 제공할 수 있는 것이 더 많다고 생각하는 사람은 유사한 가치를 가지고 있는 상대를 고르려고 한다. 이와 같은 비교를 통해서 배우자를 선택한다는 것이다.

공평 이론(equity theory) 교환 이론의 변형으로서 여기서 말하는 공평성

(equity)은 공정성(fairness)을 말한다. 일반 사람들은 상호관계에서 준만큼 받는 것이 공평하다고 생각하는데, 이러한 공평성은 평등성과 다른 의미를 갖는다. 만약 똑같은 시간 동안 일을 하는데 서로 소득이 다르다면, 많이 버는 사람이 적게 번 사람보다 더 많은 돈을 생활비로 내놓아야 한다는 것이다. 따라서 공평 이론은 이익이 되는 교환보다는 공정한 거래에 더 매력을 느낀다는 점이 특징이다.

배우자 선택에서 공평성의 판단은 상대방의 가치를 어느 정도 인정하느냐 하는 심리적인 요인이 개입되는데, 이러한 판단기준이 서로 유사할 때 공평성의 판단이 보다 쉽게 이루어진다.

2. 결 혼

일반적으로 결혼이란 남녀 두 사람의 사회적으로 인정된 성적, 경제적인 결합을 말한다. 모든 사회에서 결혼이라는 과정을 거쳐 새로운 가족이 만들어짐에 따라 기존의 가족이 확대되어 나간다. 남녀 두 사람의 결합은 새로운 가족의 출범이라는 점에서 결혼식을 하고 축하를 받으며 사회적으로 인정을 받게 된다. 어떤 점에서는 결혼이란 함께 살며 성행위를 독점하고 자녀를 낳을 수 있는 사회적인 허락을 얻는 것이라고 말할 수도 있다.

이와 같이 결혼은 개인적인 의미뿐만 아니라 이를 통해 가정이라는 하나의 공동체를 형성하여 사회발전에 이바지한다는 사회적 의미를 갖게 된다. 즉, 애정과 낭만 등과 같은 개인적인 측면도 중요하지만, 결혼이라는 공적인 의식을 통하여 새로운 사회적 관계의 성립을 알리며 이에 따라 사회적으로 기대되는 성인으로서의 책임과 권리가 부여된다. 그렇기 때문에 결혼생활에서 요구되는 책임과 의무를 충실히 수행했을 때에 비로소 진정한 행복을 누릴 수 있게 된다.

결혼생활에서 요구되는 책임과 의무는 시대와 사회에 따라 각각 달라진다. 결혼과 같은 전통적 의미로 혼인이라는 말이 있다. 婚(혼)은 남자가 장가를 든다는 뜻이고, 姻(인)은 여자가 시집을 간다는 의미를 지닌다. 혼례(婚禮)란 이러한 혼인의 예(禮)로서, 젊은 남녀가 하나로 합쳐 위로는 조상의 제사를 지내고 아래로는 자손을 후세에 존속시켜 조상의 대를 끊이지 않게 한다는 점에서 우리의 일생에 있어서 중요한 의미를 지녀왔다.

과거에는 결혼이 경제적 안정, 사회적 지위의 획득, 자녀출산 등의 실용적 필요성을 우선시하고 마땅히 지켜야 할 도덕률과 제도적 사회규범을 강조하였으나, 오늘날에는 배우자 상호간의 동료감, 애정, 자아성장 등 개인의 정서적 만족과 지지, 행복을 추구하는 경향이 높아졌다.

1) 결혼의 개인적/사회적 동기

사람들은 왜 결혼을 하는가? 물론 결혼하지 않으려고 하는 사람들도 늘어나는 추세지만, 대부분의 사람들은 어느 정도 나이가 들면 모두들 결혼을 하려고 한다.

여기에는 여러 가지 이유가 있다. 즉, 사랑하기 때문에, 경제적 안정을 얻기 위해서, 정서적으로 안정되기 위해서, 동반자를 얻기 위해서, 가족과 자녀를 얻기 위해, 성적 만족을 얻고 보호받기 위해서 그리고 사회적 지위를 얻기 위해 등 그 이유는 여러 가지다.

대부분의 삶들은 결혼을 통해 이러한 목적을 이룰 수 있다고 믿고 있지만, 이런 모든 것들이 일시에 만족스럽게 달성되는 것은 아니다. 또한 바람직하지 않은 결혼의 동기도 있는데, 부정적인 동기에 의해 결혼하는 경우에 받게 되는 불이익을 인식하는 것이 중요하다고 지적하며, 악의 또는 복수심, 동정심, 고독감으로부터의 회피, 불행한 가정환경으로부터의 회피, 혼전임신 등의 부정적인 동기에 의해 결혼하게 되면 결혼생활이 불행해질 가능성이 매우 높다는 연구들이 있다.

결혼의 동기는 개인적 욕구를 충족시키려는 개인적 동기와 전체 사회의 요구를 충족시키는 사회적 동기 등 크게 두 가지로 구분하여 볼 수 있다.

개인적 동기 결혼에 있어서 개인적 동기는 우선 성적 만족과 정서적, 심리적 안정에 있다. 성적 만족에는 성욕 충족 외에도 자녀출산을 통한 종족보존의 욕망이 포함된다. 또한 결혼한 남녀는 애정으로 결합하여 정서적 지지와 보호를 받음으로써 심리적 안정을 찾게 된다. 이때 비록 개인적 성숙의 차이, 성격의 차이 등으로 갈등이 있다 하더라도 상대방의 성격을 받아들이고 서로 적응, 조화를 이룸으로써 보다 성숙한 한 개인이 될 수 있다.

이러한 결혼의 개인적 동기는 중매혼이 지배적이었던 전통 사회에서 다분히 무시되는 경향이 있었으나, 현대 사회에서는 개인주의, 남녀평등주의, 민주주의 사상의 영향으로 그 중요성이 크게 부각되고 있다.

사회적 동기 결혼이란 일차적으로 개인적 욕구충족을 위해 이루어지는 것으로 생각되지만, 그 자체가 사회적 기능을 수반하고 있다. 즉, 결혼제도는 개인적 욕구충족, 특히 성적 욕구 충족을 가족 내에서만 가능하도록 통제함으로써 사회적 유대감을 증대시키고 종족계승을 가능하게 한다. 이러한 성적 통제, 종족계승, 사회적 유대감의 증대 등이 결혼의 사회적 동기다. 그래서 결혼은 일정한 연령에 달한 두 남녀의 합의만으로도 성립될 수 있으나, 결혼식과 같은 의식을 통하여 사회적 공인을 받는 절차를 밟음으로써 사회적으로 새로운 역할과 관계를 형성하게 되는 것이다.

이와 같이 결혼은 두 남녀 간의 제한된 계약행위로만 볼 수 없으며, 사회적 제도와 관습을 통해 이루어지기 때문에 더 큰 사회적 의미를 지니게 된다. 인간은 사회적 규범 내에서 결혼생활을 영위하며, 결혼생활을 통하여 그들의 욕망과 목표를 실현하고 전체 사회의 재생산을 위해 유기적으로 기능한다. 그러므로 결혼은 개인적이며 동시에 사회적인 행위인 것이다.

2) 전통적인 혼례 절차

일반적으로 두 사람이 어떤 동기로든 서로 결혼하기로 합의를 하고, 또 주변의 가족 친지들에게 동의를 구하면 결혼을 하게 된다. 이때 결혼에 따르는 절차들이 우리를 기다린다. 그중에는 현대 사회에서 많은 문제점을 야기하는 절차들도 있고, 또 어떤 것은 좋은 면을 지닌 것도 있다. 여기서는 전통적인 혼례 절차와 현대적인 혼례 절차를 소개하고, 서로의 장단점을 비교 · 생각할 수 있는 기회를 제공하고자 한다.

전통 혼례는 서로 결혼의사를 타진하는 의혼, 혼인 날짜를 정하는 납채, 예물을 보내는 납폐, 혼례식을 올리는 친영 등의 네 가지 의례로 이루어진다.

의혼(議婚)　신랑과 신부의 집이 서로 혼사를 의논하는 절차로, 가문과 가풍을 중시하던 한국의 전통 혼례식에서는 양가에서 중매인을 세워 상대방의 가문, 학식, 인품을 조사하고 두 사람의 궁합을 본 다음 허혼 여부를 결정하였다.

신랑집의 청혼편지에 신부집은 허혼의 편지를 보냄으로써 의혼이 이루어지며, 이 과정에서 양가 부모들만이 신랑, 신부의 선을 보고 당사자들은 얼굴을 보지 못한다.

납채(納采)　혼약이 이루어져 사주를 보내고 연길(혼인 날짜)을 청하는 절차로서, 신부집으로부터 허혼편지나 전갈이 오면, 신랑 집에서는 신랑의 사주와 납채문(정식으로 결혼을 신청하는 서장(書狀)임)을 써서 홍색 보자기에 싸 보낸다.

신부집에서는 신랑의 사주를 받으면 신랑, 신부의 운세를 가늠해 보고 혼인날짜를 택하여 신랑측에 통지하는데 이를 연길(涓吉)이라 한다. 요즈음은 이 납채를 납폐(현대식으로 풀이하면 함)와 함께 하고 있다.

사주단자는 길이 1자 3치, 너비 9치 2푼 정도의 백지를 다섯 칸으로 접어서 그 한가운데에 육십갑자에 따른 간지, 즉 생년월일과 출생시간을 쓴다. 이것을 흰봉투에 넣은 다음 풀로 봉하지 않은 채 뚜껑을 접는다.

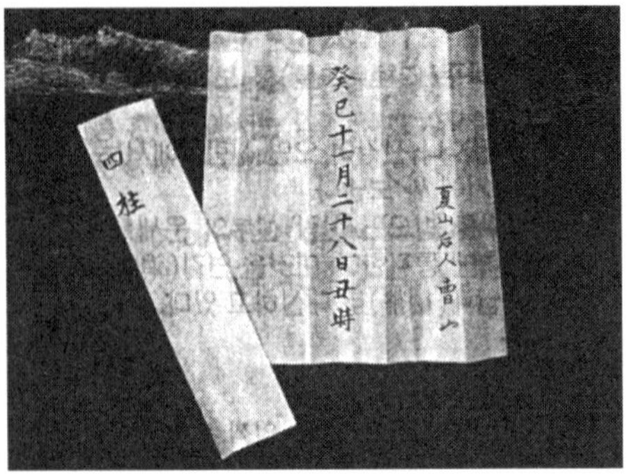

[그림 6-2] 사주단자

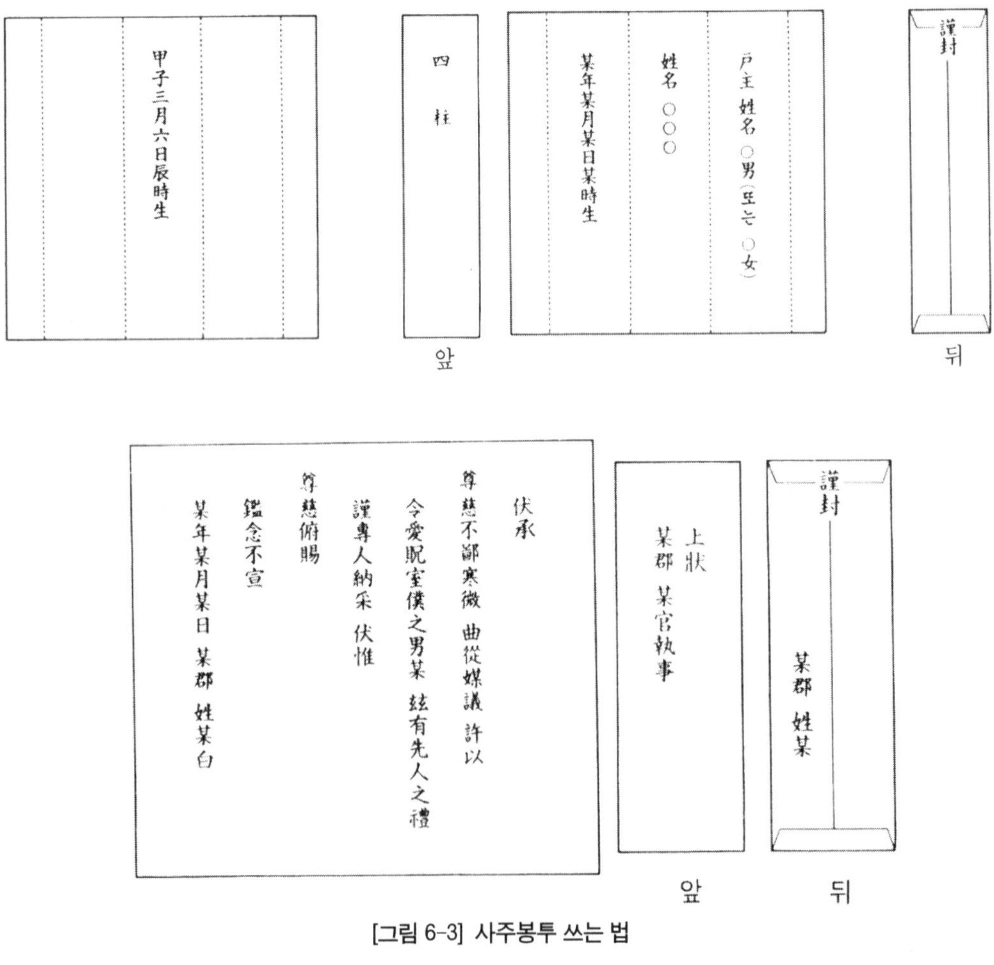

[그림 6-3] 사주봉투 쓰는 법

사주봉투는 봉투길이가 아래 위로 각각 1cm 정도 길게 잘라 그 중앙을 쪼갠 싸리가지 사이에 끼우고 청실홍실의 둥근 타래실로 사진과 같이 위쪽으로부터 매듭지지 않게 옭아 묶는다.

이것을 사주보(겉은 다홍색, 안은 청색인 네모난 비단 보자기)에 싼 뒤 근봉(謹封)이라 쓴 띠를 두른다.

납폐(納幣) 연길편지를 받은 신랑집에서는 신부집에게 혼인을 허락해 준 데 대한 감사의 예로 혼수와 혼서지 및 물목을 넣은 혼수함을 보내는데 이를 납폐라 한다. 혼서는 신부에게는 무척 소중한 것으로 일부종사의 의미로 간직하였다가 죽을 때 관 속에 넣어 가지고 간다고 한다.

신랑집이 가난한 경우, 혼서와 함께 채단만을 보낸다. 여기서 채단은 보통 청색과 홍색의 비단 치맛감을 말한다. 여유가 있는 집에서는 다른 옷감을 더 넣어 보내는데 이를 봉채라고 한다. 청색 옷감은 홍지에 싸서 청색실로, 홍색 옷감은 청지에 싸고 홍색실로 동심결한다. 함은 홍보로 싸맨 뒤 묶은 매듭에 근봉(謹封)이라 쓴 봉함지를 끼우고 무명 한 필로 맬 끈을 만든다. 그리고 함진아비는 이미 결혼한 사람으로 부부 사이에 금실이 좋고 첫 아들을 본 사람으로 택한다. 신랑집과 신부집에서는 둥근 시루에다 찹쌀 두 켜에 붉은 팥고물을 넣고 대추 9개(홀수)와 밤 1톨을 가운데 박아서 찐다. 이것을 봉치라 하는데, 함을 보낼 때는 봉치떡 시루 위에 함을 올려놓았다가 가지고 가고, 신부집에서도 봉치떡 위에 함을 올려놓았다가 함을 열어 본다.

친영(親迎) 신랑이 신부집에 가서 혼례를 치르고 신부를 맞아오는 예로서, 결혼식을 말한다. 친영은 전안례(奠雁禮), 교배례(交拜禮), 합근례(合巹禮)의 순서로 행해지는데, 이 세 과정을 합쳐 초례(醮禮)라 하며 주례자가 홀기(笏記), 즉 식순에 따라 식을 진행한다.

초례과정

- 전안례(奠雁禮): 신랑이 기럭 아비와 함께 신부집에 도착하여 신부의 어머니께 기러기를 드리는 예로서, 근래에는 나무 기러기를 사용한다.
- 교배례(交拜禮): 전안례가 끝나면 신랑과 신부는 초례청에서 처음으로 상대방을 상견하게 되는데, 상견이 끝나면 신랑과 신부는 서로 상대에게 절을 한다. 이 교배례로써 두 사람은 상대방에게 백년해로를 서약하는 것이다.
- 합근례: 술잔과 표주박에 각각 술을 부어 마시는 의례로서 처음 술잔으로 마시는 술은 부부로서의 인연을 맺는 것을 의미하며, 표주박으로 마신 술은 부부의 화합을 의미한다. 합근례의 절차가 끝나면 혼례식의 절차가 끝난다.

방합례(房合禮) 초례가 끝나고 신랑과 신부가 신방에 함께 들어가는 의식이다.

동상례(東床禮) 혼례가 끝난 뒤 신랑이 신부집에서 친구들에게 음식을 대접하는데 이것을 동상례라고 한다.

폐백(幣帛) 혼례식을 마친 신부가 시부모에게 정식으로 첫 인사를 올리는 의식이다. 고례에 의하면 신부가 혼례를 치른 당일로 시가에 가는 것을 당일우귀(當日于歸)라 하고, 삼일신방을 치르고 가는 것을 삼일우귀라 한다. 신부가 시댁에 가서 신랑집에서 첫날밤을 보내고 아침 일찍 시부모님께 처음으로 큰 절을 올리는데 이를 현구례(見舅禮) 또는 현구구례(見舅姑禮)라 한다. 신부는 이 예를 올리기 위해 시부모에게 드릴 음식을 준비하여 가는데 이를 폐백이라 하였다.

폐백을 드릴 때는 시부께 큰절로 4배를 하고, 항렬이 높은 친척에게는 평절로 한다. 같은 항렬은 평절로 맞절을 한다. 오늘날에는 결혼식 당일에 예식장에서 폐백실을 이용하여 폐백을 올림으로써 끝난다. 옛날에 비해 형식이 간소화되어 4배 하던 것을 재배 또는 단배하기도 한다. 또한 신부만 하는 것이 원칙이지만 요즘은 신랑, 신부가 함께 절을 하고, 친정 부모님들에게 절을 올리는 경향도 나타난다.

3) 현대적인 혼례 절차

현대의 결혼은 전통적인 혼례 절차와 유사한 절차들이 아직 많이 남아 있다. 전통 혼례에서 의혼과 납채에 해당하는 결혼식 예비 절차로 양가의 직계가족 및 조부모를 포함하여 왕래가 잦은 친족 등이 모여 양가 상견례의 의미를 가지는 약혼식이 있고, 그 다음의 절차는 아래와 같다.

결혼식 날짜 결정 양쪽이 협의하여 당사자 및 양가의 직업, 예식장 사정, 신부의 생리일, 손님들이 참석하기 좋은 날, 혼수 준비 등을 고려하여 날짜를 정한다. 요즘에는 예식장 형편과 참석자를 고려하여 주중이나 야간에도 하는 경향이 늘어나고 있다.

예식 장소 선정 신부집 대청마루나 앞마당에서 거행됐던 결혼식은 이제는 사라지고 예식장, 교회, 성당, 법당 등에서 행해지고 그 외에 회관, 강당, 야외, 호텔 등을 이용해서 거행된다. 예식장 선정은 양가 집안이 같은 지역에 거주한다면 별 문제가 없지만, 양가 집안이 다른 지방에 거주하고 있을 때는, 어느 곳에서 예식을 올려야 하느냐의 문제가 대두된다. 옛날이라면 당연히 신부측 지방에서 올렸겠지만, 요즘은 신랑측 지방에서 올리는 경향이 많은 것 같다. 그러나 예식장 선정 문제도 이제는 양가 집안이 서로 협의를 해서 선정하는 경향이 점점 많아지는 추세다.

주례 위촉 주례는 당사자가 평소부터 잘 알고 존경하던 분으로 결혼 후에도 자주 상의 할 수 있고, 가정생활에 모범이 될 수 있는 분을 모신다.

청첩장 결혼 사실을 친지와 친구들에게 정식으로 알리는 서식으로, 보내지 않으면 섭섭해할 사람과 정말로 축복해 줄 사람에게 보내는 것이 예의다. 청첩장은 늦어도 결혼식 일주일 전에 도착하도록 미리 발송하는 것이 좋다.

사주 및 함 현대 결혼에서는 약혼식에 사주를 보내기도 하고 별도로 결혼식 전날 저녁 또는 일주일 전 저녁에 사주와 함을 보내기도 한다. 함 속에는 채단은 물론 알맞은 예물을 넣는데 그 형식은 전통 혼례의 납폐 형식을 취하고 있다.

근래에는 신랑친구들이 함을 갖고 가서 지나친 행동으로 주위 사람의 비난을 받고 신부집에 무리한 부담을 준다고 하여 신랑 혼자 사주나 함을 가지고 가는 일이 있는데, 위에서 들었던 두 가지 경우 모두 합당한 절차로 보이지는 않는다. 사주와 함은 결혼 당사자인 신랑이 아니라 신랑측 집안이 신부측 집안에 보내는 것으로 양가가 이제 결혼으로 결합된다는 의미로 축복받고 축하해야 할 일이다.

결혼식 예식장에서의 순서는 개식, 신랑 입장, 신부 입장, 신랑신부 맞절, 신랑신부 서약, 성혼선언, 주례사, 신랑신부 내빈께 인사, 축가, 신랑신부 행진, 폐식순으로 약 15분에서 20분 안에 이루어진다. 기념촬영이 끝난 후 폐백실에서 폐백을 드린 후 피로연 장소에 가서 친지, 친척 등 하객에게 인사를 올리고 신혼여행을 떠남으로써 현대식 결혼의식은 끝난다.

신혼여행 결혼식을 마치면 일반적으로 신혼여행을 가게 된다. 신혼여행은 일반인들이 생각하는 것처럼 그냥 결혼식을 끝낸 후 그것을 기념하여 여행을 가는 의미만 있는 것이 아니다.

실제로 신혼여행은 결혼식을 마친 신랑과 신부가 서로에 대한 애정을 깊게 하고 앞으로 시작될 새로운 공동생활을 설계하기 위해서 떠나는 여행이다.

좀 더 자세히 그 의미를 들여다보면, 독신생활에서 동거생활로의 적응을 용이하게 해 줄 수 있는 전환기를 마련해 주며, 복잡한 결혼의식을 치르는 과정에서 지쳐 있는 신혼부부에게 중간 휴식기의 의미가 있다.

또한 신혼여행을 통하여 곧 경험하게 될 현실적인 많은 문제들을 해결할 수 있는 활력을 회복하는 계기를 마련하기도 한다. 그리고 중요한 것은 신혼여행을 통하여 두 사람만의 오붓한 장소에서 성생활에 적응하는 기회를 가짐으로써 성적으로 친밀하게 만들며 정서적, 정신적으로 가깝게 만들어 주게 된다.

신혼여행은 관광의 목적이 아니라 휴양의 목적이 강하다. 그러므로 너무 무리한 여정은 피하는 것이 좋고 피로나 긴장에서 벗어날 수 있으며, 편한 상태에서 앞으로의 미래를 설계할 수 있는 곳이 적당하다.

3. 가족의 개념과 기능

1) 가족의 개념과 특성

가족(Family)의 어원은 라틴어의 Familia에서 찾아볼 수 있다. Familia는 노예나 하인을 뜻하는 Famus와 유사한 것으로 가족공동체를 뜻한다. 사회인류학자인 Murdock은 가족을 "공동으로 거주하고, 경제적으로 협력하며, 생식의 특성을 갖는 집단으로서 성관계를 허용받은 최소한의 성인 남녀와 그들에게서 출생하였거나 양자로 된 자녀로 구성된 집단"으로 정의하고 있다. 이와 같은 Murdock의 정의는 성욕 충족, 자녀출산, 자녀양육, 경제적 협동 등과 같이 가족의 보편적인 기능을 강조하고 있다.

Burgess와 Locke는 "가족은 결혼 · 혈연 · 양자 등의 결합에 의한 동거집단이며, 사회적으로 바람직하게 생각되는 각자의 역할을 수행하면서 구성원 간의 상호작용과 의사교환을 하며 공통의 문화를 창조하고 유지해 나가는 집단"이라고 정의하였다. 이와 같은 정의는 가족을 상호작용하는 인격체들의 통일체로 보고 상호작용론적 핵가족 입장에서 정의하고 있다고 볼 수 있다.

유영주(1984)는 "부부와 그들의 자녀로 구성되는 기본적인 사회집단으로서 이익관계를 떠난 애정적인 혈연집단이며, 같은 장소에서 기거하고 취사하는 동거

동재(同居同財)집단이고, 그 가족만의 고유한 가풍을 갖는 문화집단이며, 또한 가족생활을 통하여 인간의 기본적 인성이 형성되므로 인간 발달의 근원적 집단" 이라고 가족을 정의하고 있다.

가족에 대한 정의는 학자들의 관점에 따라 약간씩 차이가 있으나, 가족은 상호 긴밀한 유대관계를 갖는 적어도 두 사람 이상의 사람이 모여서 신체적 · 심리적 · 경제적으로 공동생활을 하는 일종의 사회집단이라고 할 수 있다. 이런 점에서 가족은 다른 사회집단과는 다른 몇 가지 특성을 지니고 있다.

이정우 등(1997)은 가족의 특성을 다음과 같이 요약하고 있다.

첫째, 가족은 일차적 집단(primary group)이다. 미국의 사회학자인 Cooley는 사람간의 상호작용 방식에 따라 집단을 일차적 집단과 이차적 집단(secondary group)으로 구분하고, 감정적인 유대가 깊은 사람들의 연합, 즉 가족과 친구와 같은 집단을 일차적 집단이라고 불렀다. 일차적 집단에서는 구성원 상호 간의 관계가 직접적으로 대면하는 관계이고, 친밀하며, 관계가 항구적이거나 상당히 지속적으로 유지된다. 각 개인도 하나의 공통된 전체 속에 융합되어 '우리 의식(we-feeling)' 을 형성하여 집단에 대한 소속감과 일체감을 강하게 나타낸다.

이에 반하여 이차적 집단은 서로 긴밀한 감정적 유대관계가 없이 특정한 실익을 위해 구성된 집단으로서 기업, 국가, 제반 사회단체 등이 그 예이며 비교적 그 구조가 복잡하고 제도화되어 있다는 점이 특징이다.

둘째, 가족은 공동사회 집단이다. 공동사회(gemeinschaft)라는 말은 퇴니스가 사용한 개념으로 희생사회라고 하는데, 집단구성원들은 서로 애정과 상호 이해로 결합되어 외부의 간섭이나 장애에도 분열되지 않는 강력한 결합관계를 지닌다. 여기에는 가족과 한 국가의 민족을 예로 들 수 있다. 또한 공동사회로서의 가족적 의미는 함께 생활하는 생활공동체, 소유공동체이며 가정의 행복과 불행을 함께 경험하는 운명공동체다(권석만, 2004).

이와는 달리 이익사회(gesellschaft)는 어떠한 결합에도 불구하고 본질적으로 분리되어 있는 사회를 뜻하는 것으로, 특정한 이익이나 목적을 달성하기 위해 수단을 사용하고 이해관계를 따지며 타산적으로 주고받는 집단이다. 그 예로 정당,

사회, 조합을 들 수 있다.

셋째, 가족은 폐쇄집단이다. 폐쇄집단(closed group)이란 집단구성원이 되기 위한 자격의 획득이나 포기가 용이하지 않은 집단을 뜻한다. 한 가족의 구성원이 되는 것은 혼인이나 출산에 의해서 법률적, 자연적으로 이루어진 결과며, 그렇기 때문에 한 개인이 원한다고 해서 특정 가족의 구성원이 될 수 없다.

이에 비해 개방집단이란 집단구성원이 되는 것이 자유롭고, 개인의 의사에 따라 집단성원의 자격을 획득하거나 포기할 수 있다. 예를 들어, 우리는 자신의 의도와 개인적 능력에 따라 한 직장의 구성원이 될 수 있으며, 또한 쉽게 그 집단의 구성원의 위치에서 벗어날 수 있다.

넷째, 가족은 형식적 집단이다. 형식적 집단(formal group)이란 객관적 조직과 특정한 관습적 절차 체계를 지니며, 이것에 의해 구성원의 행동이 통제되는 집단을 뜻한다. 가족은 결혼식과 혼인신고라는 사회적, 법적 절차에 의해 부부관계가 성립하므로 형식적이고 제도적인 집단이다. 그러므로 가족 내의 구성원들은 자신이 속해 있는 사회문화적인 규범과 법률에 의해서 남편과 아내, 부모와 자녀라는 주어진 역할에 따라 행동에 대한 의무와 권리를 부여받게 되고 또 마땅히 그러한 역할을 수행해야 된다는 당위성을 갖게 된다.

다섯째, 가족은 혈연집단으로 출생과 더불어 주어지는 부여된 인간관계다. 가족은 부부라는 두 비혈연적인 존재가 성관계와 출산을 통해서 혈연집단을 형성하는 특성을 갖고 있다. 따라서 비록 부부관계가 소멸된다 하더라도 부모와 자식 간의 혈연관계는 본질적이며 영구적으로 존속하게 된다. 그러므로 가족은 단지 공동의 공간에서 경제적, 정서적 공동생활을 영위하는 집단이 아니라 구성원들의 유전적 형질을 생산하여 부부라는 개체와 유사한 형질을 지닌 존재를 재생산해 종족을 보존시키는 역할을 한다. 가족 외에는 혈연을 기반으로 하는 집단은 없다.

이처럼 가족은 다른 사회집단과는 달리 감정적 유대가 깊고, 이해타산을 따지지 않고, 혈연으로 맺어져 있어 구성원으로서의 자격이 운명적으로 결정지어진다는 점에서는 개인적 자유의지가 최대한 발휘될 수 있는 자유로움의 속성을 지니고 있는 집단이라고 할 수 있다.

그럼에도 결혼이나 혼인신고와 같은 사회적 · 법률적 절차를 거침으로써 형성되고 그에 따라 가족구성원들의 역할과 행동이 통제를 받기 때문에 사회성을 강하게 띠고 있다. 이런 점에서 가족은 개인과 사회의 양면성을 함께 지니고 있는 독특한 집단이다.

2) 가족의 기능

가족의 기능은 크게 대내적 기능과 대외적인 기능으로 대별된다. 대내적 기능이란 가족이 가족구성원에게 끼치는 필요한 작용으로 애정, 성, 생식, 양육, 재화의 생산과 소비, 교육, 보호, 휴식, 오락, 종교적인 측면에서 수행되는 기능을 말한다. 대외적 기능이란 가족이 사회 전체에 대해서 수행하는 기능을 말하는데, 성적인 통제, 종족보존과 사회구성원의 보충, 노동력 제공, 생활보장과 경제질서의 유지, 문화전달, 사회를 안정적으로 유지시키는 기능 등이 포함된다(유영주, 1984).

이와 같이 다양한 가족 기능을 요약하면 다음과 같다(이정우 외, 1997).

성적 욕구 충족과 성적 통제 기능 인간은 기본적으로 남녀 모두 본능적인 성욕구를 충족시키고자 하는 생리적 욕구를 지니고 있다. 이러한 성욕구는 포옹이나 키스와 같은 가벼운 신체적 접촉에서부터 직접적인 성관계까지 그 범위가 넓다. 그런데 남녀 간의 성관계는 가장 강력한 성욕구 충족의 수단이다. 부부간의 성관계는 가장 안정되고 사회적으로 용인되는 성적 욕구 충족의 수단이며, 또한 성적 파트너를 독점할 수 있는 권리가 결혼을 통해 획득되게 된다. 이와 같은 성적 파트너의 배타성과 독점성에 의해 사회적으로 무질서해질 수 있는 남녀 간의 성욕구 분출을 통제할 수 있게 된다.

자녀생산의 기능 부부간의 성관계를 통해 자녀가 출생하게 되는데, 부부는 자녀를 출산하고 양육함으로써 한 사회의 구성원을 충원시키고 자신의 후손을 통해 자신의 유전자를 후대에 전달하고 가문을 이어가는 기능을 하게 된다. 한 사회가 그 체제를 유지하고 문화와 문명을 존속시키기 위해서도 사회를 지탱해 줄 수 있는 기본적 구성원이 지속적으로 재생산되어야 하는데, 사회는 이러한 기능을 가족에 의존하고 있다. 이와 같은 생산의 기능은 가족 이외의 다른 집단이 대신할 수 없는 기능이다.

애정의 기능 모든 인간은 타인을 사랑하고 타인으로부터 사랑받고자 하는 사랑의 욕구를 지니고 있다. 가족은 서로 사랑하는 남녀 간의 결합으로 형성되며 동물적이고 본성적인 애정과 희생으로써 자녀를 양육하는 집단이다. 자녀는 출생해서 부모와의 애정적인 상호작용을 정상적으로 함으로써 타인과 상호작용할 수 있는 기본적인 신뢰감과 대인교제 능력을 갖추게 된다. 특히, 현대사회에 들어서서 가정 밖에서의 생활이 이익 추구와 대규모적인 사회제도 속에서 경쟁과 성공을 추구하다 보니 상대적으로 사람 간의 관계가 정서적으로 소원해지고 있다. 따라서 가정의 애정 기능은 현대에 들어 점점 더 그 중요성이 커져 가고 있다.

자녀양육과 사회화의 기능 가정의 부모들은 자녀를 출산해서부터 사회의 어엿한 한 구성원이 될 때까지 정신적 · 신체적으로 양육하고 보호를 하게 된다. 초기 성장과정에서 부모와의 상호작용은 한 인간의 성격형성과 사회화에 중요한 영향을 미치게 된다. 사람들은 이러한 부모의 자녀양육 과정을 통해 그 사회가 바람직하게 생각하고 지향하는 성역할을 습득하고 사회의 한 독립된 구성원으로서 활동할 수 있는 기능과 제반 능력을 획득하게 된다. 가정에서 자녀의 심신 성장을 도모하는 부모의 역할수행은 한 사회의 세대 간 문화를 지속적으로 전승 · 발전시킬 수 있는 건강한 인적 자원을 형성한다.

교육의 기능 인간이 한 사회의 구성원으로서 활동하기 위해서는 지금까지 축적된 지식과 기능을 획득하는 것이 요구된다. 현대 사회에서는 과거와는 달리 한 개인이 생존하고 사회생활을 영위하는 데 필요한 교육들이 제도적인 학교에서 체계적으로 이루어지고 있다. 그러나 제도적인 교육은 자칫 대규모적이고 획일화된 체제하에 지식과 기능 습득에만 초점이 맞추어져 실시되기 쉽다. 그러므로 가정에서 성격, 대인관계 능력, 정서적 안정감의 함양, 타인을 배려하는 심성 등과 같은 인성적인 교육이 이루어져야 한다. 가정은 학교교육에서 배제되기 쉬운 인성교육이 실시되는 중요한 학습의 장을 제공하는 기능을 지닌다.

지위 부여의 기능 인간은 출생하면 가족구성원이 되며 출생순위나 성별에 따라 가족 내의 일정한 지위가 부여되고, 자신이 출생한 가족의 경제적 · 사회적 지위에 따라 미래의 사회경제적 지위나 신분에 크게 영향을 받는다. 물론 사회구조가 경직된 전통적인 신분사회에 비해 현대 사회에서는 부모의 사회경제적 지위와 신분이 자녀의 삶에 미치는 영향이 훨씬 적어졌지만, 부모의 제반 여건에 따라 자녀의 미래 삶이 제한되거나 확대될 가능성은 여전히 높은 실정이다.

경제적 기능 과거 전통 사회에서는 가족이 생산 기능과 소비 기능을 병행하고 있었으나, 현대에 들어서는 생산 기능은 축소되고 주로 소비 기능만을 담당하게 되었다. 현대의 가족은 가족구성원들 중 주로 부부가 가정에서보다는 가정 밖의 대규모 기업의 조직 속에서 생산자의 역할을 수행하고 있는 데 비해 소비활동에는 모든 가족구성원들이 참여한다. 가정이 한 사회의 중추적 집단이라는 점을 감안할 때, 가족구성원들의 합리적인 소비활동은 국가경제에도 큰 영향을 미치게 된다.

보호의 기능 가정은 가족구성원의 생명이나 재산의 보호, 특히 심신이 미숙한 어린이나 환자 및 노인들의 생명을 보전해야 하는 기능을 맡고 있다. 물론 사회가 발전함에 따라 경찰과 군대 그리고 각종 의료기관이 생기면서 전문화된 기능을 분담하고 있지만, 보호의 기능이 절대적인 애정과 정성이 전제되어야 함을 고려하면 일차적 책임은 여전히 가족에게 있다.

휴식의 기능 가정은 현대 생활로 인해 발생되는 다양한 스트레스와 긴장감을 해소하고 심신의 에너지를 재충전할 수 있는 휴식처로서의 기능을 갖는다. 과거의 가정이 일과 휴식이 병행되는 공간이었다면, 현대 가정은 대부분 휴식과 재충전의 공간이라고 할 수 있다. 사랑과 애정이 가득 찬 가정에서 충분히 휴식을 취하고 서로에게 정서적인 지지를 주고받음으로써 직장과 가정 밖의 제반 생활에서 활동할 수 있는 심신의 준비를 갖추게 된다.

3) 가족의 형태

현대 사회의 경제문화적 환경의 변화로 인해 자연적으로 가족의 구조적 특성이나 기능도 변화되었다. 가족의 형태에 대한 구분도 학자의 견해에 따라 기준에 많은 차이가 있고, 사회의 제반 환경의 급격한 변화로 인해 전통적인 구분의 가족형태 이외에도 매우 다양한 가족형태가 나타나고 있다. 가족형태의 분류기준에 상관없이 흔히 열거되고 있는 가족의 형태를 살펴보자.

핵가족과 확대가족 핵가족(nuclear family)은 부부와 그들의 미혼 자녀로 구성되어 있으며 현대 가족의 가장 일반적인 형태다. 자녀들은 결혼하게 되면 부모를 떠나 새로운 가정을 형성하는 것이 원칙이다. 그러므로 핵가족은 부모와 자녀의 2세대로 한정된다. 전통적인 의미에서의 핵가족은 남편은 직업을 갖고 가족의 생계 유지자로서의 역할을 하고, 아내는 가사와 자녀양육을 담당한다.

확대가족(extended family)은 기본적인 핵가족에 조부모와 아주머니 및 사촌 등이 포함되는 가족이다. 즉, 핵가족은 종적, 횡적으로 확산되어 형성되는 것으로서 자녀가 결혼 후에도 자신의 부모와 동거하는 가족형태를 말한다. 확대가족에는 결혼한 맏아들이 부모세대와 함께 살고 가계를 계승하면서 살아가는 직계가족(stem family)이 있고 , 둘 이상의 아들이 결혼해서도 부모와 함께 살아가는 방계가족(joint family, collateral family)이 있다.

일반적으로 핵가족이 보편화된 사회에서는 남녀와 부부간의 권력과 힘이 동등해질 수 있는 가능성이 높고, 확대가족이 우세해질 때는 남성들의 권력이 더 커진다. 확대가족은 2, 3세대 이상의 많은 가족구성원들이 함께 생활함으로써 가족구성원에 대한 질서유지의 필요성이 커지는데, 이 질서유지의 역할이 남성에게 주어짐으로써 남성이 여성보다 더 많은 힘을 행사하게 된다(Blumberg & Winch, 1977).

출생가족과 생식가족 사람들은 일생을 통해 일반적으로 두 종류의 상이한 가정에서 삶을 영위한다. 결혼하기 전까지는 부모로부터 출생하여 부모 형제와 함께 생활하는데 이를 출생가족(family of origin)이라 하고, 결혼함으로써 부부가 되고 부모가 되어 자녀를 낳아 기르며 생활하게 되는 가족을 생식가족(family of procreation)이라고 한다.

출생가족은 자식의 입장에서 자신이 출생한 가족을 의미하기 때문에 그 초점이 부모-자식관계나 형제-자매관계와 같은 혈연관계에 있으며, 가족구성원으로서 자신의 지위 획득이 태어나면서부터 결정되는 귀속적인 특성을 갖는다.

이에 비해 생식가족은 부부의 입장에서 자신들이 새롭게 형성한 가족을 의미하기 때문에 부모-자식관계나 형제-자매관계보다는 부부관계에 더 초점이 맞추어져 있다. 따라서 한 개인의 선택에 의해 가족의 형성 및 발달이 좌우되는 가족이다.

일부일처제와 일처다부제 흔히 인류 역사상 가장 보편적인 가족형태는 한 사람의 남자와 한 사람의 여자가 결혼하여 가족을 이루는 단혼제 또는 일부일처제(monogamy)를 들고 있다. 이에 비해 남편이나 아내가 동시에 한 사람 이상의 배우자와 결혼생활을 하는 제도를 복혼제(polygamy)라고 하는데, 여기에는 일부다처제(polygyny)와 일처다부제(polyandry)가 있다.

현대 사회에 들어 서구는 물론 우리 한국에서도 점차적으로 이혼이 증가하는 추세에 있어, 한 사람이 일생을 통해 여러 번의 일부일처제를 경험하는 사람이 많아졌다. 한 사람이 결혼하고 이혼하고 또다시 결혼하는 형태를 연속적 단혼제

(serial monogamy)라고 한다.

역사상 일부일처제가 가장 오랫동안 지속되어 오고 인류 보편적인 가족형태로 지속되어 온 데에는 다음의 몇 가지 이유를 들 수 있다(유영주, 1984 참조).

첫째, 부부는 애정을 기초로 결합되고 배우자 간의 상호 독점성을 유지하려는 경향이 높기 때문에 한 남자와 한 여자의 결합이 바람직하다. 둘째, 사회적으로 남녀 성비가 균형을 이루고 있으므로 배우자 선택의 한계성 때문에도 일부일처제가 이상적이다. 셋째, 부부는 한 가정의 경제활동의 주축으로서 원활하고 조화로운 협력이 필요한데, 일부일처제가 긴밀하고 상호 보완적인 경제활동을 하는 데 바람직하다. 넷째, 대개의 종교는 일부일처제를 기본 원칙으로 하고 있어 일부다처제나 일처다부제를 실행하기에는 많은 심리적 종교적 압력을 받게 된다.

혼합가족 및 공동체가족 혼합가족(blended family)은 두 부부와 자녀들로 구성되는 가족이지만 자녀들 전부가 현재 부모들의 부부관계에 의해서 출생한 것은 아니다. 가족들은 배우자가 떠나 버린 성인들이 기존 가족의 자녀를 데리고 재혼을 함으로써 서로 혼합된다. 그렇기 때문에 재혼가족이라고도 한다. 이러한 재혼가족은 부부 모두 기존의 자녀 없이 결혼할 수도 있고, 부부 중 한 사람 또는 두 사람 모두 전 배우자의 자녀들을 데려올 수도 있으며, 재혼한 부부가 자녀를 입양하여 사는 등 매우 다양한 형태가 있다.

공동체가족(communal family)은 확대가족의 한 변형으로서, 혈연관계는 없으나 서로 가족으로 생각하고 헌신하며 의무감을 갖고 동거하는 집단이다. 개별 핵가족들이 수행하기에는 힘든 공동체적인 기능을 회복하고, 핵가족이 가질 수 있는 문제점을 극복하고자 형성된 개인 및 가족들의 집합이다. 공동체가족 유형의 공식적인 예는 키부츠 혹은 종교적인 조직인 데 반하여, 다른 공동체가족은 비공식적으로 우정이나 공통의 관심사 등을 근거로 형성된다. 두 개 이상의 가족이 서로 많은 경험을 함께 하게 되면 각기 다른 가족의 자녀와 부모가 서로를 '가족의 부분' 으로 생각하게 된다.

이런 가족형태 외에도 가족들이 직업상의 이유로 인해 둘 이상의 가구를 형성하여 장기간 별거생활을 하는 분거가족(commuter family), 사별이나 이혼으로 인해 부모 중 한 사람과 자녀로 구성되는 한부모가족(single parent family), 부부가 자녀를 갖지 못해서가 아니라 일부러 자녀를 갖지 않는 자발적 무자녀가족(voluntary childless family), 동성애가족 등이 있다.

임신과 출산

1. 자녀출산과 지연

1) 부부가 자녀를 갖는 이유

모든 결혼한 부부들은 결혼생활의 어느 시기에 도달하게 되면 부모가 될 것으로 기대된다. 그러나 이제 막 결혼한 부부들, 즉 자녀를 갖고자 하는 예비 부모들은 남녀 모두 아버지나 어머니 역할을 연습한 일이 없기 때문에 부모로의 이동과정에서 많은 심리적 갈등이나 어려움을 경험한다. 특히, 여성의 경우에는 삶에 커다란 변화를 가져오는 중요한 사건이 임신과 출산이기 때문에 더 큰 갈등을 겪는다.

요즈음에는 자녀출산을 선택의 문제로 보아 어떤 부부들은 자연스럽게 자녀를 출산하고, 어떤 부부들은 출산을 결혼 후 몇 년 뒤로 미루기도 한다.

결혼한 부부들이 자녀를 갖는 이유는 다양하다. 하지만 공통적으로 자녀는 부모에게 성인의 지위를 부여하는 역할을 하고 남편과 아내, 아버지와 어머니로서의 정체감을 확립하게 해 준다.

문화적 규준 결혼한 부부들은 사회적, 문화적 규준의 영향을 받는다. 전통적으로 결혼한 부부들은 자녀를 출산하고 그 사회집단의 미래에 기여하도록 사회적, 문화적 압력을 받게 된다. 특히, 손자녀를 바라는 부모들이나 이미 자녀를 가지고 있는 친구들과 대중매체의 영향에 의해서 압력을 받기도 한다. 어쨌든 사회는 부모가 되기를 열렬하게 원하는 사람들을 바로 정상적 부모, 남자답고 여자다운 사람들로 여기고 있다. 특히, 여성에게는 자녀출산을 여성의 개인적 이상으로 삼도록 만드는, 사회적 압력이 가해지고 있다. 최근에는 이러한 사회적 압력의 강도가 과거에 비교해서 현저히 감소되었지만 완전히 사라지지는 않고 있다.

자녀로부터 받는 보상 자녀의 출산은 결혼한 부부의 인생에서 중요한 전환기의 역할을 한다. 일반적으로 대부분의 젊은 성인들은 그들의 친자녀가 아니라고 할지라도 영아에 대한 관심을 가지고 있다. 특히, 결혼한 부부들은 자녀가 있든 없든 영아에 대한 깊은 관심을 가지고 있다. 부부는 사랑의 결실인 자녀를 출산하고 양육하여 잘 적응하는 아동을 지켜보는 행복을 경험한다. 어떤 경우에서는 자녀의 출산이나 자녀의 양육이 불행한 부부관계를 개선시키는 하나의 수단이 되기도 한다.

노후생활의 지원 선진국의 경우처럼 사회보장제도와 연금제도가 제대로 확립되어 있는 나라들과는 달리 노인복지제도가 아직 정착되지 못한 우리나라의 경우에는 자녀들이 노부모를 부양하지 않을 수 없다. 따라서 자녀출산이 자신들의 노후를 지원하기 위한 중요한 이유 중의 하나가 된다. 대부분의 부모들이 자녀에게 짐이 되기를 원치는 않으나 노화로 인해 기력이 현저하게 쇠퇴하거나 질병에 시달리게 되면 스스로의 독립적 생활이 불가능하기 때문이다.

가계의 영속성 유지 자녀에 대한 한국의 전통적인 가치관은 아직도 가족의 중요 기능을 가계의 영속성 유지로 보고 있다. 즉, 한 번뿐인 인생을 살면서 자녀를 출산, 양육해서 자신들이 이 세상을 살고 간 흔적을 남기고 가야 한다는 것이다. 따라서 가계의 존속을 위한 자녀출산은 중요한 의미를 갖고 있다. 자녀출산은 세대가 거듭되는 속에서 후세대에게 기억되고 불멸성을 확립하는 하나의 방법이 된다.

우연적인 임신 계획되지 않은 우연적 임신이나 피임의 실패로 인해 낙태를 인정할 수 없는 경우에도 자녀를 출산한다. 그러나 부부관계에서가 아닌 성폭력이나 바람직하지 않은 이성교제로 인한 출산은 심각한 사회문제가 되고 있다.

2) 자녀출산의 지연

대부분의 성인은 결혼하면 부모가 되고, 또 부모가 되기를 소망한다. 그러나 아기를 갖는다는 것은 흥분과 긴장, 갈등을 함께 얻는 것이다. 심리적인 기쁨이나 만족감, 감격과 동시에 육아를 위한 물질적, 시간적, 심리적 소비가 요구되기 때문에 개인에 따라서는 이런 여러 가지 문제를 앞세워 자녀출산의 시기를 조절하는 가족계획을 세우기도 한다.

우리나라를 포함해서 세계 여러 나라들의 초혼연령이 늦어지고 있고 따라서 출산을 연기하는 여성들도 늘어나고 있는 추세다. 여성들의 자녀출산이 늦어지면 늦어질수록 자녀를 더 적게 갖는 경향을 보이기도 하는데, 특히 여성 취업이 많은 나라일수록 자녀출산의 연기는 보편화되어 가고 있다. 자녀출산의 연기는 그들의 건강이나 직업적 성취가 이루어질 때까지 또는 경제적으로 안정을 이룰 수 있고 아동을 돌보고 양육할 수 있는 상황이 조성될 때까지 그리고 개인의 심리적 상태 등과 같은 다양한 원인으로 인해 나타난다.

특히, 우리나라는 1997년에 최대의 IMF 경제위기를 맞아 출산을 미루는 부부들이 크게 늘어났다. 아이 양육비 감당의 어려움과 임신에 따라 여성이 해고 0순위 대상이 될지도 모른다는 불안 및 현실적 위기감이 그 원인이었다. 이 사실만으로도 경제 위기가 사회를 유지하는 첫째 전제인 출산율에 영향을 주는 어두운 그림자 역할을 한다고 할 수 있다.

과거에는 35세 이상의 여성들이 아기를 출산하는 것을 노산이라고 하여 아기나 산모 모두에게 위험하다고 하면서, 가능하면 출산 시기를 앞당겨 노산을 피해 왔다. 그러나 최근 의학의 발달로 보다 안정된 출산이 가능해짐에 따라 노산이라도 안전한 임신과 자녀출산을 할 수 있게 되었다. 그러나 국제산부인과학회가 정한 고위험 임신군에 속해 있는 35세 이상의 임신은 임신 적응력이 떨어지기 때문에 정상 임신보다 특별한 관리가 필요하다.

자녀를 갖지 않기로 결정하는 것이 좋은지 나쁜지를 평가하기 이전에 한 개인의 입장에서 자녀를 출산할 것인지 그리고 언제, 얼마나 자주 출산할 것인가를 결정하는 것 자체가 그리 간단한 문제가 아니기 때문에 생각할 부분들이 많다. 부부는 원하지 않는다면 자녀를 갖지 않을 수도 있다. 무자녀인 경우에 부부생활이 보다 편리하고 자유롭기 때문에 생식의 기능을 다하지 않는 것을 무조건 나쁘다고 말할 수는 없다.

아이 갖기를 소망하는 여성들과 선택적으로 무자녀인 여성들에 관한 연구 결과(Gerson, 1980)를 보면, 아동을 갖기를 소망하는 여성들은 높은 정도로 성유형화된 사람들이어서 지극히 여성적 성향을 지니고 있었고, 네 명 혹은 그 이상의 가족 속에서 성장하였으며 어머니의 사랑에 대해 긍정적인 기억을 가지고 있는 사람들이 많았다.

대조적으로 선택적으로 무자녀인 여성들은 자율적이고 성취 지향적이었으며 보다 더 개인주의적 성향을 지니고 있었다. 또한 청년기 동안 가족으로부터 독립하기 위하여 더 많은 노력을 기울였고, 직업적 성공을 중요시하고 여성해방운동에 관심이 많았으며, 어머니가 된다는 것의 어려움을 더 많이 알고 있었다.

또 이들은 대체적으로 자신들이 훌륭한 부모가 될 수 없다고 진단하고 자녀를 갖지 않는 것이 최선의 선택이라고 미리 결정한 사람들이다. 이와 유사하게 주위의 가까운 친인척이나 친구들이 자녀양육에서 오는 혼란과 어려움을 겪는 것을 간접적으로 체험함으로써 부모로서의 역할에 대한 책임을 성공적으로 수행할 수 있을 때까지 자녀출산을 연기하는 사람들도 있다.

이러한 세태의 반영으로 최근에는 결혼과 출산을 '필수사항' 이 아닌 '선택사향' 으로 받아들이는 여성이 크게 늘고 있다고 한다. 여성들이 결혼과 출산, 육아 등을 선택사항으로 받아들이는 가장 큰 이유는 경제력의 상승과 현재의 결혼제도에 대한 거부감 때문이라고 한다. 한 조사기관의 보고에 따르면 미혼 여성 1,033명을 대상으로 조사한 결과 응답자의 73%가 '결혼을 꼭 해야 한다고 생각하지 않는다.' 고 답했으며, 미혼 여성 중 56%는 '결혼 후 자녀가 없어도 괜찮다.' 고 응답했다. 그 이유는 '자신의 일에 방해가 되어서' '경제력이 있으면 혼자 살아도 충분' '결혼제도에 대한 부담' 등으로 나타났다. 이는 현대 여성들의 결혼과 자녀출산에 대한 부담감을 잘 반영하고 있다(조선일보, 2004. 5. 6).

불 임 앞에서 언급했던 자녀출산을 연기하는 다양한 원인과는 달리 남편이나 아내, 어느 한쪽의 신체적 결함이나 부부간에 이상이 없는 면역적 이상 및 원인불명으로 인해 자녀를 갖지 못하는 불임부부가 있다. 부부가 일 년 동안 부부생활을 정상적으로 계속해 왔는데도 불구하고 임신이 안 되는 경우를 불임이라고 한다.

한국의 가임연령 부부의 10~15%가 불임이라는 진단을 받는다고 한다(송찬호, 1990). 여성 원인을 살펴보면 무배란증이나 배란장애를 보이는 난소인자, 자궁경부인자, 자궁인자, 난관인자, 복막인자가 있으며, 남성 원인은 남성의 정자의 소견에 따라 무정자증, 희소정자증, 무력정자증, 기형정자증과 같은 남성인자가 있다. 현재 원인별 확률은 여성, 남성 그리고 양쪽 모두가 각각 40%, 40%, 20%로 보고되어 있다.

직업을 갖는 여성들이 늘고, 그에 따른 만혼 추세, 환경오염이나 약물남용으로 정자가 줄고, 개방적 성생활로 성접촉성 질환과 임신중절로 인한 불임부부가 크게 증가하고 있다. 이들 대부분의 불임부부들은 거부당하고 버림받았다는 부정적 정서를 경험하지만 부부가 함께 인내하고 용기를 복돋우며 서로에게 헌신적일 때, 정서적 어려움을 극복할 수 있다(Larkin, 1985). 현대에 들어와서 불임의 원인은 더 다양해지고 복잡해진 반면에 불임치료의 발전으로 불임증 중 많은 불임원인들을 해결할 수 있게 되었다. 특히, 시험관 아기의 등장은 불임치료에서 주도적인 역할을 하고 있으며 아기 갖기를 원하는 부부들에게 꿈과 희망을 주었다.

2. 임신과 출산

대부분의 신생아들은 20대나 30대의 부모에게서 태어나는데, 결혼한 부부가 경험하는 임신과 출산의 과정은 성인 초기나 중기 몇 년에 한정되고 있다. 임신과 출산은 어머니의 신체적 외모를 변화시킬 뿐만 아니라 남편-아내관계의 본질을 변화시킨다. 모체의 자궁에 착상된 태아는 호르몬의 계속적인 분비와 태반을 통해 영양분의 공급과 배설로 잘 유지되어 자궁 속에서 발생이 정상적으로 이루어지고 심장박동이 시작되면 임상적인 임신(clinical pregnancy)이 되었다고 말한다.

임신이라는 것은 인간의 종족보존과 자손의 번식을 위한 첫 번째 과정이라고 말할 수 있으며 남성과 여성에게서 가장 중요한 기능이라 할 수 있다. 사람의 임신 기간은 개인에 따라 약간의 차이가 있기는 해도 대개 약 40주다. 임신기간은 여성이 임신하기 이전에 마지막으로 시작한 생리의 첫 날부터 시작하여 280일에 해당되는 기간으로 계산하며 마지막 날이 출산예정일이 된다. 임신중인 부부들은 새로 태어날 새로운 생명에 대한 희망이나 계획과 함께 출산과정의 복잡성과 있을 수 있는 태아이상의 발생에 대한 공포를 경험하기도 한다.

1) 수정

수정(fertilization)이란 남성의 정자와 여성의 난자의 결합을 의미하는 것으로서 수정되는 순간부터 생명은 시작된다. 정자와 난자의 결합으로 생성된 접합자(zygote)는 부모로부터 받은 유전정보를 지니고 빠른 속도로 성장해 나가며, 수정의 순간에 인간 생명체는 성의 구분, 유전적 특성과 정상성 여부 등 전 생애에 큰 영향을 미치는 여러 가지 발달적 특성을 갖게 된다.

정상적인 부부관계에 의해 정자가 질 속에 사정되면 남성의 정자는 분당 2mm

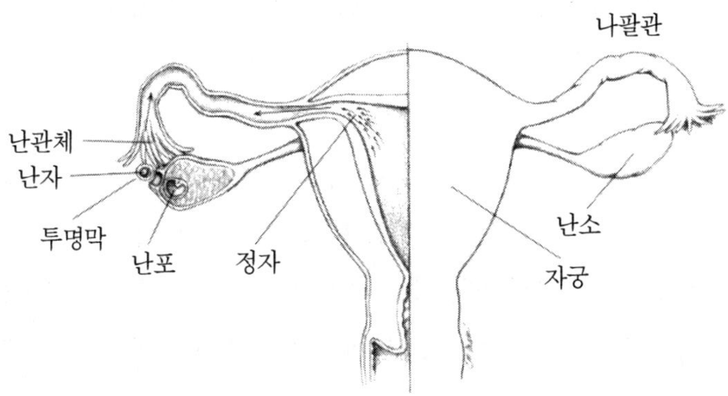

[그림 7-1] 수태 과정

의 속력으로 질과 자궁을 통과하여 나팔관으로 들어가는데, 여성의 난소로부터 방출되는 여성의 난자와 남성의 정자와의 결합은 나팔관으로 올라온 정자가 난소에서 내려오고 있던 난자와 만나 가능해진다([그림 7-1] 참조). 정자와 만나 수정된 접합자는 24시간 이내에 나팔관을 통과하여 자궁으로 여행한다. 엄밀한 의미에서 수정이란 정자의 세포핵과 난자의 세포핵의 결합을 의미하는데, 단지 한 개의 정자만이 난자의 세포질을 통과하여 세포핵과 접촉할 수 있다.

2) 태내발달 단계

수정 후부터 약 280일 동안 태아는 어머니의 체내에서 자라게 되는데, 이 기간 동안 태아의 여러 신체기관이 형성되고, 기능이 시작되며, 기관의 크기와 무게가 급속히 증가한다. 태내발달은 어머니의 체내에서 이루어지지만, 다른 어느 시기 못지않게 환경의 영향을 크게 받으며 그 영향 또한 치명적일 수 있다. 태아의 발달에 영향을 미치는 환경적 요인들을 이해하는 것은 정상적인 태내발달을 올바르게 이해하는 데 중요하다.

난체기 난체기(period of zygote)는 수정에서부터 수정체가 나팔관을 거쳐 자궁벽에 착상하기까지 2주간의 시기에 해당된다. 수정된 난자는 수정 후 6일경에 수정체가 자궁벽에 착상함으로써 전 태내발달과정을 통해 지속될 모체와의 밀착된 의존관계를 시작한다.

배아기 배아기(period of embryo)는 수정 후 약 2~8주 사이에 해당되는 시기다. 인간의 성장과정 중에 가장 성장이 활발한 시기로서, 이 기간 동안에 중요한 신체기관과 신경계가 형성된다. 이 시기가 시작되는 3~4주경의 배아는 크기가 약 0.7cm이던 것이 이 시기의 끝무렵이면 사람의 형태를 대체로 갖추게 되며, 무게는 약 0.9g, 키는 약 2.5cm 정도가 된다(Moore & Persaud, 1993).

배아기 동안에 수정체의 내면은 외배엽, 중배엽, 내배엽의 세 개의 층으로 분리된다. 외배엽으로부터는 머리카락, 손톱, 발톱, 피부의 외층, 감각세포 및 신경계가 형성된다. 중배엽으로부터는 근육, 골격, 순환계와 피부의 내층이 형성되며, 내배엽으로부터는 장기, 호흡기, 기관지, 폐, 췌장, 간 등의 기관들이 형성된다. 이들 신체기관 외에도 태내발달에 중요한 역할을 할 양수주머니, 태반, 탯줄 등도 발달한다.

이 기간 동안에는 각 기관이 급속하게 형성되는 만큼 바람직하지 못한 환경의 영향에 가장 민감하게 반응한다. 어머니의 질병, 영양결핍, 약물 등은 배아기 발달에 치명적인 영향을 줄 수 있다.

태아기 태내발달의 마지막 단계인 태아기(period of fetus)는 수정 후 3개월부터 출산까지의 시기에 해당된다. 이 기간 동안에는 배아기에 형성된 각 기관의 구조가 더욱 정교화되며, 기능이 보다 원활해지는 등 빠른 발달을 보이게 된다. 태아기 초기 13~24주 사이에는 무게가 0.8kg, 신장은 약 30cm였던 태아가 태아기가 끝날 무렵인 25~38주에는 50cm와 3.4kg으로 증가한다(Moore & Persaud, 1993).

4개월 말경이면 모체는 태아의 움직임인 태동을 느끼며 빨기, 삼키기, 딸꾹질 등의 반응이 나타나기 시작한다. 5개월 말에는 손톱과 발톱이 생기며, 부드러운 솜털이 나기 시작한다. 임신 6개월 말에는 감각수용기가 발달되어 태아는 촉각에 민감해지고 근육 움직임에 의한 접촉에 반응할 수 있다. 호흡기와 순환계가 기능을 하지만 완전하지 못한 7개월 이전에 자궁환경을 벗어나 조산을 하게 되면 생존할 확률은 낮고, 수정 후 약 30주가 지나면 모체로부터 분리되어 나와도 조산아 보육기(incubator) 속에서 키우면 생존이 가능하기 때문에 임신 210일을 생존가능연령(age of viability)이라고 부른다.

3) 태내발달에 영향을 미치는 요인

일정한 순서에 따라 진행되는 태아발달은 발달의 민감기(sensitive period)로, 이 동안 태아가 어머니를 통해서 유해한 환경에 노출되면 태아의 각 기관이나 구조는 손상을 입게 된다.

어머니의 영양상태 수정에서 출산까지 태아의 정상적인 발달을 위해서 태아의 성장에 필요한 모든 영양분은 모체가 섭취하는 영양에 의존하므로, 어머니의 영양상태는 태아발달에 결정적인 영향을 미치는 태내환경으로서 역할한다.

특히, 임신 초기의 영양결핍은 뇌와 신경계의 발달에 지장을 초래한다. 따라서 모체의 영양이 부족하면 유산과 사산의 가능성이 높고, 발육이 늦으며 신체적으로 기형이 될 확률이 높다. 전체적인 영양상태뿐 아니라 특정 영양소의 결핍 또는 과잉 역시 태아의 성장에 영향을 미친다. 단백질 결핍은 골격, 콩팥, 장기관의 발육을 저해하고, 비타민 부족은 신체기형의 원인이 될 수 있다. 철분의 부족은 자율신경계의 손상을 가져오며, 요오드의 과도한 섭취가 태아의 갑상선 기능에 장애를 주기도 한다.

산모의 영양부족 영향은 전쟁이나 기근 혹은 극단적인 가난의 영향을 연구한 결과에서 얻을 수 있는데, 예컨대 가난으로 위협받고 있는 지역의 사례들에 의하면, 태내기에서는 물론 출생 후에도 영양이 결핍될 때 심각한 성장지체를 가져왔다(Brasel, 1974).

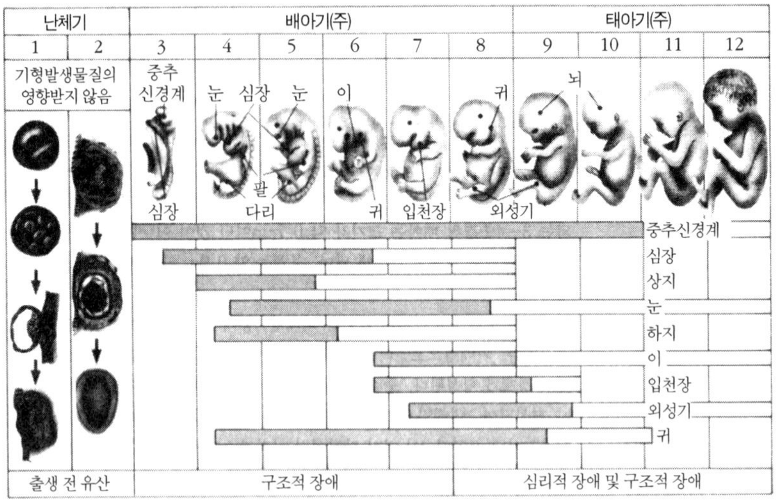

[그림 7-2] 태내발달에서의 민감기(Moore & Persaud, 1993)

어머니의 연령과 분만횟수 여성의 가임기간은 첫 월경 시작 1년 이후부터 폐경기 말기까지 약 35년이다. 일반적으로 산모의 연령이 25~29세 사이에 있을 때 성장에 가장 좋은 태내환경 조건이 이루어지는 것으로 알려져 왔지만, 근래에는 30~34세 사이의 임산모에게서 태어난 아기도 마찬가지로 최적의 발달을 보이는 것으로 보고되고 있다(Ventura, 1989). 미숙아 출산의 가능성이 높은 연령집단은 35세 이상과 16세 이하이며, 특히 10대의 산모들은 보다 더 큰 신경학적 결함을 갖는 미숙아나 저체중아를 출산한다.

어머니의 연령이 높아질수록 태아의 지적 발달장애가 나타날 가능성이 커지는데, 40세 이상의 산모들은 다운증후군의 아이를 낳을 가능성이 크며, 이는 연령이 높아짐에 따라 자궁을 구성하는 세포들이 노화되어 자궁의 기능이 퇴화되기 때문인 것으로 가정된다.

모체의 분만횟수도 태내발달에 영향을 주는데, 일반적으로 태내환경은 한 자녀 이상을 출산한 경험이 있는 임부들의 신체가 임신과 분만을 보다 더 잘 처리할 수 있다. 그러나 출산간격이 너무 짧거나 너무 길면 그 효과는 없어진다. 예컨대 첫 아이가 그 뒤에 출산하는 아이들보다 출산 합병증과 기형을 더 많이 가지고 태어난다.

어머니의 질병 어머니가 앓고 있는 여러 가지 질병은 태반을 통해 태아에게 전이되거나 출생 시에 태반을 통해 감염될 수 있다. 예컨대 풍진(rubella)의 경우는 신생아의 약 4%가 풍진에 걸린 모체에서 태어나는데, 풍진은 태아에게 정신지체, 시각장애, 청각장애, 심장질환을 일으킬 수 있다.

풍진은 감염시기에 따라 태아에게 영향을 주는 정도에 차이를 보이는데, 특히 임신 후 첫 1개월 내에 풍진에 걸린 어머니로부터 출생된 신생아의 경우 약 58%가 장애를 보이며, 2개월까지는 26~36%로 장애를 보이지만, 5개월 이후에는 영향이 없는 것으로 알려져 있다. 따라서 풍진에 대한 면역이 형성되지 않은 여성은 적어도 임신 6개월 이전에 예방접종을 받아야 한다.

Santrock(1994)은 태아가 산도를 통해 출산되는 과정에서 태아가 허피스(herpes)라는 질병에 감염되면 태아의 약 1/3이 사망하며, 1/4은 뇌손상을 보인다고 하였다. 당뇨병(diabetes)도 역시 태아발달에 영향을 미치는데, 임신중에 당뇨병을 앓고 있는 어머니는 높은 혈당수준과 인슐린 처치로 인해 유산이나 사산하기가 쉽고, 당뇨병이 있는 산모에게서 태어나는 아기는 정상 모체에서 태어난 신생아보다 기형아가 될 확률이 세 배 정도 높아진다.

최근 들어 가장 주목을 받고 있는 후천성면역결핍증(AIDS)에 감염되어 있는 모체로부터 감염되어 태어난 영아의 수가 점차 증가하는 추세인데, 이 질병은 태반을 통해서나, 출산 시 모체의 혈액에 의해서 또는 수유를 통해 감염될 수 있다.

결론적으로 임산부 자신의 올바른 생활습관과 건강관리 등 최대한의 예방에 힘을 기울이는 지혜가 무엇보다 필요하다고 할 수 있다.

어머니의 정서상태 임부와 태아는 태반에서의 혈액체계에 의해 상호 의존되어 있기 때문에, 어머니의 정서상태는 혈액의 화학 성분을 변화시키며, 그 결과 변화된 화학물질로 인한 모체의 생리적 변화가 태반을 통해 태아에게 영향을 주게 된다. 즉, 심한 공포나 불안 등과 같은 임부의 강한 정서적 경험은 아드레날린을 분비하게 되어 태반을 통해 태아에게 전달된다. 정서적 충격 또한 태반의 혈액공급을 일시적으로 차단시켜 태아에게 산소결핍을 유발시킨다. 이러한 상태가 반복되면 태아의 신체발육에 지장을 줄 수 있으며, 출생 후 잘 울고 잘 놀라는 등 정서적인 불안정을 보일 수 있다.

또 다른 연구 결과에 의하면, 임부가 대단히 피로하거나 불안감이나 공포감 혹은 슬픔을 경험하게 되면 태아의 움직임이 갑자기 증가되는 현상을 보이고(Sontag & Wallace, 1934), 불안수준이 높은 어머니에게서 태어난 신생아는 불안수준이 낮은 어머니에게서 태어난 신생아보다 더 많이 울었다(Ottinger & Simmons, 1964).

어머니의 약물사용 임부의 약물사용은 태아의 발달에 큰 지장을 초래한다. 임부가 사용하는 약물의 범위는 대단히 광범위하고, 임부에게 처방되거나 임부가 스스로 복용하는 것은 철분, 이뇨제, 항생물질, 호르몬제, 안정제, 식욕억제제 외 다른 많은 약물들이 있다(Marx, 1973). 흔히 복용하는 약물의 부작용 예로 비타민 A의 과다복용은 선천성 기형이나 언청이를 만들며, 다량의 아스피린 복용도 태아의 순환계에 이상을 일으킬 수 있다.

의학적 처치로 투여된 약물들도 태아에게 심각한 영향을 줄 수 있는데, 입덧을 경감시키기 위해 1960년 미국에서 탈리도마이드(thalidomide)를 복용한 임산부가 사지가 없거나 청각이 손상된 아이를 출산한 충격적인 사례들은 임신 초기 약물복용의 위험성을 경고하고 있다.

특히, 임산부의 마리화나, 헤로인, 코카인 등의 마약류 섭취가 태아의 발달에 미치는 영향은 치명적인 것으로, 태아기에 헤로인(heroin)에 노출된 영아는 경기, 불안정, 비정상적 울음, 수면장애, 운동기능장애, 주의력 결핍 등을 출생 직후부터 보이고, 마리화나는 언어 및 기억발달장애를 초래하며, 코카인은 키와 체중미달 등 신체장애를 유발하여 지적 발달 지체도 유발시킨다,

분만과정 시에 분만의 고통을 감소시키기 위해 사용되는 마취제의 영향도 분명하게 규명되지는 않았지만, 분만과정 동안 약물처치를 받은 산모의 아기들은

약물처치를 받지 않은 산모의 아기들과 비교하였을 때 지각기술, 운동기술 그리고 주의력의 측정에서 그 수행이 저조하였다(Brackbill, Kane, Manniello & Abramson, 1974).

어머니의 흡연 흡연은 임부의 혈압과 맥박을 상승시키며 혈액의 산소요구량을 증가시키기 때문에 태아는 만성적인 산소부족을 경험하게 된다. 산소부족으로 인한 태아의 뇌이상을 초래하고(Evans, Newcombe, & Campbell, 1979), 작은 두개골과 언청이(Erickson, Kallen, & Westerholm, 1979) 및 저체중아를 출산케 한다.

임부의 흡연은 임신 후기, 특히 출산 전 2~4주 사이 태아의 체중증가시기에 강력한 영향을 주는 것으로 밝혀졌고, 담배를 피우는 어머니들이 그렇지 않은 어머니들보다 유산이나 사산 혹은 출산 직후에 신생아를 잃을 가능성이 28% 정도 더 높았다(Frazker, Goldstein, & Goldstein, 1961). 최근의 연구 결과에 의하면, 태아기의 니코틴 중독은 4세의 언어 및 인지발달에 지장을 초래하며, 수면장애, 과잉활동, 호흡장애 등을 유발한다(Fried & Watkinson, 1990; Schoendorf & Kiely, 1992;).

어머니의 음주 임부의 습관적인 음주도 태아알코올증후군(Fatal Alcohol Syndrome)을 유발시킨다. FAS 증후군의 아기들은 얼굴, 팔다리, 심장의 기형이 나타나며 정신지체가 수반된다. 매일 한두 잔 정도라도 반복적으로 음주를 하게 되면 출생 후 영아에게 주의집중력 결함이 나타날 수 있다. 특히, 임신 3개월 이내의 음주는 태아에게 가장 큰 부정적인 영향을 준다.

방사선 노출 임신 이전의 방사선 투과도 생식세포의 염색체를 변화시킴으로써 유해한 영향을 줄 수 있기 때문에 특별한 상황을 제외하고는 임부의 하복부나 골반에 X광선을 투과하지 말아야 한다. 임신 직후 수정란이 착상되기 이전에 방사선에 노출된 접합자는 죽게 되며, 착상 이후의 방사선 노출은 성장을 지연시키거나 기형을 일으키며 출생 직후 사망하는 경우가 많다.

4) 출산

분만개시의 전구 증상, 진통 및 경과 분만이 가까워지면 그 전구 증상으로 산모는 태아의 하강감과 빈뇨, 태동의 감소를 느끼며 이슬이라 불리는 혈성분비물이 나온다.

분만이 시작되면 자궁의 수축 등으로 동통을 느끼게 되는데 이를 진통이라고 한다. 진통에는 일종의 전구 증상으로 분만개시를 알리는 가진통과 분만개시를 정식으로 알리는 증후인 분만진통이 있다.

분만과정은 크게 세 단계로 나누어 설명되는데, 제1단계인 개구기는 분만진통이 시작되어 자궁경관이 완전히 열리는(10cm) 시기까지를 말한다. 초산부는 평균 8시간, 경산부는 평균 5시간이 요구되며 개인마다 현저한 차이를 보이기도 한다. 제2단계인 만출기는 자궁경관이 완전히 열린 이후부터 태아만출 완료까지의 시간을 말하는데 초산부는 평균 50분, 경산부는 평균 20분 정도이지만 아주 다양할 수가 있다. 제3단계인 산후기는 태아분만 직후부터 태반만출 완료까지의 시간을 말하는데 보통 5～10분이 소요된다.

간혹 태반이 만출된 직후부터 1시간 정도를 분만 제4단계라고도 한다. 산후출혈, 즉 출산 후 처음 24시간 동안에 총 출혈량이 500ml 이상일 때를 말하는데, 모성사망의 1/4이 산후출혈에 의한 것이므로 주의를 요하고 세심하게 관찰해야 한다.

제왕절개술 복벽과 자궁벽을 절개하여 태아를 분만하는 제왕절개술의 적응증은 일반적으로 분만이 더 지연되면 태아나 산모에 심각한 손상을 주거나 질식분만이 안전하게 진행될 것 같지 않는 경우다. 따라서 난산이 의심될 때나 태아의 심박동수의 감소로 태아상태가 위험하거나, 태아의 위치가 분만에 적합하지 않을 경우, 과거에 제왕절개술을 하였거나 전치태반이나 태반조기박리 등의 여러 경우에 제왕절개가 적용되고 있다. 최근에는 의료분쟁에 대한 관심의 증가로 과거보다 제왕절개술의 빈도가 높아졌다고 할 수 있다.

어머니의 심리적 상태 분만과정에서 산모의 심리적 상태는 많은 영향을 준다. 임신에 대한 긍정적 태도와 안정된 성격의 유지는 불안정한 산모에 비해서 분만시에 분만진통을 덜 고통스런 것으로 지각하는 경향이 있는 반면에, 불안정한 산모들은 분만과정 동안 보다 빈번하게 각종 약물을 요구하는 등 신생아에게 바람직하지 못한 영향을 주기도 한다.

최근에는 아내의 출산과정을 함께 하는 예비 아버지들이 늘고 있다. 아내가 아기를 낳은 뒤 면회를 했던 과거의 남편들과는 달리 분만실에 들어가 출산과정을 지켜보거나 출산휴가를 받는 경우가 많아지고 있다. 1995년 남녀고용평등법 개정 시 남성의 육아휴직을 인정하여 이 같은 바람을 예고했지만, 최근 들어 이런 경향이 더 강해지고 있다.

진통과 출산과정 동안 산모를 안정시켜 주고 정서적 지원을 제공하는 대상의 존재 여부는 산모의 진통시간을 평균 10시간 정도 단축시켰으며, 신생아들의 태아피로(fetal distress) 현상을 의의 있게 감소시켰다(Sosa, Kennell, Klaus, Robertson & Urrutia, 1980). 또한 분만의 전 과정 동안 남편과 함께 있었던 산모들은 더 적은 고통을 경험하였고 진통제 요구의 횟수도 적었으며 출산과정을 보다 긍정적으로 지각한다(Hennenborn & Cogan, 1975).

예전에는 감염을 우려하여 분만 시 남편의 입회를 금지하였으나, 최근에 미국에서는 여러 연구 결과들에서 남편의 입회가 아내의 출산과정에 도움이 될 뿐만 아니라 바람직한 아버지-자녀관계의 형성에 대한 아버지의 관심을 촉진시켜 주고 아버지와 자녀의 우호적인 관계가 시작될 것으로 기대되어 아버지의 분만실 입회를 허용하는 추세에 있다. 자녀출산의 기쁨과 고통을 아내와 함께 하는 남편의 분만 시 반응과 행동들은 아내의 평생 기억 속에 남아 있기 때문에 특히 신경을 써야 한다.

산욕기의 모유 수유 분만 후 약 6주간은 산욕기로 아기의 출산을 위해 준비되었던 산모의 모든 부위가 정상으로 돌아오는 시기를 말한다.

분만 후 2일째부터 약 5일간 초유가 분비되며 그 후 점차 성숙된 유즙으로 전환되는데 아기에게 어머니 젖을 먹인다는 것은 의학적으로나 정서적으로 누구도 반론을 제기할 수 없다. 특별한 경우를 제외하고는 모유 수유를 권장하는 두 가지 이유 중 하나는 어머니 뱃속에서 나온 아기에게 어머니 젖만큼 적합한 것도 없으며 또한 모유에는 인공유에서 얻을 수 없는 각종 면역물질이 들어 있고, 특히 신생아에게는 중요한 감염방어물질이 다량 포함되어 있다는 점이다. 둘째는 출산 후 모유를 먹임으로써 생리적으로 산모의 자궁수축이 촉진되어 산후출혈을 줄여준다.

모유 수유가 주는 장점인 이러한 두 가지 이유 외에도 아기가 태내에서 익숙하게 들으면서 안정을 찾던 엄마의 혈류음(심박동)을 젖을 먹으면서 감지할 수 있어 정서적인 안정 측면에서도 많은 도움을 준다고 할 수 있다.

3. 피임과 낙태

1) 가족계획과 원치 않는 임신

가족계획은 인간 생명이 수태된 순간부터 생명을 존중하고, 육체적으로나 정신적으로 모자의 건강을 위하고, 국민경제수준을 향상시켜 국민 각자가 현실생활에 대한 보람을 느끼게 하려는 문화운동이다. 가족계획은 '책임성과 계획성'으로 결혼한 부부들이 책임 있고 계획 있는 부모가 되기 위한 모든 준비와 실천, 노력의 전 과정이라 할 수 있다. 특히, 신혼기에는 가족계획이 필요 없다고 생각하는 경향이 높은데, 결혼 전부터 자녀출산에 대한 계획을 세워서 결혼 후 각자가 책임지고 육아와 부모의 역할을 잘 이행해 나가는 것은 매우 중요하다. 계획되지 않은 임신은 부부의 사회적, 경제적 활동에 지장을 초래할 뿐만 아니라 여성과 태아의 건강에 해를 끼칠 수도 있다.

다시 말해서 가족계획은 원하는 임신만을 하도록 하여 첫째, 도의적으로나 모성의 건강을 위해서도 인공 임신중절을 예방하고, 둘째, 태어난 자녀에 대하여 그 생명을 존중하고 잘 양육하며, 셋째, 임신 가능한 부부에 대하여 그 수태 횟수와 터울을 조절할 수 있도록 하고, 불임부부에 대해서는 임신을 도모하여 명랑하고 윤택한 가정생활을 이룩하도록 하며, 넷째, 국가적으로는 국민생활의 질적 향상을 도모하는 것이라고 할 수 있다.

정확한 통계는 아니지만 적어도 전 세계적으로 수백만 명의 여성들이 원치 않는 임신을 하고 있다는 것은 사실일 것이다. 원치 않는 임신은 무지의 결과로 발생할 수도 있고, 종교상의 이유로 피임법을 이행하지 못했을 경우 또는 의사가 처방해 준 피임법을 잘 이행하지 못했을 경우에도 발생할 수 있다. 그러나 대부분의 원치 않는 임신은 피임법 사용의 실패와 관계가 깊다. 피임법을 꾸준하게 그리고 규칙적으로 이행하지 않는다면, 정상적인 부부는 원치 않는 아기를 갖게 될 것이다. 따라서 낙태를 해야 될 상황이나 원치 않는 자녀출산의 경험을 하지 않기 위해서는 안전하고 올바른 피임법에 주의를 두어야 할 것이다.

정신분석학적으로 피임에 대한 실패의 기제를 살펴보면, 모든 경우의 부적절한 피임은 주로 무의식적이면서 자기처벌적인 충동이나 심지어는 공격적인 충동에 의해서 동기화된 것이다(Lehfelt, 1971). 또한 피임을 하지 않고 운에 맡기는 식의 태도는 분명히 피학대성이나 도박적인 충동의 한 표현이다.

Freud의 관점에서 보면, 피임을 하지 않고 성관계를 가져서 임신에 노출시킨다는 사실은 무의식적으로 임신에 대한 욕망을 드러내는 것으로, 피임의 실패를 우발적인 것이라기보다는 고의적인 행동으로 여긴다.

2) 피임 방법

요즘의 젊은 부부들은 자연적인 임신보다는 자기들의 필요에 의해 임신시기를 선택하는 경향이 있다. 따라서 원치 않는 임신이 되었을 경우 이로 인한 정신적 육체적 문제가 수반된다. 비록 아직도 완벽한 피임법은 없지만 상황에 따른 올바른 피임법을 통해 결혼한 부부들이 자녀를 갖고 싶을 때는 몇 명이나 가질 것인지, 그 아이들은 각각 언제 이 세상에 나오게 할 것인지 타이밍을 정확하게 맞춰 결정할 수가 있게 되었다.

피임(contraception)이란 정상적인 수정과정이 일어나지 못하게 하여 임신을 피하는 것으로 생식세포인 정자와 난자가 합쳐지는 과정인 수정(fertlization) 현상을 막는 방법을 말한다. 최근에는 여러 가지 방법에 의해 피임법이 개발되어 사용되고 있으며 아주 오래전 고대 이집트의 유적에서도 발견될 만큼 오랜 역사를 가지고 있다. 현대 사회구조에서는 세계 인구의 증가와 식량문제 등 산아제한을 위한 피임의 필요성이 강조되고 있다. 특히, 여성들의 사회적인 활동이 활발해져서 피임은 중요한 사회적 문제가 되었다.

피임은 우선 남성 피임과 여성 피임이 있는데 이는 다시 일시적인 피임과 영구적인 피임으로 나누어 볼 수 있다. 어떤 방법을 사용할 것인지는 우선 부부가 단산을 원하는지 또는 터울조절을 원하는지에 따라 결정된다. 이 밖에도 동기, 교육수준, 문화적 배경, 사회경제수준, 건강상태, 선호도와 수용성, 편견 등의 심리적인 요인을 참작하여 선택하도록 한다([그림 7-3] 참조).

부부 각자의 선호에 따라 피임법을 선택하는 것이 바람직하지만 의사의 충분한 설명과 함께 의학적 또는 사회경제적 적용에 따라 부작용이나 금기사항에 대한 지식과 그에 대한 대처방안에 대해 정확히 인지를 한 후에 적절한 방법을 선택

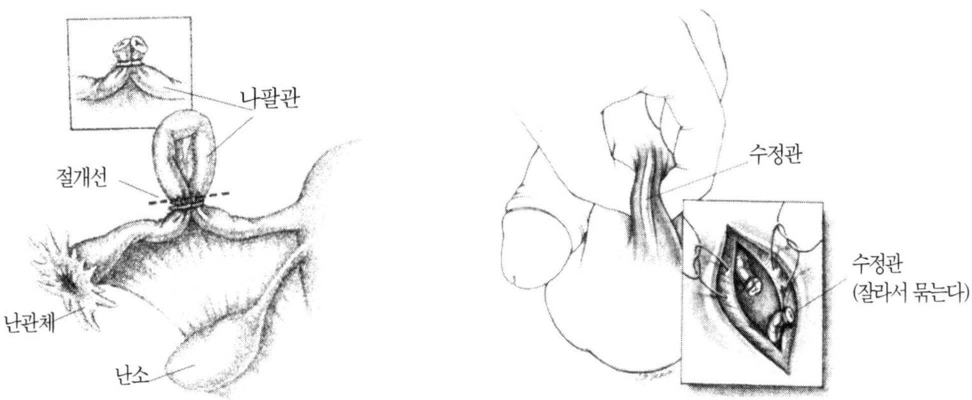

[그림 7-3] 여성 피임(좌)과 남성 피임(우)의 영구적 방법

하는 것이 좋다.

자연피임법 자연피임법이란 여성의 생리주기를 이용하여 배란기간을 적절히 피하는 방법이다. 일반적으로 여성들은 규칙적인 생리를 하기 때문에 이러한 방법을 쓰게 되는데 만약 불규칙적으로 생리를 하는 여성은 피임에 실패할 가능성이 높기 때문에 가능하면 자연피임법을 이용하지 않는 것이 좋다.

19세기 스위스와 프랑스에서 많이 사용되었던 방법인 질외사정, 즉 성교중단법(coitus interruptus)은 남성이 사정을 할 때쯤 성관계를 멈추고 여성의 질 바깥쪽에 사정을 하는 것을 말한다. 질외사정법은 방법이 까다롭지 않고 비용이 들지 않지만, 피임의 성패가 완전히 남녀의 자제력에 달려 있기 때문에 부부관계에서 얻을 수 있는 성적인 만족을 잃어버릴 수 있고 정신적으로 많은 부담을 안고 성교를 진행하게 되어 심리적인 문제를 갖게 되기도 한다. 남성 쪽에서 감정을 잘 조절하여 사정시기를 늦춰야 하기 때문에 조루증이 있는 남성에게는 적합치 않으며, 50%가량의 남성들이 임의대로 사정시기를 조절하는 것이 불가능하고, 피임 실패율도 다른 피임법보다 100명당 6~16명으로 비교적 높기 때문에 다른 피임법을 전혀 사용할 수 없는 상황에서만 이용해야 한다.

주로 달력에 의존하기 때문에 달력주기법이라고도 불리는 월경주기 조절법은 배란된 난자의 수정능력이 24시간 내에 있다는 것과 여성생식기 내에서의 정자의 생존기간이 4일을 넘지 않는다는 것, 배란이 다음 월경예정일로부터 2주 전에 일어난다는 학설에 근거하여 28~32일의 규칙적인 주기를 가진 여성의 임신 가능한 시기에 성관계를 피하는 조절법이다([그림 7-4] 참조).

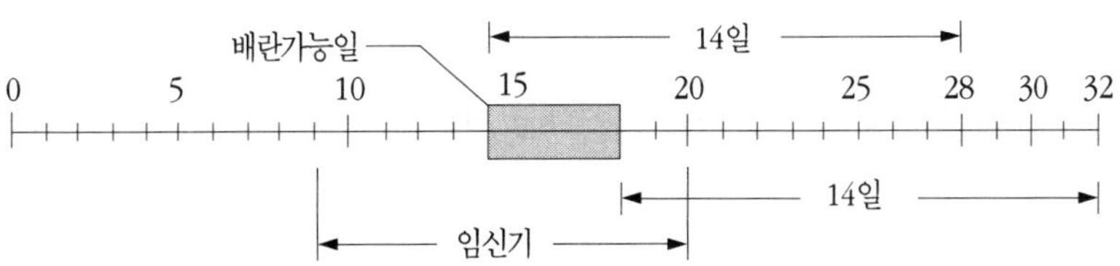

[그림 7-4] 월경주기법 사용을 위한 계산법

생리주기가 규칙적인 여성에게는 비교적 효과를 거둘 수 있는 방법이지만 월경주기 조절법은 개인에 따라 정신적인 스트레스나 급성질환, 발열, 투약이나 여행 등에 의해 변화된 월경주기로 배란일이 변화될 수 있어 피임 실패를 가져오기도 한다. 또한 불규칙한 생리주기를 가진 여성은 피임에 실패할 확률이 높다.

기초체온법(basal body temperature)은 배란이 시작되면 체온이 약간 떨어졌다가 상승하기 시작하여 배란이 끝나면 정상체온으로 돌아오고 임신이 되면 일정한 체온을 유지하는 현상을 이용하는 방법이다. 즉, 여성이 기초체온을 매일 아침에 측정하여 그래프용지에 기록하여 배란이 되는 날을 알아내고 이 날을 피하여 성관계를 하는 방법이다. 이 방법은 여성이 아침마다 일정 시간에 기초체온을 측정해야 하기 때문에 번거로움이 있고 잊어버릴 수가 있기 때문에 여성들의 노력이 필요하다.

약제를 이용하는 피임법 질정(좌약), 크림, 젤리 등과 같은 발포성 제제는 질내 정자를 죽이는 작용을 한다. 다른 피임법이 잘 맞지 않을 때 사용해 볼 수 있는데 성관계 5~10분 전에 질강 내로 적당량의 젤이나 질정을 미리 삽입해야 한다. 이 발포성 제제들은 사용이 쉽고 값도 비싸지 않으나 피임실패율이 높다.

경구피임제는 높은 피임효과와 간편한 방법으로 여성 스스로 임신을 조절할 수 있어 세계적으로 가장 많이 이용되는 피임법 중 하나다. 1959년 미국식품의약국(FDA)으로부터 공인을 받았으며 기구나 수술적 방법을 피해 여성들이 쉽게 이용할 수 있다.

초창기에는 과다한 호르몬 양에 의하여 월경이상, 체액저류, 위장장애, 정맥류의 증가, 흥분이나 우울증, 성욕의 변화, 기미, 두통과 편두통 등과 같은 부작용도 많았지만 지금은 흡연자나 심장질환이 있는 일부 환자를 제외하고는 피임약의 부작용이 걱정할 정도는 아니다. 최근에는 가장 성공률이 높고 안전한 피임법으로 각광받고 있다.

경구피임약(oral pill)은 뇌하수체의 호르몬 분비를 억제하여 난자의 성숙을 방해하여 배란을 억제하며, 자궁경부 점액에 변화를 가져와 점액을 더 두껍게 함으로써 정자의 진입을 방해한다. 그리고 수정이 이루어졌다고 해도 자궁내막을 변화시켜 수정란의 착상을 방해한다. 경구피임제는 무엇보다도 효과 면에서 높이 평가되고 있는데 피임의 성패는 처방에 따른 제대로 된 복용을 충실하게 지켰느냐에 달려 있다. 복용기간 중 복용을 잊으면 피임실패를 가져온다.

기구를 이용하는 방법 기원전 고대 이집트인들은 정자를 죽이기 위해서 악어똥을 비롯한 살정제를 개발하여 사용하였고 여성의 질 속에 여러 가지 소재를 집어넣어 정자를 죽이거나 자궁으로 가는 통로를 차단하기도 하였다. 또한 양의 창자를 이용하여 남성의 성기를 싸는 기구를 만들었고 이외에도 여러 가지 소재를 이용한 피임기구를 개발하였다

콘돔은 전 세계적으로 사용되고 있는 대표적인 피임기구로 남성들이 사용하는 가장 흔한 피임법이다. 음경에 고무주머니를 씌워 정자가 질강 내로 들어가지 못하게 하는 피임법이다. 콘돔은 오랫동안 여성에게만 지워져 왔던 책임을 남성들에게도 부과하는 것이므로 많은 여성들이 콘돔을 환영하였다. 사용법도 간편하며([그림 7-5] 참조), 피임효과가 높고 성병도 예방할 수 있다. 특히, 후천성면역결핍증 전파를 방지할 수 있어 콘돔의 사용은 더욱 늘어날 전망이다. 그러나 콘돔은 성관계 시 찢어지기 쉽고 벗겨져 사정된 정자가 질 속으로 흘러들어가 피임실패를 가져올 수 있기 때문에 올바른 콘돔 사용법을 알아야 한다. 사용 전에 정액

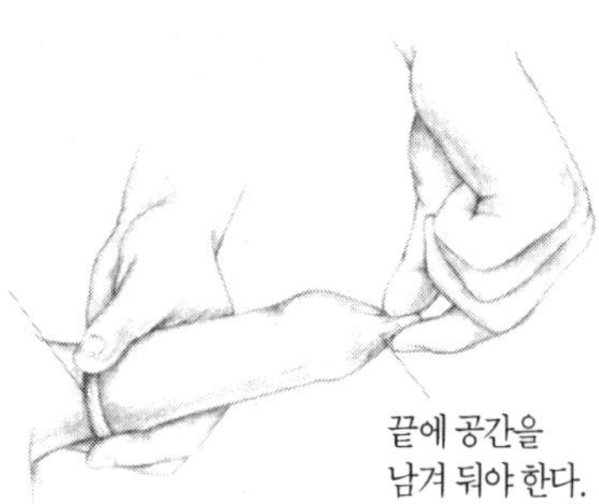

[그림 7-5] 콘돔 사용법

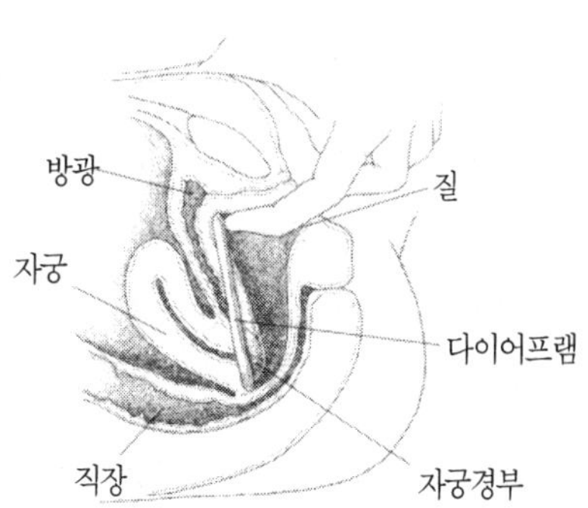

[그림 7-6] 다이어프램 사용법

받이의 공기를 비틀어 빼지 않으면 도중에 파열되어 피임에 실패하므로 이를 유의하고, 사용하고 난 후의 뒷처리에도 각별히 주의를 기울여야 한다.

다이어프램(질격막)은 얇은 고무로 만든 컵 모양으로 질 속에 넣어 앞면은 여성의 치골부위 뒤에, 후면은 자궁경관 뒤 질후벽에 끼워넣는 기구다([그림 7-6] 참조). 질격막은 자궁경부의 입구에서 질 내부 전체를 막아 정자가 들어가는 것을 방지한다. 생리기간에는 사용할 수 없고 여성 각자에 맞는 적당한 크기를 선택해서 올바르게 장착해야 효과적인 피임을 기대할 수 있기 때문에 반드시 의사를 통해 자신의 자궁경부의 크기를 알고 사용하는 것이 좋다.

사용법은 성관계 직전에 질격막(diaphram)에 젤리를 발라 질 속에 삽입하고 성관계가 끝난 후 적어도 8시간 지난 다음 빼는 것이 좋다. 경구피임약을 사용할 수 없는 여성의 경우에 좋은 피임방법이고 배우자 모두가 성감에 영향을 받지 않아서 편안한 마음으로 성관계를 가질 수 있지만 여성 스스로 질격막을 삽입하고 제거할 수 있는 기술을 습득해야만 한다. 자궁이 처졌다든지 방광벽이 늘어진 여성에게는 적합하지 않다.

자궁 내 삽입장치(intrauterine device)는 여성의 자궁 속에 자궁의 양쪽 협부를 막을 수 있도록 호르몬이 들어 있거나 구리를 넣은 T자형의 플라스틱 장치를 넣어 배란을 막거나 배란된 난자 또는 수정된 배아가 자궁의 벽에 내려오지 못하도록 막는 역할을 하는 것이다. 흔히 루프(loop)라고 불리며, 종류가 다양하다. 자궁 내 삽입장치에는 실이 달려 있어 이것이 자궁경관 밖으로 약 2cm 돌출되어 있다. 이것으로 자궁 내 삽입장치가 자궁강 내에 잘 위치되어 있다는 것을 알 수 있다.

그러나 병원성 세균의 침입경로가 되어 감염을 일으킬 수도 있기 때문에 이 장치는 반드시 전문의를 통해 삽입해야 한다. 장기적으로는 8년까지 사용할 수 있고 어떤 것은 1년에 한 번씩 갈아 줘야 한다.

수술에 의한 피임법　수술에 의한 피임법은 주로 영구피임을 그 목적으로 하는 경우가 대부분이기 때문에 결혼하여 자녀를 둔 사람들에게 주로 이용되는 방법이다.

남성은 일반적으로 정관수술을 시행한다. 정관수술은 정자의 통로인 수정관(vasectomy)의 일부를 자르거나 묶어 정자가 밖으로 나오는 길을 차단한다. 복원이 가능하며 정관절제 후 즉시 피임효과가 있는 것이 아니고 13~16회 정도의 사출 후에야 남아 있는 정충이 완전히 없어져서 피임효과가 나타나므로 이 기간 동안은 다른 피임방법을 사용하여 임신을 피하는 것이 좋다. 정관수술 후 연속적으로 2회 정충검사를 실시하여 정충이 발견되지 않아야 한다.

여성은 난관결찰술(tubal ligation)을 시행하게 되는데 이 시술은 배란된 난자의 통로인 난관을 절단하여 난자와 정자의 만남을 차단하는 방법으로 난관불임시술이라고도 부른다. 일반적으로 복강경으로 시술하지만 제왕절개 시에 시술하기도 한다.

3) 낙태

낙태는 태아의 생존이 가능한 발육시기 이전에, 즉 임신 22주 이전, 태아체중 500g 이하 때 여러 가지 이유로 임신의 상태를 종결시키는 것이다. 세계적으로 전체 임신의 24~32%에 해당하는 연간 4,000~6,000만 건의 인공유산이 시행되는 것으로 추정된다. 우리나라 여성들은 폐경 전까지 평균 5회의 임신을 하며, 분만횟수는 평균 2.7회, 임신중절은 평균 2회 정도 경험하는 것으로 보고되고 있다. 1990년 통계에 따르면 기혼 여성의 인공유산은 연간 약 40만 건, 미혼 여성의 인공유산까지 합치면 연간 60만 건 이상이 시행되고 있지만 시술자와 피시술자 모두가 노출을 꺼려 정확한 숫자는 파악하기 어렵다(김진홍, 1997).

낙태의 유형, 문제점 및 대책 낙태(abortion)에는 자연적인 낙태와 치료적인 낙태 및 유발적인 낙태가 있다. 자연적 낙태(spontaneus abortion)는 염색체나 모체 내의 이상으로 인해 수정란이 자연적으로 배출되는 경우를 말한다. 치료적 낙태(therapeutic abortion)는 대부분 합법적으로 임신을 중단시키는 것인데, 본인이나 배우자가 우생학적으로나 정신적 장애가 있는 경우 또는 근친상간이나 강간으로 인해 임신이 된 경우 그리고 태아에게 이상이 발생한 경우 등이다. 유발적 낙태(induced abortion)는 모체나 태아의 건강과 관련된 이유가 아닌 다른 이유로 인해 낙태를 실시하는 것으로, 예컨대 원치 않던 아이를 잉태해서 낙태하는 경우가 대부분을 차지한다.

최근 인공유산하는 미혼 여성의 증가는 초혼연령이 늦어지고, 성개방 풍조, 피임에 대한 무지 등에서 비롯된다고 볼 수 있다. 특히, 고학력 미혼 여성일수록 미혼모가 되는 것을 꺼려 하며, 원치 않는 임신을 한 경우 대부분 임신 초기에 인공유산 수술을 받는다. 반면 기혼 여성의 경우 영구피임을 위한 난관결찰술의 광범위한 보급 등으로 인공유산율이 점차 낮아지고 있다. 세계보건기구(WHO)에 따르면 아시아, 남미, 아프리카 등 후진국에서는 매년 20만 명의 젊은 여성들이 불안전한 방법의 인공유산을 하다 사망한다. 따라서 임신중절은 모성건강의 측면에서 세계적인 관심사가 되고 있다.

최근 다양한 방법에 의한 인공유산이 증가함에 따라 합병증이 많아지고 위험성도 문제가 되고 있다. 또한 인공유산 후 다시 임신했을 때 자연유산, 조산, 저체중아 출산의 위험이 높아지며, 분만 시 자궁파열의 위험성도 있고, 난관폐쇄로 인해 불임의 원인이 되기도 한다.

인공유산에 따른 모성 사망률은 임신 초 2개월 전에는 10만 명당 0.6명, 8주 후에는 2주일이 가산될 때마다 사망률이 두 배씩 증가한다. 인공유산에 따른 사망률을 줄이려면 숙련된 의사가 정확하게 진찰하여 임신주수를 파악, 자궁천공과 감염을 방지하고 적극적인 내과 및 수술적 처치를 해야 한다.

인공유산은 심한 죄책감 등과 같은 정신과적 증상을 유발하기도 한다. 인공유산은 의학적 문제뿐만 아니라 도덕적, 윤리적, 경제적, 사회적으로도 심각한 후유증을 야기한다. 이 때문에 선진국들은 인공유산을 법적으로 제도화함으로써 비의학적 조작으로 인한 모성의 피해를 예방하는 실리정책을 택하고 있다. 원치 않는 임신으로 고민하는 여성들과 피임에 실패한 주부들을 돕기 위해서는 의사는 물론 배우자, 건강상담원, 인구학자, 종교인, 법률학자, 언론인 등의 공동 이해와 협조가 절실히 요구된다(김진홍, 1997).

낙태에 대한 여러 견해 낙태에 대한 찬반론은 끊임없이 계속되고 있는데, 이는 주로 생명의 순간이 언제부터 시작된다고 보느냐에 대한 관심으로부터 시작된다. 생명이 수태의 순간부터 시작된다고 믿는 낙태를 반대하는 사람들은 낙태를 살인으로 간주한다. 주로 유대교나 가톨릭 신자들은 모세의 십계명에서 '살인을 하지 말라.' 라는 계율에 따라 낙태는 물론이고 혼전성교, 혼외성관계들을 반대한다. 다른 입장으로는 태아가 임신 10주나 12주로부터 인간의 모습으로 발달하기 때문에 그때부터 생명이 시작된다고 주장하기도 한다. 극단적인 입장으로는 태아가 모체 밖에서 생존할 수 있는 시기, 즉 출생 순간부터 생명이 시작된다고 보는 견해도 있다. 이러한 견해를 가진 사람들은 낙태를 찬성하며, 여성만이 자기의 신체에 대한 어떤 결정권을 가지고 있으며 정부나 단체도 이에 간섭할 수 없다고 주장한다.

4. 임신기의 부모 역할

가족형성의 가장 기본적인 단위는 결혼으로 구성되는 부부이며 이 부부는 자녀의 임신과 함께 부모로서의 역할을 시작하게 되고 가족발달의 단계들을 후속적으로 거치게 된다(Nichols & Schwartz, 1991). 그러므로 결혼 초기의 부부를 대상으로 한 부모교육은 조만간 자녀를 가질 가능성이 높은 부부들을 대상으로 자녀를 갖기 이전에 충분한 준비를 갖출 수 있도록 하여 장차 부모 역할을 효율적으로 할 가능성을 높이고 문제를 예방할 수 있다는 이점이 있다. 여기에서는 출산준비과정의 예비부모의 역할을 논의해 보고자 한다.

1) 부모가 되기 위한 신체적 준비

결혼과 더불어 시작된 부모 역할의 준비는 자녀의 임신과 함께 본격적으로 이루어진다. 사실 임신 초기의 첫 한두 달 동안에는 임신 여부를 모르고 지내는 경우가 허다하며, 임신 사실을 모르고 약을 복용하는 등의 과실로 인해서 태아에게 좋지 못한 영향을 주는 경우도 있다. 따라서 결혼한 부부는 피임의 여부를 막론하고 항상 임신의 가능성이 있음을 인식하고 건강의 최적 상태를 유지하여야 하며, 특히 약을 복용할 때는 미리 점검과 확인을 거쳐야 한다. 임신을 원하는 부부는 아기를 갖기 전에 두 사람 다 건강에 유의하여야 한다. 흡연이나 음주, 지나친 성생활이나 금욕은 정자에 나쁜 영향을 미칠 수 있다.

임신을 원하는 여성은 임신 3개월 전부터 임신 때와 마찬가지로 먹는 음식에 각별히 주의를 기울여야 하며, 비만인 경우엔 체중조절에 관심을 가져야 한다. 임신기간 중의 임산부의 영양상태뿐만 아니라 임신 이전의 부모의 전반적 건강 및 영양상태도 태아의 발육에 매우 중요하다는 것은 모두가 익히 알고 있는 사실이기 때문에 임신의 가능성이 있는 부부, 특히 여성은 자신의 건강과 영양상태에 항상 유의하여야 한다. 특히, 앞에서도 언급했던 음주나 흡연, 기타 약물섭취 등 태아에게 나쁜 영향을 줄 수 있는 생활습관은 교정하거나 자제하는 것이 필요하다.

또한 임신 이전부터 부부 모두 성병이나 기타 질병에 걸리지 않도록 하는 것도 중요하며, 전염병에 대한 예방주사도 미리 접종해 두는 것이 반드시 필요하다. 부부는 생활을 공유하므로 각종 질병에 함께 걸릴 수 있다. 특히, 후천성면역결핍증, 비임균성 요도염, 임질, 매독 등 성생활을 통해 전염되는 질환은 배우자 간 전염 가능성이 매우 높다. 따라서 이들 질병에 걸릴 행위를 해서는 안 되며, 일단 감염된 경우에는 항상 배우자와 함께 치료를 받아야 한다.

2) 부모 역할에 대한 심리적 준비

출산 준비과정의 부모교육은 임신 이전부터의 신체적 준비와 임신기간 중의 건강관리 및 정기검진, 출산과정을 위한 호흡법 훈련 등의 신체적 준비뿐만 아니라 임신에 대한 심리적 수용과 적응도 포함하여야 할 것이다. 특히, 어머니가 아이를 잉태한 사실에 대해서 심리적으로 얼마나 준비가 되어 있으며 잘 수용하느냐가 자녀의 전반적 발달에 지대한 영향을 미친다는 점은 우리의 전통에서 태교를 중요하게 여기던 것에서도 잘 드러난다. 부모가 자녀의 잉태를 심리적으로 환영하고 수용한다는 것은 간접적으로는 임신중의 영양 및 건강관리를 충실하게 한다는 점에서 중요하지만, 직접적으로는 태아에게 최상의 심리적 환경을 제공할 수 있기 때문에 중요하다.

임신에 따른 심리적 변화 임신을 알았을 때의 감정은 여러 가지일 수 있다. 임신을 기다렸던 예비 부모들조차 때때로 임신을 수용하는 데 있어서 기쁨과 걱정이 교차되기도 하고 불안정한 느낌을 가질 수도 있다. 대부분의 예비 부모들은 사랑스럽고 행복한 느낌이 지배적이지만, 동시에 기형아나 사산아의 출산에 대한 두려움도 느끼게 된다. 어머니가 태아의 발달이나 건강에 대해 지닌 불안, 즉 임신하고 있다는 사실을 자신의 육체적 변화를 통해서 실감하게 되면, 어머니들은 임신 전이나 임신 초기의 자신의 행동이 태아에 나쁜 영향을 준 것이 아닌가 불안해 한다.

특히, 약이나 술, 담배, 엑스레이를 찍었거나 컴퓨터 등을 사용하게 되면서 전자파를 받은 일들로 인해 불안감을 갖게 되는데 전문의를 찾아가 상담을 받는 것이 좋으며, 태아에게 피해가 갈 정도의 과도한 노출이 아니라면 지나치게 걱정하지 않아도 무방하다. 그러나 많은 임산부들이 그럼에도 불구하고 불안한 감정을 가지고 있기 때문에 이로 인한 불안감 자체가 태아에게 나쁜 영향을 주게 된다. 따라서 부정적인 감정을 희망이나 기대라는 긍정적인 감정으로 전환시키는 것이야말로 임신생활의 장애를 없애는 출발이다.

또한 많은 임신한 여성들이 임신하지 않은 여성들에 비해 우울증 발생률이 38% 정도 더 높은데(Kaplan, 1986), 그 증거로서 임신한 여성들은 식욕과 체중변화 및 수면 패턴의 변화로 인한 에너지의 상실, 기분변화, 건강에 대한 지나친 관심과 같은 임상적 우울증과 유사한 증상을 나타내기도 한다.

호르몬의 영향 이외에도 임신으로 인한 임신기간 동안의 여성의 신체적 매력의 상실에서 오는 자신의 외모에 대한 혐오감 및 통제불능감의 경험은 여성에게 무기력하고 우울한 부정적인 정서를 갖게 한다. 적극적인 태도로 임신기간을 보내고 있는 사람의 경우라 할지라도 우울증, 불안, 혼란이 순간적으로 일어나거나 그것이 며칠 동안 지속되는 경우도 있다. 따라서 가능한 한 빨리 임신을 호의적으로 수용하는 마음가짐을 갖고, 부모되기에 열중하는 것이야말로 태아발달과 임산부의 정신건강 모두에 큰 도움이 된다고 볼 수 있다. 결론적으로 부모는 태내에 있을 때부터 아이를 기르고 있는 것이며, 자녀도 태내에서부터 성장의 과정이 시작된다.

임신 후반부는 출산과 분만을 심리적으로 준비하는 시기다. 예비 부모들은 출산 예정일이 가까워지면서 기쁨과 걱정, 기대와 흥분 등 갖가지 감정을 경험하게 된다. 예비 어머니들은 난산이나 통증을 걱정하기도 한다. 예비 아버지들도 부인의 이러한 감정이나 걱정을 이해하고 함께 나누기도 하지만 여성이 갖게 되는 감정이나 걱정에 비할 바가 아니다. 공감성이 높은 예비 아버지들은 아내를 격려하고 용기를 북돋우며 출산을 앞둔 임산부를 안정시켜 주게 된다. 남편의 자상한 배려와 공감성은 부부 모두의 부모발달에 큰 도움이 될 것이다.

태 교 모친의 자궁 속에서 새로운 생명이 싹을 피우고 자라는 과정은 오늘의 발달된 과학기기가 개발되기 이전까지는 그 실체의 규명에 상당한 한계가 있어 왔다. 그러나 출생 이전의 태아가 모체에 머무는 동안의 환경, 곧 태내환경의 차이가 태아의 건강이나 출생 후의 제 특성을 형성시키는 데 결정적인 상관성을 가질 것이라는 믿음은 오래전부터 인식되어 왔다.

어머니와 태아의 교류, 즉 의사소통의 1차적 형태는 생리학적인 것으로, 어머니가 먹거나 흡수한 것은 모두 혈액을 통해 태아에게 전해지며, 어머니의 감정 또한 생리적으로 전해지기 때문에 임신중 스트레스에 쌓이는 것은 임부나 태아 모두에게 좋지 못하다는 것은 익히 알려져 있다.

독일 콘스탄틴 대학의 심리학 교수인 모니카 루케시는 경제적, 지적 배경이 거의 비슷한 2,000명의 임부를 조사한 결과 그녀들이 받은 의료의 질이나 물리적 조건은 거의 동일했으나, 한 가지 달랐던 점은 각 여성의 태아에 대한 태도였다.

즉, 부모의 기대와 사랑 속에 태어난 아이와 그렇지 않았던 아이는 건강과 발육면에서 뚜렷한 차이를 보였다는 것이다(이원호, 1997). 따라서 임신기간 동안 조용한 마음가짐을 가지고 지내면서 태내의 아기에게 어머니의 사랑을 전하며 기쁨에 찬 적극적인 출산을 한다면, 태어나는 아이의 평생의 삶에 건강함을 보태 준다는 것이 지나친 말은 아닐 것이다.

옛날과는 달리 급격한 변화를 가져온 현대 사회에서는 남성들에게도 임신 전과 임신기간 동안의 태교 및 출산에 참여하려는 관심과 필요성이 많이 요구되고 있다. 특히, 계획출산을 하게 된 현대인에게는 태어날 새 생명에 대한 관심과 보살핌이 옛사람들에 비해 더 무거워졌다고 하겠다. 지난날 조상들이 새 생명을 맞이했던 경건한 자세와 그 근본의 마음가짐은 오늘이라고 해서 달라진다거나 추호도 소홀히 될 수 없는 것이다.

3) 부모상의 정립

자녀를 기르는 부모로서의 심리적 준비를 갖추는 과정에서는 자신이 장차 되고자 하는 이상적인 부모상을 정립하고 또한 현실적으로 자신의 가능성을 가늠하며 조정해 가는 것이 중요하다. 임신을 하게 되면 젊은 부부들은 자신들의 부모로서의 이미지를 구체적으로 형상화하기 시작한다. 이러한 자신의 부모 이미지는 태아와의 관계에서뿐 아니라, 부부관계 및 자신들의 부모(태아의 조부모)와의 관계, 또 다른 중요한 주위 사람들과의 관계를 함께 고려하여 갖가지 상상을 하게 되고 이러한 상상 속에서 자신들의 부모 이미지를 형성하게 된다.

출산을 앞둔 예비 부모들은 겉으로는 조용해 보이더라도 내적으로는 상당히 중요한 변화를 경험하게 된다. 여성은 어머니로서의 구체적인 역할과 책임을 다짐하게 되고 자녀의 장래와 함께 자기의 미래를 계획하게 된다. 남편은 아내에 대한 관념이 '한 여성'에서 '한 어머니'로 바뀌게 되고, 가정을 경제적으로 유지시키고 물리적으로 보호해야 한다는 책임을 다짐하게 된다. 특히, 요즘은 자녀양육의 책임을 부부가 나누어 가지기 때문에 남편도 아기양육에 관련된 자기의 역할을 상상하면서 준비하는 마음을 갖게 된다.

이 시기 동안 갖추게 되는 부모 이미지는 현실적이기보다 상당히 이상적이기는 하지만, 이후의 부모 역할을 어떻게 하느냐에 중요한 영향을 미친다. 특히, 이 시기에는 자기가 어떤 부모가 되기를 원하는지에 대한 첫 번째 통찰을 갖게 되는데, 이는 주로 자기의 어린 시절 자기 부모와의 직접 경험을 돌아보고, 또 자라면서 보아 온 주위 사람들의 부모 이미지를 떠올리면서 자신의 부모 이미지를 형성하게 된다. 따라서 이 시기의 부모 이미지는 자신의 어린 시절에 대한 복합적인 동일시와 기억에 기초하면서 주변의 환경과 그들이 속해 있는 문화와 관습의 영향을 받게 된다(Galinsky, 1987).

어쨌든 부모상의 정립과정은 어머니나 아버지가 혼자서 정립해 가기보다는 부부가 의논하며 조화된 부모상을 함께 발전시키는 것이 이상적이다. 남편과 아내가 각자 바라는 자신의 부모로서의 모습과 배우자의 부모로서의 모습에 대하여 그려보고, 그 모습들을 발전시키고 조화시켜 나가는 것이 바람직하다.

4) 남편과 아내의 협의와 조정

부모로서의 모습을 그려보고 조정하는 작업은 부부관계를 새로이 조정해 나갈 필요성을 내포하기도 한다. 자녀의 출산을 맞는다는 것은 이전까지의 부부관계에 더하여 본격적인 부모로서의 관계를 이루어야 하는 복잡한 과정이기 때문이다. 자녀를 출산하기 이전에 부부의 역할 중에서 조정되어야 할 것으로 예견되는 점들을 함께 검토하고 미리 대비하는 것은 부모 역할을 현명하게 수행할 수 있도록 한다.

5) 자신의 부모와의 관계 재조정

자녀의 출산을 앞둔 부모들은 자신들의 부모와의 관계를 재정립할 수 있는 좋은 기회를 갖게 된다. 이전까지의 부모와의 관계를 새로운 시각에서 조망하고 독립된 성인으로서 성숙한 관계를 새로이 맺을 수 있는 계기가 된다. 건강한 가족관계의 형성을 위해서 자신의 원가족과 심리적 개별성(individuality)을 가지면서 함께 할 수 있는 것, 즉 분화(differentiation)가 중요하다(Bowen, 1976).

요약건대, 부모가 자신의 부모와 성숙한 관계를 맺지 못하면 자신의 자녀에게 성숙된 부모로서의 역할을 다하기 어렵게 되고 건강한 가족관계를 제공하기 힘들다. 따라서 출산준비과정에 있는 부모들은 자신의 원가족과의 관계를 재조명하고 성숙된 모습으로 새로이 관계를 맺을 수 있는 방안들에 대하여 경험적인 학습과정을 포함시킬 필요가 있다.

5. 출산 이후의 부부역할

임신과 마찬가지로 분만 역시 사회적, 심리적 인생사건이다. 분만은 고통과 공포 그리고 경이로움을 겪는 순간이다. 현대에 살고 있는 대부분의 건강한 여성들은 누구나 출산전문가의 도움을 받으며 아기를 건강하게 출산한다.

출산하여 분만의 고통과 공포로부터 벗어나게 되면 부모들은 우선 출산 전에 갖고 있던 아기의 이미지, 즉 상상의 아기와 현실의 아기를 비교하고 조화시키면서 안정된 아기의 이미지를 형성하고 수용하는 과업을 맞이하게 된다. 아기 수용은 아기와 애착을 형성하는 일로 구체화된다.

산후우울증과 대처방안 산모들이 출산 후 수일 이내에 경험하게 되는 정서적 반응으로서 화를 잘 내고 슬퍼하며 울음이 빈번한 증상인 산후우울증(postpartum depression)을 보인다. 정확한 통계는 나와 있지 않고 또 모든 산모들이 산후우울증을 겪는 것은 아니지만, 출산 후 6주 이내의 시기에 가벼운 정도의 임상적 우울증상을 보고하는 산모들의 비율은 10~20%(Mercer, 1986)라는 연구 결과가 있다. 산후우울증을 경험하는 여성들의 정서는 신생아에 대해 사랑과 미움의 양가감정을 느끼면서 보통 때보다 커다란 강도의 정서적 반응을 나타낸다.

산후우울증의 원인은 정확히 밝혀지지 않았지만 서로 다른 원인들이 지적되어

오고 있다. 임신기간 동안 높은 수준을 유지하였던 프로게스테론과 에스트로겐의 극적인 감소로 인한 우울증이 나타난다는 견해도 있고, 출산 직전 산모들의 수면부족과 출산 동안의 긴장감과 신체적 피로 및 수면부족에 기인한다는 견해(Unger & Crawford, 1992), 이제 막 어머니가 된 여성들을 우울하게 만드는 아동과 관련된 많은 요인들로 임신 이전의 상태로 돌아가지 않는 외모에 대한 불만, 특히 첫 아기의 경우 신생아를 잘 돌봐야 한다는 심리적 불안감이나 양육기술의 부족, 어머니의 역할이 가져오는 개인 자신으로서의 정체감을 상실했다는 느낌, 그리고 남편의 육아 참여와 관련된 지원의 부족에 대한 실망감 등과 같은 원인들이 지적되고 있다.

산후우울증의 원인이 어디에 있든 간에 여성은 자기 자신을 사회에서 기대하는 이상적인 어머니의 역할에 너무 구속하지 말고 자신의 일과 어머니 역할을 능동적으로 수행할 수 있다는 자신감을 가져야 한다. 임신과 출산으로 인한 모든 변화들을 잘 수용하고 남편과 더불어 부모되기에 열중하는 여성이야말로 임신과 출산이 가져오는 신체적 변화나 심리적 갈등 및 사회적 상황에 잘 적응할 수 있으며 산후우울증을 예방하고 적응된 생활을 잘 이끌어 나갈 것이다.

아기의 출생은 어머니의 생활뿐 아니라 부부관계, 나아가 조부모나 형제 등의 관계에도 많은 변화를 일으키게 된다. 특히, 첫 아기의 경우에는 출생 전까지는 남편과 아내의 관계만 존재하다가 부모-자녀의 삼각관계로 변화되어 가족관계의 역동성이 완전히 달라지게 된다. 따라서 부모들 모두 이 새로운 가족관계에 적응하는 것이 중요한 과업으로 등장하게 된다. 동시에 아기를 중심으로 한 새로운 부모 역할을 분담하거나 협력하는 체제에 순응하면서, '나' 보다는 다른 가족 구성원에 봉사해야 하는 사회심리적 성숙을 이루어야 하는 과제를 지게 된다.

부모-자녀관계

결혼이 성인이 되는 사회적인 의식이라면, 진정한 의미에서 성인이 되는 것은 부모가 되면서부터다. 이제 자신 이외에 타인에 대한 전적인 책임을 지게 되는 것이다. 처음으로 부모가 되는 성인들은 이제 부부 역할에서 부모 역할로의 커다란 변화를 경험하게 된다. 자신을 바라보는 아기의 눈을 바라보면서 처음으로 자신이 진정한 성인이 되었음을 확인하게 된다. 그러나 그러한 기쁨도 잠깐, 낯선 환경과 새로운 문제에 직면하게 된다. 새로운 생명 앞에서 즐겁기도 하지만 한편으로는 다른 생명에 대한 책임감에 부담을 갖게 되는 이중적인 감정을 경험하게 된다.

과거에는 어머니 역할과 아버지 역할이 분명하게 구분되어 있었다. 어머니는 자녀와의 직접적인 접촉을 통해 자녀의 양육을 담당하고 아버지는 경제적인 책임을 지는 권위적인 인물로서 부양자의 역할을 수행하였다. 현대에도 어머니 역할에는 큰 변화가 없다. 어머니는 자녀와의 신체적인 접촉이 자유롭고 자녀의 일상생활에 더 많이 관여하며 자녀를 보호하고 다독거려 주고 편안하게 해 준다. 그러나 아버지의 역할에는 변화가 요구되었다. 권위적인 인물로서 옳고 그름을 지시하는 존재가 아니라, 자녀와의 직접적인 접촉과 애정 표현을 요구받고 있다.

어머니의 역할은 매우 복잡하고 이율배반적인 경험이다. 좌절하고 쉽게 화가 나기도 하고 무기력하게 느껴지면서도 한편으로는 즐겁고 만족감을 준다. 어린 아이를 돌보는 것에 매우 쉽게 화가 나고 안정적이지 못하다고 여기며, 때로는 자녀로 인해 자신의 삶이 변화된 것에 대해 화를 내기도 한다. 그러나 동시에 자녀에게 삶의 의미를 부여하고, 목적, 성취감, 헌신 등을 보이고, 자신의 희망과 꿈, 욕망을 자녀에게 투사하며 자신이 자랄 때 부족했던 점을 제공하기 위해 노력한다.

이러한 어머니 역할의 특징으로 인해 부모 역할은 남성보다는 여성에게 더 많은 스트레스를 유발시키며 복지감(well-being)을 저하시키는 것으로 보고되었다(신화용 역, 1989). 예를 들면, 장애를 가진 자녀의 부모 중에서 어머니가 아버지보다 우울증세를 더 많이 보이며, 아이가 죽었을 때 어머니가 훨씬 더 슬퍼한다. 또한 자녀와의 갈등은 어머니의 낮은 복지감과 밀접한 관계가 있으나 아버지와는 관계가 없는 것으로 나타났다. 이러한 결과들은 어머니가 자녀와의 동일시 혹은 일체감을 형성하고 있음을 보여 준다.

독일 속담 중에 "Vater zu werden ist einfach, aber Vater zu sein ist schwer"라는 것이 있다. 우리말로 해석하면 "아버지가 되기는 쉽지만, 아버지 노릇을 하기는 어렵다." 정도가 될 것이다. 그만큼 부모가 되는 일은 어렵다. 이 장에서는 각 시기의 부모들이 고민하는 문제들을 중심으로 부모 역할의 어려움에 초점을 맞추어 볼 것이다.

부모 역할에 왕도는 없다. 어린아이에게 최고의 부모가 청소년 자녀에게도 동일한 평가를 받을 것이라고 확언하기는 어렵다. 어린아이에게는 옷과 먹을 것을 챙겨 주는 엄마가 최고일 수 있지만, 청소년기에 이른 자녀에게도 여전히 옷을 골라 주고 먹으라고 재촉하는 엄마는 잔소리꾼으로 전락하게 된다. 다시 말하면 부모는 자녀의 성장에 따라 끊임없이 변화해야 한다. 부모는 자녀의 욕구에 맞는 것을 제공할 수 있어야 한다.

그렇다면 어떤 부모가 되어야 하는가? 부모-자녀관계는 다른 대인관계와 마찬가지로 힘에 의한 지배-복종의 위계적 관계와 좋고 싫음의 정서에 바탕을 두고 있다. 부모-자녀관계에서 부모의 지배적 지위는 결코 박탈될 수 없다. 그러나 부모는 스스로 자신의 힘을 서서히 자녀에게 양도함으로써 최종적으로 자녀가 자신과 같은 부모의 위치에 설 수 있게 해 주어야 한다.

결국 부모가 된다는 것은 부모가 가지고 있는 힘, 즉 삶에 대한 책임을 자녀에게 점차적으로 인수인계하는 것이라고 할 수 있다. 마치 '장인'과 '제자' 간의 도제관계와 비슷하다(Rogaff, 1991).

예를 들면, 처음에는 스승인 도자기 '장인'이 도자기 굽는 것을 옆에서 거드는 역할에 불과하던 제자가 일련의 수습기간을 거치면서 혼자서 도자기를 구울 수 있는 단계까지 도달하게 된다. 그리고 마침내 자신도 독립된 도자기 장인이 되어 자신의 제자를 가르치게 된다. 이처럼 부모도 서서히 자신의 권한을 자녀에게 넘겨 주어야 한다. 자녀의 수준에 맞추기 위해서는 무엇보다 자녀의 욕구를 알아낼 수 있는 도구가 필요한데, 이것이 바로 의사소통 채널이 된다.

이때 의사소통의 개방성 정도와 의사결정권이 누구에게 있는지가 매우 중요하다. 의사소통 채널은 항상 열려 있어야 한다. 그러나 누가 결정권을 갖는지는 자녀가 성장함에 따라 변하게 된다. 아동이 어린 경우에는 아직 옳고 그름의 잣대를 형성하기 전이기 때문에 부모의 결정이 중요하다. 모든 것을 아동에게 맡겨 버린 경우에 아동은 어떻게 해야 할지 몰라 오히려 당황하게 된다. 그러나 자녀가 점차 성장해서 사물의 옳고 그름을 판단하는 양심을 형성하게 되고 자신만의 세계를 형성하기 시작하는 청소년기에 들어서면, 부모는 자녀의 의사결정권을 인정해야 한다. 이때 부모는 단지 조언자의 역할에 만족해야 한다.

1. 유아 자녀

첫 아이가 커 가는 과정은 부모에게는 경이로움의 연속이다. 이 시기에는 대개 부모가 예상하는 것보다 더 빨리 변해 가기 때문에, 부모들은 자신의 아이가 영재가 아닌가 하는 착각을 하게 된다. 어떤 학자들은 자식에 대한 놀라움과 기쁨이야말로 부모로 하여금 자녀를 키우게 하는 자연의 계획의 일환으로 보았다. 이때 부모들은 부모라는 낯선 역할을 처음으로 수행하는 사람으로서 어색함과 혼란스러움으로 인해, 일상적으로 부딪치는 문제들에 당황하게 된다. 또한 이 때의 부모들은 오직 자기 자녀에게 모든 주의가 집중되어 있기 때문에, 자신의 자녀를 객관적으로 평가할 준거를 갖고 있지 못하다. 이는 자녀의 행동들이 부모의 경이로움의 원천이 되는 동시에 부모들의 끊임없는 걱정을 유발하는 이유이기도 하다.

1) 갈등의 시작: 기질

우리는 흔히 "자식 미워하는 부모가 어디에 있겠는가?" 라고 말한다. 그러나 실제로 부모들은 자녀가 마음에 들지 않아서 당황하거나 죄책감을 느끼기도 하며, 혹은 자녀에 대한 편애로 나타나 부모와 자녀가 평생토록 갈등하는 근원이 되기도 한다. 부모와 자녀 간의 갈등은 서로가 서로에게 맞지 않는다고 여기는 것이라는 점에서 이런 상태는 부모-자녀 갈등의 씨앗이 될 수도 있다.

그렇다면 왜 어떤 부모와 아이는 잘 맞고 어떤 아이는 잘 맞지 않는 것인가? 그 해답은 부분적으로 '기질(temperament)' 에서 찾을 수 있을 것이다.

기질이란 정서적 표현양식과 환경자극에 대한 반응양상의 차이에서 나타나는 성격의 개인차다. 기질에 대한 연구는 출생 시부터 보이는 아기들의 행동차이에 대한 관심에서 출발하였다. 어떤 아기는 배가 조금만 고파도 자지러지게 울고, 잠자리가 조금만 변해도 잠을 이루지 못한다. 반면에 어떤 아기는 아주 느긋하고 순해서 잘 울지도 않으며 울음소리조차도 순하게 들린다. 어떤 아이는 안아 주면 좋아하고 달라붙지만, 어떤 아이는 혼자서 놀기를 선호한다(〈표 8-1〉 참조).

현재까지 알려진 바에 의하면, 기질은 생득적이며 지속적이라고 한다. 정확하지는 않지만 어떤 기질을 가지고 태어날지는 생리학으로 결정되는 것으로 보인다. 또한 아기 때 순하던 아이는 자라면서도 역시 순하고 쉽게 큰다고 한다. 반면에 까다로운 아기는 까다로운 아이로 성장한다. 다시 말하면, 기질은 시간적으로 상당히 안정적이다. 그러나 부모의 죽음이나 갑작스런 환경의 변화나 부모의 거

표 8-1 연령에 따른 기질적 특성

특성	평정	2세	5세	10세
활동 수준	높음	가구에 올라간다. 탐색한다. 잠자리에서 침대에 들락거린다.	식사하는 동안 자주 식탁을 떠난다. 항상 이리저리 뛰어다닌다.	공을 가지고 놀고 다른 운동도 한다. 오랫동안 조용히 앉아 있을 수 없다.
	낮음	퍼즐을 가지고 조용히 놀기를 좋아한다. 여러시간 동안 레코드를 들을 수 있다.	옷 입는 데 시간이 오래 걸린다 자동차 의자에 조용히 앉아 있는다.	체스와 독서를 좋아한다. 매우 조용히 먹는다.
규칙성	규칙적	매일 점심을 많이 먹는다. 항상 잠자기 전에 간식을 먹는다.	침대에 누우면 잠이 든다. 규칙적인 배변을 한다.	식사시간에만 먹는다. 매일 저녁 잠자는 시간이 같다.
	불규칙적	매일 낮잠시간이 바뀐다. 배변을 예측할 수 없어서 훈련이 어렵다.	음식섭취량이 변한다. 배변시간이 변한다.	음식섭취량이 변한다. 매일 밤 다른 시간에 잠이 든다.
주의 전환	전환됨	또 다른 행위를 제안하면 짜증을 멈추는 경향이 있다.	다른 어떤 것을 하도록 유도하여 금지된 행위를 하지 않게 할 수 있다.	숙제를 위해서 절대적인 침묵이 필요하다 가게에서 물건을 고르는데 시간이 걸린다.
	전환되지 않음	어떤 바라던 물건을 가질 수 없으면 발악을 한다. 엄마의 부름을 무시한다.	재미있는 것을 하고 있으면 다른 것이 들리지 않는 것처럼 보인다. 다치면 오랫동안 운다.	텔레비전을 크게 하고서 책을 읽을 수 있다. 시간표 짜는 것을 귀찮아한다.
반응성	높음	아빠가 오실 때 문에 달려간다. 항상 단단히 이불을 덮어야 잔다.	엄마가 처음으로 새옷을 입을 때를 알아차린다. 우유가 차지 않으면 먹지 않는다.	살찌는 음식은 먹지 않는다. 물이 정확한 온도가 될 때까지 샤워기를 조절한다.
	낮음	어떤 사람과도 남겨질 수 없다. 자는 자세와 상관없이 쉽게 잠이 든다.	독서할 때는 소음이 들리지 않는다. 예방주사에 저항하지 않는다.	아플 때 전혀 불평하지 않는다. 모든 음식을 다 먹는다.

부적인 양육태도는 기질의 변화를 일으키기도 하는 것으로 알려졌다(Lerner & Galambos, 1985; Thomas & Chess, 1984).

그렇다면 구체적으로 순한 아이와 까다로운 아이를 구분하는 기준은 무엇인가? Thomas 등은 활동성, 규칙성, 접근/회피, 적응성, 강도, 식역, 기분, 산만성, 주의범위와 지속성이라는 아홉 가지 행동으로 구성되어 있다고 하였다. 이에 근거하여 순한 아이, 까다로운 아이, 더딘 아이로 세 가지 유형의 기질로 구분하였다. 순한 아이(easy child)는 수면, 음식섭취, 배설 등의 일상생활습관이 대체로 규칙적이고 배고프거나 졸릴 때도 심하게 짜증부리거나 울지 않는다. 환경변화에도 쉽게 적응하여 낯선 장소나 낯선 사람들에 잘 적응하는 편이다. 대체로 평온하고 행복해 보인다. 이에 비해 까다로운 아이(difficult child)는 생활습관도 불규칙적이고 예측하기 어렵고, 조금만 환경이 변해도 심하게 울거나 짜증을 부린다. 화를 자주 내기도 한다. 따라서 이런 유형의 아동들은 환경에 대한 적응이 늦다. 더딘 아이(slow to warm up child)는 환경의 변화에 대한 적응이 늦고 낯선 사람에 대해 부정적인 반응을 보인다. 이런 점은 까다로운 아이와 유사하지만, 까다로운 아이와 달리 활동량이 적고 반응강도도 약하다는 점에서 차이가 난다.

후에 Kagan(1989)은 억압적 기질(inhibited temperament)을 추가하였다. 억압적 기질은 낯선 상황이나 사람에 대해 수줍어하거나 어색해하며 두려워하는 특징을 보인다.

일반적으로 까다로운 기질과 억압적 기질은 여러 가지 문제행동과 관련된 것으로 알려짐으로써 부모-자녀갈등의 원천으로 제안되었다. 그러나 Lerner 등이 제안한 '조화의 적합성(goodness of fit)' 개념은 부모-자녀 간의 관계를 이해하는 기초가 될 수 있다(Lerner et al., 1985, 1986). 여기서 중요한 것은 자녀의 기질만이 아니라 부모의 기질에 따라 자녀의 기질에 대한 태도와 반응이 달라진다는 점이다.

예를 들면, 순한 기질의 부모라면 까다로운 기질의 자녀에 대해 혼란스러워할 수 있다. 엄마는 다소 느긋하게 반응하고 변화에 민감하지 않은 반면, 아이는 조그만 변화에도 민감하게 반응한다. 따라서 엄마는 아이가 원하는 만큼 빠르게 아이의 요구에 대처할 수 없게 되고, 아이의 울음이나 짜증은 점차 늘어나게 된다. 그러면 부모로서 역할에 대해 회의를 느끼고 점차 자신감이 상실되거나 당황스러워진다.

반면에 까다로운 기질의 엄마와 순한 기질의 아이가 만났다면, 어떤 관계가 형성될까? 모든 것에 민감하고 호기심이 많은 엄마는 환경에 대한 아기의 행동반응이 둔하게 보이고 호기심을 적게 보이는 것을 지적 능력에 문제가 있는 것으로 여길 수도 있다. 이렇듯 서로 다른 기질을 가진 부모와 자녀의 만남은 갈등의 원천이 될 수 있다. 그러나 반드시 그런 것만은 아닌데 서로 다른 기질의 부모와 자녀가 상대의 기질에 긍정적인 영향을 미칠 수도 있다. 그러나 현재는 기질이 잘 맞을수록 부모의 만족도가 높은 것으로 나타났다.

흔히 아이가 보이는 행동이 그 아이의 부모를 판단하는 근거가 되므로 부모들은 자기 아이를 사회적으로 바람직하게 키우려는 노력을 한다. 그러나 아이가 어떤 기질을 가지고 태어났는지를 이해하면 아이의 행동에 대한 부정적인 태도가 줄어들게 될 것이다. 뿐만 아니라 자신의 기질과 자녀의 기질이 같은지 다른지를 이해함으로써 자신과 자녀의 행동을 이해할 수 있을 것이다. 부모-자녀갈등은 상대의 기질은 무시한 채 자신의 틀에만 맞추려고(대개는 부모의 기질에) 하는 데서 시작된다.

2) 똑똑한 아기

부모는 자녀가 다른 아이보다 빨리 걷거나 말하는 것을 자랑스러워하고, 반대로 조금만 늦어도 문제가 있지 않나 하고 고민한다. 심지어는 아기가 다른 아기에 비해 잘 먹거나 잘 자는 것에 대해서 또는 체중과 키에 대해서도 부모는 자랑스럽게 여긴다. 아기의 건강이 부모로서의 자격을 확인해 주는 것으로 여겨지기도 한다. 이처럼 자녀는 부모를 반영하는 대상이 된다. Freud는 자녀가 동성 부모의 가치와 태도를 닮아가는 과정을 동일시(identification)라 하였다. 그러나 부모와 자녀의 관계는 일방적이 아니라 쌍방적이라는 입장에서 부모 역시 자녀와의 동일시 과정을 경험하고 있다. 이 과정은 자녀를 독립된 개체로서 평가하기보다는 자신의 연장선에서 보기 때문에 현실을 왜곡할 가능성이 있다.

또한 자녀에 대한 기대 때문에 자녀의 현실적인 실체를 지각하는 데 어려움을 갖기도 한다. 자녀의 한 가지 특성에 초점을 맞추어 해석하려는 경향은 현실에 대한 정확한 해석을 방해한다.

마지막으로 부모에게는 자녀를 평가할 객관적인 자료가 부족하다. 둘째 아이일 경우에는 오래전의 기억에 의존하여 첫 아이와 비교한다. 첫 아이의 경우에는 거의 비교 대상이 없는 상태다. 일반적으로 아이들은 부모의 기대보다 빨리 변한다. 특히, 유아기는 일생에서 가장 급격한 변화를 보이는 시기다. 때문에 많은 부모들이 자신의 자녀를 천재로 착각하기도 한다. 그러나 지능검사를 통해 영재아로 밝혀지는 경우는 매우 드물다. 일반적으로 영재는 IQ 130 이상인 아동을 일컫는다. 이는 전체 아동 중 상위 10% 미만이다. 따라서 많은 부모들이 이에 실망을 하기도 한다.

그러나 이런 심리적인 과정으로 인해 자녀에 대한 부모의 양육은 더욱 강화되는 효과를 갖는다. 즉, 자녀가 자신과 유사할수록 그 자녀에 대한 부모의 애정과 관심은 증가한다. 또한 좋은 특성을 많이 가졌다고 생각할수록 더욱 호감이 증가한다. 실제로 자녀가 다른 아이에 비해 더 뛰어난지에 상관없이 자신의 자녀를 특별하게 지각하고 반응하는 것은 중요하다.

자녀의 지적 능력과 부모는 어떤 관계를 갖는가? 한 연구에 의하면, 자녀의 지능은 엄마와 상관이 높다고 한다. 그러나 지능은 선천적인 조건에 의해서만 결정되는 것은 아니다. 쥐를 이용한 Sternberg의 연구는 환경의 중요성을 보여 준다. 그는 풍요로운 환경에서 성장한 쥐와 결핍된 환경에서 성장한 쥐의 뇌를 비교하였다. 그 결과 환경이 좋은 쥐의 뇌가 더 많은 주름(구와 열)이 있었다. 따라서 좋은 환경은 지적 성장에 도움이 된다.

그렇다면 지능발달에 도움이 되는 환경조건은 무엇인가?

- 유아의 영양관리와 의학적 관리를 잘 할 것
- 부모가 아동발달 특히 지능발달에 관한 지식을 가질 것
- 아기 때부터 다양한 자극과 풍부한 지각경험을 하게 할 것
- 성인이 모범적인 언어를 사용하고, 아이로 하여금 정확한 언어를 사용하도록 격려하고 도와줄 것
- 풍부한 언어자극을 주고, 늘 말로 표현하는 습관을 갖도록 할 것
- 지적 호기심을 적절히 충족시켜 키울 것
- 스스로 생각할 수 있는 기회를 많이 만들어 주고, 답을 재촉하거나 지나친 스트레스를 주지 말 것
- 질문 형식의 언어를 많이 사용하고, 논리적이고 과학적인 방법으로 사물이나 일에 관심을 갖도록 도와줄 것
- 창의적인 생각이나 활동을 격려하고 자유로운 놀이활동을 권장할 것
- 지적인 성취에 대해 보상을 하되 결과보다는 과정을 더욱 중시할 것
- 정서적 안정을 주고, 아동의 생활과 행동에 자율성을 충분히 부여할 것

3) 안전지대: 애착

"우리 아이는 혼자 놀아요. 혹시 자폐증에 걸린 것 아닌가요?" "엄마가 직장에 나가면 아이가 자폐증에 걸린다던데!" 요즘처럼 부모가 맞벌이를 하게 될 때 가장 걱정스러운 것은 아이가 다른 아이처럼 정상적으로 성장할지에 관한 것이다. 예전에 자폐증에 걸린 형과 그 형을 돌보는 동생의 이야기인 "레인맨"이란 영화가 아카데미 상을 받았고 그때부터 자폐증에 대한 사회적 관심이 높아졌다. 또한 사회가 복잡해지면서 자폐증 발병률이 높아졌다는 보고는 부모를 더욱 걱정스럽게 하였다. 특히, 자폐증은 다른 장애와는 달리 겉으로 나타나는 이상을 발견하기 어렵기 때문에 부모들에게 공포감을 심어 주었다.

일본, 중국 등과 같은 동양 문화권에서는 대인관계를 원만하게 유지하는 것이 무엇보다 중요시된다. 한 연구에 따르면, 일본의 부모가 자녀를 유치원에 보내는

이유는 사회성을 기르기 위한 것이었다. 우리 나라의 부모들도 이와 유사한 대답을 하였다. 타인과의 생활에 적응하면서 자기를 계발한다는 것은 매우 중요하다. 따라서 극단적으로 사회와 격리되는 자폐증은 관심의 대상이 아닐 수 없다.

그러나 문제는 자폐증의 원인이 아직 명확히 밝혀지지 않았다는 것이다. 현재까지 일반에게 잘못 알려진 원인은 엄마가 직장을 가지면서 양육자가 일정치 않고 끊임없이 바뀔 때 발병한다는 것이다. 이것은 자폐증의 원인이 아니며, 양육자와의 친밀한 정서적 유대감인 애착(attachment)을 형성하지 못하기 때문이다. 최근에는 애착의 문제가 있는 경우 이것을 '반응성 애착장애' 라고 한다.

반응성 애착장애 반응성 애착장애(reactive attachment disorder)는 5세 이전에 발병하며 대부분의 대인관계에서 매우 심한 사회성 장애를 나타낸다. 그 원인은 ① 아이의 위로나 적절한 자극과 사랑을 받기 원하는 기본적인 정서적 욕구를 계속 채워 주지 않았을 때, ② 영양이나 적절한 환경과 위험으로부터의 보호 같은 아이의 기본적인 신체적 욕구를 계속 채워 주지 않았을 때, ③ 양육자가 계속 바뀜으로 인해 안정된 애착관계 형성이 불가능했을 때 등으로 알려졌다. 반응성 애착장애는 겉으로 보기에는 자폐증과 매우 유사하게 보이지만, 선천적으로 타고난 원인이 없으며 잘못된 양육환경 속에서 발생한 후천적 장애다.

반응성 애착장애가 있는 딸을 가진 부모의 사례를 통해 자폐와의 구분이 중요함을 볼 수 있다.

현아(가명)의 엄마는 다른 아이들에 비해 현아의 옹알이와 말이 늦는 데 대해 다소 걱정이 되기는 하였으나 좀 늦는다 정도로만 생각했다고 한다. 그러나 두 돌이 되자 옹알이도 없어지고 엄마란 말도 불분명하고 이름을 불러도 반응을 보이지 않자, 병원에서 청력검사를 받았으나 정상이라는 판정을 받았다.

다시 전문 소아정신과에서 진찰받은 결과 "소아자폐 초기"라는 진단을 받고 자폐교육을 시키던 중에, 자폐와 유사하지만 그 원인과 진행과정이 다른 반응성 애착장애라는 것을 알게 되었다. 새로운 치료과정이 시작되고 놀이치료, 작업치료, 통합치료, 언어치료 등을 거쳐 완치되었다고 한다. 자폐와 혼동되었을 경우에는 후천적인 교육환경에서 오히려 '유사자폐' 가 생길 수도 있다는 결과는 적절한 진단과 치료의 중요성을 보여 주고 있다(소아정신건강, 1991).

그러나 이와 반대로 자폐아가 반응성 애착장애로 오인되어 부모와 자녀 모두를 혼란스럽게 하기도 한다. 따라서 문제가 있는 것으로 인식한 경우에는 반드시 전문적인 조언을 구해야 한다.

애착과 정서발달 앞에서 보았듯이 애착의 문제는 인간의 성장에 영향을 미친다. 반응성 애착장애가 심각한 애착박탈의 결과라면, 장애를 보이지 않는 모든 아동은 안전한 애착을 형성하고 있다고 생각할 수 있는가? 애착은 사회적 관계에만 영향을 미치는 것인가? 애착은 언제 어떻게 형성되는가? 과연 애착이란 무엇인가? 애착이 중요한 것은 단순한 양육자와의 문제가 아니라, 인간에 대한 최초의 신뢰감이라는 점에서 전 생애에 걸쳐 영향을 미친다.

연구자들은 유아가 자신을 돌보는 사람과 강하고 지속적인 정서적 유대를 형성한다는 점에 주목하였다. John Bowlby(1958, 1973)는 1950년대에 전쟁으로 인해 부모와 헤어진 것이 아동발달에 어떤 영향을 미치는가에 대한 대규모 연구를 실시하였다. 이 과정에서 많은 아동들이 장기적이며 심각한 정서적 손상을 입고 있다는 것을 발견하였다. 이것을 애착(attachment)이라는 용어로 설명하고 있다. 이것은 유아의 생존을 위해서뿐 아니라 이후의 사회적, 정서적, 인지적 발달의 기초가 된다는 점에서 많은 연구들이 행해져 왔다.

애착을 구성하는 것은 무엇인가? 처음에 관심을 끈 것은 애착의 대상이 대개는 엄마이며, 이들의 중요 기능은 먹이(젖)를 제공한다는 점이었다. 그러나 이것은 Harlow와 Zimmerman(1959)의 원숭이 실험을 통해 적절치 못한 설명임이 드러났다. Harlow 등은 철사 대리모 원숭이와 헝겊 대리모 원숭이 실험을 통해 '접촉위안(contact comfort)' 의 중요성을 보여 주었다. 어린 원숭이는 대부분의 시간을 헝겊 대리모와 보냈다. 또 다른 중요한 역할은 헝겊 대리모는 '안전지대(secure base)' 로서 어린 원숭이가 새로운 세계에 대한 탐색을 가능하게 한다는 것이다.

대리모와 자라난 원숭이들도 성인의 문제, 즉, 성인 원숭이들과의 상호작용과 짝짓기 등에서 어려움을 보였다. 이것은 엄마의 기능이 단순히 매달리는 것이 아니라 접촉을 중단하는 것임을 보여 준다. 즉, 어린 원숭이가 성숙함에 따라 접촉을 못하게 함으로써, 유아가 다른 곳에서 거리(친구나 장난감)를 찾도록 격려하는 것이다. 짝짓기에서 사용되는 행동이나 사회적 기술은 엄마로부터가 아니라 놀이로부터 학습되는 것이다. 이러한 대리모 원숭이가 있는 원숭이들조차 성장했을 때 문제가 있다면, 고립되어 양육된 원숭이의 경우에는 치명적이라고 할 수 있다. 이들은 우리 내에서 뒤로 물러나 있거나 혹은 공격적으로 강간과 유사한 행동을 보이기도 하며, 때로는 아주 무서운 어미가 되기도 한다. 이것은 사회적 박탈이 갖는 병리적 의미를 보여 준다(Suomi & Harlow, 1972).

짧은 기간의 분리 후 접촉의 양은 엄마-아동 간의 관계에 대해 많은 것을 설명할 수 있다. 거의 모든 유아가 엄마가 떠나면 울거나 혼란스러워하고 찾는 행동을 한다. 그러나 엄마가 돌아왔을 때 모두 같은 행동을 보이는 것은 아니다. Ainsworth(1973)는 분리 후 행동을 연구하여 세 가지 유형을 구분하였다. 그녀는 '낯선 상황 검사(Strange Situation Test)' 를 통해 애착의 특성을 안전한 애착, 불안하며 저항하는 불안전 애착, 불안하고 회피하는 불안전 애착으로 구분하여 연구하였다.

안정적으로 애착된 아동들은 낯선 상황에서도 엄마와 같이 있을 때는 활달하게 놀았으며 적극적으로 탐색하는 행동을 하였다. 그러나 엄마가 없거나 낯선 사람과 같이 있을 때는 약간 놀라고 탐색행동이 줄어드는 경향을 보였다. 잠시 후 엄마가 다시 돌아오면 적극적으로 엄마에게 접근하여 접촉하려고 하였다. 이에 반해, 안정적으로 애착되지 못한 아동은 엄마와 함께 있는 상황에서도 자주 놀랐으며, 엄마가 돌아왔을 때 접촉을 시도하지 않거나 무시하는 행동을 보였다. 심하게는 거부하는 행동을 보이는 아동도 있었다.

놀이터에서 놀고 있는 아이를 상상해 보라. 처음에는 엄마와 가까운 거리에서 장난감을 갖고 놀던 아이가 점점 엄마로부터 멀리 떨어진 곳으로 향한다. 놀다가 한 번씩 엄마를 돌아보고 엄마를 확인하면 아이는 점점 더 대담해진다. 이때 엄마는 아이에게 자신을 위험으로부터 지켜줄 안전한 피난처가 되는 것이다. 엄마에 대한 신뢰가 확실한 아이는 이제 엄마가 눈에 보이지 않더라도 단지 상상하는 것만으로도 심리적 위안과 안전감을 갖게 된다. 이처럼 애착은 인지적 탐색과 사회적 관계 형성의 기초가 된다. 다시 말하면, 생의 초기에 형성된 타인에 대한 신뢰를 기초로 하여 자신의 삶을 구성하게 되는 것이다.

최근 연구 중에서 애착과 관련한 흥미로운 결과는 낭만적 관계에서 애착의 기능에 관한 것이다. 이성 간의 안정적인 애착은 신뢰와 우정 등의 긍정적인 정서와 연결되고 부모에 대한 존경과 타인의 행동을 좋은 의도로 해석하는 경향이 높았다. 반대로 회피적 혹은 불안정적이고 양가적인 성인은 변덕이 심하고 질투심이 강하고, 파트너에게 강박적으로 몰두하는 경향을 보였다. 따라서 안정된 애착유형의 사람들을 선호하였다. 또한 회피적인 남자와 불안하고 몰두한 여자 사이에서 관계에 대해 가장 불만족스러워했고, 회피적인 남자는 관계가 붕괴된 후 가장 적은 정서적 고통을 보이는 것으로 나타났다. 개인의 애착차원은 파트너에게 영향을 미치고, 데이트 관계에서의 행동, 지각, 기대에 영향을 미친다.

성인애착 연구에서 가장 긍정적인 결과는 성인의 25%가 성인기 낭만애착 양식에서 변화를 경험한다는 것이다. 즉, 양육자와의 부정적 애착 특성이 이성과의 접촉을 통해 바람직한 방향으로 개선될 수 있다(장휘숙, 1997).

애착이 성인의 낭만적 관계를 결정할 만큼 중요하다면, 맞벌이를 하거나 개인사정에 의하여 아이들을 직접 양육할 수 없는 부부들에게는 고민이 아닐 수 없다. 그러나 최근의 연구들은 애착의 문제는 물리적 시간이나 환경에 의해서가 아니라 상호작용의 질에 의해 결정됨을 보고하였다. 가능하면 유아 대 보모의 비율이 낮고 상호작용의 양과 질이 높은 보육원에 보내거나(Kagan et al., 1978), 아버지, 조부모, 또래 등 어머니를 대신하는 애착 대상을 갖는 것도 바람직하다(Chase-Lansdale & Owen, 1978). 또한 짧은 시간이라도 아이와의 시간을 충실히 보내도록 하는 것이 중요하다.

2. 아동기 자녀

자녀가 초등학교에 들어가면서 가장 큰 당면 문제는 학업이다. 요즘 관심의 대상이 되고 있는 집중하지 못하고 산만한 아이는 학교생활에 적응하지 못할 뿐 아니라 학업도 제대로 수행하지 못한다. 또 다른 문제는 부모 자신이 사회적으로 가장 바쁜 시기인 동시에, 자녀들도 서서히 부모의 시야에서 벗어나게 되면서 문제를 일으키기 시작하는 것이다.

이때의 부모들은 청년기에서 장년기로 넘어가는 시기다. 직장에서는 자신의 지위를 확립하고 책임을 지게 된다. 직장이 없는 주부인 경우에는 자녀로부터 어느 정도의 자유를 얻게 되고, 자기계발을 위한 다양한 사회활동에 참여하기 시작한다.

자녀가 아동기에 들어서면 유아기 때와는 다른 부모의 역할이 요구된다. LeMasters(1983)는 아동기 부모역할 유형을 경찰관 유형, 친구 유형, 순교자 유형, 운동코치 유형 그리고 교사-상담자 유형으로 제안하였다.

경찰관 유형은 독재적이고 권위적인 부모로서 자녀에게 무조건적인 복종을 요구하고 기대한다. 친구 유형은 무제한적인 자유를 아동에게 허용하며, 아동과의 갈등을 원하지 않고 아동 스스로 규칙과 목표를 설정하도록 격려한다. 순교자 유형은 아동의 죄책감을 유발하여 행동을 통제하려 한다. 이것은 아동을 불안하게 만들기도 한다. 운동코치 유형은 아동을 자극하는 방법으로 격려를 사용한다. 아동이 자신의 잠재능력을 개발하도록 격려하고 자신의 능력을 성취하도록 도와준다. 마지막으로, 교사-상담자 유형은 운동코치 유형과 유사하지만 발달적 상호작용을 중요시한다. 이 중에서 어느 유형이 가장 바람직한가는 아동에 따라 차이가 있다.

1) 버릇없는 아이

많은 부모들이 "우리 아이는 머리는 똑똑한데 산만해요."라고 호소한다. 대개 이런 아동은 걸음마를 하기 시작하면서 다른 아이들에 비해 활동량이 많다. 새로운 것에 끊임없는 호기심을 보이며 온 집안을 구석구석 뒤져보고, 문만 열리면 밖으로 뛰쳐나가 멀리 달아나기 일쑤다. 또한 높은 데서 뛰어내리고 구르고 방안을 난장판으로 만들어 놓는다. 따라서 부모가 잠시라도 주의를 소홀히 하면 다치곤 하는데, 이런 아동은 장난감들을 가지고 놀기보다는 의미 없이 장난감들을 널려 놓으며 끝을 맺지 못하는 특징을 보인다.

대개 이 시기(유아기)의 부모들은 아이들이 호기심이 왕성하다고 여기거나 어리기 때문에 차차 좋아질 것으로 생각한다. 그러나 유치원이나 학교에 들어가면서 문제는 더욱 심각해진다. 주의를 집중하지 못해 수업시간에도 주변을 돌아다녀서 교사의 골칫거리가 되기도 하고, 또래 친구들을 좋아하면서도 간섭이 많고 충동적으로 행동하기 때문에 자주 싸우게 된다. 성인들에게는 버릇없는 아이로 낙인찍히고 친구들로부터 소외당하게 되면서 이런 현상은 더욱 심해진다.

이런 행동특성은 당연히 지적 발달을 저해하는 중요한 요소가 된다. 자녀의 이런 행동들은 부모를 힘들게 한다. 뿐만 아니라, 주변의 자식을 버릇없이 키운 부모라는 비난은 부모 자신을 무능력하게 느끼도록 만든다. 그러나 이것이 치료를 필요로 하는 행동장애의 일종임을 알고 있는 부모는 극히 드물다. 이러한 장애를 의학적으로 주의력결핍/과잉행동장애(attention deficit hyperactivity disorder: ADHD)라고 부른다.

주의력결핍/과잉행동장애의 원인은 분명치 않다. 이란성 쌍생아보다 일란성 쌍생아에서 같이 발생할 비율이 높다는 연구 결과는 유전적인 요인이 개입되어 있음을 보여 주지만, 이 요인만으로 결론내리기는 어렵다. 또 다른 가능성으로는 임신시 태아의 상태, 임산부의 영양부족, 흡연, 지나친 스트레스, 감염 등과 조산이나, 저체중아, 난산으로 인한 두부손상을 입었을 경우 나타날 확률이 높다. 성장하면서 부모나 교사의 훈육방법이나 정서적 관계도 영향을 미치는 것으로 보인

표 8-2 DSM-IV의 주의력결핍/과잉행동장애 진단기준

1. 주의력결핍장애는 다음 부주의 증상 중 6가지 증상 이상이 6개월 이상 지속된 경우 진단된다.

부주의

① 세부적인 면에 대해 면밀한 주의를 기울이지 못하거나 학업, 작업 또는 다른 활동에서 부주의한 실수를 저지른다.
② 종종 과제나 놀이활동에서 주의집중을 지속하기 어렵다.
③ 다른 사람이 말을 할 때 경청하지 않는다.
④ 지시를 완수하지 못하고 학업, 잡일, 작업장에서의 임무를 수행하지 못한다.
(반항적 행동이나 지시를 이해하지 못해서가 아님.)
⑤ 과제나 활동을 조작하는 데 실패한다.
⑥ 학교 과제나 숙제 등을 거부하거나 매우 하기 싫어한다.
⑦ 종종 학교과제물이나 연필, 책, 도구나 장난감 등을 잊어버린다.
⑧ 외부자극에 의해 쉽게 산만해진다.
⑨ 그날 그날의 해야 할 일들을 잊어버린다.

2. 과잉행동장애는 다음의 과잉행동-충동성 증상 중 6 가지 이상이 6개월 이상 지속된 경우 진단된다.

과잉행동

① 가만히 앉아 있지 못하고 몸을 꼬거나 안절부절못하고 손이나 발을 심하게 떤다.
② 가만히 앉아 있어야 하는 상황에서도 가만히 있지 못하고 자리를 뜨거나 돌아다닌다.
③ 부적절한 상황에서 지나치게 뛰어다니거나 기어 오른다.
(청소년 또는 성인에서는 좌불안석으로 나타날 수 있다.)
④ 조용히 여가활동에 참여하거나 놀지 못한다
⑤ 끊임없이 활동하거나 마치 무엇인가에 쫓기는 것처럼 행동한다.
⑥ 지나치게 수다스럽다.

충동성

① 질문을 채 끝내기 전에 미리 답을 불쑥 말해버린곤 한다.
② 차례를 기다리지 못한다.
③ 다른 사람의 활동을 방해하고 간섭한다.

3. 7세 이전에 발병해야 한다.
4. 증상이 두 가지 이상의 상황조건에서 나타난다(예: 학교와 가정에서 등).
5. 사회, 학습, 조작적 기능수행에 어려움을 보인다.
6. PDD, 정신분열증, 기타 정신장애와 무관하고 정동, 불안, 해리 및 인성장애에 의해 잘 설명되지 않는 경우

다(소아정신건강, 1992). 원인에 따라 약물치료, 가족치료, 부모면담, 주의력을 높이는 인지훈련 등이 병행된다.

아동이 실제로 문제가 있는지를 알아보는 기준이 있다. 중요한 것은 문제행동의 강도와 지속기간이다. 예를 들면, 뚜렷한 심리적 스트레스를 유발하는 환경의 경우에는 환경이 개선되면 사라진다. 〈표 8-2〉에 DSM-IV에 정의된 주의력결핍/과잉행동장애 진단기준을 소개한다.

2) 관심 대 간섭

부모의 역할 중에서 가장 중요한 것은 자녀의 사회화다. 즉, 부모는 자녀가 바람직한 행동과 태도를 습득하고 도덕적 가치를 내면화하기를 원한다. 여기서 바람직하다는 것은 결국 우리가 속한 사회에서 옳다고 여기는 가치와 기준에 따르는 것이라고 할 수 있으며, 이것은 사회적 기준에 익숙한 성인에 의해 전수된다. 이를 위해 부모는 자녀가 사회적으로 바람직한 행동을 할 경우 보상을 주고, 문제행동에 대해서는 처벌을 하며, 타인을 돕는 것과 같은 도덕적 가치의 내면화를 위한 모델로서의 역할을 하게 된다.

그러나 이것은 어디까지 이론적인 것이며 실제로 이를 실행하기란 생각만큼 쉽지 않다. 따라서 많은 연구들이 부모의 양육방식이 자녀의 성격과 행동에 어떤 영향을 미치는가에 초점을 맞추었다. Baumrind(1971)는 양육이 통제-자율 차원과 애정-적대감 차원 두 가지로 구성되어 있다고 하였다. 이 두 가지 차원에 근거한 네 가지 양육 방식인 권위 있는 양육 방식, 방임적 양육 방식, 허용적 양육 방식, 독재적 양육 방식이 가장 널리 알려져 있다. 양육방식과 아동의 특성 간의 관계를 살펴보면 다음과 같다.

권위 있는(authoritative) 부모들은 아동중심적이며 아동의 욕구와 소망을 인정하고 수용한다. 그들은 확고한 기준과 규칙을 설정해 놓고 자녀들과 대화를 통해 문제를 해결하고 의사결정에 자녀가 참여할 수 있다. 따라서 자녀들은 자주적이고 자기통제적이며 유능하고 호의적이고 높은 수준의 자아존중감을 지니고 있다.

독재적인(authoritarian) 부모는 자녀에게 성숙한 행동을 요구하지만 아동의 욕구를 충족시키지는 못한다. 이들은 자녀의 욕구표현을 제한하고, 규칙이나 의사결정을 아동과 의논하지 않으며, 부모의 권위에 도전하는 아동을 억압한다. 이들의 특징은 신체적 처벌과 거친 비난으로 나타난다. 독재적 부모를 가진 아동의 특징은 사회적 능력과 자발성이 부족하고 냉담하며 낮은 수준의 자아존중감을 보인다.

허용적인(permissive) 부모는 애정적이고 반응적이며 수용적이지만 아동의 행동을 거의 통제하지 않는다. 가능한 한 제한을 가하지 않고 아동이 스스로 모든 것을 결정하기를 원한다. 요즘의 부모들에게서 가장 많이 보이는 부모의 모습이다. 이런 경우 자녀들은 충동적이고 공격적이며 책임감이 부족한 특징을 보인다.

방임적(indifferent) 부모는 부모로서의 역할을 거의 수행하지 않는다. 아동과 적은 시간을 보내고 아동의 요구를 거부하며, 보다 문제가 되는 것은 일관성이 결여된 반응을 보임으로써 아동을 혼란스럽게 만든다. 이들은 자신의 요구나 필요를 만족시키기 위해 자녀를 이용한다. 방임적 부모의 자녀들은 적대적 공격적이며, 불복종적이고 낮은 자아존중감을 보이며 타인의 권리를 고려하지 않는다.

Baumrind의 양육태도에 대한 구분이 다소 이론적으로 보이는 반면, Pulkinnen(1982)의 아이중심의 지도(child-centered guidance)와 부모중심의 지도(parents-centered guidance)는 보다 실제적이다. 아이중심의 지도를 선호하는 부모는 자녀와 자주 대화하고, 아이들의 일상생활에 많은 관심을 보이며, 아이들이 어디에 있는지, 친구가 누구인지 그리고 어떤 과외활동을 하는지에 대해 잘 알고 있다. 반면에 부모중심의 지도를 선호하는 부모는 자신들의 가치와 생각을 자녀에게 강요하였다.

전자는 부모 모니터링(parental monitoring)이라는 개념으로 확장되었다. 부모 모니터링이란 부모가 자녀의 일상생활에 지속적인 관심을 보이고 대화를 함으로써 자녀의 학교생활, 친구, 가정에서의 생활 등에 대해 관리, 감독하는 것이다. 이것은 자녀의 학교 성적뿐 아니라 반사회적인 행동이나 비행과 관련이 있는 것으로 나타났다. 예를 들면, 공격적이고 비행을 저지르는 아동과 청소년을 둔 가정의 부모들은 자녀의 활동에 대한 모니터링을 거의 하지 않았으며, 용납하기 어려운 자녀의 행동에 대해 비일관적으로 반응하였고, 가족 내의 갈등을 효과적으로 다루지 못하였다(Snyder & Patterson, 1987). 특히, 비행청소년의 부모는 자녀가 어디에 있는지, 누구와 함께 있으며 무엇을 하고 있는지에 대해 적게 알고 있었다.

홍미롭게도 부모의 모니터링에 보다 많은 영향을 받는 쪽은 여자아이보다는 남자아이이다. 예를 들면, 부모 모니터링을 적게 받는 소년은 모니터링을 많이 받는 소년에 비해 자신의 학업능력이 낮다고 지각했으며, 실제 학교성적도 낮았다.

그렇다면 왜 부모 모니터링의 효과가 소년에게 더 크게 나타나는 것일까? 첫째로, 소년은 같은 또래의 소녀에 비해 다소 미성숙하기 때문에 학습과 행동문제에 처할 위험이 더 높다(Eme, 1979). 둘째, 소년은 소녀보다 어떤 행동이 좋은 행동인가에 대해 좀 더 복잡한 메시지를 받는다(Archer, 1984). 학령기 소년들은 종종 자신의 거칠고 공격적인 행동에 대해 '형식적 비난과 비형식적 승인' 을 동시에 경험한다. 예를 들면, 성인들로부터 비난을 받지만 같은 또래로부터 암묵적인 승인을 받을 수도 있다.

Baumrind와 Pulkinnen의 연구는 부모들이 자녀의 생활을 알 수 있는 대화통로를 갖는 것이 매우 중요하다는 것을 보여 준다. 그러나 여기서 주의해야 할 것은 자녀에 대한 존중감이 결여된 관여는 간섭으로 보일 수 있다는 것이다. 특히, 연령이 증가함에 따라 적절한 수준의 관여를 하는 것이 중요하며, 자녀의 수준에 맞는 모니터링의 변화가 필요하다. 자녀의 의사를 존중한다고 해서 자녀의 학교생활이나 친구관계에 관여하지 않으면 어린아이들은 자기 부모를 무관심하다고 여길 수 있으며, 반대로 자율성을 추구하는 시기(대개는 사춘기)에 어린아이처럼 모든 행동에 대해 관여하려고 하면 지나친 간섭으로 보일 수 있다.

〈표 8-3〉은 부모 모니터링 척도의 일부다. 자녀의 어떤 행동을 알고 있어야 하는지에 대한 정보를 제공한다는 점에서 도움이 될 것이라 생각되어 소개한다.

표 8-3 부모의 모니터링 척도

1. 학교에서 어떤 종류의 취미 활동에 가입했는지를 아는가?
2. 학교생활(예; 상을 받는다든지, 선생님께 칭찬 혹은 벌을 받는다든지)에 대해 어느 정도 알고 있는가?
3. 방과 후 볼 일이 생겨 곧장 집으로 가지 못하는 경우, 무슨 이유로 어디에 갔다 오는지 꼭 물어 보는가?
4. 학교 과제물에 대해 일주일에 몇 번 정도 검사하는가?
5. 요즘 교과서 이외에 어떤 책이나 잡지를 읽고 있는지 아는가?
6. 학교에서 시험을 보는 경우, 언제 어떤 과목을 보는지 어느 정도 아는가?
7. 가정에서 형제 자매들과 무슨 일이 있었는지(예; 싸운다든지, 같이 무엇인가를 한다든지) 어느 정도 알고 있는가?
8. 학교 성적에 대해 어느 정도 알고 있는가?
9. 친구들에 대해 얼마나 알고 있는가?
10. 지금 자녀에게 어떤 과목들이 공부하기 힘든 과목인지, 또 어떤 과목들이 내가 좋아하는 과목인지에 대해 얼마나 알고 있는가?

* 아동의 연령이 낮을수록 부모 모니터링은 자녀와 긍정적인 관련이 있는 것으로 나타났다.

출처: Pulkinnen(1982).

3. 청소년기 자녀

자녀가 청소년기에 들어서면 부모들은 자녀들이 더 이상 품안의 자식이 아님을 깨닫게 된다. 특히, 사춘기에 들어서면, 말수가 적어지고 친구들과의 활동이 증가하면서 자신의 사생활이 노출되기를 꺼려 한다. 청소년기의 대표적 특징 중 하나가 부모로부터의 독립을 시도하며 친구와의 관계가 더욱 돈독해지는 것이다. 이런 자녀의 변화는 부모에게 새로운 부모-자녀관계를 요구한다.

이 시기 자녀들이 자아정체감의 형성이라는 가장 어려운 과제에 직면하고 있다면, 중년기에 이른 부모들 또한 심각한 생리적, 심리적, 사회적인 변화를 맞아 삶의 중대한 위기에 직면하게 된다. 특히, 중년의 아버지는 자녀가 이상적인 인간이 될 수 있도록 아버지가 영향력과 권능을 행사할 수 있다는 환상과, 현실적으로 어떤 사람이 되어 가는지를 비교해 보고 아버지의 영향력이 얼마나 제한적인가를 받아들여야 하는 이중적인 상황에 처해 있다. 즉, 자녀에 대한 포부와 현실 간의 간격을 느끼는 동시에 직업상 포부와 현실 간의 괴리를 해결해야 하는 시기이다.

가족의 응집성(cohesion)과 적응성(adaptability)이 변화해야 한다. 응집성은 가족구성원 사이의 정서적 유대를 의미하고, 적응성은 가족체계의 상황적 변화나 발달적 변화에 반응하여 가족체계가 변할 수 있는 융통성에 해당한다. 응집성은 가족이 함께 보내는 시간, 개인의 사적 공간, 사적 친구의 허용 정도, 의사결정의 지표로 측정된다. 적응성은 가족구성원들이 자신의 의견을 주장하는 방식, 통제의 유형과 훈육방식 혹은 가족규칙의 융통성이 측정기준이 된다. 특히, 청소년기는 자신을 형성하는 시기로 독립적 삶을 추구하게 됨으로써 가족으로부터 멀어지기 시작한다. 이러한 변화는 개인의 성장과 발달에서 극히 자연스러운 현상이므로, 이 변화를 긍정적으로 받아들이고 격려해야 한다. 즉, 청소년이 가족과 멀어지는 데 대한 죄책감을 갖지 않도록 해야 하며 부모도 이를 배신감으로 해석하지 않도록 해야 한다.

가장 큰 걱정은 더 이상 부모와의 대화가 어려워진다는 것이다. 특히, 우리나라 부모들은 대개 수직적, 지시적, 복종적, 폐쇄적인 방식으로 대화하며 대부분 공부와 관련된 문제를 대화 주제로 삼는다. 반면 자녀들은 수평적, 상호 존중적, 쌍방적, 개방적 의식을 가지고 폭넓은 내용의 대화를 요구한다. 이런 차이로 인해 부모와 자녀 간의 거리는 더욱 멀어지게 된다.

일반적으로 청소년 자녀와 부모 간의 갈등은 세대차이(generation gap)로 표현되고 있지만, 실제로 대중매체에서 주장하는 것만큼 그 차이가 크지는 않다고 한다. 세대차이란 서로 다른 세대의 구성원들이 각기 다른 가치관과 생활철학을 지녔기 때문에 일어나는 현상이다. "요즘 젊은이들은 버릇이 없다."는 말이 고대 벽화에서도 발견되었다는 사실은 세대차이란 현대의 문제만이 아님을 보여 준다. 같은 시대를 사는 사람들조차도 개인의 생활사에 따라 의견의 차이가 있음을 가정할 때, 오히려 세대 간의 차이를 보이지 않는다면 이상한 일일 것이다. 문제는 서로 다르다는 것을 인정하고 이해하려고 노력하는가에 달려 있다.

흥미로운 사실은 부모와 청소년 자녀들이 서로 유사한 가치관과 태도를 지니고 있다는 것이다. 그러나 그들은 서로 다른 가치관을 갖는다고 지각하는 경향을 보인다. 부모는 청소년 자녀들이 진보적이고 급진적이며 개방적이라고 생각하는 반면, 자녀들은 부모가 구식이고 권위적이고 보수적이라고 생각한다. 서로의 차이를 과장하는 것이 문제를 더욱 어렵게 만들어 간다.

1) 제2의 독립기

청소년들의 가장 중요한 과제는 자아정체감(ego-identity)의 형성이다. 청소년기의 자녀들은 나는 누구인가에 대한 본질적인 의문을 갖게 되고, 자신을 확인하기 위해 다양한 시도를 하게 된다. 무엇보다 부모에게서 독립을 시도하게 되고, 이것은 또래집단에 대한 소속감의 강화로서 나타나게 된다.

자녀가 과거의 자신과 현재의 자신 간의 일관성에 대한 의문으로 고민하는 것과 마찬가지로 부모들은 과거의 자녀와 현재의 자녀가 보이는 이중성 앞에서 혼란스러워한다. 예를 들면, 예전에는 학교 친구들에 대해 물어 보면 끊임없이 재잘거리던 아이들이 이제는 퉁명스럽게 대꾸하거나 아무 말 없이 자기 방으로 들어가 버린다. 이것은 이제 부모의 역할이 변해야 할 시기가 왔음을 의미한다. 자녀를 독립된 개체로서 대할 준비를 시작해야 한다.

그렇다고 너무 서운해할 필요는 없다. 한 연구에 의하면, 자신의 독립성을 주장하고 친구에 대해 전적인 신뢰를 보내는 청소년 자녀일지라도, 부모에 대한 친밀감과 신뢰는 그대로 유지되었다. 즉, 친구를 좋아한다는 것과 부모를 좋아한다는 것은 독립된 차원이다. 따라서 부모가 친구들과 경쟁하려고 하지 않으면 아무것도 잃지 않는다.

개방적인 대화를 하라 가장 큰 문제는 자녀와 부모 간의 대화통로를 잃게 되는 것이다. 앞에서도 언급했듯이, 부모들에게 물어 보면 자녀들과 대화를 자주하고 있으며, 또한 자신은 대화를 시도하지만 아이들이 변했다는 것이 주된 불평거리다. 말을 많이 한다는 것과 실제로 의사소통을 하는 것과는 차이가 있다. 예를 들면 "너 옷이 왜 그 모양이냐?" "공부는 잘하고 있니?" "용돈 떨어졌냐?" 하고 묻는 아버지가 진정한 대화를 시도했다고 말할 수 있을 것인가? 자신보다 지위가 낮다고 생각하는 사람들과의 대화는 일방적이기 쉽다는 것을 기억할 필요가 있다. 의사소통의 가장 기본적인 요소는 '듣기'와 '말하기'다. 상대가 하는 말을 잘 들어 주고 그에 맞는 대답을 할 수 있어야 대화는 성립된다.

청소년과 어머니의 반응을 기초로 부모와 청소년 간의 의사소통을 연구한 Beaubien(1970)은 쌍방 차단형, 청소년 차단-어머니 개방형, 청소년 개방-어머니 차단형, 쌍방 개방형의 네 가지 유형으로 구분하였다.

- 쌍방 차단형: 청소년과 어머니 모두 반응하지 않는 형으로 효과적인 의사소통이 이루 어지지 않는다.
- 청소년 차단-어머니 개방형: 청소년 자녀가 어머니와의 대화를 회피한다.
- 청소년 개방-어머니 차단형: 반대로 어머니가 대화를 거부한다.
- 쌍방 개방형: 가장 효과적인 의사소통 형태로 둘 다 서로에게 반응적이다.

우리나라의 청소년들이 지각하는 의사소통 유형은 60% 정도가 비효과적이다(이정우, 김규원, 1989). 의사소통과 관련된 변인으로는 가정의 사회경제적 지위, 어머니의 연령 등을 들 수 있다. 중류계층의 어머니가 하류계층의 어머니보다 더 많은 상호작용을 하며, 어머니의 연령이 낮은 경우에 더욱 상호작용이 많다.

2) 비행

청소년을 자녀로 둔 부모의 가장 큰 걱정거리는 이제 단순한 문제행동에서 벗어나 범죄의 성향을 띠기 시작하는 자녀의 비행이다. 여기에는 폭력과 약물중독

이 가장 높은 비율을 차지한다. 학업저조, 입시 스트레스 등으로 인한 자존감 상실과 좌절을 해결하는 수단으로 폭력집단에 소속되거나 혹은 약물로 현실에서 도피하고자 하는 자녀들 앞에서 부모들은 거의 속수무책이다. 실제로 심리적, 물리적으로 부모가 통제할 수 있는 영역에서 벗어난 자녀에게 부모의 영향력은 아주 작아졌다. 따라서 부모가 실제로 통제할 수 없는 영역을 인정하는 것은 매우 중요하다. 부모가 스트레스를 겪는 이유 중의 하나는 실제로 자신이 통제할 수 없는 것을 통제할 수 있다고 착각하는 데 있다. 자녀의 비행이나 범죄를 완전하게 통제할 수 있는 부모는 없다.

그렇다면 자녀의 비행과 마주친 부모가 할 수 있는 일은 아무것도 없는가? 꼭 그렇지는 않다. 자녀의 비행에 대한 부모의 첫 번째 반응은 거부 혹은 부정이다. "우리 애가 그럴 리가 없다. 얼마나 착한 아이인데!" 그 후에는 자신의 기대를 저버린 자녀에 대한 분노를 경험한다. 자녀의 비행을 다루는 가장 대표적인 방법은 체벌이다. 그러나 계속 반복되는 비행을 경험하게 되면 부모는 체념하게 된다. 이와 같은 대처는 문제를 해결할 수 없다. 전문가들은 보다 효과적인 방법으로 다음의 방법들을 제안하고 있다(이수식 외, 1996에서 인용).

- 십대와 마주 대하라.
- 십대 자녀의 관점을 물어 보라.
- 약물중독 전문상담원의 조언을 구하라.
- 당신의 입장을 분명히 하라.
- 합의하라.

그러나 무엇보다 중요한 것은 약물중독을 사전에 예방하는 것이다. 그러기 위해서는 부모 자신이 모범이 되고, 개방된 대화를 할 수 있는 분위기와 기회를 마련하는 것이 중요하다.

4. 청 · 장년기 자녀

자녀가 성인기에 들어서면 자녀의 결혼이 가장 큰 문제가 된다. 또한 자녀가 집을 떠나게 되는 이 시기는 대개 '빈 둥지 시기'라고 일컬어질 만큼 부모가 공허함을 가장 많이 느끼는 시기다. 따라서 성인 자녀들과의 갈등 이외에 부모 자신이 심리적으로 새로운 생활방식을 준비해야 하는 시기다.

이 시기의 여성들은 대개 폐경기를 맞게 되어 여성으로서의 자아정체성에 문제를 갖게 된다. 어머니로서의 역할뿐 아니라 아내로서의 역할이 불안정해짐으로써 남성들보다 심각한 혼란을 겪게 된다. 그러나 최근에는 오히려 부모로서의 부담에서 벗어나게 되고 다소 귀찮게 여겼던 생리기간을 겪지 않게 된 것에 대해 긍정적인 관점을 갖는 중년 여성이 많다. 이들은 자신의 세계를 집 밖으로 확장하여 적극적인 사회활동에 참여하게 된다. 예를 들면, 사회봉사활동이나 문화강좌, 장거리 여행 등을 통해 적극적으로 자기계발을 시도한다.

남성들의 경우에도 자녀가 독립하게 되면 오히려 부부관계가 개선되고 동료의식을 느끼며 서로에게 더욱 의존하게 된다. 또한 자녀에게 집중되어 있던 아내의 관심이 분산되지 않는 데 대해 만족감을 표현하기도 한다. 그러나 이런 남성들의 기대는 여성들의 자기계발 욕구와 서로 대치되어 부부갈등의 한 요소가 되기도 한다.

나이 든 아내들은 남편들이 자신들의 개인적 자유를 구속한다고 하소연한다. 젊은 시절과는 달리 남편이 집안에서 보내는 시간이 늘어나면서 너무 많은 요구를 하는 것에 대해 불평을 한다. 만일 남편의 요구를 무시하고 외부에서 활동을 하는 경우에도 많은 아내들이 남편에 대해 죄의식을 갖는 것으로 나타났다.

1) 세대차이

역할전이(role transition)는 성장하고 나이가 들어감에 따라 변화하는 역할과 기대를 의미한다. 이러한 역할전이는 정신적, 사회적 스트레스를 유발한다. 노년기에 접어들게 되면서 우선적으로 사회적 경제적으로 생산적인 구성원이 되지 못한다는 사실에 적응해야 하는데, 이것은 자녀에게 의존해야 함을 의미한다. 이제 경제적 지원이 아닌 다른 지원체계에 소속된다. 즉, 주요 역할이 조부모의 역할로서 자녀를 지원하게 된다.

자녀와의 주요 문제는 자율성과 의존성의 문제다. 예를 들면, 청소년 자녀들은 자율성에 일차적인 관심이 있으며 부모들도 자녀들의 자율성을 바라지만 대가를 치르려고 하지는 않는다. 더 나아가 부모들은 자녀가 성인이 된 후에도 자녀의 한계를 강압하고 자신들과 다른 생활양식은 용납하지 않으며 그것들에 대해 무관심하다. 이것은 성인 자녀와의 갈등을 야기한다. 이는 특히 자녀의 결혼을 계기로 표출되곤 한다.

마지막으로 공평한 교환(equitable exchange)이 문제가 된다. 이제 자녀들이 부모로부터 받아 온 것을 돌려 줄 시기가 된 것이다. 이것은 단순히 경제적인 것만을 의미하는 것은 아니다. 자녀는 사회적 성공으로 부모의 명예를 높여 주는 것으로 갚거나 혹은 정서적 지원을 통해서도 가능하다. 그러나 서로 대립되는 갈등이 야기되면 부모와 자녀 간의 교환은 중요한 주제가 된다. 이제 부모는 자신의 의견을 관철하기 위해 과거에 자녀에게 투자했던 것에 대한 환불을 요구한다. 이것은 부모-자녀관계를 악화시키곤 한다. 예를 들면, 자녀의 결혼과 진로문제는 가장 빈번하게 제기되는 주제다. 때로는 부모에게 재산의 상속을 요구하는 형태로 나타나기도 한다(Bengtson, 1979).

2) 성인 자녀와 장노년기 어머니와의 갈등

성인 자녀의 어머니로서 또 노년기 부모의 딸로서의 역할을 하는 중년 여성은 '카산드라 콤플렉스' 를 겪는다. 이런 여성은 자녀에 대해 그리고 부모에 대한 걱정으로 날을 샌다.

모든 부모가 자녀의 독립에 대해 부정적인 관점을 갖는 것은 아니다. 오히려 적절한 시기에 자녀가 독립하지 못하면 부모들은 자신들의 부모 역할을 실패한 것으로 지각하고 고민한다. 그리고 자녀에 대해 지나친 간섭과 과보호를 한 경우에는 자신과 자녀를 분리시키지 못하게 된다. 또한 자녀의 삶의 방식을 인정할 수 없으며 이것이 자신의 탓이라고 생각하는 여성들은 자녀의 독립에 대해 괴로워하는 것으로 나타났다.

3) 조부모 역할

최근의 급속한 핵가족화는 조부모의 기능을 상당 부분 제한하였다. 과거 조부모들은 지혜의 보고, 성실한 조언자, 역할 모델로서 존경의 대상이었고 그 사회의 상징적 핵심이었다. 그러나 현대의 조부모들은 대리적 양육제공자로서 그 역할이 제한되는 경향이 있다. 게다가 물리적으로 떨어져 지내는 경우에는 대리 양육자의 역할조차도 수행하기 어렵게 되고, 이로 인해 가족 간의 유대감이나 친밀감은 약화된다.

서울에 거주하는 초등학교 5학년을 대상으로 한 연구에서, 조부모는 훈계자, 대리모, 물질적 제공자, 손자녀 지지자, 가계역사와 성역할 조언자 그리고 생활간섭자의 순으로 조부모 역할이 지각되었다. 이 결과는 조부모의 대리적 양육자로서의 역할을 확인시켜 준다. 조부모가 손자녀에 대한 지나친 배려와 허용으로 인해 손자녀가 버릇없는 아이가 된다는 비난에도 불구하고, 조부모의 역할은 정서적 지지자로서 손자녀의 성장에 기여하고 있음은 의심의 여지가 없는 듯하다.

Neugarten(1964)은 조부모의 유형을 다섯 가지로 구분하였다. 손자녀 양육은 자녀에게 맡기고 자녀들이 원치 않는 충고는 하지 않는 공식적 유형, 친구처럼 손자녀와 놀아 주는 것을 즐기는 기쁨 추구형, 자녀 대신 손자녀의 양육을 맡는 대리부모형, 가족 내에서 전제군주의 위치를 유지하는 지혜의 원천형 그리고 마지막으로 특별한 날에만 손자녀와 접촉하는 원거리형이 있다. 이에 비추어 보면 한국의 조부모들은 기쁨 추구형과 대리부모형이 주류를 이룬다. 어떤 유형의 조부모형이 바람직한지는 개인에 따라, 시대에 따라 그리고 문화에 따라 다를 수 있다.

5. 고부관계

고부관계란, 결혼에 의하여 시작되는 가족 내 인간관계로서 시어머니와 며느리와의 새로운 상호작용 관계를 일컫는다. 우리나라는 부계직계 가족이다. 부계가족은 가부장을 구심점으로 하여 부자로 이어지는 지속성을 가졌으며, 서열의식이 투철하다. 부계가족에서 여성은 매우 낮은 지위에 있게 되고, 특히 며느리는 최하의 지위에 놓이게 된다. 그러므로 권리보다는 의무가 많고 순종성, 노동의 공헌정도, 가계를 계승할 아들의 출산여부에 따라 성취지위가 주어진다.

고부간의 갈등은 며느리에 대한 시집살이로 표현된다. 시어머니는 그 동안 쌓아올린 지위와 어머니 또는 연장자로서의 위치 때문에 며느리보다 유리한 위치에 서게 되고, 며느리에 대한 불만을 시집살이를 통하여 해소하려고 한다. 며느리는 시어머니로부터 학대를 받더라도 부덕을 강조하는 엄격한 가족제도 아래에서는 인내를 통해 극복할 수밖에 없다.

1) 현대 가족 내에서의 고부관계 특성

현대사회의 특징인 산업화와 도시화는 가족의 형태면에서 핵가족화를 촉진시키고 있으며, 이것이 가족의 가족에 대한 의식면에도 변화를 가져오고 있다. 그러나 이러한 가족의 내 · 외적 변화가 균형 있게 이루어지고 있다는 증거는 보이지 않으며, 오히려 과도기적 혼란에서 연유되는 여러 가지 가족 문제를 낳고 있다.

현대 가족에서 나타나고 있는 고부관계의 변화를 살펴보면 다음과 같다.

첫째, 아버지 세대로부터 자식 세대의 경제적 독립을 들 수 있다. 농경사회에서는 상속된 토지를 중심으로 경제활동을 하였으나 산업사회에서는 가족 밖에서 소득 활동을 하므로 자식 세대의 주거단위 및 경제적 독립이 용이해졌고, 특히 도시에서는 며느리가 주부권을 행사하는 경우가 많아졌다.

둘째, 가치관의 변화로 인한 전통적 가족규범의 붕괴로서, 세대별 · 성별 · 연령별 상하관계를 중시하던 유교적 가족윤리가 그 힘을 잃어 감에 따라 시어머니의 절대적 권위가 약화되고 있다. 반면에 며느리의 교육수준은 높아져서 무조건 순종하고 인내하던 지위에 반발하는가 하면 불만을 공공연히 표현하고 권리를 주장하게 되었다. 또한, 급격한 사회변화와 기술혁신으로 전통사회에서 존경받던 노인의 지식이나 생활경험은 그 필요성이 약화되어 시어머니의 권위를 저하시키는 요인이 되기도 한다.

셋째, 며느리의 불만이 공공연하게 표현되지 못했던 전통가족에 비해 현대가족에서는 불만의 표현이 다양한 형태로 나타나는 경향이 있다. 민주적인 가치관의 영향으로 며느리가 시어머니에게 자신의 의사를 표현하고 부당한 점에 항의하는 등 공공연한 언쟁을 할 가능성이 높아졌고, 친정과의 접촉이 보다 자유롭게 됨으로써 친정식구에게 불만을 털어놓는 일이 많아졌으며, 부부간에 애정적 유대가 강조되는 것과 함께 남편에게 불만을 얘기하고 조정의 역할을 기대하는 정도가 높아졌다.

2) 고부갈등

급격한 사회변화와 더불어 서구의 개인주의 · 평등주의가 유입되고, 가족관계가 부부관계 중심으로 변화하는 오늘날에 와서는 과거에 며느리의 일방적인 인내로 노출되지 않았던 고부간의 여러 문제가 표면화됨으로써 고부갈등은 실제적으로 더욱 해결하기 어려운 가족문제가 되고 있다.

현대 가족구조에서 고부갈등이 발생되는 원인은 상당히 광범위하지만 크게 고부간의 권력구조, 역할구조, 애정구조, 고부간의 세대차 측면에서의 갈등요인으로 나누어 살펴볼 수 있다.

권력구조 측면에서의 갈등 요인 고부간에는 경제권, 가사처리권, 제사를 비롯한 대소사 주도권, 자녀양육권 등을 내포하는 주부권을 둘러싸고 갈등이 일어나고 있다. 전통사회에서는 모든 살림살이의 권리가 시어머니에게 있고 며느리는 무조건 순종해야 하는 시어머니 지배 며느리 복종의 상황이었음에도 불구하고 강자와 약자가 사회적으로 규범화되고, 시어머니와 며느리 모두가 이 규범을 수용하였음으로 고부간의 갈등이 표면화되지 않았다. 그러나 현대의 젊은 여성들은 결혼 후 시어머니와 동거하더라도 주부권은 자기가 소유하고 싶다는 태도를 보이는 반면, 시어머니의 입장에서는 자기가 소유해 온 권한을 며느리에게 내주지 않고 활동이 가능한 한 계속 행사하고자 함에 따라 다 같이 주부의 입장에 있는 고부간의 갈등이 야기된다.

역할구조 측면에서의 갈등요인 역할구조는 역할기대와 역할수행으로 나누어 볼 수 있는데, 고부간에는 상호 역할 기대의 불일치와 역할수행의 불일치 그리고 역할기대와 역할수행 간의 불일치로 인한 갈등이 있을 수 있다. 여자에게는 결혼과 더불어 아내의 역할 그리고 자녀출산과 더불어 어머니의 역할이 부여된다. 전통가족에서는 며느리의 가장 큰 의무가 시부모 봉양과 자손의 출산이었으며, 이러한 역할을 충분히 다 함으로써 시부모의 신임과 사랑을 받아 결혼생활을 성공적으로 이끌 수 있었다. 그러나 오늘날 젊은 세대는 며느리로서의 시부모 봉양의 역할보다 아내로서의 역할이나 어머니로서의 역할에 더 큰 비중을 두는 경향이 있다. 따라서 과거에 자신이 며느리로서 행했던 역할을 며느리를 통해 그대로 받기를 원하는 시어머니는 며느리가 이러한 기대와는 어긋난 생각과 행동을 하게 되므로 불만을 느끼게 된다.

애정구조 측면에서의 갈등요인 전통 부계가족 사회에서 고부간의 갈등을 초래하는 근본적인 요인이던 밀착된 모자관계가 현대사회에서도 고부갈등의 원인이 되고 있다. 전통사회에서 집안의 가계계승과 자신의 존재가치 및 지위를 확고히 해 준 아들에 대한 어머니의 정성과 애정은 특별히 깊었다. 따라서 모자관계는 밀착되고 강한 것이 그 특징이다. 그러나 아들이 결혼하여 며느리를 맞이하게 되면 어머니에게 주어지던 관심이 줄어들게 되는데, 인생의 목적을 거의 자식에게

만 둔 채 자신의 자아정체감을 재정립하지 못한 상태에 있는 시어머니는 그 애정을 며느리에게 빼앗겼다고 생각하면서 며느리를 자신의 아성에 도전하는 경쟁자 · 침략자 · 공격자로서 인식하게 된다.

세대차이 측면에서의 갈등요인 고부간의 갈등은 애정이나 권력측면에서 발생하기도 하지만 고부간의 연령차와 세대차이가 빚어내는 불가피한 생활경험과 가치관의 차이에서 비롯되기도 한다. 시어머니와 며느리는 각기 다른 시대에 태어났으므로 생리적 · 심리적 · 사회적 특성이 다르고, 생활환경과 경험이 다르므로 가치관에도 차이가 있게 된다. 이로 인해 자녀양육, 가정관리와 같은 다양한 가정문제에 대하여 보다 빈번하고 다양하게 고부간의 갈등이 표출되고 있다.

3) 고부갈등의 해결

고부간의 갈등을 해결하고 그 관계를 개선시키기 위해서는 개인적 · 가족적 · 사회적으로 다양한 접근이 이루어져야 한다.

개인적 해결방안 원만한 고부관계를 위해서는 시어머니와 며느리가 서로 애정과 신뢰를 바탕으로 존중하는 태도를 갖고, 항상 대화하려는 분위기를 만들어 상대방의 입장에서 서로 이해하려는 자세를 갖추는 것이 무엇보다 중요하다. 고부갈등의 문제는 어느 한 편만의 불만을 제거함으로써 해결될 수 있는 문제가 아니기 때문에 양쪽에서 조화점을 찾는 것이 바람직하다고 볼 수 있으며, 이와 아울러 아들(남편)이 고부관계의 조정자이며 매개자로서의 역할을 얼마나 잘 수행하느냐에 따라서 그 양상이 달라진다고 할 수 있다.

가족적 해결방안 고부간의 갈등을 최소화하기 위해서는 당사자 간의 개별적인 노력뿐만 아니라 가족 전체로서의 측면에서 해결방안들이 모색될 필요가 있다. 첫째, 고부갈등은 동거 시에 더욱 심각한 것으로 나타나므로 며느리가 어느 정도의 자유로운 생활을 영위하면서 시부모를 모실 수 있는 준동거 형태를 채택할 수 있도록 거주 형태에 대한 새로운 고안이 필요하다. 둘째, 동거하는 고부간에는 무엇보다도 가사분담이 중요하므로 시간과 능력, 경험, 상황에 따라 적절하게 서로의 역할을 배분한다. 셋째, 고부갈등은 가족 전체 문제에서 비롯되는 경우가 많고, 고부에게만 아니라 아들(남편), 손자녀 등 모든 가족구성원에게 영향을 끼치므로 전 가족구성원 모두가 서로 이해하고 도우려는 의식이 필요하고, 가족구성원 간의 협동과 의사소통 과정을 통하여 해결하도록 해야 할 것이다.

부부 역할과 의사소통

사람들은 출생하여 유아기 · 청소년기를 지나 성인기에 접어들면서 대부분 결혼을 한다. 결혼생활은 미혼의 생활과는 모든 측면에서 급격한 변화를 가져온다. 부부로서 그리고 부모로서의 역할을 잘 수행하기 위해서는 성인으로서 적절한 발달이 이루어져 있어야 한다.

성인기는 모든 측면에서 발달적인 특성을 나타내며, 한 사회에서 또는 한 가정에서 독립적인 주체로서 살아가기 위해서는 마땅히 성취해야 될 과업들이 있기 마련이다.

이 장에서는 우선 성인발달의 몇 가지 특성과 성인기 발달과업을 소개하고, 부부 역할의 개념과 그 기능 그리고 부부관계에서 가장 핵심적인 요소라고 할 수 있는 부부 의사소통에 대해서 살펴보자.

1. 성인기의 발달과업

1) 성인발달의 특성

발달(development)은 유기체의 연령이 증가함에 따라 발생하는 심신적인 변화의 과정을 뜻한다. 심리학에서는 주로 유아, 아동, 청소년들의 발달에만 학문적인 관심을 나타내 왔다. 그러나 Erick Erikson(1963)이 인간 발달을 전생애에 걸쳐 탐색한 '심리사회적 위기 이론' 을 제안한 후 성인기 동안에 지속되는 인간 발달의 중요성이 인식되었다. 청소년기 이후의 사람들도 시기상 특정한 단계를 거쳐가면서 생물학적, 인지적, 성격적인 측면에서 뚜렷한 특성을 나타낸다.

첫째, 신체적인 측면에서의 발달을 살펴보자. 키는 성인기에서 척추가 가라앉음에 따라 약 55세 이후에 1인치 정도 줄어들지만 대개 안정적이고, 체중은 쉽게 변하며 특히 50대 중반을 넘어서 증가되는 경향이 있다.

30세가 넘으면 매일 10만여 개 정도의 뇌세포가 쇠퇴하여 인지적 능력의 손상을 가져온다. 시각과 청각능력이 현저히 감소되어 대인관계의 상호작용을 어색하게 하고 일부 노인들은 다른 사람들과의 관계가 어렵게 된다. 또한 47세에서 51세 사이의 여성들은 폐경기(menopause)를 경험함으로써 수태능력을 상실함은 물론 신체적, 정서적 측면에서 큰 변화를 경험한다.

둘째, 인지적 측면에서는 대략 60세까지의 성인기 동안에는 지능(intelligence)이 상당히 안정적이다가 그 이후부터 조금씩 감소하는 경향성이 있다. 기억력은 55세 정도에 이르면 장기기억의 손상을 보인다.

또한 학습과 문제해결 능력에 있어서도 정보입력과 정보처리를 할 수 있는 주의집중력이 쇠퇴하기 때문에 중년기에 접어들면서 점진적으로 상당히 장기적으로 진행되는 경향이 있다. 그런데 일반적으로 정보처리 속도는 감소하지만 문제해결 능력은 크게 손상되지 않는다.

셋째, 성격은 성인기 동안 상당히 안정적이다. 물론 변화하는 것은 사실이지만 안정적인 성향이 더 두드러진다. 초기 성인기의 성격으로 후기 성인기의 성격을 잘 예측할 수 있으며, 변화가 있다고 해도 초년기에 나타났던 특질이 강화되거나 증가하는 경향성을 나타낸다. 성역할은 남녀 모두 전통적인 남성성과 여성성으로부터 양성성(androgyny)으로 변화된다. 그래서 노인들은 남녀 간 성역할 유사성 경향이 높게 나타난다.

일반적으로 자기존중감(self-esteem)은 중년기에 약간 증가하고 안정적이 되다가 50대에 이르게 되면 점차적으로 쇠퇴하기 시작한다. 노인 말기에는 수동적이고, 순응적이고, 조심스러워지는 성격을 나타낸다.

성인들은 이와 같은 신체적, 인지적, 성격적 변화를 경험하면서 결혼, 자녀양육, 자녀결혼, 손자녀 돌보기, 배우자나 본인 사망에 대한 준비 등의 사회적 인간으로서의 제반 삶의 과정을 성공적으로 거쳐 가야 한다. 모든 사람들은 누구나 다 생의 특정한 한 시기에 발생한다고 예측되는 그리고 적절하게 극복해야 될 필요가 있는 '발달과업(developmental task)' 에 부딪치게 된다. 결혼 전의 짧은 초기 성인기 그리고 결혼 후의 중년기, 노년기의 발달과업을 순조롭게 수행하는 작업은 한 개인의 결혼생활의 행 · 불행에 영향을 미친다.

2) Havighurst의 성인기 발달과업

Havighurst(1972)는 성인기를 18세부터 30세까지의 초기 성인기, 30세부터 60세까지의 중년기 그리고 60세 이후의 원숙기로 구분하였다. 다음의 〈표 9-1〉에는 이런 세 시기에 부딪치는 주요 발달과업을 간략하게 요약했다.

이 같은 Havighurst의 성인기 발달과업은 현대 서구사회에서 일어나는 대표적 발달과업을 기술한다는 점에서 문화적 한계를 갖는다. 또 그는 모든 사람들이 결혼하고 자녀를 갖는다는 것을 전제로 한다. 그러나 한국사회같이 결혼하여 자녀를 갖는 부부 역할과 노부모를 부양하는 자녀로서의 역할 등과 같은 포괄적인 내용을 포함하고 있기도 하다.

표 9-1 Havighurst의 성인기 발달과업

발달단계	발달과업
초기 성인기 (약 18~30세)	1. 직업얻기 2. 배우자 선택하기 3. 배우자와 결혼생활 익히기 4. 가족형성 5. 자녀양육 6. 가정과 가족 꾸려나가기 7. 시민으로서의 의무 익히기 8. 마음에 맞는 사교집단 찾기
중년기 (약 30~60세)	1. 십대자녀들이 책임 있고 행복한 성인기가 되도록 돕기 2. 성인으로서 사회적 그리고 시민의 의무를 다하기 3. 직업에서 만족스러운 수행과 직업경력 관리 4. 성인 여가시간 활동을 개발 5. 자신의 배우자를 한 개인으로 대하기 6. 노부모에 적응하기
원숙기 (약 60세~죽음)	1. 신체적 능력과 건강이 나빠지는 것에 적응하기 2. 은퇴와 감소된 수입에 적응하기 3. 배우자의 죽음에 적응하기 4. 동년배 집단과 사교관계의 확립 5. 융통성 있게 사회적 역할을 수용하고 적응하기 6. 생계수단의 확립

3) Gould와 Levinson의 성인기 발달단계

Gould(1978)와 Levinson(1978)은 Havighurst에 비해 성인기 단계를 세분화하여 각기 7단계와 8단계로 나누어 성인기 발달의 변화와 발달과업들을 이론화했다. Gould는 남자와 여자를 포함한 심리치료의 외래환자와 중류층 백인을 표본으로 하였으며, Levinson은 흑인과 백인 그리고 노동자를 포함한 남자만을 대상으로 연구하였다.

Gould는 각 단계에서 결정적인 문제는 사람들이 아동기 때 형성한 생에 대한 '잘못된 가정'을 파기하고 도전할 수 있느냐에 중점을 두고, 각 단계의 내용을 재평가하고, 거부되어야만 하는 잘못된 주요 가정과 하위 가정들로 구성하고 있다.

이에 비해 Levinson은 개인이 일생의 특정 시기에 갖게 되는 생의 계획이나 기본적 유형을 포함하고 있는 '생의 구조'의 변화를 추적하고 있다. 사람들의 생의 구조는 결혼, 직업, 자녀양육 등과 관련된 선택을 통해 드러난다고 주장한다. 〈표 9-2〉에 Gould와 Levinson의 성인기 발달단계를 비교 요약하였다.

Gould와 Levinson의 성인기 발달단계를 참조하여 결혼생활과 관련 있는 몇 가지 내용을 요약하면 다음과 같다.

첫째, 20대의 미혼 남녀들은 결혼하기에 앞서 부모라는 안전한 안식처에서 과감히 떠나야 한다. 사람들이 독립을 시도하고자 할 때는 정서적으로 미래에 대한 불확실감을 갖게 된다.

표 9-2 Gould와 Levinson의 성인발달단계의 요약

단계	Gould의 성인발달
16~18세	부모로부터 벗어나고 싶은 강한 욕망을 느끼나, 자중성은 확고하지 못하다.
19~22세	가족과 어느 정도 분리되고자 하며 길들여지는 것에 대해서 걱정한다.
23~28세	가족으로부터 분리되고, 자율적이고, 안정감을 느낀다. '지금' 이 생을 살고, 성장하고, 확립하는 시기임을 느낀다. 또래집단이 중요하지만 자기확신이 더 중요하다.
29~34세	자신이 하고 있는 일에 의문을 제기하기 시작한다. 자신이 하기로 예정된 일에 싫증을 느끼나 지속한다.
35~43세	자신의 청소년 자녀들의 행동을 형성하기 위해 제한해야 되겠다거나 또는 "그 일을 달성해야겠다."는 시기다. 그들의 부모는 참아 왔던 오랜 갈등을 다시 일으킨다.
44~53세	"죽음이 다가왔다."라고 느끼고 생을 비통하게 바라본다. 부모를 원망하고 아이들의 잘못을 발견하지만 배우자로부터는 동정심을 추구한다.
54~60세	40대보다는 덜 부정적인 감정을 느낀다. 자신, 부모, 자녀 그리고 친구들과의 관계가 좀 더 온화하고 원숙해진다. 부부의 행복과 만족함이 증가한다.

단계	Levinson의 성인발달
17~22세	사춘기를 벗어나서, 성인생활에 예비적인 선택을 한다.
22~28세	사랑, 직업, 친구관계, 가치관, 삶의 형태 등을 주도적으로 선택
28~33세	생활구조의 변화: 적절한 변화 혹은 스트레스가 많은 위기
33~40세	사회에서 적합한 지위를 확립하고, 가족과 직업성취를 계획대로 진행한다.
40~45세	생의 구조가 의문스러워지고 대개는 생의 의미, 방향 그리고 가치에 있어서 위기가 닥쳐온다; 소홀하게 다루었던 자신의 다른 면(재능, 욕망, 포부)을 표현하고자 한다.
45~50세	선택을 해야 하고, 새로운 인생구조가 형성된다; 새로운 과업을 수행해야 한다.
50~55세	인생의 구조를 더욱 의문시하고 수정한다; 40대에서 이 위기를 겪지 않은 사람은 이 시기에 경험하기 쉽다.
55~60세	새로운 인생의 구조를 확립한다; 더욱 큰 충족의 시기가 될 수 있다.

그러나 이제 자기 자신만의 인생을 학습하고 그에 필요한 현실적이고 실제적인 능력을 갖춤과 동시에 부모로부터 완전한 심리적, 경제적 독립을 성취해야만 한다.

둘째, 20대 후반부터 본격적인 성인의 세계로 들어가면 직업을 결정하고, 배우자를 선택하며, 가족을 구성하게 되면서 비교적 안정적인 모습을 갖추게 된다. 그러나 결혼 초기에 해당하는 부부들은 설사 신체적, 경제적으로 독립을 이루었다 해도 부모의 가치체계에 대한 간접적 의존은 아직 남아 있을 수 있다. 그러므로 생의 전반적인 가치체계와 삶의 운용방식에 대해 자신들에게 후원자, 역할 모델, 조언자, 선생님의 역할을 해 줄 수 있는 좀 더 나이 많고 경험이 많은 부모 이외의 지도자(mentor)와 관계를 형성할 필요가 있다.

셋째, 20대에 결혼한 30세 전후의 부부들은 자신들이 지금까지 살아온 인생—결혼, 가족, 직업선택, 가정과 직업에 대한 최선—에 대한 내적 소용돌이에 빠지게 되는 경향성이 있다. 이제 자신의 미래 인생도 변화하기는 어려운 모든 선택이 '닫혀져 있다.' 는 심리적 절망감을 경험하기도 한다. 부부들은 이 시기에 자신들의 인생과 가족생활을 차분하게 돌아보고 미래의 인생에 대한 합리적이고 균형감 있는 계획을 수립할 필요가 있다.

넷째, 대개의 사람들은 30세를 전후한 '생의 일시적 회의감'을 잘 극복하고 미래의 생에 대한 가치관과 계획에 의해 30대 동안 남자는 남편과 아버지 그리고 직장의 한 구성원으로서, 여자는 아내와 어머니로서 가사 및 자녀양육 그리고 직업생활에 확고한 신념을 가지고 전념하게 된다. 이 시기의 부부들은 가장 적극적으로 각자의 역할에 따라 생의 최상의 결과를 획득하기 위해 진력해야 하고 가정생활의 기반을 확고히 형성해야 한다.

다섯째, 30대 10년간의 생에 전념했던 성인들은 40세경을 전후로 또 한 번의 생에 대한 재평가의 기회를 갖게 된다. 최선을 다해 왔지만 직업이나 가정에서의 성과들이 덧없음을 실감하게 되며, 더군다나 인간으로서 어쩔 수 없는 노화과정의 종말인 인간의 운명적인 죽음을 인정하게 된다.

40대 10년간에 걸쳐 '중년기의 위기'를 경험하거나 부부관계가 소원해지기 쉽기 때문에 부부관계를 재조정할 필요가 있다. 이때의 아내들은 자녀양육의 역할이 감소되어 일시적인 심리적 허탈감에 빠지기 쉽다. 따라서 적극적으로 자신의 정체성을 확립하려는 시도를 하게 된다. 그래서 40대 중년의 아내들은 다시 취업과 재취업 및 사회활동의 확대를 시도하게 되고, 남편들은 아내와는 다르게 자신의 관심과 에너지를 직장과 사회생활로부터 가족으로 전환하기 시작한다. 이와 같은 남편과 아내의 관심 초점의 방향이 전환하는 관계로 부부간에 갈등이 빚어지기도 한다.

여섯째, 50대와 60대의 남성들은 지금껏 진력해 왔던 직장생활로부터 은퇴하여 생활영역과 활동이 제한되기 때문에 가정에 머무는 시간이 많은 반면, 여성들은 막내 자녀의 결혼과 동시에 자녀양육의 부담에서 완전히 벗어나고 줄어든 가사일 때문에 사회적인 활동을 할 수 있는 심신적 여유를 갖게 된다. 그러므로 부부간 역할과 생활 패턴의 재조정이 요구된다. 그러나 적절한 일상생활의 계획이 없거나 그럴 만한 능력이 없는 50, 60대나 노인기 말년에 이르는 사람들은 자신이 속해 있는 사회로부터 점점 격리되는 '이탈(disengagement)'을 적절히 수용해야만 한다.

2. 부부 역할

1) 역할의 개념

역할이란 개인이 가족이나 기타 사회집단 내에서 차지하는 특수한 위치와 관련된 행동 · 의무 · 권리에 대한 기대, 사회규범과 문화적 · 심리적 요인, 다양한 환경 속에서의 인간관계에 의해 이루어진다(가족 · 환경연구회, 1986). 즉, 역할은 한 개인이 속해 있는 집단 내에서 자신이 차지하고 있는 일정한 지위에 적합한 행동으로서, 그 적합성 여부는 사회 전체적인 규범, 관습, 법률, 문화, 제도에 의해 규정되기 때문에 시대적 가치와 환경의 변화에 따라 달라지게 된다. 또한 한 개인은 자신의 역할에 따라 행동에 대한 책임과 권리를 갖게 된다.

역할은 그 과정에 초점을 맞추어 볼 때 역할기대, 역할수행, 역할인지의 세 가지 측면이 있다. 역할기대(role expectation)는 역할담당자의 역할수행을 평가할 때 평가적 기준이 되며, 역할수행(role performance)은 역할 담당자가 실제로 행하는 행동을 의미하며, 역할인지(role cognition)란 역할 담당자 스스로가 갖는 자신의 역할에 대한 인식을 뜻하는 것이다. 그러므로 역할인지 · 역할기대 · 역할수행 간의 교차적인 질적 · 양적 차이에 따라 역할 담당자의 역할수행에 대한 평가가 크게 달라진다(이정우 외, 1997).

역할기대는 의미 있거나 보완적인 타인(complementary other)으로부터 발생한다. 일반적으로 자신에게 의미 있는 중요한 사람들인 부모, 형제, 교사, 친구, 애인 등이 나의 미래 행동의 역할에 대한 기준을 정하게 된다. 보완적인 타인이란 우리 자신의 역할과 관련된 역할을 수행하는 사람을 뜻한다. 예를 들면, 내가 남편인 경우에는 아내가 되고 내가 아내인 경우는 남편이 되며, 학교의 교사에게는 학생이 그리고 학생에게는 교사가 보완적인 타인이 된다. 이 같이 한 개인들이 처해 있는 상황과 지위에 따라 보완적인 타인들은 서로에게 일정한 역할기대를 갖게 된다.

역할수행은 역할기대와 마찬가지로 사회적 혹은 문화적 규범, 의미 있거나 보완적인 타인들의 반응과 그 역할수행, 역할수행에서의 개인적인 능력들에 의해 영향을 받는다. 자신의 역할을 제대로 하고자 하는 책임감이 발달되어야 한 개인이 갖는 역할이 제대로 된 기능을 수행하게 된다. 역할에 대한 책임이 없다면 역할수행은 제대로 이루어지지 않고 가족을 포함한 모든 집단들이 정상적으로 존속할 수 없게 된다.

또한 한 개인의 역할인지에 따라 자신에게 의미 있거나 보완적인 타인들이 갖는 역할기대와 자신의 역할수행 간에 질적 · 양적인 차이가 생긴다. 그러므로 한 개인에 합당한 역할행동의 전반적인 과정은 역할기대, 역할수행, 역할인지 세 과정의 조화로운 운용에 영향을 받는다.

역할의 세 가지 과정을 부부관계에 적용해 보면, 부부가 상대 배우자에게 기대하고 있는 만큼 상대가 역할수행을 잘 해 준다면 부부관계는 원만해질 것이고, 반면에 상대 배우자에게 갖는 역할기대에 상대의 역할수행이 못 미칠 경우에는 부부간에 갈등이 있게 될 것이다. 그러므로 부부 각자가 갖는 역할인지, 상대에 대한 역할기대, 상대의 역할수행의 정도는 부부관계에 지대한 영향을 미치게 된다.

모든 사람들의 역할에 관계되는 역할의 세 가지 요소는 시대의 사회 · 경제 · 문화적 환경의 변화에 따라 달라지기 마련이다. 또한 각 요소에 대한 개인적인 속성도 개인차가 있기 마련이다. 부부 역할도 한 사회가 규범적으로 제시하고 권장하고 있는 내용과 부부 각자가 개인적으로 갖는 역할요소의 내용이 다른 경우에는 부부관계에 절대적인 영향을 주게 된다.

2) 부부 역할의 기능

시대의 변화에 따른 사람들의 남녀 성역할에 대한 변화, 결혼과 가족에 대한 가치관의 변화로 인해 부부 역할에 대한 개념적 속성도 많이 달라지고 있다. 그러나 사람들이 결혼이라는 전통적인 제도에 순응하여 결혼생활을 하는 경우에는 부부 각자는 부부로서 또는 부모로서 행해야 할 기본적인 역할기능이 있기 마련이다. 유영주(1984)가 제시한 내용을 참조하여 주요 부부 역할 기능을 다음과 같이 요약했다.

자녀양육과 사회화의 역할 부부는 자녀들의 의지와는 상관없이 자신들의 사회적 · 성적 욕구에 의해 자녀를 출산한다. 따라서 부부에게는 자녀의 심신적 발달을 도모하여 자녀가 한 사회의 정상적인 구성원으로서의 자질과 능력을 가질 수 있는 사람으로 성장시켜야 할 역할이 지워진다.

자녀양육과 사회화는 그 내용상 근본적인 차이점이 있다. 자녀양육은 인간이라는 동물로서의 자녀를 건강하게 성장시키는 것이고, 사회화란 자녀가 속해 있는 특정 사회의 한 구성원으로서 적절하게 적응하며 살아갈 수 있는 인간으로 성장시키는 것이다. 따라서 부모 입장에서 자녀양육은 매우 일상적이고 기계적인데 비해서 사회화는 한 사회의 제반 여건의 변화를 적절히 반영해야 하기 때문에 복잡하고 가변적일 수밖에 없다.

친족에 대한 역할 현대 사회에 들어 친족에 대한 중요성이 감소되고 있으나 여전히 친족 간의 정서적이고 감정적인 유대의식은 강하게 지속되고 있으며, 또한 강조되고 있다. 친족 조직은 특별한 호혜적 지위에 있는 사람들 간의 의무와 감정으로 묶여 있다. 여성과 아내의 지위가 향상됨에 따라 과거에 비해 자녀들의 외가에 대한 상호 왕래와 감정적 유대가 깊어지는 경향이 있다.

남편들은 자녀들의 친가에 대한 소원한 태도에 대해서 아내와 자녀 모두에게 실망감을 갖고 있다. 그러므로 부부들은 서로 평등한 입장에서 상대 배우자의 본가에 대한 관심과 배려를 지속시켜야 한다.

공급자 또는 관리자로서의 역할 전통적인 부부 역할에 해당되는 것으로서, 공급자 역할은 주로 남편의 역할로서 가족유지에 가장 기본이 되는 재화를 생산과 교환을 통해 획득하는 행위를 말한다. 이에 비해 아내는 공급자로서보다는 남편이 획득한 재화를 가족구성원들의 편안한 생활을 위해 보다 효과적으로 선택, 사용, 비축하는 역할을 담당한다.

성역할의 변화와 여성 취업의 증가로 인해 이 같은 부부 역할의 부부간 차이가 매우 애매해졌다. 남편과 아내는 서로의 직업상황과 개인적 특성을 고려하여 공급자와 관리자로서의 역할을 서로 적절하게 분담하는 경향을 보인다.

성적인 역할　부부간에 있어서 성은 상호 인간적인 본성인 성적인 욕구를 충족시킴으로써 신체 · 정서적 만족을 추구할 뿐만 아니라 자녀생산의 수단이 되므로, 매우 중요한 부부 역할 영역이 된다. 다른 역할에 비해 사회적으로 명백히 기대되는 부부간 성역할 내용은 불분명하다.

사회적으로 부부간에는 성적 파트너로서의 독점권과 배타성을 합법적으로 인정하고 있는 정도이다. 그러나 부부 각자의 성에 대한 태도와 성적 행위의 습관, 성적 지식의 여부에 따라 상대 배우자에게 기대하는 성적 역할과 성적 역할수행 간에는 많은 간격이 발생되기 쉽다. 따라서 부부간 성적 역할은 상호 개방적인 자세로 점진적으로 조화롭고 만족스러운 역할수행의 준비를 해 나가야 한다.

오락과 휴식의 역할　현대 사회의 가족구성원들은 각자의 연령과 사회적 지위에 따라 일정한 역할을 수행해야 하는 기본적 부담들을 안고 있을 뿐만 아니라, 산업사회의 거대한 체제 아래 경쟁적 삶을 살아야 한다. 사람들 간의 상호작용은 빈번해지지만 정서적 긴밀감은 감소되고 타인의 사적 영역 속에 깊이 개입하지 않는 것을 상식화하고 있다. 따라서 개인적 스트레스를 해소할 만한 인적 대상이 매우 한정적이다.

이런 삶의 구조에서 부부들은 상호 가장 친밀한 대상으로서 사회적 · 심리적 지원자로서의 역할을 수행하게 된다. 또한 현대 가정은 과거에 비해 재화의 생산 기능은 거의 소멸되고, 일과 사회생활로 소모된 에너지를 재충전할 수 있는 휴식처로서의 기능이 더욱 중요해졌다.

3) 부부 역할의 변화

부부 역할에 대해서 Parsons(1955)는 남편은 주로 과업수행 · 문제해결 · 직업 등의 도구적 역할(instrumental role)을 담당하며, 아내는 가족구성원들 간의 통합 · 긴장완화 · 정서적 안정 등의 표현적 역할(expressive role)을 담당한다고 하였다. 이 같은 부부 역할의 분화는 경제적 발전을 추구했던 산업사회의 초기에는 유용한 기능을 가지고 있었다.

현대 한국 사회의 부부관계에서도 Parsons의 부부 역할 구분이 기본적으로 존재하고 있다. 즉, 남편은 생계부양자(husband-breadwinner), 부인은 가사담당과 자녀양육자(wife-homemaker)라는 기본적 부부 역할의 형태를 유지하고 있다. 그러나 가족이 핵가족화되고, 여성들의 교육수준이 높아지며, 남녀간 성역할의 융통성과 남녀 평등의식의 팽배, 자녀 수의 감소, 여성 취업의 증가 등과 같은 원인에 의해 부부 역할에 대한 고정적이고 전통적인 구분이 점차 약화되고 있다.

Adams(1980)는 부부 역할의 변화과정을 전통주의(traditionalism), 신전통주의(neo-traditionalism), 평등주의(equalitarianism)의 입장에서 설명하고 있다.

전통주의는 부부 역할의 구분이 뚜렷하여 남편과 아내는 서로 분리된 채 역할을 수행하며 서로의 역할에 관여하지 않는다. 이에 비해, 신전통주의는 남녀 모두가 직업을 가질 수 있으나, 남편의 직업에 의해서 주거지가 결정되고 수입 면에서도 비중을 많이 차지한다. 전통주의에 비해서 아내에게 직업적 역할의 기회가 주어졌으나 여성이 가사와 직업의 이중적 역할을 수행할 수 있을 때에만 허용된다. 즉, 여성의 사회적 및 직업적 진출은 상황에 따라 허용되지만 남편의 가사분담과 같은 협조 역할은 기대되지 않는다.

평등주의 부부 역할은 부부가 각기 남편 · 부인이기 이전에 한 사람의 인간으로서, 개인적인 삶의 목표와 능력에 따라 원하는 역할을 선택적으로 수행할 수 있는 것을 말한다. 이에는 부부직업형(dual career), 역할공유형(role sharing), 역할전환형(role reversal)으로 구분된다.

부부직업형은 부부 각자가 자신의 능력과 소질에 따라 직업을 가지며, 직장생활을 통해 경제적 자립과 자아실현을 추구한다. 역할공유형은 경제적 생산과 소비, 가사, 자녀양육, 의사결정 등의 모든 역할을 공평하게 분담하는 것이다. 그러나 부부 각자의 소질과 취향 및 직업적 상황에 따라 전통적인 부부 역할이 역전된 역할전환형도 가능하다. 특히, 현대 사회가 정보화 산업으로 개편되고 여성들이 전통적인 남성들의 직업 영역에 참여하는 비율이 점차 높아지면서 역할전환형의 부부관계가 점점 정상적인 부부 역할 유형으로 인식되고 있다.

현대 한국 사회의 부부 역할은 전통주의, 신전통주의, 평등주의 세 유형이 고루 혼재되어 있는 상황이다. 그러나 젊은 세대의 부부들은 신전통주의를 근간으로 하고 있지만 빠른 속도로 평등주의적 부부 역할로 진전되어 가고 있다.

사실 부부 역할의 변화는 여성들의 지위향상 및 직업활동으로 인해 나타난 현상이기 때문에, 남편들은 대개의 경우 자신들의 전통적인 생계부양자로서의 역할에 가사분담이라는 역할을 더하는 것이고, 아내들의 입장에서는 새롭게 추구하는 역할로 인해 가사부담과 자녀양육의 역할을 남편에게 협조받아야만 하는 상황으로 전개되고 있다.

따라서 아내는 물론이고 남편의 입장에서도 쉽게 평등주의적 부부 역할에 적응하기는 어려운 점이 있다. 특히, 아내들에게는 부부간 평등주의적 역할의 실행이 현실적으로 해결되어야 할 문제인 데 비해서 남편들은 관념적으로는 부부간의 평등을 잘 인식하고 있지만 실제적인 실천은 미약한 편이다.

사회가 변화하면 가족도 변화해야 하고 가족의 핵심인 부부간의 부부 역할도 변해야 한다. 동등한 인격체로서의 남녀가 각자의 삶을 추구하는 데 배우자들은 상대의 조력자가 되어야 한다. 영국의 사회학자 Young과 Wilmote가 지칭한 '동반자적 부부관계'는 우리가 지향해야 할 부부 역할이라 할 수 있다. 동반자적 부부란 가사와 자녀양육의 주된 책임은 아내에게 있지만 남편이 이에 적극 참여하고, 남편에게는 가족구성원의 경제적 부양에 주된 책임이 있지만 아내의 자유의사와 선택에 의해 능력껏 경제적 책임을 분담하는 것이다.

UN(1994)이 제시한 동반자적 부부관계의 구체적인 특징을 보면, 협동적 구조 · 평등한 권리와 권력의 사용 · 성역할 개념의 융통성 · 가족활동 함께 하기 ·

가사의 공평한 분배 · 경제적 책임의 공유 · 자녀양육의 공동책임 · 공동의사결정 그리고 변화에 대한 개방성 등을 들고 있다(김태현, 이성희, 1996). 이 같은 부부관계는 부부생활의 전 분야에 걸쳐 민주적이고 평등한 부부 역할을 보여 주고 있다.

부부간의 역할 변화에 대한 간략한 요약이 〈표 9-3〉에 제시되어 있다(가족 · 환경연구회, 1986). 이제 현대 사회의 부부들은 원만하고 행복한 부부생활을 영위

표 9-3 부부간의 역할 변화

부부유형	부부 역할
전통적인 부부	1. 남편은 지배, 부인은 종속 2. 부인은 가사노동, 남편은 생계책임자 역할, 엄격한 역할 구분 3. 극히 소수의 부인이 취업하나 남성보다 보수가 낮음 4. 남성 · 여성에 대한 고정관념이 지배적 5. 소녀는 결혼, 소년은 성공이 주된 관심사 6. 자녀는 신의 뜻에 의해 출산 7. 사랑은 젊은이들의 미성숙한 일 8. 자녀 돌보기는 모, 양육비는 부의 책임 9. 이혼은 실패로 간주 10. 위자료를 기대하고 받음 11. 여성은 상냥하고 남성은 강하고 씩씩하도록 사회화 12. 성차별, 남성우위
융통성 있는 부부	1. 인생의 평등한 동반자 2. 부인은 선택적으로 취업, 남편도 가사에 관여, 역할 구분 모호 3. 능력에 따른 동등한 보수 4. 남녀 모두 재능 · 취미를 자유로이 개발 5. 남녀 모두 교육 · 사회 · 경제분야에 능력껏 공헌 6. 부모의 책임감 있는 가족계획하에 자녀 출산 7. 사랑은 지속되는 상호관계에서 성숙됨 8. 자녀양육은 부모 모두의 책임 9. 죄책감 없이 이혼 가능 10. 위자료는 부부 모두에게 합당치 못함 11. 희로애락의 솔직한 감정표현이 상호이해에 기여 12. 성차별은 남녀 모두의 권리와 기회를 빼앗는 것임

자료: 가족 · 환경연구회(1996).

하기 위해서는 사회의 변화에 잘 적응할 수 있는 부부 역할을 진정으로 수용하고 실천하는 융통성을 지녀야 할 것이다.

3. 부부 의사소통

1) 의사소통의 개념과 수단

의사소통을 뜻하는 커뮤니케이션(communication)이라는 용어는 라틴어의 'communicare'가 어원이며, 나누다, 전달하다, 공동으로 하다 등의 의미를 지니고 있다. 즉, 의사소통이란 어느 한쪽의 일방적인 의사전달이 아니라 상호 공유의 결합 그리고 상호 이해의 과정을 필요로 하는 과정임을 의미한다(이정춘, 1994). 즉, 의사소통은 두 사람 이상의 사람들 간에 세상의 제반 현상에 대한 각자의 의견, 사실적 인식, 가치관, 신념과 같은 다양한 메시지를 주고받는 과정을 말한다.

커뮤니케이션을 구성하는 기본 요소는 크게 송신자, 메시지, 미디어, 수신자 네 가지로 구성된다. 송신자는 메시지를 담은 언어를 일정한 미디어를 통해서 수신자에게 전달하고, 수신자는 송신자의 언어를 수용하고 이해한 바를 피드백의 과정을 통해 원래의 송신자에게 전달한다. 의사소통은 송신자와 수신자 간의 메시지의 주고받음이 지속됨으로써 이루어진다. 효과적인 의사소통에는 기본적으로 송신자의 개인적 태도, 지식, 경험, 기술 등의 수준과 분명한 의사전달 능력수준도 중요하지만, 수신자의 지능, 동기, 성격과 같은 자질이 수신자의 메시지 수용에 영향을 주기 때문에 송신자와 수신자 간의 메시지의 공감 정도가 매우 중요하다.

메시지를 담아 상대에게 그 내용을 전달하는 수단으로는 크게 언어적 수단과 비언어적 수단이 있다. 모든 의사소통 수단은 상징적 의미를 지니고 있기 때문에 송신자와 수신자 간에 의사소통 수단에 대한 의미의 일치나 합의가 전제되어야 한다. 언어적 수단은 모든 언어적 행동과 말을 지칭한다. 언어적 의사소통은 의사소통자가 속한 사회문화권에서 사용하고 있는 단어에 대한 개념상의 정의가 규정되어 있기 때문에 의사소통자 간의 언어적 메시지에 대한 오해는 적은 편이다.

그러나 비언어적 방법은 그 종류가 매우 다양하고 해석이 애매한 경우가 많아 언어적 수단에 비해 의사소통자 간의 오해를 유발하기 쉽다.

비록 안면표정, 눈접촉, 자세, 몸짓, 사람 간의 물리적 거리와 같은 비언어적 수단에 의한 의사소통이 송·수신자 간 메시지의 오해를 불러일으키기도 하지만, 비언어적 의사소통은 언어적인 의사소통의 역기능을 보완하고 의사소통의 효과를 증가시키는 기능을 한다.

비언어적 의사소통의 기능은 다음과 같다.

첫째, 언어적 표현을 대체하는 역할을 하는데 말로써 의사소통을 하는 대신에 머리를 끄덕이거나 좌우로 흔듦으로써 '동의한다' 거나 '반대한다' 는 의사를 표현한다.

둘째, 말과 비언어적 수단을 동시에 하게 되는 경우 언어적 전달을 강조한다. 누군가에게 "빨리 하라." 고 말로써 재촉하면서 동시에 손바닥을 힘껏 부딪침으로써 송신자의 언어적 전달을 강조하게 된다.

셋째, 언어적 전달을 보완하는 기능을 찾는다. 비언어적 수단의 강조기능은 언어와 비언어적 메시지의 의미가 중복되는 경우이지만, 우리는 자주 언어적 메시지와는 다른 내용을 비언어적 수단을 통해 전달한다. 교사가 제자에게 "이렇게 쉬운 문제를 틀리다니…." 라고 말하면서도 학생에게는 '따뜻한 사랑의 미소 '를 보내는 경우가 이에 해당된다.

넷째, 대화의 흐름을 조절하는 기능을 갖는다. 사람들은 대화를 할 준비가 되었거나, 시작하려고 할 때, 흥미가 있을 때 등을 나타내기 위해 눈접촉, 안면표정, 제스처를 사용한다. 대화 도중에 상대에게 직접 "이제 그만해 주었으면 좋겠어." 라고 말하기보다는 시선을 다른 곳으로 돌린다든가 싫증나는 표정을 지음으로써 그러한 메시지를 전달한다.

다섯째, 정서를 전달하는 기능을 갖는다. 사람들이 경험하는 감정과 정서는 매우 미묘하고 복잡하기 때문에 때로는 말로써 표현하기 어렵거나 상대에게 직접 전달하기 곤란한 경우가 많다. 그런데 사람들 간에는 비언어적 수단에 부여되는 정서적 의미에 대해서 공유된 이해가 있다. 어떤 사람이 얼굴을 찡그리고 바닥을 응시하며 어깨를 축 늘어뜨리고 있으면, 대개의 사람들은 상대가 '불행감이나 좌절감' 을 경험하고 있는 것으로 이해하게 된다(Ekman & Friesen, 1969; Mahl, 1968).

2) 효율적인 의사소통

의사소통의 수단인 언어와 비언어 모두 상징적인 체계로 구성되어 있고, 송 · 수신자 간 개인적인 성격, 지식, 경험, 동기, 의사전달능력 등에 차이가 있기 때문에 훌륭한 의사소통을 교환하기란 어려운 일이다. 의사소통을 어렵게 하는 의사소통의 장애물(communication barrier)로는 크게 부주의, 동기적 왜곡, 자기몰두, 방어 등이 있다(Heun & Heun, 1975). 이 네 가지의 의사소통 장애물에 대해서 좀 더 구체적으로 살펴보자.

의사소통에서 매우 일반적인 현상으로 송 · 수신자 간 무관심과 '부주의' 에 따른 오해 발생이 있다. 송신자의 입장에서는 전혀 의도하지 않았던 메시지를 무의식적으로 내뱉는 경우가 간혹 있으며, 수신자의 입장에서는 부주의한 경청이 일반적이다. 기실 수신자의 입장에서는 부주의하기가 쉬운데, 이것은 대부분의 사람들이 분당 약 100~140 단어를 말할 수 있는 반면에, 분당 약 600단어 이상을 수용하고 처리할 수 있는 능력이 있기 때문이다(Adler & Towne, 1975).

사람들은 의사소통 중에 자신이 듣고 싶은 메시지만을 듣고자 하는 경향이 있다. 자신의 신념이나 기대와 반대되는 정보는 무시하고 주로 일치되는 정보에만 선택적으로 주의를 기울이는 '동기적 왜곡' 경향성을 보인다. 특히, 수신자는 자신의 특정한 태도나 가치관 또는 편견에 따라 송신자의 메시지를 선택적으로 듣는 경향이 강하다.

다음으로는 '자기몰두' 라는 장애물이 있다. 자기중심적인 경향이 강한 사람들은 자기연민, 타인의 동정심 유발, 자신의 목적달성, 자기과시 등의 원인 때문에 오로지 자기가 말하고 싶은 것을 전달하는 데만 열중한다. 수신자의 물리적 상황이나 심리적 상태는 전혀 고려하지 않고 심한 경우 수신자의 메시지 수용 여부에는 전혀 관심이 없는 채로 혼자서 일방적으로 자신에 대해서 지껄이는 경우가 있다.

의사소통의 장애물 중 가장 피해가 심각한 것으로 '방어'가 있다. 사람들은 자존심이 심하게 위협받는다고 지각하거나 예상할 때 자신을 보호하기 위해 지나치게 방어한다. 사람들은 특히 타인이 자신을 가치지향적으로 옳다/그르다 또는 선하다/악하다 등으로 평가하려 하거나, 상대가 자신의 생각과 행동을 통제하려 할 때, 송신자가 부나 지위 또는 지적 능력을 과시하려고 할 때 방어적이 된다.

효율적인 의사소통을 이루기 위해서는 위와 같은 장애물의 제거와 함께 말하기와 듣기의 두 측면에서 좀 더 효과적인 방법을 모색해야 한다. 효율적인 말하기와 듣기에 관한 지침들을 〈표 9-4〉에 요약했다(Weiten, 1986; 김시업 역, 1994

표 9-4 효율적인 말하기 · 듣기의 지침

유형	기본 전략
말하기	1. 감정이입(empathy)을 하라. 2. 항상 솔직하고 정직하게 말하라 3. 상대와 동등한 지위와 인격의 입장에 서라. 4. 독선적이지 않고 잠정적인 태도를 유지하라. 5. 분명하고 구체적으로 말하라. 6. 청취자의 태도, 배경, 지능 등과 같은 참조들을 고려하라. 7. 부정적인 정서를 일으킬 수 있는 부담스러운 단어를 피하라. 8. 자신의 언어적 메시지와 비언어적 메시지를 일치시켜라.
듣기	1. 송신자의 말에 관심이 있음을 신체적 언어로 표현하라. 즉, 얼굴을 정면으로 하고 눈접촉을 유지하며 신체를 앞으로 기울인다. 2. 언어적 메시지를 능동적으로 처리하라. 즉, 말의 요점을 검토하고, 다음에 할 말을 예상하고, 말의 속의미를 탐색한다. 3. 언어적 표현과 더불어 송신자의 비언어적 신호에 주의를 기울여라. 4. 메시지의 내용이 애매할 때는 정확한 의미를 직접 확인하라.

참조).

효율적인 의사소통을 추구하는 데 있어 효과적인 듣기보다는 효과적으로 말할 수 있는 능력에 초점이 맞추어져 왔다. 물론 송신자의 말하기 능력은 의사소통의 기본적인 축이 되지만, 결국 수신자가 송신자의 말을 정확히 수용하지 못하거나 오해한 경우에는 정확한 피드백 교환이 이루어질 수 없고, 따라서 상호 이해와 공유라는 의사소통의 목적을 달성하기 어렵게 된다. 사람들의 말하기 능력은 손쉽게 향상되기 어려운 측면이 있지만, 듣기는 수신자의 개인적 적극성과 노력에 의해 쉽게 향상될 수 있다. 그러므로 효율적인 의사소통을 위해서는 기본적으로 상대의 말에 주의와 관심을 기울이고, 상대에게 집중하고 있다는 의미로 상대에게 시선을 맞추는(eye contact) 비언어적 행동이나 질문하기 등의 적극적 경청하기를 통해 상대에 대한 나의 이해를 전달하는 효과적인 듣기가 전제되어야 한다.

3) 부부 의사소통의 기본 전략

사람들은 그 심신적 관계가 긴밀해질수록 '말을 하지 않아도 서로를 이해할 수 있어야 한다.' 는 환상에 빠지기 쉽다. 특히, 사랑하는 사람이나 부부관계는 서로에 대한 이해가 깊고 기본적인 신뢰감이 확고하기 때문에 상대의 개인적 욕구나 기대에 대해서 잘 알고 있다고 착각한다. 그러나 친밀한 사람일수록 상대에 대한 기대수준은 높아지고, 서로 상호작용하는 빈도도 증가함에 따라 상호 내면적인 속성들이 변화하기 쉽다. 특히, 부부관계는 가족생활주기와 각자의 성인 발달단계에 따라 개인적인 변화뿐만 아니라 가정에서 요구되는 역할변화가 심하다. 이런 점에서 볼 때 부부간의 효율적인 의사소통은 결혼생활의 만족 여부에 큰 영향을 미친다.

일반적으로 부부간의 의사소통은 일정한 패턴을 보인다. Hawkins(1977)는 부부 의사소통 유형을 상호 언어적 표현의 정도와 언어 명확성을 고려한 '언어화' 의 정도와 '감정노출' 의 정도에 따라 네 가지 유형으로 구분하고 있다(이정덕 외, 1988).

첫째, 차단형으로서, 모든 문제를 숨기거나 문제삼기를 회피하여 명백하게 언어로 표현하지 않으며 감정노출이 적어 정서적 표현도 거의 없는 경우다. 따라서 일상사에 대한 가벼운 농담이나 사실적인 표현만을 할 뿐 자신의 개인적인 생각이나 느낌 등에 대한 솔직한 표현은 적다.

둘째, 억제형으로서, 감정적인 노출이 많기 때문에 슬픔, 분노, 절망과 같은 감정상태인 경우 감정적인 흥분을 쉽게 알 수 있다. 그러나 감정에 대한 언어적 표현이 적고, 있더라도 분명하지 않는 유형이다.

셋째, 분석형으로서, 언어표현은 많이 하되 감정노출은 매우 자제한다. 따라서 문제에 대한 객관적 사실이나 분석적인 지적에 대해서 자신의 생각만을 상세하게 이야기한다. 따라서 문제에 대한 객관적인 생각만을 알 수 있을 뿐 개인적인 정서적 경험은 알 수 없다.

넷째, 친숙형으로서, 부부간의 다양한 문제에 대해 자신의 생각이나 감정 모두를 직접적인 언어로 매우 상세하게 표현한다.

이 같은 Hawkins의 부부 유형 중 친숙형이 부부간의 가장 원만하고 효율적인 의사소통임을 알 수 있다. 즉, 부부가 결혼생활을 통해 경험하게 되는 제반 문제에 대해서 사실적인 지적뿐만 아니라 문제에 대한 자신의 솔직한 감정을 많은 대화로써 의사소통하는 경우가 친숙형이다. 결국 부부간 효율적인 의사소통을 위해서는 앞서의 효율적인 말하기와 듣기 능력을 제고시킴과 더불어 솔직한 자기

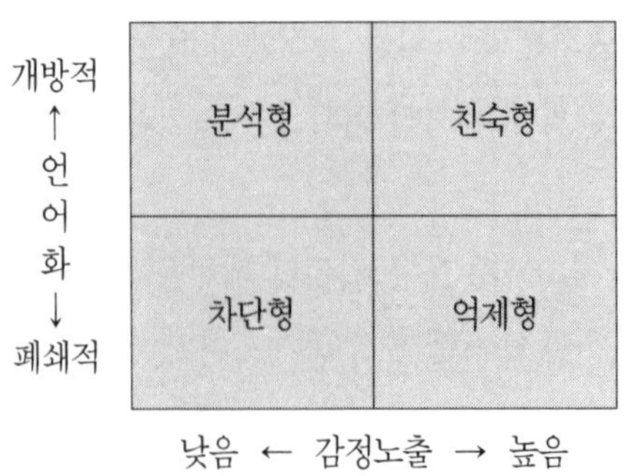

[그림 9-1] Hawkins의 부부 의사소통 유형

노출이 핵심적으로 중요하다고 할 수 있다. 이를 기초로 효율적인 부부 의사소통을 위한 몇 가지 기본 전략을 제시하였다.

첫째, 부부 역할에 대한 확립된 개념을 형성해야 한다.

의사소통의 효율성 여부는 기본적으로 송・수신자의 성격, 태도, 지식, 가치관 등과 같은 개인적 특질에 의해 영향을 받는다. 이러한 개인적 특질은 두 사람이 직접적으로 상호작용해야만 하는 여러 사건과 문제에 대한 시각을 형성하게 되고, 그와 같은 개념적인 시각은 의사소통의 내용에 즉시적으로 반영된다. 부부는 그 어떤 관계보다도 다양한 측면에서 많은 문제를 경험하게 되고 따라서 의사소통의 필요성도 커질 수밖에 없게 된다.

부부생활은 부부 개인 간의 심신적 상호작용뿐만 아니라 부부 각자의 사회생활 및 직장생활에 따른 개인적 영역이 있고, 자녀와 노부모, 친인척과의 상호작용 등 수많은 문제발생의 기회를 경험하게 된다. 결혼생활에서 부딪치는 수많은 경험들은 부부 의사소통의 주요 메시지를 구성한다. 부부간의 수많은 메시지들이 어떠한 내용으로 구성되느냐의 여부는 부부 각자가 갖는 결혼생활에 대한 기본적 가치관이나 상호 부부 역할에 대한 개념적 시각이 크게 영향을 미치게 된다.

예를 들어, 아내는 평등주의적 부부 역할관을 지니고 있는 데 반해 전통적인 부부 역할을 지니고 있는 남편은, 아내가 취업기회에 대한 허용성 여부를 남편에게 탐색할 때 자신만의 입장에만 몰두하여 아내의 말에 경청하지 않고 자신의 생각만을 강요하거나 침묵으로 일관하여 암묵적인 반대 의사를 표현하곤 한다. 아내 역시 그와 같은 남편의 의사소통 메시지와 방식에 반응하여 역기능적인 의사소통 기술을 보일 가능성이 높다. 그러므로 부부간 서로에게 기대되는 부부 역할에 대해 사전 합의를 거친 확립된 개념을 형성하고 이에 대한 상호 이해가 전제된다면 부부 의사소통의 효율적인 기본을 마련하게 될 것이다.

둘째, 적절한 자기노출을 실천해야 한다.

부부관계란 너무나 가까운 사이기 때문에 부부들은 각자 상대가 자신의 감정이나 사고 등을 잘 알고 있을 것이라고 생각하거나 심지어는 잘 알고 있어야 한다고 기대한다. 그러나 아무리 서로 사랑하고 원만한 부부라 할지라도 퇴근해서 집에 돌아온 남편의 야릇한 표정만을 보고서 아내가 남편의 기분상태나 생각을 전부 알 수는 없다. 남편 스스로가 직장일로 인해 생긴 부정적인 감정상태를 말하지 않으면 아내로서는 남편의 기분을 정확히 파악할 수 없다.

따라서 배우자가 나를 알 수 있는 방법은 내가 배우자에게 나의 모든 상태를 솔직하게 이야기하는 것이다. 자녀의 양육 때문에 발생되는 갈등에 대해 남편으로서의 견해와 느낌을 솔직하게 이야기해야만 아내는 남편을 알게 되고, 남편의 솔직한 자기노출에 대해서 아내 역시 자기노출로 반응함으로써 부부간 적절한 합의가 도출되고, 그에 따라 부부 각자는 서로의 역할을 재조정하게 되고 원만한 가정생활을 영위하게 될 것이다.

그러므로 부부간 상호 노출은 효율적인 의사소통을 이루는 데 핵심 전략이 된다. 구체적으로 자기노출적인 의사소통은 'I' 메시지의 상호 교환에 의해 이루어진다. 'I' 메시지는 감정의 원인 진술, 감정의 확인, 상대에 대한 영향의 진술과 같은 세 가지 핵심적 부분으로 구성된다. 예를 들면, "당신이 ○○○했을 때 나는 ○○○했다. 왜냐하면 당신의 그 말(또는 행동)은 나의 감정을 ○○○하게 만들었기 때문이다." 경우에 따라 이와 같은 표현에 이어서 상대의 행동변화에 대한 기대나 욕구 등을 덧붙일 수 있다. "나는 당신이 ○○○말(또는 행동)하기를 정말로 원한다." 처럼 말하는 방법이다.

셋째, 부정적인 감정과 반대되는 비언어적 신호를 사용할 줄 알아야 한다. 부부간 상호 부부 역할을 확립하고 상호 자기노출적인 'I' 메시지는 결국 상호 이해를 도모하여 수많은 문제들을 합리적으로 해결하여 원만한 부부생활을 해 나가는 데 그 목적이 있다. 부부간에 문제가 발생하여 부정적인 감정이 발생하는 경우, 서로의 솔직한 감정노출은 경우에 따라서는 상호 감정의 사실 확인에만 그치고 부부관계의 향상에는 큰 효과가 없을 수 있다. 특히, 감정이 격앙된 상태에서 감정의 솔직한 표현을 통해 상대 배우자에게 자신을 정확히 알리는 것은 중요하지만 그러한 감정을 전환시키는 데에는 도움이 되지 않을 수도 있다.

부부 의사소통은 서로가 모든 측면에서 안정적이고 긍정적인 경우에는 상호 자기노출적인 의사소통이 효율적이다. 그러나 부정적이고 변동이 심한 경우에는 오히려 자기노출이 역기능적 효과를 가져올 수 있다. 부정적 감정으로부터 시작되고 점진적으로 격앙되는 경우에 가장 중요한 대응책은 부정적 감정을 일시적으로 전환시키는, 즉시적인 억제가 요구된다. 이런 경우에 각 배우자는 상대 배우자에게 자신의 감정상태와는 다른 비언어적 신호를 보냄으로써 부정적 감정의 즉시적 억제뿐만 아니라 장기적인 전환의 계기를 마련하게 된다.

예를 들면, 부부 중 어느 한쪽이 또는 두 사람 모두 감정이 격화되어 분노에 휩싸인 경우에, 어느 한쪽에서 미소를 짓고 손이라도 맞잡고 애정의 비언어적 신호를 보내면, 대부분의 부부들은 부정적인 감정을 일시적으로 안정시키게 된다. 이 짧은 시기의 감정의 진정은 감정의 격화를 막아 줄 뿐만 아니라 문제에 대한 냉정한 판단력을 작동시키는 실마리로 작용한다.

인간은 감정에 의해서 행동수행에 영향을 받기도 하지만 어떤 행동을 하느냐에 따라 감정의 변화를 경험하는 존재다. 화가 났을 때는 순간적으로 각자의 감정을 억제하고 그와 반대되는 몸짓을 실행하면 감정 역시 행동과 일치되게 변화한다. 그러므로 부부간 갈등 시에 자신의 솔직한 감정과 반대되는 비언어적 신호를 보내는 의사소통은 문제해결의 중요한 수단이 되는 경우가 많다.

4) 게임적인 의사소통

Eric Berne(1972)은 인간의 성격과 대인관계를 이해하기 위한 접근법으로 교류분석(transactional analysis)을 고안한 학자로, 사람들이 자신의 진정한 동기를 숨기고 속임수를 쓰는 상호작용을 '게임(game)' 이라고 불렀다. 이러한 게임은 의사소통을 통해 진행되는데 겉으로는 합리적인 대화 같지만, 그 이면에 다른 저의가 깔린 이면적 교류로서 상대에게 나쁜 감정을 불러일으킬 수 있는 교류다. 특히, 솔직한 의사소통이 중요시되는 부부관계와 같은 친밀한 단계에서 심각한 문제를 발생한다. 게임을 위한 의사소통은 의사소통의 송신자가 자신의 구체적이고 충분히 예상되는 결과를 향해 진행하기 때문에 수신자의 적대감과 부조화를 유발하게 된다.

'당신만 아니었다면' 게임 이 게임은 '책임전가 게임'이라고도 하는데, 주로 부부에게서 발생하며, 배우자 한쪽이 자신의 행동이 제한받고 있는 것에 대한 책임을 상대 배우자에게 전가시켜 상대에게 죄책감을 느끼게 하는 방식의 의사소통이 사용된다. 예를 들면, 아내가 남편에게 자신의 친구인 "민숙이가 이번 1월에 석사학위를 받는데요."라는 말을 아무런 의도가 없는 것처럼 시작한다. 그러면 남편은 순진하게 "매우 잘 된 일이군." 하고 반응한다. 아내는 이러한 의사소통을 통해 자신이 대학원과정을 그만둔 원인을 남편에게 돌림으로써 자존감을 획득하고 남편은 강요된 죄의식을 갖게 되어 미래의 부부간 상호작용에서 약한 위치에 서게 된다.

'법정' 게임 이 게임은 두 사람 간의 상호작용이나 의사소통 과정에 제삼자를 끌어들여 자기가 옳다는 것을 확인하려 함으로써 상대를 곤혹스럽게 만든다. 예를 들면, 남편이 아내의 면전에서 자기 친구의 아내에게 "명희씨, 제 아내가 어제 친구들하고 지방에 놀러 간 이야기를 들어보시죠? 재미있답니다."라고 말한다. 사실 남편은 아내가 자녀들을 돌보지 않고 친구들과 놀러 간 행동에 대해서 불쾌하게 생각하고 있다. 이런 상황에서 제삼자는 개입하지 않을 수 없고 따라서 아내는 자신의 행동을 제삼자에게 변명을 하지 않을 수 없게 되며, 그 결과 분노와 죄의식을 갖게 되는 의사소통 유형이다.

'궁지' 게임 이 게임의 시발자는 상대를 '백전백패'의 상황에 빠뜨린다. 예를 들면, 평소 가사를 전혀 하지 않는 남편에게 아내가 "여보, 집안 청소 좀 해 주실래요?" 하고 부탁하면, 남편은 예상대로 "안 돼. 내가 어떻게."라는 반응을 보인다. 아내는 기다렸다는 듯이 남편이 기꺼이 해 줄 만한 다른 부탁을 요구한다. "여보, 그러면 집 앞 구멍가게에서 라면 좀 사다 주시겠어요." 하면, 그 정도의 부탁은 남편이 수행하게 된다. 그러나 정작 남편이 라면을 사오면, 특정 회사의 라면을 사오지 않았다느니 컵라면을 사오지 않았다느니 하면서 비난한다.

이와 같은 의사소통에서 상대는 절대 이길 수 없으며, 최초 송신자는 자신의 집안일이나 잡다한 일상사의 수행에 대한 좋은 평가를 획득하면서 자존감을 유지하게 되는 의사소통의 방식이다.

'궁상떨기' 게임 부부 어느 한쪽이 가정경제에 대한 더 많은 통제력을 갖기 위해 사용된다. 예를 들면, 남편이 아내의 낭비적인 소비행동을 억제시키기 위해서 자기로서는 전혀 불편이 없어 바꿀 필요가 없는 고물 자동차를 소중하게 닦고 조이고 하면서 사용한다. "여보, 나 올 겨울에는 밍크코트 한 벌 사 주지 않을래요?" 하는 아내에게, "당신은 내 차가 보이지도 않아? 요즈음 누가 저런 차를 끌고 다니나." 하는 식으로 궁상을 떠는 의사소통을 한다. 이럴 때 송신자는 자신의 불행하거나 불편한 처지를 탄식하여 늘어놓지만 실은 이를 만끽하며 상대의 동정을 사려한다.

'맞아요, 그러나' 게임 배우자 중 한 사람은 어떤 특정 문제에 대해 이미 자기 나름대로 해결책을 결정해 놓고 있으면서도 배우자에게 짐짓 문제해결책을 강구하라고 요구한다. 그러나 배우자가 제시한 의견은 모두 거절된다. 예를 들면, 아내가 "여보, 막내아이가 어떤 대학의 무슨 학과에 진학하면 좋겠어요?" 라고 물으면, 남편은 나름대로의 소신과 의견을 진지하게 이야기한다. 그러나 아내의 반응은 한결같이 "맞아요, 그러나 그 과를 전공하게 되면 취직하기가 힘들어서 안 되겠어요." 하는 식으로 계속 끌다가 최종적으로는 자신의 탁월한 의견을 제시하여 남편의 승인을 얻어 내고야 마는 의사소통 방식이다. 이러한 의사소통은 상대에게 해결책을 구해놓고도 막상 의견을 제시하면 일일이 반론을 제기하여 거부함으로써 상대가 무력감을 맛보게 한다.

위와 같은 게임에서 개입되는 의사소통은 진정한 친밀성을 파괴하는 공허하고, 사기적이고, 기만적인 상호작용을 유발할 수 있는 부정적인 의사소통이다. 결국 두 사람의 감정을 분노, 악의, 소외감으로 증진시키는 나쁜 결과를 가져온다. 이를 벗어날 수 있는 최선의 방법은 게임 유발자 스스로가 자신의 의사소통 방식을 이해하고 개선하는 방법밖에 없다.

부부갈등과 적응

부부란 각자의 성격, 성장배경, 지식, 건강, 생활습관 등이 다른 남녀들의 결합일 뿐만 아니라, 결혼생활을 통해 부부 역할의 조정, 자녀양육과 교육, 자녀결혼, 친인척과의 조화로운 관계형성, 가정경제의 유지와 발전, 노부모의 부양 등과 같은 수많은 도전들에 부딪친다.

부부처럼 상호작용의 빈도가 높고 애정을 기반으로 하는 친밀한 관계에서는 갈등이 더욱 보편적으로 나타나기 쉽다. 갈등은 서로 간의 의견불일치와 같은 부정적 요인뿐만 아니라 깊고 솔직한 자기노출과 같은 긍정적 요인에 의해서도 발생한다. 그러므로 부부의 일생은 수많은 갈등을 합리적으로 해결해 나가야 하는 문제해결의 과정이라고 할 수 있다.

이 장에서는 부부갈등의 영역과 원인, 갈등해결 그리고 결혼생활에 대한 전반적인 부부적응을 탐색한다.

1. 부부갈등

1) 갈등의 개념

Freund(1983)는 "갈등은 두 개인 및 집단 사이에서 일반적으로 권리를 차지하기 위해 서로에게 적대적 감정을 표현함으로써 의도적인 대립 및 충돌을 통해 이루어진다. 기득권을 유지하고 확인하거나 확고하게 하기 위해 이 권리를 획득한 당사자는 폭력까지 사용함으로써 상대방의 저항을 소멸시키려 하는데, 심지어는 타인을 신체적으로 무기력하게 만들려고도 한다."라고 갈등의 의미를 기술하고 있다. 갈등은 사람들 간의 관계에서 불가피하게 발생되는 현상으로 갈등의 결과 상호 결속력을 강화시켜 주기도 하지만 적대감을 유발시키기도 하는 양가성을 지니고 있다.

Scanzoni(1980)는 "갈등이란 가치, 행동, 세력, 자원의 사용과 불만 등의 문제로 자신과 타인과의 투쟁의 결과로 나타나는 것이다."라고 정의하고 있으며, 가족집단은 보다 합리적으로 각 구성원의 욕구가 충족되기 어렵다는 집단적 특징을 지니고 있다고 하였다. 부부관계란 행복한 결혼생활을 영위해야 하는 공동의 목표를 지향하고 있지만 실은 부부란 성격, 지식 정도, 재화생산과 소유, 성장배경, 생활습관, 특정 문제에 대한 상황인식과 해결 능력 등에서는 매우 이질적일 수 있으며, 자녀들이 태어나면 그 자녀들 또한 부모와는 생물사회적으로 매우 다른 존재이기 때문에 각자의 제반 욕구들을 충분히 충족시키기 어렵다. 따라서 가족집단 특히, 부부간에는 많은 갈등이 필연적으로 발생하게 된다.

갈등은 역기능적 부부관계에서는 물론이고 성공적인 부부관계에서도 흔히 존재한다. 모든 부부들이 갈등상황을 경험하게 되는데 갈등해결의 기술을 가지고 있는 부부만이 원만한 결혼생활을 유지할 수 있다. 즉, 공동의 주거공간에서 밀접하게 생활하고 있는 부부들에게 갈등이 없는 상황은 전혀 기대할 수 없다. 그러므로 부부들은 갈등이 없기를 기대할 수는 없지만, 그 갈등을 해결할 수 있는 능력의 함양이 요구된다.

Straus(1979)는 갈등이란 인간의 삶에서 불가피한 것이며, 갈등이 국가 또는 가족과 같은 사회집단들이 파멸하지 않고 유지될 수 있게 하는 기능을 갖는다고 했다. 즉, 갈등이 억제되면 변화하는 상황에 적응하기 어렵고 적대감이 쌓이면 집단결속감이 떨어지게 된다. 대부분의 사람들, 특히 부부처럼 서로 친밀한 관계에 있는 사람들은 갈등을 두려워하며 이를 피하고자 한다. 그러나 갈등의 원인을 제거하지 않는 한 갈등회피는 상황을 더욱 어렵게 만들 뿐이다.

이와 같은 갈등은 부부관계에 긍정적인 영향과 부정적인 영향을 미친다. Stinnett 등(1979)의 갈등이 부부관계에 미치는 긍정적인 영향에 대한 기술을 요약하면 다음과 같다(여성한국사회연구회 편, 1992).

첫째, 긴장을 제거할 수 있다. 갈등의 표출은 마음속에 쌓아 두었던 긴장과 적대감을 해소함으로써 건강한 심신상태로 변화될 수 있다. 갈등이 표출되지 않고 내부에 누적되면 심신적인 질병이 유발될 수도 있다.

둘째, 분노를 감소시킨다. 분노란 상대방에 대해 표현할 수 없거나 표현되지 않은 화가 누적된 것으로, 갈등이 실제적으로 표출되면 분노감정의 해소에 도움을 받는다.

셋째, 문제확인에 도움을 준다. 갈등을 노출시킴으로써 현재 우리의 문제가 무엇인지 정리되고 분명해진다. 문제 중에서 문제의 핵심 이외의 사소한 문제는 버리게 되고, 간혹 문제였던 것이 실제로는 아무 문제가 아니었음을 확인하게 된다.

넷째, 부부관계를 새롭게 평가하게 한다. 부부가 심한 갈등을 통해 자신들의 결혼관계에 대한 새로운 시각과 이해를 갖게 됨으로써 부부간 감정이 더욱 순화되고 밀착될 수 있다. 그러나 갈등 후 결혼관계에 대한 좌절감을 갖게 되면 부부관계가 더욱 소원해진다.

다섯째, 상호 이해를 돕는다. 갈등이 표출됨으로써 직접적으로는 문제에 대한 상대방의 태도, 감정, 가치관 등을 알게 되고, 간접적으로는 상대의 기본적인 성격, 문제해결 능력, 의사소통의 기술 등에 대한 새로운 인식을 할 수 있게 된다.

이와 같이 갈등은 부부관계에 긍정적인 영향을 미치는 반면에, 격렬한 투쟁 끝에 해결되지 않은 갈등은 긴장을 유발하여 심신적인 부적응 증상을 일으키며, 부정적인 감정을 지닌 채로 의사소통이 진행되면 감정은 더욱 격화되어 부부가 갈등해결보다는 부정적 감정의 교환에 에너지를 투입하게 된다. 상대에 대한 비난과 비평과 같은 부적 자극을 교환함으로써 상대의 자존감에 상처를 입혀 부부관계를 소원하게 만들며, 부부간 신뢰와 애정이 감소되어 결혼생활 전반에 걸쳐 역기능적 작용을 하게 되는 부정적인 영향을 가져온다. 그러므로 부부갈등은 갈등해결을 어떻게 하느냐에 따라 부부관계를 진전시키거나 악화시키기도 한다. 따라서 부부는 부부갈등이 전혀 없기를 바라기보다는 효과적인 갈등해결 능력을 갖추도록 노력해야 한다.

2) 갈등의 원인

부부, 애인, 친구와 같은 긴밀한 관계(close relationship)에서의 갈등은 일반적으로 한 사람의 행위가 상대의 행위를 방해할 때 발생한다. 갈등은 상호 행위방해와 같은 행동적 요인뿐만 아니라 가치관의 대립과 같은 인지적 요인, 개인적으로 특수한 감정발생과 그 표출방식과 같은 감정적 요인, 즉 두 사람 간의 모든 측면에서의 상호작용 결과이기 때문에 수많은 갈등문제가 발생한다.

Braiker와 Kelley(1979)는 대인 간의 수많은 갈등문제를 세 가지 일반 범주로 묶었다. 이를 부부갈등에 적용하여 설명하면 다음과 같다.

첫째, 특정 행동의 범주가 있는데, 남편이 술에 취해 집에 늦게 돌아오거나 아내의 생일을 잊어버리는 일과 같이 상대의 특정한 어떤 행동들로 인해 어느 한쪽만이 갈등을 겪는다. 남편이 음악을 크게 틀어 놓고 감상하기 때문에 조용히 독서하고 싶은 아내의 행위를 방해하는 상황처럼 어느 한쪽의 행동이 상대의 행위를 방해하는 갈등도 있다. 또한 어느 한쪽이 상대가 원하는 행동을 전혀 하지 않음으로써 생기는 갈등들도 포함된다.

둘째, 규범과 역할의 범주로서, 부부관계란 자신들이 속해 있는 한 사회의 관습과 법률적 규범에 의해서 서로에게 기대되는 부부로서의 권리와 책임권한을 의미하는데, 이때 부부 역할로 인해 야기되는 갈등문제가 이에 해당된다. 부부관계에 대한 규범과 역할들에 관한 사회문화적 요구들은 시대에 따라서 변화해 가며 동시에 부부간 서로의 역할에 대한 개념적 불일치로 갈등이 유발된다. 부부간 부부 역할에 서로 합의가 이루어진 경우에도 서로의 역할수행 수준의 미흡함 때문에 갈등이 유발되기도 한다.

셋째, 개인적 성향의 범주로서, 부부 중 어느 한쪽이 상대의 특정 행동에 대한 원인으로서 의도와 태도에 대한 탐색을 할 때, '현재 여기서' 발생하고 있는 갈등문제의 원인을 구체적인 부분에서 찾는 것이 아니라 상대의 게으른 성격, 신중하지 못한 태도, 무식, 비양심 등에 불평을 하는 것처럼, 상대의 특정 행동의 원인을 상대의 개인적인 전체적 성향 탓으로 판단함으로써 유발되는 갈등이다. 즉, 이 범주 내의 갈등은 서로의 내면적인 전체적 속성(성격이나 태도)에 대한 부정적 평가 때문에 발생하는 갈등들을 포함한다.

Braiker와 Kelley의 갈등범주 분류는 결국 사람들간의 갈등이 특정 행동, 특정 관계에 해당되는 규범과 역할, 개인적인 일반적 성향 때문에 발생한다고 보고 있다.

Rice(1979)는 부부갈등의 원천을 정신 내적(intrapsychic), 신체 내적(intrasomatic), 상호 정신적(interpsychic), 상황-환경적인 네 가지 범주로 분류하고 있다.

첫째, 정신 내적 원천은 부부 각자가 지니고 있는 개인적인 심리적 요소가 원인이 되는 갈등을 말한다. 한 개인이 가지고 있는 외모와 능력에 대한 열등감, 상대에 대한 끊임없는 불신과 불안한 정서, 자신이 추구하는 이상적인 자기상과 현실적인 자기 모습과의 심한 괴리감 때문에 생기는 정신적 고통처럼 자신의 내면세계에서 발생되는 심리적인 긴장, 불안, 불쾌 등으로 인한 갈등이다.

둘째, 신체 내적 원천이란 한 개인의 일시적이거나 지속적인 생리적 변화나 약화에 따른 신체적 원인 때문에 갈등이 발생되는 경우다. 취업 주부가 남편의 가사분담에 대한 무관심과 비협조로 신체적으로 피로가 누적되거나 질병상태에 빠질 때 부부간에 갈등이 야기된다.

셋째, 상호 정신적 원천, 즉 부부관계에서 두 사람의 상호작용의 결과로 발생되는 갈등이다. 부부 어느 한쪽이 상대에 대해서 기대한 바를 충족시켜 주기는커녕 심한 좌절을 줄 때, 나머지 한쪽은 분노의 감정에 빠져 공격적으로 반응한다. 그렇게 되면 두 사람은 서로 간에 부정적인 언행을 상승적으로 교환하게 되어 심한 갈등양상에 빠지게 된다. 즉, 부부관계의 상호작용적 요인들로 인해 유발되는 갈등을 말한다.

넷째, 상황-환경적인 원천이란 전혀 예기치 못한 사회경제적 여건의 악화로 인해 갈등이 발생하는 경우다. 대부분의 부부에게 직장에서의 해고, 급여감소 등과 같은 경제적 악화는 갈등의 큰 원인이 된다. 마찬가지로 자녀출산과 같은 가족구성원의 변화도 부부갈등을 유발한다.

일반적으로 우리나라 부부들은 성격, 경제, 자녀, 사회문화적 요인, 건강, 가치관이나 생활양식, 대화, 성 문제로 인해 갈등을 경험하며(이정덕 외, 1998), 좀 더 구체적으로 살펴보면 성격과 습관의 차이(33%), 자녀양육 및 교육(30%), 늦은 귀가(21%), 담배 · 술 · 도박(18%), 경제문제(16%), 배우자 가족과의 관계(16%)의 순으로 갈등을 경험한다(변화순, 1992).

이에 비해 미국의 부부들은 의사소통(86%), 자녀(46%), 성(44%), 돈(37%), 레저(33%), 친척과의 관계(28%), 배우자의 부정(26%), 가사(17%), 신체학대(16%), 기타(8%)의 순으로 갈등을 경험한다(Beck & Jones, 1973). 한국의 부부들은 일반적으로 성격문제가 가장 큰 갈등의 원인인 데 비해서 미국의 부부들은 의사소통의 문제가 가장 큰 비중을 차지하고 있다.

부부갈등의 원인의 순서상 위치는 사회시대적인 변화에 따라 달라지며 문화권에 따라 내용이 다를 수밖에 없다. Bjorksten(1983)은 부부갈등은 비현실적 기대, 역할수행의 실패, 외부 스트레스, 상호 이질성, 낮은 자기존중감, 상호 불신과 비협조, 의사소통 기술, 자녀로 인한 역할 및 경제문제, 정신건강, 미성숙 등과 같은 10가지 요인에 의해 발생한다고 하였다.

부부간 갈등을 유발하는 문제나 그 요인은 연구자의 입장에 따라 상당한 차이가 있다. 그러나 대부분의 부부들은 일반적으로 부부 상호적 문제, 자녀로 인한 문제, 가정경제, 외부적 문제로 인해 갈등을 겪는다. 문제의 심각성에 대한 비중은 부부 각자의 주관적인 시각에 따라 다를 수밖에 없다. 중요한 점은 부부가 수많은 갈등을 합리적으로 해결할 수 있는 갈등대처 능력을 지녀야 한다는 것이다.

3) 결혼생활 주기와 갈등

제9장에서 부부관계와 가족생활의 전 생애적인 변화를 탐색하기 위해 Havighurst, Gould, Levinson의 성인 발달단계에 따른 발달과업을 간략히 살펴보았다. 부부갈등은 가족생활주기의 발달과업에 따라 각 주기마다 특징적인 갈등이 발생한다. 김태현과 이성희(1996)는 결혼생활의 각 단계별에 따른 과업과 갈등의 관계를 설명하고 있다. 이를 다음과 같이 요약하였다.

결혼적응기 부부가 결혼하여 자녀를 출산하기까지의 시기다. 결혼조정기라고 하는데, 부부가 적응하기에 힘든 매우 결정적인 전환기라고 할 수 있다.

부부들은 각자의 출생가족으로부터 완전한 경제적, 정서적 독립이 필요한데, 출생가족의 부모와 결혼한 자녀 양쪽의 상호 독립이 이루어지지 않고 부모가 계속 간섭과 통제를 하거나 자녀가 부모와 의논하게 되면, 그 영향은 곧 부부갈등으로 전환된다. 부부 각자의 부적절한 결혼동기, 결혼에 대한 혼전의 기대와 실제의 괴리, 부부 역할의 원만한 조정 여부, 무계획적인 임신과 출산, 상대 배우자에 대해 지나칠 정도의 완벽한 기대, 부부간의 역기능적인 성관계 등은 부부갈등의 주요한 원인이 된다. 이 시기에 형성된 부부상호작용에 대한 의사소통과 의사결정의 방식, 결혼생활에 대한 가치관 등의 문제는 미래의 결혼생활에 그대로 반영될 가능성이 높다.

자녀아동기 자녀가 출생해서 사춘기에 이르는 시기인데, 출산과 더불어 부모로서의 경험을 하게 되며 가족원이 확대되어 결혼생활의 영역이 확대된다. 부부로서의 역할 재조정이 요구되고 적절한 부모역할이 수행되어야 한다. 자녀가 생기면 지금까지의 부부관계중심의 생활에서 자녀중심의 생활로 전환된다. 부부, 특히 아내는 엄마로서 자녀에게 심신적 에너지를 많이 투입함으로써 부부들은 상대 배우자에게 관심과 배려가 적어진다. 따라서 부부관계가 소원해져 갈등을 야기한다.

그러므로 부부는 각자 자신들 사이에 자녀를 적절하게 받아들일 수 있는 여유를 가져야 한다. 자녀가 초등학교 아동으로 성장함에 따라 자녀에 대한 양육방식의 불일치, 부모의 기대에 못 미치는 자녀성장에 대한 책임 소재, 점차 확대되는 가정경제의 지출 요구, 자녀가 부모로부터 심신적으로 독립하고자 하는 경향 등으로 인해 부부갈등이 심화될 수 있는 시기다.

자녀청년기 자녀가 사춘기를 맞이하여 결혼해서 새로운 가정을 이루기 전까지의 시기다. 이 시기의 자녀들은 자기 스스로에 대한 정체감 형성, 이성관계, 진로와 직업의 탐색, 사회진출을 위한 제반 능력의 학습 등으로 인해 많은 좌절과 실망감을 경험하게 된다. 부모는 자녀들 스스로의 성장에서 오는 스트레스를 적절히 통제하고 훈육해야 하는데, 그 과정에서 부모-자녀 관계는 심신적으로 많은 변화를 경험하게 되고, 그러한 것은 즉각적으로 부부관계에도 영향을 미친다. 특히, 자녀가 심신적으로 성장을 완성하게 되는 청년기에는 부모가 자녀에 대한 새로운 인식을 형성하고, 그에 따라 부모 역할을 재조정해야 한다.

자녀는 계속 성장하여 어엿한 성인이 된 시점에서 부모가 자녀의 성장을 인식하지 못하고 '품안의 자식' 만을 고집할 때는 부모-자녀 간 적절한 심신적 독립이 이루어지지 못하게 된다. 청년기 자녀에 대한 부부간 정서적 독립이 불일치되면, 즉 자녀통제와 허용에 대한 남편과 아내의 입장이 다를 경우에 부부갈등이 심화된다.

이 시기는 생활규모의 확대와 자녀교육비의 증가로 인해 가정경제의 운용에 어려움이 커지고, 또한 일반적으로 가정경제의 주수입원인 남편의 직장이나 사회생활에서의 은퇴가 시작되는 시기와 맞물릴 수도 있기 때문에 경제적인 문제로 인한 부부갈등이 증폭되는 시기다. 그러므로 이 시기의 초기에 해당되는 부부들은 장기적인 가정경제계획을 수립하고 이를 실행하는 일이 중요하다.

자녀독립기 성인이 된 자녀가 결혼하여 독립하는 중년기까지에 해당되는 시기다. 이 시기의 부부들은 자녀가 독립함에 따라 부모로서의 공허감, 상실감, 세월의 무상함 그리고 자신들의 심신적 쇠퇴에 따른 인간적 나약함으로 인해 일시적인 공황상태에 빠지게 된다. 특히, 부부관계보다는 자녀와의 관계에 심혈을 기울여 온 부부들일수록 자녀독립에 따른 심리적 공황감과 허탈감은 커지게 된다. 남편보다는 아내가 어머니로서의 자녀양육 역할을 상실하게 됨으로써 정체감이 애매해지는 것 때문에 더 많은 고통을 겪게 된다.

이 시기의 부부들은 이제 부모로서의 역할에서 벗어나 부부 둘만의 관계에 집중하는 부부관계의 재구조화가 필요하다. 부부관계가 갈등적인 경우에는 독립한 성인 자녀를 부부관계에 개입시켜 가족구성원 간의 긴장을 발생시키기도 한다.

이 시기의 부부들 중 독립한 자녀와 함께 확대가족을 이루고 살아가는 경우, 성인 자녀의 결혼생활 전반에 걸쳐 지원을 해 주기도 하지만, 구세대적인 가치와 규범 그리고 경제적 자원으로 심신적 통제를 함으로써 부모와 성인 자녀 간의 갈등을 유발하고, 이러한 부모-자녀 간 부정적 역할은 부모세대인 부부갈등을 유발하는 한 요인이 된다.

이 시기의 부부들 중 대개는 아내쪽이지만, 지금까지의 남편의 구타, 경제적 무능력, 차별적인 대우로 인한 마음의 고통을 오로지 '자식 때문에' 인내하며 결혼생활을 유지해 오다가 자녀가 독립하자마자 기다렸다는 듯이 이혼을 하는 경우도 있다. 이혼을 하지 않는다 하더라도 지금까지와는 다른 태도와 부적절한 언행으로써 부부관계를 변화시켜 부부갈등을 겪기도 한다.

노년기 직장이나 사회생활에서의 은퇴에서부터 죽음에 이르기까지가 해당된다. 특히, 남편이 은퇴생활에 대한 적응에 어려움을 겪는다. 젊은 시절부터 노후경제에 대한 준비를 한 부부들은 그래도 나은 편이지만 대부분의 노부부들은 생계유지는 중장년기 자녀들의 도움으로 해결한다 해도 급격히 많아진 여유시간을 적절히 보낼 수 있는 일상생활이나 레저활동을 하기 어렵게 된다.

또한 자녀는 없고 부부 둘만이 '빈 둥지' 에 남아 생활하는 관계로 이제 '우리

둘뿐' 이라는 심리상태가 되고 그럼으로써 부부간 애정과 의존이 깊어진다. 그러나 부부 두 사람의 상호작용이 빈번해지고 심신적 에너지가 오로지 두 사람의 상호작용에만 집중됨으로써 상대 배우자의 사소한 언행에 대해 갈등을 겪기도 한다.

은퇴 전까지의 남편은 아내의 든든한 심리적 경제적 후원자였지만, 일반적으로 남편의 수명이 짧고 건강이 좋지 못한 관계로 노년기의 남편은 생활의 전반에 걸쳐 아내에게 의존하게 된다. 그렇기 때문에 노년기의 부부관계는 남편 우위 또는 부부 동등에서 아내 우위의 형태로 변화될 가능성이 높다. 남편이 이와 같은 부부 역할의 변화나 역전에 적응하지 못할 때 부부갈등이 발생한다. 그러나 노년 말기의 대부분의 건강한 부부들은 인생을 조용히 관조하면서 생의 마감을 준비하는 동료로서의 상호 연민과 의존으로써 만족스러운 부부관계를 형성한다.

2. 갈등해결

1) 갈등해결의 장애물

부부간 갈등이 없는 결혼생활은 존재하지 않는다. 마찬가지로 백년해로한 부부들 역시 수많은 갈등을 겪는다. 이혼한 부부들 역시 백년해로한 부부들만큼의 갈등을 경험한다. 두 종류의 부부들은 모두 거의 비슷한 양상의 갈등을 경험했다는 점에서는 유사하지만, 한쪽 부부는 살아가면서 '갈등을 해결했고' , 다른 한 쪽은 '이혼으로써 갈등을 해결했다.' 는 점에서 다르다. 부부갈등은 그 갈등이 건설적이든지 파괴적이든지 간에 심신적 긴장과 불쾌감을 유발한다. 그렇기 때문에 부부갈등을 현명하게 해결하는 것만이 부부간 심신적 조화를 가져올 수 있다.

Straus는 부부가 갈등이 있을 때 그 갈등을 표출하는 일반적인 방법으로 이성적 방법, 말다툼, 폭력을 제시한다. 이성적 방법이란 갈등상황에서 부부가 감정을 가라앉히고 차분한 대화를 통해 각자의 생각과 긴장감을 노출하거나 문제해결에 필요한 정보를 찾고 중재자를 탐색하는 것을 말한다. 말다툼의 방법은 상대에게 감정적 불쾌나 분노를 일으킬 수 있는 언행을 하며 협박을 하는 경우로, 모욕과 욕설, 화, 심술, 꼬집기, 위협 등을 통해 서로의 심리적 긴장과 불만을 표시하는 방법이다. 폭력이란 육체적인 힘을 사용하여 상대방을 움켜잡기, 떠밀기, 기물 던지기, 때리기, 차기 등의 강도 높은 신체적 완력의 행사를 말한다(송영자, 1986, 재인용).

갈등을 해결하기 위해서는 우선 부부 서로가 당면하고 있는 상황에 대한 자신의 심리적 상태와 생각들을 이성적인 방법으로 정확하게 교환하는 것이 전제되어야 한다. 말다툼과 폭력적인 방법으로 서로의 괴로움을 표출하는 방법은 갈등을 해결하기는커녕 갈등을 증폭시키는 결과만을 낳는다. 그러므로 말다툼이나 폭력과 같은 상호 갈등상태의 표출방식은 갈등해결의 장애물이 될 수밖에 없다. 갈등해결을 합리적으로 원만하게 이루기 위해서는 부부간의 적절한 갈등표출의 기본 자세를 갖추어야 한다.

이 같은 부적절한 갈등표출방식 외에도 상대방에 대한 인신공격, 갈등이 있다는 사실 자체의 거부, 책임의 회피, 갈등의 원인을 탐색하기보다는 현시적인 표면적 갈등상황에만 집중, 상호간의 감정적 측면은 무시한 채 문제를 지나치게 분석하고 따지는 것, 대화 자체의 거부, 의견불일치를 수용할 수 없는 균형감의 부족, 심신의 피로, 극단적인 분노나 슬픔과 같은 부정적 감정 등과 같은 행위들은 부부의 갈등해결에 부정적인 영향을 미친다(Stinett & Walters, 1977).

부부갈등의 다양성을 감안할 때 부부간 갈등의 대부분은 특정의 정확한 해결방법이 없는 경우가 많다. 단지 최선의 해결책만이 있을 뿐이다. 그러므로 부부갈등을 해결하는 구체적인 방법은 일반적인 해결전략을 제시하는 수준에 그칠 뿐이다. 그러나 부부가 갈등문제를 정확히 인식하고 구체적인 갈등해결 과정을 시도하기도 전에 갈등 사실 자체를 부정한다든가 또는 무조건적으로 화나 분노만을 표출한다든가 하는 행동들은 갈등해결의 시도 자체를 방해한다.

부부가 갈등을 해결하기 위해서는 우선적으로 위와 같은 장애물을 통과해야 하며, 갈등에 대처하는 일반적인 기술과 능력을 유지해야 한다. Bach와 Duetch

는 갈등해결에 필요한 기본 원칙을 다음과 같이 제시하고 있다(김태련 외, 1996).

① 불만을 정확히 표현해야 한다.
② 불만 표현과 함께 필요한 합리적인 변화를 제시한다.
③ 문제를 이해하게 되었을 때, 상대방에게 당면 문제에 대한 인식의 내용과 그 느낌을 명확히 전달해야 한다.
④ 관대한 입장을 유지하려고 노력한다.
⑤ 타협을 시도한다. 상대의 의견이 내 의견보다 더 나을 수도 있다.
⑥ 한 번에 한 문제만을 다룬다.
⑦ 짐작과 추측으로 상대방의 감정상태를 말하지 않는다.
⑧ 과거를 들추지 말고 현재의 당면 문제만을 다룬다.
⑨ 자신의 생각과 감정을 확인한 후 말한다.
⑩ 부부갈등에서는 승패가 없음을 분명히 인식한다.

2) 갈등해결의 지침

원만한 부부들은 대부분의 갈등상황에서 자신들의 사고와 감정을 이성적 방법으로 표출하고 대화를 통해 협상함으로써 문제를 해결한다. 갈등해결을 시도하기도 전에 말다툼이나 극단적인 분노의 감정을 표출하는 일 등은 갈등해결은커녕 부부간 친밀감과 애정의 손상만을 가져온다.

사람들은 대인관계상황에서 갈등에 대처하는 특정한 개인적 유형을 지니고 있다. Weiten(1986)은 Blake와 Mouton(1976) 그리고 Thomas(1976)의 연구를 기초로 사람들의 갈등대처 유형을 다음과 같이 제시하고 있다(김시업, 1994, 재인용).

첫째, 회피형(avoidance)으로, 문제에 직면하지 않고 모른 체 함으로써 갈등해소를 희망하는 사람이다. 대체로 이런 유형의 사람들은 갈등이 매우 불쾌하고 혐오스럽다는 것을 잘 알고 있으므로, 갈등에 직면했을 때는 주제를 변화시키거나 갈등상황 또는 현장으로부터 재빨리 벗어 나온다. 갈등에 대한 회피는 단지 상황을 지연시키거나 대인관계의 단절을 가져올 뿐이다.

둘째, 순응형(accomodation)으로, 회피형처럼 갈등상황에 대해 매우 불편해하며, 자신에 대한 신뢰감이 부족하고 불안정적인 태도 때문에 갈등상황에서 상대방의 입장에 쉽게 굴복한다. 상대로부터 수용받고자 하고 인정받고자 하는 욕구가 강하면서 자존감이 약한 사람은 대부분 이와 같은 항복전략을 사용할 가능성이 높다. 이런 사람들은 상대에 대한 불만족의 감정을 계속 지니고 있으면서도 자신의 '해결책'은 제시하지 않고 굴복해 버림으로써 갈등상황에 더욱 빈번하게 노출된다.

셋째, 지배형(domination)으로, 모든 갈등상황을 승패의 게임으로 인식하고 승리자가 되려고 한다. 이 유형은 이기기 위해서 공격적이고 기만적이고 심지어는 위협과 신체적 완력을 사용하기도 한다. 오로지 상대의 굴복을 강요하기 위해 일방적이고 집요한 행동을 보인다. 상호 수용될 수 있는 갈등해결이 아니므로 패배자는 갈등 후에는 긴장, 원한, 분노, 적대감의 감정을 갖게 된다.

넷째, 타협형(compromise)으로, 서로의 상이한 욕구를 인정하는 실용적인 접근방식을 취한다. '양자의 중간선에서 타인을 만족시키려는' 의지와 협상적 태도를 유지한다. 서로 간에 합리적이고자 노력하지만 자신의 욕구만족을 극대화시키려고 노력한다. 그러므로 가끔은 속임수나 거짓 정보를 사용하는 경우도 있다. 이 방법은 매우 건설적인 갈등해결의 형태이지만 속임수가 개입된다는 점에서 다음의 통합전력에 비해 불완전한 유형이다.

다섯째, 통합형(integration)으로서, 상호간의 만족을 최대화시키기 위해서 서로 진실된 노력을 다하는 사람이다. 이런 사람들은 갈등상황을 최대한 효과적으로 해결해야 할 상호적 문제로 인식한다. 의견의 불일치가 있는 경우 상대를 공격하기보다는 상대의 생각을 공격한다. 또한 상호 입장의 차이점과 유사점을 최대한 분명히 한다. 타협은 단지 서로의 입장간 차이를 줄이려는 데 그치지만 통합은 상호 진실로 만족할 만한 해결책을 찾고자 노력한다. 그러므로 통합형은 갈등해결 후에 상호 신뢰감을 진전시킬 뿐만 아니라 미래의 갈등상황도 감소시키는 효과를 가져온다.

부부가 결혼생활에서 부딪치는 심각한 갈등상황을 두 사람 모두 최대의 만족을 얻을 수 있게 해결하기란 실로 어렵다. 그러나 문제해결을 하고자 한다면 일방적인 승리만을 추구해서는 안 되며, 서로 적극적인 협상을 통해 해결하려는 자세가 필요할 뿐이다.

Cohen(1980)은 "성공적인 협상이란 내가 원하는 것을 얻으면서 동시에 상대가 진정으로 원하는 것이 무엇인가를 인식하고 상대가 그것을 획득할 수 있도록 협조하는 것"이라고 했다. 부부는 갈등상황에서 협상적인 의사소통을 통해, 과연 문제가 무엇인가를 정확하게 인식하고, 해결방법을 최대한 탐색하고, 가장 최선의 방법을 선택함으로써 해결하는 지혜가 필요하다.

Jourard와 Johnson(1975)은 대인관계 갈등을 건설적으로 해결하는 일반적 지침들을 다음과 같이 제시하고 있다.

① 타인의 욕구와 목표가 정당하다는 것과 갈등존재를 인정한다.
② 갈등을 승패의 게임이 아니라 협동적으로 해결해야 하는 상호적 문제로 인식한다.
③ 갈등 최초의 시각과 장소가 아니라 미래의 상호 좋은 시간을 마련하여 갈등해결을 시도한다.
④ 상대방의 입장을 충분히 인식하고 수용해야 한다.
⑤ 정직하고 개방적인 의사소통을 해야 한다.
⑥ 불일치의 경우, 상대를 비판하지 말고 그의 생각에 대해서만 비평한다.
⑦ 상호 사회적 지위를 떠나 동등한 입장에서 대화해야 한다.
⑧ 서로의 개인적 입장이 분명하게 전달되어야 한다.
⑨ 자신의 입장을 수정할 수 있다는 융통성과 자발성을 가지고 대화한다.
⑩ 차이점보다는 유사성을 강조하고, 상호 만족스러운 해결책을 수립하는 데 유사성을 사용해야 한다.

부부가 실제 심각한 갈등상황에 부딪쳐 위와 같은 일반적 갈등해결 지침에 의해서 순조롭게 최대의 만족을 얻을 수 있는 해결책을 얻기는 어렵다.

부부가 감정적으로 극도로 격해 있는 경우 문제를 해결하는 과정은 기계적인 순서에 의해 진행되지는 않는다. 부부 갈등해결은 부부 서로의 의사소통 스타일, 감정과 사고의 표현능력, 상대의 감정과 사고에 대한 인식 능력, 부부 역할과 상호 기대의 정도, 갈등상황의 물리적 · 심리적 환경, 부부간 권력관계, 개인적인 성격적 특성 등의 다양한 요인의 영향을 받게 된다.

그러나 부부생활이란 한 가지 갈등을 해결하고 나면 또 다른 갈등상황을 연속적으로 직면하는 상황이다. 미해결된 갈등이 누적되면 부부 각자의 심신적, 사회적 생활에 큰 영향을 미치고 그것은 자연스럽게 가족생활의 역기능을 초래한다. 그러므로 갈등상황에 직면한 부부들은 갈등에 대한 정서적 고통과 사고적 혼란 및 행동적 무방향성에 침잠되어 있기보다는 갈등을 해결해야만 하고 해결할 수 있다는 갈등에 대한 '과제지향적' 태도를 가져야만 한다. 부부간 갈등은 결혼생활의 보편적인 현상이다. 그러므로 해결하면 되는 것이고 해결될 수 있는 것이다. 그리고 두 사람의 결혼생활은 계속되는 것이다.

실제로는 사소한 갈등은 어느 한쪽의 회피나 순응으로써 그리고 시간이 지나면 해결되는 경우도 많다. 그러나 결혼생활의 위기를 초래할 만한 갈등상황은 반드시 적절한 방법으로 해결되어야 한다. 특히, 현실적으로 해결하기 어려운 문제, 예를 들면 경제위기, 부정행위, 자녀양육관의 극단적 불일치, 배우자 부모에 대한 모멸적 언행, 맞벌이시 남편의 가사에 대한 철저한 무관심 등의 문제들은 분노나 좌절감, 배신감과 같은 극단적인 부정적 감정을 유발할 뿐만 아니라 현실적인 해결도 쉽지 않다. 회피, 지배, 순응과 같은 부적절한 대응으로는 갈등 순간은 모면할 수 있을지 몰라도 갈등해결을 이룰 수 없으며, 더 큰 갈등의 준비를 하는 셈이다. 그러므로 이 문제를 해결해야 한다.

첫째, 부정적 감정의 억제가 필요하다. 부정적 감정이란 서로 교환됨으로써 자연스럽게 부적 감정의 격화(escalation)를 가져와 상대에게 치명적인 충격을 준다. 그러므로 감정억제를 위한 의도적인 행위가 필요하다. 최소한 의식적으로 하나, 둘 … 열까지만이라도 세어 보자. 스스로 감정이 진정됨을 느낄 것이다.

둘째, 갈등 해결을 다음으로 미루는 일이 요구된다. 사람들은 갈등이 격화되었을 때 '지금 바로 여기서' 해결하지 않으면 안 되는 것처럼 생각한다. 그러나 두 사람의 합의하에 좋은 시간과 좋은 장소를 택해 갈등해결의 최초 시기를 선택해야 한다. 시간이 지남에 따라 각자 부정적 감정은 약화되고 나름대로 '갈등상황'에 대한 인식과 대응을 정리하게 된다. 또한 좋은 장소의 분위기는 사람들에게 감정보다는 이성을 그리고 부적 감정보다는 긍정적 감정을 유발하는 조건이 된다.

셋째, '문제' 가 무엇인지를 확인하고 '문제' 에 대한 정확한 인식 및 상대의 내면상태에 대한 분명한 이해가 필요하다. 갈등은 흔히 사소한 문제가 감정의 격화와 함께 '당면문제' 의 범위를 벗어나 과거의 모든 것 그리고 앞으로 예상되는 모든 문제들까지 혼합시킴으로써 갈등을 확산시키고 문제해결의 효과적인 방식의 탐색을 할 수 없게 만든다.

넷째, 가능한 모든 갈등 해결책을 탐색하라. 부부 각자의 개인적 만족만을 최대한 고려하는 일방적인 해결책에서부터 상호 개인적 만족의 '중간선' 그리고 어느 한쪽의 완전한 '항복' 에 이르기까지 다양한 해결책에 대해서 의사소통하라. 모든 부부들은 각자의 개인적 지식, 자원, 성장배경, 가치관이 다르며, 또 다른 부부들과 처해 있는 '부부관계와 가족관계' 상황이 다르기 때문에 특정 부부들의 상황에 적합한 일반적이고 보편적인 해결책이란 없다. 마찬가지로 특정한 갈등해결책의 효과도 부부들에 따라 다르다. '우리 부부' 에 맞는 최선의 해결책을 선택한다.

다섯째, 해결책의 실천에 최선을 다하라. 인생의 모든 선택들은 어떤 것을 선택하더라도 나름대로의 장단점이 있기 마련이다. 완벽한 선택이란 없다. 단지 최선의 선택만이 있을 뿐이다. 그러므로 부부가 서로의 합의하에 최종 선택을 했다면 각자 최선을 다해 선택한 해결책을 성실하게 실천해야 한다. 그럼으로써 다음의 갈등상황에 대해서도 부부의 '합의' 에 의해 분명히 실행될 것이라는 신뢰감이 전제되므로 그 해결도 어렵지 않게 된다.

3) 결혼치료

개인이 일상생활에 적응하는 데 어려움이 있거나 심리적, 정신적 문제로 인해 학교, 직장 및 사회생활을 해 나가기 매우 어려운 경우, 상담심리학자나 임상심리학자와 같은 전문가로부터 상담 및 심리치료를 받아 많은 도움을 얻는다.

부부 중 어느 한쪽이 또는 두 사람 모두 자신의 감정전달, 욕구충족, 타인과의 관계, 심신적 비정상성과 같은 개인적 문제를 지니고 있을 때는 적절한 부부관계를 유지하기 어렵다. 특히, 결혼생활은 혼전의 개인위주의 생활환경과는 매우 다른 많은 새로운 적응문제와 잠재적 갈등상황이 존재하므로, 개인적인 문제들은 부부관계와 가족생활에 심각한 부정적 영향을 가져온다.

심리상담과 심리치료가 개인의 문제에 초점을 두는 치료법인 데 비해서, 결혼치료(marital theraphy)와 가족치료(family theraphy)는 부부나 가족 전체에 집중하는 치료법이다. 현대 사회에서 이혼율이 높아지고 부부관계에 어려움을 겪는 부부들이 많아짐으로써 결혼과 가족치료 분야는 점점 성장하고 있는 심리치료의 한 분야가 되어 왔다.

과거에는 부부가 심각한 문제가 있을 때 자신의 결혼생활이 '불행하다' 는 것을 충분히 인식함에도 불구하고, 자신들의 사회적 체면과 자녀들 때문에 배우자에 대한 실망감과 분노를 억누르거나 감정적으로 '공허한' 상태에서 단지 '참기만' 하는 식으로 결혼생활을 유지하거나 아니면 '이혼' 하는 것으로 상황에 대응해 왔다. 그러나 그러한 대응방식이 결혼생활에 도움이 되지 못할 뿐만 아니라 결혼이란 삶의 방식이 개인적 만족의 한 수단이라는 인식이 강해짐으로써 부부문제나 가족문제에 대한 전문가의 도움을 더욱 적극적으로 추구하게 되었다.

〈표 10-1〉에서 보는 바와 같이 부부에게는 성, 시가와 처가관계, 여가, 종교, 자녀, 의사소통, 금전, 친구, 술과 마약 등과 관련한 수많은 문제상황이 있다. 이들 문제들은 부부 한쪽의 개인적인 심리적 비정상에서부터 두 사람 간의 부적절한 상호작용, 부부 이외의 자녀 그리고 친인척과의 부적절한 상호작용에 의해 발생된다. 그러나 문제해결의 핵심적 주체자는 부부일 수밖에 없다. 많은 연구들에

표 10-1 결혼치료에서의 부부문제

문제영역	문 제
성	성욕구 부족, 오르가슴, 성교고통, 질협소, 임포텐스, 전희부족, 오랄섹스, 체위, 성교빈도 불일치, 성적 미성숙, 혼외정사
시가, 처가 관계	전화안부, 방문횟수, 돈문제, 남편과 아내의 각자 부모에 대한 대우, 함께 살기
여가	여가시간 부족, 배우자 혼자서 즐김, 휴가비용, 가족휴가 기피, 휴가장소와 시간
종교	서로 다른 종교, 극단적인 몰두, 종교활동 미약, 기부금, 자녀의 종교, 불성실
자녀	육아방식, 자녀 수, 자녀와의 시간보내기, 불임, 입양, 자녀사랑에 대한 경쟁, 자녀 성교육, 자녀학대, 장애아와 문제아 자녀, 의붓자식
의사소통	대화부족, 배우자의 비평/불평, 이야기할 공통주제의 빈약, 지적 차이, 학대와 폭력으로 끝나는 논쟁, 애정과 사랑 없음
금전	가난, 배우자의 직업, 도박 빚, 물품구입
친구	친구가 너무 많거나 적음, 서로 다른 스타일의 친구, 친구와의 교제시간, 친구에 대한 신뢰
술과 마약	과음, 마리화나 과잉흡연, 지나친 마약복용, 금전낭비, 자녀에게 나쁜 영향, 술로 인한 실수, 과음 후의 폭력

의하면 부부문제를 해결하는 데는 한쪽 배우자에 대한 개인적 치료보다는 부부합동치료가 훨씬 더 효과적이라고 한다.

부부문제를 치료하는 결혼치료나 가족치료의 접근법들은 다양하지만 심리학의 심리치료 기법인 정신분석치료(psychoanalytic theraphy), 행동치료(behavior therahpy), 인지치료(cognitive theraphy), 인본주의 치료(humanistic theraphy)에 이론적 기반을 두고 있다.

결혼치료의 구체적인 기법은 매우 다양하나, 공통적으로 부부가 자신의 감정과 생각을 전달하는 능력을 향상시키거나 상대의 욕구에 대한 더 큰 이해와 감수성을 발달시키고, 자신들의 갈등을 해결하는 효과적인 방법을 찾아 내는 데 초점을 두고 있다. 예를 들면 부부 역할에 대해서 서로 상이한 기대를 지닌 채로 결혼한 부부들이 어려움을 겪는 경우, 치료자는 서로의 기대를 명료화시키고 수정함으로써 부부간의 일치된 합의점을 찾아 내도록 돕는다. 즉, 부부 각자의 개인적 사고와 행동을 부부관계에 초점을 맞추어 개선하려는 노력을 한다.

가족치료법은 결혼치료법과 중복되지만 치료의 초점이 부부에게 있는 것이 아니라 가족 전체 구성원에 더 기울어져 있다. 개인적 치료로 많은 개선을 보인 부부들이 다시 가족환경에 돌아오면 문제가 재발생하는 현상에서 가족치료가 시도되었다. 가족치료법의 기본 전제는 어떤 한 사람의 문제는 전체 가족구성원의 상호작용, 즉 '가족체계'가 적절하게 운용되지 못하는 것에서 연유한다는 것이다. 그러므로 치료와 치료효과의 유지를 위해서는 '가족체계'의 전체적인 문제를 고려해야만 한다는 것이다.

예를 들면, 남편과의 관계가 만족스럽지 못한 부인은 자신의 모든 심신적 에너지를 아들에게 기울일 수 있다. 남편은 아내로부터 무시와 소외감을 느끼고 아버지의 그러한 감정은 아내나 아들에 대한 적대감 및 질투 감정을 일으켜 아들에 대한 아버지의 무관심과 심지어 학대를 유발할 수 있다. 아들은 아버지의 이런 행동변화에 당혹감을 느끼고 학교생활에 문제를 일으킬 수 있다. 아내는 이와 같은 남편의 부정적 행동변화에 비난과 불평을 호소하고 그 결과 부부가 심각한 갈등을 유발한다.

부부나 자녀의 문제들은 전체적인 '가족체계'의 집단적 역동 속에서 발생되기 때문에 그 치료도 가족 전체를 대상으로 실시하게 된다. 일반적으로 가족치료는 한 명이나 두 명의 치료자들이 전체 가족을 정기적으로 만나 가족구성원들의 상호작용을 관찰하거나 가족 전체에게 가족구성원 역동체계를 인식시켜 주고, 서로 간의 행동들이 자극-반응의 연속성을 갖는다는 것을 이해시키고 새로운 가족 상호작용의 규칙들을 제시함으로써 문제해결을 하고자 한다.

결혼치료의 구체적인 접근법은 체제요법, 행동요법, 합리적-정서적 치료법, 교류분석치료, 정신분석요법, 현실요법 등 매우 다양하다. 부부문제 중 심한 우울이나 분노와 같은 극단적인 부정적 감정을 발생하는 갈등이 부부위기를 초래할 가능성이 높다는 점에서 부적 감정의 해소와 변화에 초점을 둔 합리적-정서적 치료법만을 알아보겠다.

Albert Ellis(1973, 1975)는 합리적-정서적 치료법(rational-emotional theraphy)을 제안하였다. 사람들의 특정 사건에 대한 분노나 슬픔과 같은 부정적인 정서는 사건 그 자체에 의해서가 아니라, 사건에 대한 사람들의 개인적 해석에 의해 발생된다고 주장한다. 그는 이와 같은 과정을 설명하기 위해 A-B-C 경로를 제시하고 있다.

- A-사건의 활성화(activating event): 자신이 경험하는 좋지 않은 사건들이 발생되는 것을 말한다. 남편의 무시, 아내의 가출, 남편의 승진탈락, 자동차 사고와 같이 한 개인의 입장에서 불쾌와 긴장을 불러일으키는 사건들의 발생이다.
- B-신념체계(belief system): 사건에 대한 개인적인 정신적 사고나 평가다. 예를 들면, 남편이 여름휴가 장소와 시간을 마음대로 결정한 경우, 아내는 남편의 전후 사정을 따지지 않고 부정적 사고를 한다. "어떻게 그럴 수 있는가! 가족 모두 가는 휴가계획을 자기 혼자 결정하다니! 이것은 순전히 남편이 평소에 나를 무시한 결과야. 내가 이런 사람과 같이 산다니 불행한 일이다."라는 생각을 하게 된다.
- C-결과(consequence): 좋지 않은 사건에 대한 한 개인의 부정적 감정이다. 그 사건 때문에 화를 내고, 낙담하고, 불안해하고, 난폭해지고, 우울해지는 것이다.

사람들은 흔히 자신이 화를 내는 것(C)은 기분 나쁜 사건(A) 때문이라고 생각하지만, Ellis는 A가 C의 원인이 아니고 A에 대한 비현실적 평가(B) 때문이라고 주장한다. 사람들이 사건 A에 대해서 판단하고 해석할 때는 개인이 갖는 사건과 관련된 신념체계가 개입되는데, 대개는 비합리적인 신념이 기반이 되어 사건에 대한 해석과 평가를 이성적 · 합리적으로 보지 않고 비합리적으로 판단한다는 것이다. 따라서 치료의 핵심은 사건에 대한 현실적이고 합리적인 평가를 할 수 있도록 도와주는 것이라고 한다.

예를 들면, 한 아내가 자신의 생일을 잊어버린 남편의 행동을 이웃집 남편의 행동과 비교하여, 남편은 나를 사랑하지 않고 자신의 결혼생활은 불행하다고 생각하고, 따라서 자신의 삶의 의미를 잃고 깊은 우울증상에 빠져 있다고 하자.

사람들은 흔히 "자신의 결혼생활은 행복해야만 한다." "남편은 아내의 생일을 잊지 않고 반드시 기념해 주어야 한다." "남편은 나의 행복을 책임져야 한다"와 같은 결혼생활에 대한 자신만의 잘못된 신념을 지니고 있다. 남편이 아내를 사랑해도 회사생활에 대한 집중 때문에 아내의 생일을 잊어버릴 수 있고, 또한 아내의 생일을 기억한다고 해서 반드시 남편이 사랑하는 것은 아닐 수 있으며, 아내의 행복은 남편뿐만 아니라 아내 스스로의 행동과 생각 그리고 자녀들의 성장 여부 등 수많은 원인들에 의해 영향받는 것이다.

따라서 치료자들은 부부들이 흔히 가질 수 있는 결혼생활, 부부역할, 부부애정 등과 관련된 비합리적인 신념체계를 검토하도록 격려하여, 부부관계나 가족생활에 대한 현실적이고 융통성 있는 생각을 갖게 하여 부정적 감정을 완화 또는 해소시킴으로써 부부문제를 해결하고자 한다. 이런 점에서, 취업 아내의 경우, "가정에서는 훌륭한 아내와 엄마로서 행동해야 되고, 직장에서는 능력 있는 여성이 되어야만 한다."는 개인적 신념을 갖고 있는 여성들이 좀 더 융통적이고 현실적인 신념을 지니고 있는 여성에 비해서 부부간 또는 개인적 갈등을 경험할 가능성이 높다.

3. 부부적응

1) 부부적응의 제 측면

부부는 결혼함과 동시에 부부로서의 제반 역할조정과 새로운 친인척 간의 관계, 두 사람만의 독립된 생활구조, 결혼생활의 진전에 따른 가정경제, 자녀양육, 자녀독립 등 계속적으로 변화하는 심신적, 대인적 환경에 부딪치게 된다. 즉, 부부관계는 부부에서 가족으로, 또다시 단 둘만의 생활을 하게 되는 가족구성원과 가족생활 주기의 계속적인 변화과정을 거친다.

이러한 변화 속에서 부부가 원만하게 자신들의 관계를 조정하면서 적응해 나가는 일은 결혼생활의 행 · 불행을 좌우하는 핵심적 요소가 된다. 부부가 결혼생활에서 부딪치게 되는 제반 상황을 부부역할, 성격, 성 측면에서 살펴보겠다.

부부 역할의 측면 결혼하여 부부로서 상호 역할 규정과 성실한 수행의 의지와 실천이 이루어져야 한다. 현대 가정의 기능이 과거 사회에 비해 매우 확대되고 복잡해짐에 따라 부부의 역할도 변화되고, 따라서 부부 역할의 수행도 어려워지고 있다. Nye(1976)는 부부 역할을 가사수행, 가족부양, 자녀양육, 자녀사회화, 부부의 성욕구 충족, 인척관계 유지, 오락욕구 충족, 가족상담 등으로 제시하고 있다. 현대 사회의 부부 역할은 전통적인 부부 역할에 비해서 남편과 아내의 역할규정이 애매하고 서로 공유하고 분담되는 경향이 강해 부부 상호간 부부 역할에 대한 합의된 규정과 실천이 더욱 필요하게 되었다.

특히, 아내들의 경제활동 증가와 여성의 심리적, 사회적 지위가 향상되므로 해서 남편의 가사수행에 대한 참여, 즉 가사분담의 정도와 가사분담영역에 대한 적응, 부부의 성적 욕구충족 역할 측면에서 남편 역할의 새로운 조정과 적응이 개념적 수준과 행동적 수준의 차이로 실제보다는 매우 어려운 실정이다. 또한 핵가족화가 되면서 부모세대의 직접적인 도움과 지혜의 혜택을 받을 수 있는 기회가 적어 자녀양육, 자녀의 사회화, 가족상담치료의 역할수행에서도 많은 시행착오를 경험하게 된다.

성격적 측면 부부는 각자의 타고난 유전적 특질과 성장배경이 다르기 때문에, 동일한 상황에 대한 사소한 행동적 반응뿐만 아니라 전체적인 성격도 서로 다를 수밖에 없다. 성격이란 개념이 매우 포괄적인 의미를 포함하고 있는 것이기는 하지만, 일반적으로 한 개인의 특이한 안면표정, 습관적 행동, 말투, 의사소통의 기술, 기호나 취미, 가치관, 소비와 지출행동, 갈등해결방식 등과 같은 모든 행동에 대한 신체적, 심리적, 정신적인 특정한 경향성을 지칭한다고 볼 수 있다.

부부들은 배우자의 거의 모든 행동에 대한 원인을 상대의 성격에서 찾는 경향이 강하다. 그러므로 부부문제나 갈등의 원인을 '성격차이'로 명명하게 된다. 당연히 다를 수밖에 없는 부부의 성격차이에 대한 적응을 어렵게 하는 것으로서, "부부들은 일심동체가 되어야 한다." "당신이 나를 사랑하면 나의 기대에 부응하는 행동을 해야만 한다." 등과 같은 잘못된 신념들이 있다. 부부는 성격적으로 서로 다르고 또한 서로 사랑한다고 해서 상대 배우자의 무조건적이고 일방적인 기대에 완벽하게 부응할 수는 없는 것이다. 그러므로 부부는 서로 똑같아지기보다는 서로 다른 독립된 인격체가 가족이라는 공동체 안에서 부부라는 관계를 원만하게 수행하기 위해 서로 조화를 이루는 것이 성격적 적응의 요체가 되어야 한다.

이와 같은 성격적 적응을 위해서는 우선적으로, 부부는 상호 유사점도 있지만 서로 차이점도 많은 개인적 존재라는 사실을 인정해야 한다. 부부가 모든 것에 대해서 일치를 이루려 하기보다는 서로의 차이점을 있는 그대로 인정하면서, 단지 객관적으로 부부관계에 심각한 손상을 가져올 가능성이 있는 상대 배우자의 행동성향에 대해서 당사자가 개선할 노력을 기울이고 실천하는 변화가 이루어져야 한다. 만약 서로 개선하기를 합의하고 약속한 사항에서 진전이 없을 때는 '거짓말 잘하는 성격'이라고 비난하여 갈등을 발생시키기보다는 변화를 위한 충분한 시간을 허용할 수 있는 인내와 상대 배우자의 변화를 돕기 위한 구체적 노력과 격려 그리고 일관된 신뢰의 태도를 지니는 것이 요구된다.

성적 측면 부부간의 성은 자녀출산의 기능과 함께 사회적으로 용인받을 수 있는 개인의 성적 욕구만족의 가장 안정적인 수단이 된다. 그러나 부부간의 성은 각자의 신체적 요인과 성에 대한 전반적인 태도 및 지식, 성관련 경험 등과 같은 심리적 · 개별 체험적 요인에 의해 영향을 받는다. 그러므로 부부간의 성적 적응이 상당히 어려운 과제로 대두된다.

성은 각자의 신체적, 생리적 조건의 영향을 받는다. 남성과 여성의 성반응은 일반적인 차이가 있다. 남성은 성욕구의 촉발이 진행됨과 동시에 급격히 상승하여 사정을 통해 성적 극치감을 경험하고 이를 정점으로 하여 급격히 해소되는 데 비해서, 여성은 성욕구의 상승과 감소가 완만한 것이 특징이다. 그러므로 서로의 성적 극치감의 경험을 일치시키기 위한 노력이 필요하다. 또한 남녀는 각자의 성 호르몬의 분비와 신체적 여건에 따라서 성적 욕구의 정도에 개인적 차이가 있을 수밖에 없다. 그러므로 부부는 남성과 여성의 일반적인 성반응의 차이와 상대 배우자의 개인적인 성관련 신체적 상태에 대한 이해가 있어야 한다.

남성들의 성 기능의 정점은 18, 19세 정도이고 20대까지가 성 능력의 최고기다. 이에 비해서 여성의 성욕은 점진적으로 증가하여 30대 후반이나 40대 초반에 정점을 이룬다(Lamanna & Riedmann, 1991). 이러한 사실은 중년기 부부의 성 적응에서 유념해야 할 사항이다.

성은 구체적인 남녀의 신체적 결합만을 의미하는 것이 아니라 부부의 감정과 사고와 같은 심리적, 정신적 결합까지도 포함한다. 그러므로 각 배우자의 성에 대한 기본적 태도, 부부간 정서적 친밀도, 성에 대한 적극성과 수동성, 성관계 자체에 대한 개인적 개념, 성관련 행동에 대한 혼전 경험, 만족스러운 성에 대한 기준, 성만족에 대한 부부 상호 동등한 책임과 의무, 성에 대한 정확한 지식의 여부 등과 같은 요소들이 각 배우자의 성에 대한 심리적, 정신적 상태에 영향을 미친다.

부부의 성적 적응은 장기간에 걸친 성적 상호작용과 대화를 통해 상대의 성에 관한 전반적 태도의 이해가 이루어져야만 가능하다. 그러므로 부부간 만족스러운 성관계를 유지하기 위해서는 성적 적응 과정에 발생되는 문제에 대해서 상호 솔직한 노출과 적극적이고 끊임없는 개선 노력이 요구된다.

특정 부부의 결혼적응도를 결혼생활의 지속 여부의 측면에서 살펴볼 수도 있다. Lewis와 Spanier는 초기의 부부가 결혼생활을 계속할 것인지를 결정하는 요인으로 결혼에 대한 기대, 결혼에 대한 언약 및 관련된 의무, 갈등과 부조화에 대한 인내, 종교, 외부압력과 사회적 낙인, 이혼법과 법적 보호의 이용 가능성, 실제적인 대안 등을 제시하고 있다. 또한 LeMasters는 부부적응에 대한 아홉 가지 요인으로 성격, 가족배경, 사회적 지위, 성적 요인, 친척관계, 돈에 대한 태도, 종교 및 기본적 가치, 자녀, 남성과 여성의 하위 문화에 대한 인식 등을 들고 있다(김태현 외, 1996, 재인용).

2) 부부관계의 유형

부부는 각자의 성격, 성장배경, 지식, 자원소유 등과 같은 개인적 자질이 서로 다르다. 그러나 가정을 형성하고 부부생활, 자녀양육, 자녀독립, 은퇴 등과 같은 과업을 수행하면서 수많은 갈등을 경험하며 부부 나름대로 안정된 부부관계의 양상을 보인다. Cuber와 Haroff(1965)는 미국 사회에서 직업적으로나 경제적으로 안정된 전문 관리직에 종사하는 35~45세 사이의 지속적이며 정상적인 결혼생활을 하는 남녀 437명을 대상으로, 결혼생활의 체험담을 수집하여 내용을 분석하여 다음과 같은 다섯 가지 유형의 부부관계를 제시했다.

첫째, 갈등이 습관화된 부부관계(conflict-habituated relationship)로서, 이 유형의 부부는 심한 긴장과 많은 갈등을 경험한다. 단순히 함께 있는 것만으로도 싸우며 일상생활의 사소한 견해차이, 종교, 정치문제 등도 싸움의 원인이 된다. 그렇다고 해서 갈등으로 인해 결혼이 파괴되지는 않는다. '칼로 물베기' 식의 부부싸움을 하면서 결혼생활을 지속한다. 이들 부부들은 표현하지 않으면 안 될 많은 적대감을 가지며, 그런 적대감을 싸움으로써 표출하고 또 그러한 싸움은 부부관계를 지속시키는 하나의 계기가 된다고 추측하고 있다.

둘째, 생기가 없는 부부관계(devitalized relationship)로서, 이들 부부들도 상호 낭만적 사랑과 친근감을 가지고 깊은 정서적 교류로써 결혼생활을 시작했으나, 결혼생활이 지속됨에 따라 초기의 낭만적 분위기는 점점 없어지고 단지 의무적인 결혼생활을 유지한다. 대부분의 가정생활은 규범적인 의무와 책임에 의해 수행되며 가족공동활동도 책임감에 의해 지속된다. 그러면서도 부부관계를 유지하며 결혼이 지속되기를 바라는 부부들이다.

셋째, 수동적-공리주의적 부부관계(passive-congenial relationship)로서, 이 유형의 부부들은 결혼 초기부터 상호 강력한 정서적 유대감이 없다는 점에서 생기

없는 부부관계와 구별된다. 이들은 결혼에 대해 높은 기대도 갖지 않으며 결혼을 다만 편리하고 안락한 삶의 한 수단으로 생각하는 부부다. 그러므로 부부관계가 애정적으로 긴밀하지 않아도 크게 신경을 쓰지 않는다.

결혼생활에서의 주관심은 경제적 안정과 증식, 명예와 출세, 자녀에 관한 희망에 있다. 부부 각자는 자신들의 제반 능력을 생업, 전문성, 사업 등에 쏟으며 자신의 직업적, 사회적 성공에 몰두한다. 결혼생활을 개인의 직업적, 사회적 성공을 위한 수단의 한 방편으로 생각하는 공리주의적 입장을 유지하며, 그렇기 때문에 특별한 외부적 위협이 없는 한 결혼생활이 파괴될 가능성이 적다. 이들은 상대 배우자에게 심리적, 정서적으로 깊게 개입하기보다는 체념의 상태로 만족감도 적으며 또한 그것에 대해 큰 갈등을 경험하지도 않는다.

넷째, 활력적인 부부관계(vital relationship)로서, 부부 각자의 개인적 성격과는 상관 없이 서로가 많은 시간을 함께 보내고 그 시간을 최대한 만족하면서 즐긴다. 부부 각자가 독립성을 유지하고 솔직하고 개방적인 의사소통을 한다. 이들은 부부관계가 자신의 삶에서 매우 중요하다고 생각하며, 가정생활에 중심을 두는 자신들의 생활에 만족하며 직업과 사회활동에서도 매우 성공적인 이상적 부부관계이다. 이들 부부들도 갈등을 경험하나, 갈등발생 시에는 신속하게 문제를 파악하고 가능한 한 빨리 갈등해결을 위한 노력을 함으로써 부부관계를 발전시키고 유지한다. 이들 부부들은 갈등에 대한 조정과 적응능력이 높기 때문에 갈등시간을 최소한으로 짧게 한다. Cubur와 Haroff는 연구대상자 중 약 1/6이 이 유형에 속한다고 하였다.

다섯째, 통합적 부부관계(total relationship)로서, 이들 부부는 '활력적인 부부관계' 보다 훨씬 더 많은 삶의 영역에 함께 참여한다. 부부는 서로 같은 분야에서 공동작업을 하면서 살아간다. 이들 부부는 적극적으로 갈등을 최소화시키려고 하며 일심동체의 부부관계를 지향한다. 또한 이들의 일상생활이 지극히 부부중심적으로 이루어지며 너무 친밀하고 상호 몰두하여 자녀가 소외감을 느끼기도 한다.

위의 활력적이거나 통합적 부부관계 유형의 부부들도 주위의 이웃이나 친구들로부터 이탈감을 느끼고 있었다. 배우자에 대한 자신의 진정한 감정을 숨겨야 된다고 생각하는 사람들이 많았는데, 그 이유는 타인들이 비웃거나 의심하지 않을까 하는 두려움 때문이었다는 것이었다. 특히, 수동적-공리적 부부관계 유형의 사람들은 앞의 넷째, 다섯째와 같은 유형의 결혼생활이 정말 가능할까 하는 회의감을 갖기도 한다.

앞의 다섯 가지 부부관계 유형은 지속되는 결혼생활의 적응 유형을 제시하는 것으로, 결혼만족도나 부부적응의 강도와는 다른 의미를 지닌다. 또한 부부관계 유형이 변하지 않고 일관되게 지속된다는 보장은 없다. 특정 부부의 부부관계가 일정한 부부관계 유형으로만 지속된다면 수많은 갈등상황에 융통성 있게 적응하지 못하여 부부적응의 강도가 감소될 수도 있다. 그러나 각 부부관계 유형에서 갖는 부부관계의 지향점에 대한 시사를 받을 수 있다는 점에서는 유용하다.

3) 결혼만족도

결혼만족도란 결혼생활 전반에 대한 부부의 행복 · 만족에 대한 주관적 감정이나 태도의 정도를 뜻하는 것으로, 매우 주관적이고 개인적이며 지각된 태도로서, 부부의 생활경험과 관련하여 변화한다는 역동적 상호작용의 관점에서 측정되고 있다. 한편 결혼생활의 질이란 부부간의 결혼만족도, 행복, 응집력, 적응, 통합 등이 포함되는 포괄적 개념으로서 평가적 차원을 고려한 개념이다(가족 · 환경연구회, 1991). 그러나 '결혼만족도' '결혼생활의 질' '결혼성공도' '결혼행복도' 등의 개념은 개념상 중복된다는 점과 측정의 어려움 등으로 인해 서로 혼재되어 사용되었다. 일반적으로 '결혼만족도' 란 개념이 광범위하게 사용되고 있는 실정이다.

한국리서치(1995)가 전국 시 거주자 5,000명을 대상으로 결혼만족도를 측정한 결과, 결혼기간이 짧은 사람일수록(신혼 2년째) 결혼만족도가 높아지다가 결혼생활이 길어지면(3~4년) 만족수준은 점차 하강하고 그 이후에는 회복되지 않았다. 이 자료는 같은 부부들을 오랜 기간 동안 반복 조사한 것이 아니고 동시점에서 서로 다른 연령군(age cohort)을 조사한 것이기 때문에 결혼기간에 따라 결혼만족수준이 점점 하강만 하는 것인지는 의심스럽다(이훈구, 1997).

외국의 많은 연구들에 의하면 결혼만족도는 전반적으로 결혼생활주기에 따라 U자형 곡선을 나타낸다고 한다. [그림 10-1]을 보면 결혼만족도는 1단계에서 제일 높다가 4, 5, 6단계에서는 낮아지고 이것이 다시 7단계에서부터 상승하기 시작하는데, 연구에 따라서 이 시기의 상승폭이 결혼 초기의 상태만큼 급격하거나 또는 완만하게 둔화되는 양상을 보인다.

이처럼 결혼만족도가 자녀들이 청소년기에 접어드는 시점에서 급격히 하강하고 자녀들이 독립할 때 상승하는 일반적 현상의 근본적 원인에 대해서는, 자녀양육과 교육이 부부만족에 부정적인 영향을 준다는 해석과 함께 부부의 결혼기간이 길어지는 데서 오는 활력과 애정이 감소된 때문이라는 해석이 있다. 또한 일반적으로 부부만족의 최고 시기인 신혼기나 노년기에 있어서도 남편이 아내보다 결혼생활에 대한 만족도가 더 높게 나타나는 특징을 보이고 있어 결혼만족도의

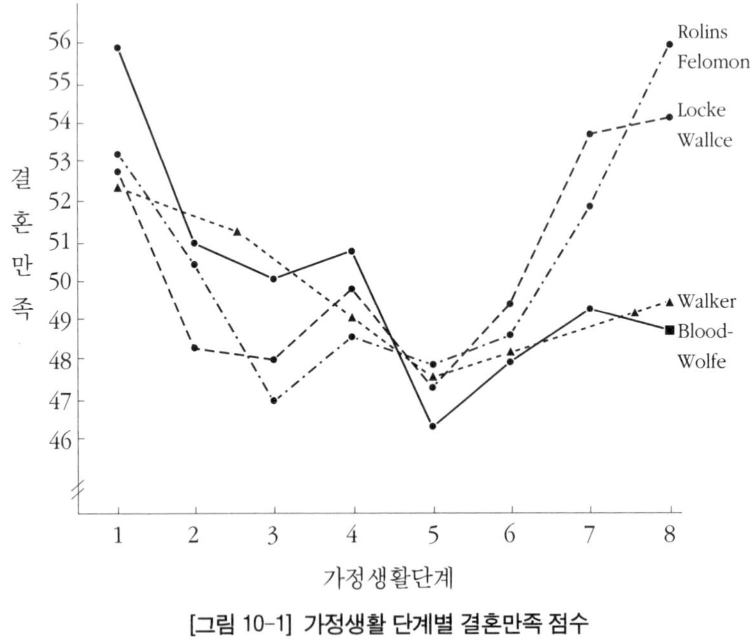

[그림 10-1] 가정생활 단계별 결혼만족 점수

자료: 이훈구, 1997, 재인용

성차에 대한 연구의 필요성이 요청되고 있다(이정덕 외, 1998).

Bowman과 Spanier(1978)는 성공적인 부부들의 심리적 특징을 다음과 같이 제시하였다.

① 행복감을 느끼고 있다.
② 부부 서로 기본적인 감정적 욕구를 충족한다.
③ 상대 배우자의 삶이 풍요로워지도록 서로 돕는다.
④ 결혼생활을 통해 인격적 성숙을 촉진한다.
⑤ 상호 정서적 지원을 제공한다.
⑥ 배우자를 개인으로서 이해하고 수용한다.
⑦ 배우자의 행복과 복지에 관심을 갖는다.
⑧ 가족과 배우자에 대한 자발적 책임을 느낀다.

물론 이와 같은 성공적 부부들의 심리적 특성을 가진 모든 부부들의 결혼만족도가 높을 것이라고 보장할 수는 없지만, 이들의 심리적 특성이 결혼의 모든 상황에 적용된다는 점을 감안할 때, 결혼생활 전반에 걸친 부부만족도가 높을 가능성은 매우 크다고 할 수 있다.

Lewis와 Spanier(1979)는 결혼생활의 질을 부부관계에서의 주관적 지각과 평가의 결과로 파악하고, 결혼생활의 질에 영향을 주는 요인들을 결혼전 요인, 사회경제적 요인, 상호작용 요인의 세 가지로 제시하고 있다. 이들이 제시한 요인들의 구체적 내용에 대한 요약은 〈표 10-2〉에 제시했다.

또한 Hine(1980)는 결혼에 성공적인 부부를 실패한 부부와 비교하여 그 특징을 다음과 같이 제시하고 있다. 성공적인 부부들은 가족위기의 성공적 해결, 지속적인 애정교환, 상대 배우자에게 헌신하고 성실하며, 계속적 강화와 칭찬 및 격려, 솔직하고 개방적인 대화, 역할 · 가치관 · 인생관의 일치, 성숙한 태도, 상대 배우자에 대한 관용과 인내, 부부 공동의 활동, 원만한 부부관계에 대한 의지와 노력 등과 같은 특징을 많이 갖고 있다.

표 10-2 결혼생활의 질에 영향을 미치는 요인

구분		구체적 내용	결과
결혼 전 요인		• 동질혼: 인종 사회, 경제적 지위, 종교 지능 등에서 유사한 부부간	사회적, 개인적 자원
		• 자원: 학력, 사회적 지위, 성숙된 연령, 상호관계의 기술, 긍정적 자아개념, 정신적 신체적 건강	
		• 부모의 결혼생활: 부모의 부부생활 원만, 부모-자녀관계가 원만	
		• 가족의 지지 및 인정: 자신의 결혼에 대한 부모나 친지들의 수용과 인정	
결혼 후 요인	사회경제적 요인	• 사회경제적 요인: 사회 경제적 지위 자체보다는 그 적절성에 대한 개인적 지각	생활양식에 대한 만족
		• 부인의 취업: 부인의 취업동기, 부부의 직업관, 사회경제적 지위, 자녀 수 등의 복합적 요인이 작용, 부인의 직업에 대한 만족, 남편으로부터 인정, 경제적 동기보다는 일에 대한 성취도	
		• 가족원의 구성: 부부 이외의 동거인 여부, 원하는 수의 자녀유무	
		• 지역사회 참여: 부부공통의 친구, 지역사회 참여도, 친척 친구들의 결혼인정	
	상호작용 요인	• 긍정적 견해: 상호 유사성, 가치관 공통, 상호매력, 상대에 대한 긍정적 견해	배우자로부터 받는 보상감
		• 정서적 만족: 정서적 지원, 만족스러운 성장, 상대 배우자의 개인적 성장 지원, 이상적 배우자상과 배우자가 일치, 부부로서의 정체감	
		• 의사소통: 솔직한 표현, 명확, 직접적 의사소통, 상징적 표현사용	
		• 역할의 적합성: 상호 보완, 공동의 역할 수행, 역할기대 일치, 적절한 역할 수행	
		• 상호작용: 상호작용의 양, 동료적 상호작용, 여가활동, 신체접촉	

부부간 결혼만족도는 결혼생활 초기와 후기에 가장 높고, 이러한 만족도에 영향을 미치는 요인들과 부부 각자의 심리적 특성들은 매우 다양하다. 이 점에서 미혼 남녀들의 가장 대표적 결혼동기인 "사랑하기 때문에 결혼한다."는 행복하고 만족스러운 결혼생활을 만드는 여러 요소 중 하나에 불과하다고 할 수 있다.

결혼생활의 행 · 불행 여부는 각 개인이 결혼하기 전의 개인적인 성격적 자질, 자원, 부모의 결혼생활, 가족의 지지 및 인정뿐만 아니라 결혼 후에 처하는 부부의 사회경제적 요인과 상호작용의 양상에 따라 크게 좌우되는 것이다. 즉, 부부 각자의 결혼 전 제반 상황도 중요하지만 그보다는 결혼 후에 결혼생활에 어떻게 적응했느냐가 부부의 결혼생활에 대한 최종적 결과에 보다 많은 영향을 미친다.

노년기의 부부생활

1950년 이래 세계 노인인구는 지속적으로 증가하여 왔으며, 이러한 경향은 선후진국을 막론하고 계속되고 있다. 일반적으로 고령화사회는 65세 이상의 인구비율이 70% 이상인 사회를 뜻한다. 우리나라의 고령 인구 비율은 낮은 수준이었으나, 2000년을 기점으로 총인구의 7%를 상회하여 본격적인 고령화사회(Aging Society)에 돌입하였고, 2018년에는 14%를 넘어 고령사회(Aged Society)에 진입할 것으로 전망된다. 우리나라 노년인구 비율이 7%에서 14%에 도달하는 데 걸리는 기간이 18년이며, 14%에서 20%는 8년에 불과하여 선진국이 경험한 고령화 속도에 비해 빠른 속도로 진행되고 있다.

표 11-1 65세 이상 노년인구 추이

	2000 (고령화)	2010	2018 (고령)	2020	2026 (초고령)	2050
총인구(천 명)	47,008	49,220	49,934	49,956	49,771	42,348
65세이상(천 명)	3,395	5,354	7,162	7,821	10,357	15,793
구성비(%)	7.2	10.9	14.3	15.7	20.8	37.3

자료: 통계청(2005). 장래인구 특별추계.

우리나라의 고령화가 급속히 진행되는 이유는 평균수명의 연장과 출산율 저하를 들고 있다. 평균수명은 2000년 당시 75.9세였으나 2020년에는 80.7세로 80세를 넘어설 것으로 예상하고 있다(조선경제, 2004. 2. 9).

노년기 가족은 노부부와 기혼자녀와 손자녀가 함께 거주하는 3대가족과, 노부부와 미혼자녀의 2대가족 혹은 노부부만이 동거하거나, 사별 후 노인 어느 한쪽만이 가구를 이루는 가족을 포괄하는 개념이다. 우리나라의 65세 이상 인구 중에 가족과 떨어져 혼자 사는 노인비율이 1990년 8.9%에서 2005년 18.0%로 15년 사이에 두 배 이상 증가하였다. 이는 65세 이상 인구증가보다 노인단독가구가 빠른 속도로 증가하는 데 기인한다. 65세 이상 노인이 2005년 4,383천 명에서 2020년에는 7,821천 명으로 1.8배 증가하는데, 이 중 혼자 사는 노인은 2배 이상 증가할 전망이다.

표 11-2 혼자 사는 노인인구 추이

	1990	1995	2000	2005	2010	2015	2020
65세 이상 인구(천 명)	2,162	2,640	3,372	4,383	5,354	6,445	7,821
혼자 사는 노인인구(천	193	349	543	787	1,044	1,289	1,578
구성비(%)	8.9	13.2	16.1	18.0	19.5	20.0	20.2

자료: 통계청. 인구주택 총조사 보고서. 각년도; 통계청(2002). 장래가구 추계; 통계청(2005). 장래인구 특별추계.

노년기 가족도 중년기 가족과 같이 오랜 기간 형성되어 온 부부관계와 세대관계가 변화와 연속성을 나타내는 시기다. 이 시기는 노화의 진행과 은퇴 및 손자녀의 출생과 성장 등과 같은 가족체계가 직면한 독특한 특성들로 인해 가족의 규칙과 상호작용 패턴의 재조정이 필요하며, 이로 인해 새로운 가족상호작용 유형이 형성되는 긴장의 시기다. 이 장에서는 중년기 가족이 노년기 가족으로 발달하는 과정에서 나타나는 가족체계의 변화를 노년기 부부관계에서의 변화와 적응과정과 함께 세대 간의 역동성을 살펴보며, 양육과 부양관계에 대한 가족체계의 역동성을 살펴보고자 한다.

1. 노년기의 특성

1) 노인의 사회적 지위

사회는 노인을 조심스럽고 융통성이 없고 소심할 뿐 아니라 편견을 지닌 구세대로 취급한다. 우리 사회에서 연령을 기초로 노인과 젊은이를 다르게 인식하는 소위 연령차별은 노인을 부정적으로 지각하게 하는 중요한 원인이다. TV는 물론 각종 대중매체들은 이와 같은 연령차별을 조장하고 영속화시키는 역할을 담당한다.

노화과정에서 나타나는 문화적 차이를 연구한 Cowgill & Holmes(1972)는 어느 사회에서나 현대화가 진행될수록 노인의 지위는 낮아진다고 주장하였다. 그들은 현대화와 노인의 지위와의 관계를 다음과 같이 요약하였다.

첫째, 사회가 현대화될수록 평균수명은 길어지고 노인인구의 비율은 증가한다.

둘째, 노인인구의 증가에도 불구하고 현대사회에서 노인의 지위는 더 낮아졌다.

셋째, 현대화는 곧 경제적 생산기술의 발전을 의미하므로 노인이 가진 지식이나 기술은 이미 시대에 뒤떨어져 쓸모없게 된다.

넷째, 현대화된 사회에서의 교육의 대중화와 도시화의 촉진은 부모가 자녀들보다 더 낮은 사회경제적 지위를 갖도록 한다.

다섯째, 현대화될수록 노인들은 사회로부터 유리된다. 사회로부터의 유리는 자발적일 수도 있으나 많은 노인들은 연령과 건강의 감퇴로 인해 강제적으로 유리될 수밖에 없다.

2) 은퇴

은퇴의 의미 인간에게 있어 일이라는 것은 단순히 경제적인 문제 외에도 정신적인 욕구를 충족시켜주는 중요한 역할을 한다.

Havighurst(1982)는 개인의 삶에 있어 일이 수행하는 기능을 다섯 가지로 지적

하였다. 첫째, 일은 개인의 생존에 필요한 수입 또는 경제적 보상을 해 준다. 둘째, 일은 생활에 규제를 가한다. 일은 보통 개인에게 특정 시간 동안 특정 장소에 있을 것을 요구한다. 즉, 일은 사람들로 하여금 언제 어디서 어떻게 시간을 보낼 것인지를 결정하게 하며, 이러한 요구가 개인의 생활에 일과를 주는 것이다. 셋째, 일은 개인에게 정체감을 갖게 해 준다. 일을 통해서 개인은 자신을 발견하고, 자신의 적성을 개발할 수 있는 경험을 하게 된다. 넷째, 일은 사회적 관계의 기반으로 작용한다. 개인은 일을 통해서 인간관계를 맺게 되므로 사회적 계약과 주요 준거 집단의 원천이 된다. 다섯째, 일은 의미있는 생활 경험을 제공한다. 개인은 일을 통해서 바깥세상과 상호작용을 하게 되며, 자신의 생각을 표현하고, 새로운 아이디어를 받아들이게 되어 생활경험을 더욱 확장하게 된다.

오늘날 은퇴하는 사람들은 두 가지 특별한 문제에 직면하게 된다. 첫째, 그들은 원하든 원하지 않든 은퇴 이후에 여가위주의 생활로 떠밀리게 되며, 동시에 경제적 자원을 박탈당하게 된다. 둘째, 일 지향적인 사회에서 주변인물로 인식되어 살아야 한다는 것 때문에 무능감이나 낮은 자존감, 소외감 등을 느끼기 쉽다.

우리나라의 경우 아직까지 노후보장정책이 정착되어 있지 못한 실정이어서 은퇴를 앞두고 경제적인 문제로 심각한 위기에 직면하게 된다. 뿐만 아니라 남성, 특히 중년 이후의 남성들은 자신의 직장을 생계유지를 위한 수단으로만 여기는 것이 아니라 자신의 모든 것으로 생각한 나머지 개인의 사생활도 거의 포기하고 일에만 전념하는 문화에서 생활해 왔기 때문에 직장을 떠난다는 것은 일생일대의 크나큰 사건이다. 다시 말해서 정년으로 인한 퇴직은 단순히 경제활동 인구에서 부양 인구로 전환한다라는 의미보다 존재감 자체의 상실을 의미한다고 볼 수 있다(이광규, 1984).

은퇴에 대한 고정관념 은퇴한 사람들은 건강이 좋지 못하고, 덜 활동적이고, 생활만족도가 낮다는 등 은퇴에 대한 부정적인 시각이 많이 있는 것 같지만, 연구결과는 그렇지 않은 것으로 나타났다. 첫째, 은퇴하자마자 건강이 나빠진다는 고정관념이 있지만 연구결과 은퇴가 건강에 직접적으로 부정적인 영향을 미친다는 증거는 없다(Ekerdt, 1987). 즉, 은퇴 자체만으로는 건강이 저하되지는 않는다. 오히려 은퇴 후 첫 1년간은 복지가 증진된다는 연구결과도 있다(Gall et al., 1997). 둘째, 은퇴는 부부관계에 부정적인 영향을 미치거나 생활만족도를 낮추지 않는다. 이점에 대해서는 앞에서 살펴본 바 있다. 셋째, 은퇴는 사회적 관계망, 사회적 접촉의 빈도, 사회적 지원에 대한 만족도에 영향을 미치지 않는다(Bosse, Aldwin, Levenson, Spiro, & Mroczek, 1993). 친구의 수도 우정의 질도 은퇴 결과로 감소하지 않는다. 은퇴 후 친구의 수나 우정이 변한다면 그것은 친구관계를 유지할 수 없을 정도의 심각한 건강문제와 같은 다른 요인 때문인 것이다.

대부분의 성인들에게 직장은 사회적 교류의 장이며, 사회적 교류는 사회적 지원의 중요한 근원이 된다. 친구일 수도 있는 직장 동료와의 정기적 접촉의 상실은 은퇴 후의 복지에 영향을 미치는가?

Kahn과 Antonucci(1980)가 제안한 호위 이론(convoy theory)은 친밀도의 정도에 따라 인간관계의 종류를 구분했는데, 친밀도가 적은 외집단과의 사회적 접촉만이 은퇴의 영향을 크게 받는다. 즉, 이 집단에 속한 직장동료는 멀어지는 경향이 있고, 여가활동을 함께 하는 새로운 친구들로 대체된다. 은퇴자들은 여전히 안정적인 내집단의 가까운 친구와 가족이 있고, 이들로부터 사회적 지원을 받기 때문에 은퇴 후 상실감을 느끼지 않는다.

Carstensen(1991)의 선택이론(selecting theory)은 사회적 교류가 성인생활에 어떻게 작용하는가에 초점을 맞추고 있다. 이 이론에 의하면 사회적 상호작용에는 정보의 원천, 자아감의 발달유지, 기쁨과 정서적 복지의 근원 등 세 가지 기능이 있다.

정보와 정체감의 기능은 시간이 지나면 덜 필요하기 때문에 감소하는 대신 사회적 지원의 질에 영향을 받는 정서적 기능은 점점 더 중요하게 된다. 은퇴한 사람들은 진정으로 즐길 수 있고, 필요할 때 의지할 수 있는 사람들과만 교류함으로써 사회적 상호작용이 점점 선택적이 된다.

은퇴의 적응양식 Hornstein과 Wapner(1985)는 모든 사람들이 Atchley가 제

시한 방식으로 은퇴를 경험하는지 의문을 갖고, 은퇴 전 1개월 그리고 은퇴 후 6~8개월 사이에 있는 24명을 대상으로 심층면접을 했다. 그 결과 네 가지 은퇴 적응 양식을 확인하였다. 이 네 가지 양식은 개인의 일, 인생, 자신에 대한 생각을 반영하고 있다.

① 노년기로의 전환

이 양식에 속한 사람들은 은퇴를 새로운 활동을 시작하는 시기가 아니라 오히려 활동을 단계적으로 축소하거나 일터를 이탈하는 시기로 보았다. 한 응답자는 새로운 관심거리나 취미생활을 시작하기에는 너무 늦었다고 보고하였다.

이 집단에 속한 사람들은 발달의 다른 단계에서의 전환처럼 은퇴를 노년기로의 전환으로 본다. 이들에게 은퇴는 노년기에 접어들면서 긴장으로 가득 찬 일의 역할에서 벗어나 휴식과 즐거움을 가져다 주는 생활양식을 채택하는 시기다.

② 새로운 시작

이 양식에 속한 사람들은 은퇴를 자유롭게 시간을 보내며 자기 방식으로 살아볼 수 있는 기회로 여겨 환영한다. 이 집단에 속한 사람들에게 은퇴는 새로운 삶, 새로운 활력, 의욕, 생기, 활기로 받아들여진다. 이들은 은퇴에 대해 열광적으로 반응한다.

이 양식에 사람들은 미래를 긍정적으로 보는데, 자기가 늘 하고 싶던 일을 하면서 되고 싶었던 사람이 될 수 있다고 생각한다. 이들에게 은퇴는 노인이 된다는 것과는 거리가 멀고, 전적으로 새로운 시작일 뿐이다.

③ 일의 계속

이 양식을 채택하는 사람들은 은퇴 후에도 계속해서 일을 하기 때문에 은퇴는 이들에게 아무런 영향을 미치지 않는다. 그들은 단지 직업을 바꾸거나 좀 더 많은 시간을 특별한 기술 연마나 취미생활, 관심거리에 할애한다. 이들에게 일은 여전히 자신의 인생구조에서 핵심적인 부분으로 남아 있다. 이 사람들은 은퇴 전과 후를 활동에 의해서가 아니라 직업역할의 강도에 의해 구분된다. 이 양식의 사람들에게는 은퇴는 시작도 아니고 끝도 아닌 아무런 사건도 아니다.

④ 강요된 분열

마지막의 은퇴 적응 양식은 중요한 역할상실을 반영하는 것이다. 이 양식을 채택하는 사람들은 은퇴를 직업역할의 상실, 정체감의 상실 등으로 보기 때문에 은퇴에 대해 매우 부정적이다. 이들에게 직업의 상실은 정체감의 핵심부분을 상실하는 것이 된다. 결국에는 일을 대신할 어떤 활동을 찾게 되겠지만, 그동안의 좌절감과 상실감은 매우 크다. 이들은 일을 대신할 어떤 것도 없다고 생각하며 은퇴를 받아들일 수 없는 것으로 생각한다.

은퇴에 대한 적응 자신의 직업을 포기하는 것에 대해 어떻게 반응하느냐는 여러 가지 요인에 의해 좌우되는데 자신의 일을 얼마나 좋아하는가, 돈이 얼마나 필요한가, 은퇴를 스스로 선택했는가 아니면 강요당했는가, 직업 이외의 다른 관심거리는 무엇인가 등이 그 요인들이다.

교육 및 직업수준이 높을수록 은퇴하기를 덜 원하며, 65세 이후에도 계속해서 일할 가능성이 높다. 고된 육체 노동을 요하는 지루하고 낮은 수준의 직업을 가진 사람들은 종종 일을 그만두기를 원하며, 은퇴했을 때 건강이 좋아지는 경향이 있다(Parnes & Sommers, 1994). 일반적으로 건강하고, 적당한 수입이 있고, 활동적이고, 교육수준이 높고, 친구와 가족을 포함한 사회적 지원망이 넓고, 은퇴 전 생활만족도가 높은 사람들이 은퇴에 잘 적응한다(Palmore, Burchett, Fillenbaum, George, & Wallman, 1985). 반면, 건강이 좋지 못하고, 수입이 적으며, 은퇴와 거의 동시에 일어나는 배우자의 죽음 같은 스트레스에 대처해야 하는 사람들의 경우에는 은퇴에 적응을 잘 하지 못한다(Stull & Hatch, 1984).

은퇴에 대한 개인의 적응은 보통 건강문제와 경제적 문제의 영향을 받는다. 건강하고 경제적 곤란이 없는 퇴직자들이 여가를 즐길 만큼 건강하지 못하고 수입을 아쉬워하는 퇴직자들보다 은퇴에 대해 더 만족해한다(Barfield & Morgan, 1978; Bosse, Aldwin, Levenson, &Workman-Daniels, 1991). 시간 활용도 또 다른 중요한 요인이다. 은퇴 직후에는 많은 사람들이 아동기 이후에 처음으로 갖는 긴 여가시간을 즐긴다. 가족이나 친구들과 시간을 보내는 것과 이전에는 없어 하지 못했던 새로운 관심분야를 탐색하는 것을 즐긴다. 시간이 지나면서 일부 은퇴자들은 지루해지며, 침착하지 못하고 자신이 쓸모 없게 되었다고 느낀다.

① 심리적 적응

직업세계를 떠나 자신의 정체감의 중요한 부분을 포기한다는 것은 심리적으로 매우 어려운 일이다. 많은 이들에게 그러한 전환은 자존감 상실을 초래한다. 은퇴 후의 적응은 이전에 겪었던 삶의 적응양식과 밀접한 관계가 있다. 은퇴에 잘 적응하는 사람들은 과거와 현재, 앞으로 일어날 삶의 여러 사건들을 연결시켜 주고, 욕구를 충족시켜 주는 생활양식을 채택할 수 있는 사람들이다. 성공적인 적응은 또한 일생을 통하여 발달과업을 조화롭게 해결하는 것으로 특징지어진다 (Featherman, Smith, & Peterson, 1990; Marsh, 1991).

일반적으로 대부분의 사람들은 은퇴에 효율적으로 적응할 수 있다(Coberly 1991). 은퇴를 부정적인 경험으로 인식하는 경우는 건강이나 경제적 문제 때문에 은퇴를 스트레스를 주는 사건으로 지각하기 때문이다(Iams & McCoy, 1991; Ruchlin & Morris, 1992). 또 어떤 이들은 은퇴에 대한 부적절한 기대나 일 역할에 지나치게 몰두한 관계로 행복하지 못하다.

Bosse와 그의 동료들(1991)은 은퇴가 부정적인 영향을 준다고 생각하는 사람들의 경우 은퇴가 실제로 스트레스를 주는 사건이 된다는 것을 발견하였다. 강제로 퇴직을 당했거나, 해고 또는 건강문제로 퇴직했거나, 은퇴 후 경제적 곤란을 겪거나 건강이 좋지 않은 경우에는 자의로 은퇴를 하고, 예정된 은퇴를 하며, 은퇴 후 경제적 여유가 있는 사람들보다 은퇴로 인한 스트레스를 더 많이 경험하는 것으로 나타났다. 이 연구는 은퇴에 대한 심리적 적응을 평가할 때 은퇴 전 생활의 모든 측면과 이전의 스트레스에 대해서도 연구할 필요성을 강조하는 것이다 (Cook, 1991; Hughes, 1990).

② 경제적 적응

경제적 곤란은 은퇴에 따르는 보편적인 현상이다. 수입이 은퇴 전의 1/2이나 1/3로 감소하는 것은 흔히 있는 일이다. 더군다나 노년기에 경제적 상태를 개선할 기회는 매우 드물다(Crystal & Shea, 1990; Hellman & Hellman, 1991; Staebler, 1991).

오늘날 노인의 사회적 지위가 하락하고 이에 따른 갖가지 노인문제가 발생하는 가장 직접적인 원인은 노인의 빈곤문제다. 노인 빈곤의 특징은 다음과 같다. 첫째, 장기화 · 만성화 현상이다. 노인은 일단 직장에서 물러나면 재취업의 기회가 제한되어 경제적 빈곤을 겪게 되는데, 여기에 수명이 연장되어 빈곤이 장기화된다. 둘째, 대량화 현상이다. 노인인구의 증가와 핵가족화로 노부모의 부양을 꺼리는 젊은 세대가 증가함으로써 노인 빈곤이 대량화되는 것이 특징이다. 셋째, 가속화 현상이다. 일률적인 정년에 조기 퇴직하고 가족부양의 부담으로 비교적 여유가 없는 시기에 수입원을 잃게 되어, 빈곤이 가속화될 뿐만 아니라 일단 빈곤해지면 회복하기가 어렵다.

고령화로 인한 이러한 경제적 문제는 비단 개인뿐만 아니라 사회적인 부담으로 작용하게 된다. 고령화로 인해 국가가 떠안게 되는 부담 혹은 문제로는 생산가능인구(15~64세)의 감소와 그로 인한 성장률 저하, 고령인구에 대한 복지 관련 재정지출의 급증, 연금과 건강보험 등의 재정적 악화를 들 수 있다(조선경제, 2004. 2. 9).

Martindale과 Moses(1991)는 부인이 남편과 사별하는 평균연령을 56세로 보며, 가난한 노인의 70%가 여자 노인이라고 한다. 그래서 많은 여성들이 노년기의 궁핍을 두려워한다. 은퇴에 대비한 재정적 계획은 여성에게 특히 중요한데 그 이유는 다음과 같다. 첫째, 여성은 남성보다 벌이가 적고, 그래서 은퇴 후 자신의 재산이 적다. 둘째, 연금을 지급하지 않는 작은 회사에서 일하는 경향이 있다. 셋째, 자녀양육 문제로 휴직을 하는 경우가 많기 때문에 은퇴 시 받는 혜택이 줄어든다.

③ 부부간의 적응

은퇴 후 결혼만족도가 증가한다는 연구결과(Johnson, White, Edwards & Booth, 1986; Schumm & Bugaighis, 1986)도 있고 낮아진다는 연구결과(Lee & Shehan, 1989; Pearson, 1996; Pittman, 1987; Robinson, 1991)도 있다.

Gilford(1984)는 은퇴기를 밀월기로 표현하는데, 부부가 함께 하는 시간이 많기 때문에 서로 친밀감을 나누고 공통의 관심사나 취미생활을 하면서 즐거움을 느끼고 위안이 된다고 한다(Jerome, 1990).

반면, 은퇴 후 결혼만족도를 낮추게 만드는 몇 가지 요소가 있다. 예를 들면, 주말 외에는 하루종일 나가 있던 남편이 이제 매일 하루종일 집에 있음으로써 아내가 스트레스를 받게 된다. 단순히 더 많은 시간을 함께 있다는 것만으로도 부부관계에 긴장을 초래한다.

한 연구(Lee & Shehan, 1989)에서는 남편이 은퇴하고 부인이 일을 계속하는 경우가 아내가 먼저 은퇴하거나 부부가 함께 은퇴하는 경우보다 결혼만족도가 더 낮아지는 것으로 나타났다. 그러나 노년기에는 결혼만족도가 상당히 높아지기 때문에 대부분의 사람들은 이 스트레스를 잘 해결할 수 있다(Pearson, 1996).

은퇴한 부부는 결혼주기의 마지막 단계에서 새로운 부부관계에 적응하는 것이 중요하다(Robinson, 1991). 은퇴 후 부부에게 일어나는 변화 중 하나는 가사의 분담이다(Pearson, 1996). 이때에 만약 남편이 스스로 아무 일도 할 수 없을 정도로 의존적이거나 혼자 있는 것을 좋아하지 않으면 갈등이 발생한다.

은퇴 후에는 남성이 은퇴 전보다 집안일을 더 많이 하지만 항상 바람직한 결과를 초래하는 것은 아니다(Ingraham, 1974). 예를 들면, 은퇴 전에는 아내가 집안일을 잘한다고 칭찬하던 남편이 은퇴 후에 갑자기 아내에게 집안 일을 제대로 하도록 가르치려고 들면서 잔소리한다. 은퇴 후 남들은 전통적으로 여성의 일이라고 여겨지던 일들을 하면서 자신의 체면이 손상되었다고 느낀다.

은퇴생활의 준비 은퇴는 노년기의 가장 중요한 전환기 중 하나다. 더 많은 사람들이 은퇴생활을 즐길 수 있도록 하기 위해서 무엇을 해야 할 것인가? 은퇴에 대한 적응은 일반적으로 은퇴 전에 얼마나 충분히 준비를 해두었느냐와 자신의 시간을 어떻게 활용하느냐에 달려 있다.

은퇴에 대한 계획은 이상적으로는 중년기까지는 착수해야 한다. 은퇴를 위한 계획에는 인생이 즐겁고 성공적인 것이 될 수 있도록 인생을 설계하며, 재정적인 필요에 대비해 그것을 적절히 준비하고, 신체적 또는 정서적 문제를 얼마간 예상하며 은퇴가 자신에게 어떠한 영향을 미칠 지에 관해서 배우자와 의논하는 것 등이 포함된다(Bergstrom, 1990).

그런 점에 관해서는 은퇴 준비 연수회나 회사에서 주관하는 프로그램으로부터 도움을 받을 수도 있다.

은퇴생활의 준비에 대한 좀 더 구체적으로 살펴보면 다음과 같다(이인수, 1995).

첫째, 노년기에 발생하는 문제 중 경제문제, 건강문제, 여가문제, 주거문제 등 주요과제에 대한 총 정보를 수집한다.

둘째, 은퇴 후의 생활에 대해 주위 사람들의 경험을 들어보고, 자신이 결정하고자 하는 사항에 대해 자세히 털어놓고 자문을 구한다. 그리고 주거문제, 연금관리, 부동산관리 등 전문 분야는 전문가와 상담한다.

셋째, 은퇴 후의 소득방안, 활동, 건강관리 등에 대해 목표를 설정한다. 예컨대 저축에 관한 계획을 기간별로 설정하여 기록하고, 단계적으로 점검하면서 적절히 투자할 대상에 연결해 본다.

넷째, 은퇴 후의 계획은 은퇴 이전부터 미리 조금씩 시도해 본다. 예를 들면, 새로운 친구도 사귀어 보고, 자원봉사도 일주일에 한두 번씩 해 보는 습관을 조금씩 들이도록 한다.

다섯째, 이러한 계획들을 그때그때 변하는 주변환경, 경제적 여유, 가족사항에 비추어 종합적으로 검토해 보고 수정 · 보완하여 은퇴생활 계획에 대한 준비를 완료한다.

3) 노년기의 심리적 부적응

정신건강이라 함은 정신적 장애가 없으며 전반적으로 긍정적인 심리적 안정상태를 일컫는 말이다. 실체적 건강, 심리적 적응, 사회경제적 지위, 생활사건, 사회적 지원 등이 노년기의 정신건강에 영향을 미치는 요인들이라 할 수 있다. Birren과 Renner(1980)는 정신건강의 특성을 다음과 같이 요약하고 있다. ① 자신에 대한 긍정적인 태도, ② 현실에 대한 정확한 지각, ③ 환경에 대한 적응, ④ 성공적인 대인관계, ⑤ 자율성, ⑥ 자존감과 자아실현 등이 그것이다.

이와는 반대로 자신이나 남에게 해가 되는 행동이나 사회적 규범으로부터 일탈된 행동을 부적응 행동 또는 정신병리(psychopathology)라고 부른다.

인간은 대개의 경우 새로운 환경에 적응하는 능력이 있지만, 경우에 따라서는 발달과정에 따른 새로운 상황에 제대로 적응을 하지 못하고 부적응 행동을 나타내는 수가 종종 있다. 특히, 노년기가 되면 노화와 관련된 스트레스를 많이 받게 되는데, 이로 인해 심리적 압박감을 느끼게 됨으로써 심리적 부적응이 야기될 수 있다.

노년기에 흔히 발생하는 심리적 부적응 현상은 불안장애, 우울증, 성격장애, 정신분열증, 기질성 정신장애 등이다. 연령이 높을수록, 건강상태가 나쁠수록, 이혼이나 사별로 인해 홀로 된 경우일수록 심리적 부적응 현상이 많이 나타난다.

불안장애 불안감은 정상적인 사람들도 가끔 경험하는 것이므로 그 정도가 심하지 않으면 문제가 되지 않지만, 그 정도가 지나치게 심할 경우에는 부적응으로 본다. 불안장애는 무슨 불길한 일이 곧 일어날 것 같은 두려움과 초조감이 주요 증상이지만, 가슴이 답답하고, 숨이 가빠지고, 심장이 두근거리는 등의 신체 증상이 함께 나타나기도 한다. 전반적으로 노년기에는 불안장애의 발생률이 높은 편은 아니며, 공포장애, 공황장애, 강박증과 같은 불안장애도 성년기나 중년기에 비해 매우 낮다(Blazer, George & Hughes, 1991). 노년기의 불안장애의 원인은 무력감이나 상실감으로 인한 것이다(Bowman, 1992).

우울증 우울증은 노년기에 볼 수 있는 매우 보편적인 증상이다(Schooler, 1992). 노년기에는 건강쇠퇴를 포함하여 여러 종류의 상실을 경험하므로 우울증에 빠지기 쉽다. 우울증의 위험 요인은 스트레스를 주는 생활사건, 배우자와의 사별, 사회적 지원망의 결여 등이다(Zisook & Schucter, 1994). 심한 우울증은 자살충동을 동반하는데 남자노인의 경우 연령과 함께 자살률이 꾸준히 증가한다. 65세 이상 노인의 자살률은 어느 연령대보다도 높다(Osgood, 1991). 여성의 경우 자살률은 중년기에 제일 높지만 남성보다는 언제나 낮은 편이다. 약물남용, 불치병, 정서장애가 노년기에 자살의 위험을 증가시킨다. 젊은이들과 비교했을 때 노인들의 자살 성공률은 매우 높은 편이다.

성격장애 성격장애는 부적응적인 사고나 행동을 반영하는 것인데 노년기에는 발생빈도가 그리 높지 않다(George, 1990). 자기도취적 성격장애와 반사회적 성격장애가 보편적인 성격장애의 형태다. 자기도취적 성격장애를 가진 노인들은 지나칠 정도로 잘난 체 하며, 특별한 사람들만 자신을 이해할 수 있다고 믿는다. 반사회적 성격장애를 가진 노인들은 정상적인 양심이 없는 사람들로서 다른 사람의 권리를 무시하고, 죄책감을 느끼지 않고 흔히 다른 사람들을 이용하고, 배신한다.

정신분열증 논리적이지 못한 사고, 환각이나 환청 등 지각과정의 이상, 현실을 왜곡하는 망상, 왜곡된 기억 등이 노년기 정신분열증의 주된 증상이다. 노년기에는 피해망상이나 병적인 의심 등을 포함하는 편집증이 증가하는데, 젊은 성인들의 경우 편집증은 심한 정신장애를 반영하지만, 노인들의 경우는 정신장애보다 감각기능의 장애, 특히 청각장애가 있는 노인들의 경우 그 정도가 심하다(Birkelt, 1991).

기질적 정신장애 기질적 정신장애는 그 발병 원인이 대뇌의 손상에 있는 경우를 가르킨다. 노인성 치매라고 하는 정신장애는 기질성 정신장애의 대표적인 유형이다. 노화와 관련된 문제 중에서 노인성 치매만큼 두려움의 대상이 되는 것도 없다. 노인성 치매환자는 자신의 배우자나 자녀를 알아보지 못할 정도로 문자 그대로 정신을 놓아버린다.

이처럼 많은 사람들에게 치매가 두려움의 대상이 되기 때문에, 일상생활에서 기억을 잘 하지 못할 때 자신이 치매에 걸린 것은 아닌가 하고 걱정하는 사람이 많다. 그러나 경미한 기억상실이 반드시 치매의 증세는 아니다.

치매는 어떤 특정 질병을 일컫는 것이 아니고, 인지적 기능과 행동적 기능이 쇠퇴하는 정신장애 전반을 일컫는 말이다. 가장 보편적이고 치명적인 치매의 형태가 알츠하이머병이다.

① 알츠하이머병

존경받는 어떤 시인이 자신의 시는 물론이고 자신의 이름마저 기억하지 못한다. 옛날 실업계의 한 거물이 기저귀를 차고, 하루 종일 구두를 닦으며 시간을 보낸다. 이들은 알츠하이머병의 피해자들로서 이 병은 퇴행성 뇌질환으로 점차 지능, 지각, 심지어 신체기능의 통제력을 빼앗아 가고 결국 죽게 만든다(Reisberg, 1983). 이 무서운 질병은 중년기에도 가끔 나타나지만 대부분의 피해자는 65세 이상이다. 이 병은 85세 이상 노인들의 20～30%가량이 걸리는 것으로 추정되고 있다(Heston & White, 1983).

알츠하이머병의 원인은 아직 알려져 있지 않다. 여러 가지 이론들이 이 병의 원인이 되는 것으로 신경화학물질의 결핍 또는 불균형, 바이러스 감염, 유전적 영향, 면역체계의 결함 또는 심지어 알루미늄 중독 등을 들고 있다(Cohen, 1987).

알츠하이머병의 초기 증상으로는 전화전언을 잘못하거나 갑자기 엉뚱한 행동을 하는 것 등을 들 수 있다. 가장 두드러진 초기 증상은 기억력 장애다. 과거의 일도 정확하게 기억을 못하지만 특히 최근의 사건들을 잘 기억하지 못한다. 그 다음에는 혼란, 성급함, 침착치 못함, 흥분, 판단력, 집중력, 방향감각, 언어능력에서의 감퇴가 잇따른다. 정도의 차이는 있지만 대부분의 치매환자가 언어장애를 나타낸다. 초기에는 말하는 도중에 적절한 단어를 찾지 못하여 머뭇거리거나 정확하지 않은 단어를 사용하기 때문에 듣는 사람이 무슨 말인지 이해하기 힘들게 된다. 병이 진행되면서 증상들은 보다 뚜렷해지고 걷잡을 수 없게 된다. 마지막에는 환자가 언어를 이해하지 못하거나 사용할 수 없게 되며, 가족들도 알아보지 못하고 남의 도움 없이는 먹지도 못한다.

알츠하이머병을 진단하기는 어려운 일인데 이 병이 다른 형태의 치매들과 구별하기가 어렵기 때문이다. 유일하고 확실한 진단은 뇌 속의 조직을 관찰하는 것뿐인데 그것은 사후부검에 의해서만 가능하다. 알츠하이머병에 걸린 사람의 뇌는 신경섬유가 엉켜 있고, 세포가 줄어들며 그 밖의 다른 변화도 나타난다. 이런 변화들은 정상적인 노화에서도 어느 정도는 볼 수 있으나 알츠하이머병에 걸린 사람들에게서 더 현저하며 또한 기억력과 관련이 있는 뇌의 영역에서보다 많이 일어난다.

의사들은 보통 이러한 증상에서 알 수 있는 그 밖의 질환들을 배제함으로써 살아 있는 환자에게서 알츠하이머병을 진단한다. 새로운 기술인 핵자기 공명진단법으로 진단의 정확도가 개선되고 있으며 알츠하이머병이라고 잘못 진단하는 유사 질병을 치료할 수 있게 된다.

알츠하이머병에 걸린 환자들은 흥분을 가라앉히고, 우울증을 가볍게 하며, 잠을 자도록 하는 약물요법을 받을 수 있다. 적절한 영양 공급과 유동식을 섭취하는 것이 중요하며 운동과 물리요법으로도 치료에 도움을 받을 수 있다. 환자나 그 가족에게 가장 큰 도움이 되는 것은 아마도 전문적인 상담과 후원단체를 통해 얻을 수 있는 사회적 · 정서적 지원일 것이다.

② 파킨슨병

파킨슨병은 신경전달물질인 도파민을 생산하는 중뇌의 신경이 노화함에 따라 발생하는 행동장애를 일컫는다(Lieberman, 1974). 파킨슨병의 증상은 언어표현이 자유롭지 못하고, 머리를 흔들며, 몸을 덜덜 떨면서 경련을 일으키고, 걸음걸이가 부자연스럽다. L-dopa와 같은 약물치료가 이러한 행동문제를 크게 완화시키는 것으로 보인다.

파킨슨병과 치매의 관계가 1970년대 후반에 밝혀졌는데, 최근의 연구에 의하면 파킨슨병 환자의 14～40%가 치매에 걸리게 된다고 한다.

③ 피크병

피크병은 매우 드문 형태의 치매로서 알츠하이머병과 구분이 안 될 정도로 그와 유사한 병이다. 그러나 뇌의 구조적 변화, 즉 신경병리학적으로는 두 병이 분명히 구별된다. 알츠하이머병 환자가 활동과잉인 반면, 피크병 환자는 위축되는 경향이 있다.

피크병은 발병연령이 주로 40대로서 비교적 젊은 나이에 발병한다. 피크병의 초기단계에서는 기억력 손상은 거의 없지만 실어증, 무례한 행동, 무절제한 성행위와 같은 행동변화가 크게 나타난다. 그리고 죽을 무렵에는 식물인간처럼 되고 만다.

④ 헌팅턴병

헌팅턴병은 중추신경계의 손상으로 인한 유전병으로 대체로 35～50세에 발병한다. 헌팅턴병 환자는 팔다리를 흐느적거리며 걷기 때문에 마치 춤추는 것과 같다하여 헌팅턴 무도병이라고도 한다. 헌팅턴병은 환각, 망상, 우울증을 포함한 정신장애와 근육이 무력해지는 운동기능장애가 나타난다.

헌팅턴병은 매우 서서히 진행되지만 점차로 신체적 · 정신적으로 자신을 돌볼 수 없게 되고, 걷는 것이 불가능하고, 삼키지도 못하며, 인지적 기능을 완전히 상실하게 되어 결국에는 사망하게 된다.

2. 노년기의 가족관계

부모와 자녀 세대 간 역동성은 각 세대의 발달단계에 따라 변화하므로 노년기 가족도 체계 내의 역할변화를 받아들여야 한다. 노년기의 정체감은 조부모가 되는 것을 통해 전환된다. 또한 노부모의 은퇴와 노화로 인한 신체적 변화로 인해 경제적, 기능적, 정서적 지원패턴과 상호관련성이 변화함으로써 정체성이 변화하게 된다.

1) 조부모 역할

고독감 · 소외감을 포함한 노년기의 전반적인 심리적 적응 문제는 노년기의 역할상실 및 변화와 깊은 관계가 있다. 특히, 가족 내에서 역할변화도 인생의 커다란 분기점이 되고 있다. 경제적 주도권은 자녀세대에 이양했고, 오직 상징적인 집안어른의 지위와 조부모로서의 역할에 만족할 수밖에 없다. 따라서 조부모가 되는 경험은 좌절감에서부터 자부심과 놀라움까지 다양하다. 일반적으로 손자녀-조부모관계는 소원한 역할, 적극적 역할, 동료적 역할과 대리부모 역할 등 네 가지 유형이 있다(Cherlin & Furstenberg, 1986; Gratton & Harber, 1996). 소원한 역할의 조부모는 전통적인 가치를 가지고 있으며, 많은 경우 가족의 부를 소유하고, 자녀들의 존경을 받으며 가부장적인 권위를 지니고 있다. 그러나 이들이 재산이 없거나 가문을 이어가지 못할 때는 좌절감을 느끼게 된다.

적극적인 역할의 조부모는 손자녀들의 일상에 적극적으로 개입하는 유형으로 대부분 손자녀의 집 근처에서 거주하며, 거의 매일 이들을 본다. 이들은 노후의 빈 둥지 증후군의 외로움이나 혼자 남아 겪게 되는 외로움을 손자녀를 통해 해소한다. 이 유형은 대부분의 문화권에서 가장 보편적인 유형이다.

동료적인 역할의 조부모는 다른 가구를 형성해 살면서 부모세대의 독립성과 자율성을 유지하고 사는 유형이다. 세대 간의 관계는 상호협의하여 자유롭게 결정하며, 손자녀 방문도 사전에 통보한다. 비록 손자녀들을 버릇없게 만든다는 비난을 듣는 경우도 있으나, 손자녀를 훈육하지는 않는다. 현대에 와서는 조부모들이 여러 이유에서 동료적인 역할을 선호한다고 한다. 우선 지리적으로 부모세대와 함께 자녀세대가 멀리 떨어져 있어 방문이 여의치 않는 경우가 많기 때문에 이들의 관계는 같이 동거할 때만큼 친밀하지 않기 때문이다.

또한 평균수명이 증가함에 따라 조부모들이 일과 여가활동 및 지역 사회와의 유대가 광범위하기 때문에 자신의 삶에서 손자녀가 중심이 아니며, 이들에게 투자할 시간과 에너지가 상대적으로 부족하기 때문이다. 부모와 자녀관계도 점차 평등적으로 변화함에 따라 노인세대가 자동적으로 행사했던 많은 권력 또한 감소하였다. 그 결과 자녀양육에 대한 조부모들의 제언이 관계에 부정적인 영향을 미치게 된다는 것을 인식하고 서로 간섭을 않고 조화를 유지해 나간다. Cherlin과 Furstenberg(1986)에 의하면 부모세대는 손자녀와의 관계에서의 문제를 자녀들에게 의식적으로 숨김으로써 세대 간 관계를 긍정적으로 유도하는 책략을 사용한다고 한다.

실제로 많은 노부모들이 동료적인 역할을 선호한다. 그들은 손자녀들의 성취를 자랑하기도 하고 그들의 사진을 방에 걸어 놓으며, 부모역할은 손자녀들의 부모에게 맡기고 손자녀 관계에서는 즐거움을 얻고 용돈을 주는 역할을 즐긴다. 많은 조부모들이 손자녀들이 올 때 반갑고, 또 떠날 때도 반갑다는 말을 하는 이유도 여기에 있다. 이러한 손자녀 관계 유형은 손자녀들의 발달 단계에 따라 다양하다. 같은 조건하에서는 손자녀들이 어릴 때가 청소년기 때보다 관계가 친밀하다. 직장에 다니는 중년의 조부모는 은퇴 전까지는 손자녀에게 시간과 에너지를 투자하기가 어렵다. 부모가 결혼한 자녀들과 함께 거주할 경우는 초기에는 소원한 역할을 하기도 하지만 노부모가 나이가 많거나 자녀들이 청소년이 되면 서로 공유할 수 있는 흥미영역이 없기 때문에 소원한 역할과 적극적 역할이 다 불가능해진다.

대리부모 역할은 손자녀의 부모가 취업하거나, 질병이나 이혼 등으로 자녀를 돌보지 못하는 상황에서 일어난다. 우리나라에서는 출산 후 친정어머니들이 산후조리기간 동안 손자녀의 대리모 역할을 하기도 한다. 그러나 이로 인해 특히 조모들이 건강을 해치기도 하고 조부모들의 부부관계에 부정적인 영향을 미치기도 한다(Jendrek, 1994). 우리나라의 경우 서동인(1991)에 의하면 외조모가 대리모 역할을 많이 수행하며 친조모는 훈계자 역할을 주로 담당하는 것으로 나타났다. 조부모들은 손자녀들의 부모가 이혼한 이후 일시적인 주거를 제공하기도 하고 정서적, 경제적 지원과 함께 대리모의 역할을 수행하기도 한다.

2) 부모-자녀관계의 전환

부모-자녀관계에서의 긴장은 전 가족생활주기상에서 일어난다. 이러한 긴장은 각 세대의 자율성과 의존성에 대한 욕구와, 분리와 연결에 대한 욕구 간의 균형을 이루고자 하는 과정에서 일어난다. 이러한 개별화 과정은 부모의 권위에 의한 압력과 아동기와 청소년기 및 청년기 자녀들의 욕구에 대한 끊임없는 재협상 과정이다. 아동기의 절대적인 의존관계에서 자녀들이 청소년이 되고 성년이 되면서 상호의존적인 형태로 변화된다. 이러한 과정에서 자녀들은 친밀감과 성숙한 자아정체감을 형성하게 된다. 성공적인 개별화 과정을 통해 부모와 자녀는 진정한 상호신뢰를 발전시킬 수 있다(Anderson & Sabatelli, 1999). 부모-자녀관계의 역할전환이 이루어지지 않을 때 부모와 중년기 자녀들 간의 갈등이 심화될 수 있다.

노년기에 이르면 부모-자녀관계에서 노화과정에 있는 부모의 의존성과 자녀들의 부양에 대한 부담이 증가한다. 자녀들은 이전의 관계에서와는 달리 보호자의 역할을 수행하여야 한다. 이러한 과정이 순조롭게 이루어지기 위해서는 노년기 부모가 자신의 의존성을 받아들이고 자녀들이 그들의 요구를 충족할 수 있도록 허락하는 것이 필요하다. 자녀들은 부모들에 대한 이미지를 받아들이고 부모님 삶에서 변화되고 있는 역할을 받아들여야 한다. 이러한 전환과정에서의 협상에 대한 만족정도에 따라 앞으로의 관계에서 이루게 될 친밀감이나 상호관계의 수준이 결정된다.

노년기의 부모-자녀관계는 어느 한쪽이 원조의 제공자 또는 수혜자라고 단정할 수 없다. 오히려 여러 가지 면에서 상호 호혜적인 관계다. 우리나라 노부모와 성인자녀관계에서 대부분의 노부모들은 자녀에게 물질적인 혜택을 주고, 자녀에게 어려운 일이 발생하면 정서적으로뿐만 아니라 경제적으로도 도움을 주고자 한다. 반면, 자신의 노후부양을 자녀에게 기대한다. 우리나라 노인들이 자녀에게 기대하는 도움은 잦은 방문과 대화, 정신적 · 경제적 도움인 것으로 나타나고 있다(김태현, 1994).

노인은 가족 내에서 연장자로서 그들의 삶을 통해 축적해 온 경험과 지혜를 자녀에게 전달하고, 자신이 미래 세대에 필요한 인물이라고 느끼고 싶어 하는 욕구가 있다(Galvin & Brommel, 1982). 그러나 오늘날에는 사회가 급속도로 변화하고 있기 때문에, 노인의 경험이 이제는 적절하지 않다는 생각이 노인이 젊은이를 가르치고 상담해 주었던 몇 세대에 걸친 순환과정에 장애가 되고 있다.

자녀가 일찍이 부모의 보살핌을 받았듯이, 노인이 자녀로부터 보살핌을 받을 것으로 기대되는 전통사회에서 보편적이었던 보살핌의 순환과정 역시 순조롭지 못하다. 중년기 자녀가 노부모를 보살펴야 할 때가 되면 이들은 애정과 분노, 부모에 대한 의무와 자신의 배우자 및 자녀에 대한 책임 그리고 효도하고 싶다는 생각과 자신의 현재 생활방식을 바꾸고 싶지 않다는 생각 사이에서 심한 갈등을 겪는다.

최근 노인들의 의식이 변화하면서 자녀에게 의존하기보다는 독립적으로 노후를 보내려고 하는 노인들의 비율이 증가하고 있다. 이들은 자식의 효도에 의존하지 않고, 취미나 운동, 여가활동 등으로 즐겁게 두 부부만의 생활을 하고자 한다. 실제로 우리나라 노인의 자녀와의 별거 희망률은 계속적으로 증가하는 추세에 있다. 이처럼 많은 노인들이 독립적이고 비의존적인 노년기를 보내기를 희망하지만, 평균 예상수명이 점차 증가함에 따라 많은 노인들에게 의존적인 시기가 찾아온다.

흔히 노년기의 사고를 가난, 질병, 고독, 역할상실이라고 한다. 정도의 차이는 있지만 대부분의 노인들은 이러한 고통에서 자유롭지 못하다. 노인들이 자녀에게 의존하는 주된 이유는 건강과 경제적 취약성에 기인하는 것이지만, 이들이 가장 도움을 받고 싶어 하는 부분은 경제적 지원보다는 잦은 방문이나 정서적 지원이다. 이러한 문제에 직면해서 아직도 우리나라에서는 주된 의존대상은 가족이며, 사회적 지원보다는 자녀에 대한 의존도가 높고, 가족원으로부터의 지원은 노년기 생활만족도의 중요한 근원이 된다.

노부모와 성인자녀의 관계는 의무감에서가 아니라 애정적인 유대감에서 비롯될 때 만족스러운 것이다(Cantor, 1983; Robinson & Thurnher, 1981). 세대 간의 유대관계 연구에서 전화통화나 방문과 같은 애착행동을 고무시키는 것이 자녀의 의무감에 호소하는 것보다 더 효과적인 것으로 나타났다(Cicirelli, 1980). 즉, 애정을 바탕으로 부모자녀 관계를 수립함으로써 노년기의 생활만족도를 높일 수 있을 것으로 보인다.

3. 노년기의 부부생활

1) 노년기 부부의 성적 적응

노년기 부부관계에서 중요한 것이 성적 적응이다. 인간이 노화함으로써 여러 심리적, 신체적 기능도 쇠퇴하거나 변화되어 간다. 따라서 노인기에 성에 관심을 갖는 것을 별로 바람직하지 못한 것으로 여겨왔다. 그러나 노년기 부부에게도 성적 관심은 행복한 노년을 위해 필요한 일이다. 노인들의 성 기능은 노화와 함께 감소하는 경향을 나타내지만 상당히 고령에 이르기까지 지속되는 것으로 보고되고 있다. 또한 노인이 되어도 성욕구가 일어나며, 청년기와 동일하지는 않지만 지속적이기 때문에 노년기 부부관계의 만족스럽고 조화로운 생활을 위해서는 부부간의 성적 적응이 필요하다. 그러나 우리나라는 사회적 체면과 유교적 성도덕으로 인해 노인의 성생활에 대해 부정적 태도를 지니고 있다. 그러므로 노인의 성생활에 대한 부정적 태도를 버리고 올바른 지식과 이해가 필요하다.

그러나 노년기의 성과 여가활동 패턴은 이전의 단계에서의 패턴에 의해 좌우된다. 결혼기간 동안 계속되어 온 상호작용이 노화의 진행에 따라 재조정을 요구한다. 이전단계에서 필요로 했던 바로 그 의사소통 기술과 능력이 노년기에도 역시 필요로 한다.

2) 부부체계 내에서의 덧없음 극복

이 시기의 부부는 일시적이거나 만성적인 질병과 함께 인생의 덧없음을 경험하는 시기다. 일상생활을 위해 다른 가족의 도움을 필요로 하는 경우가 많으며,

이 경우 대부분 여성이 조력자의 역할을 하게 된다. 자녀들의 출가로 두 부부만 남는 경우 결혼만족도는 증가하는 경향이 있으며 배우자에 대해 동료이자 지지자로 인식하기 시작한다. 그러나 배우자의 신체적 무기력은 다른 배우자에게는 가장 스트레스를 주는 요인이 된다. 왜냐하면 과거에 배우자가 해 주던 것을 그리워하거나 아프거나 죽는 것에 대한 걱정과 자신도 아프게 되어 돌봐 줄 수 있는 사람이 없을 것에 대한 두려움 때문이다. 비록 배우자가 서로에 대한 부양부담은 비슷하게 인식하더라도 부인들의 결혼만족도가 더 감소하고, 우울증적인 증상을 더 많이 나타낸다.

이와 같이 노년기의 부부 서로의 부양부담은 많은 긴장을 주는 것이므로, 몸이 허약해지고 의존하게 되면 배우자의 변화된 욕구와 기대에 적응할 수 있도록 함께 상의하여야 한다. 특히, 양육을 담당하는 배우자는 자신의 몸을 돌보지 않는 경향이 있으므로 건강에 유념하여야 한다. 이 과정에서 사회적으로 고립될 수도 있으므로 배우자의 신체적 건강뿐 아니라 자신의 사회적 욕구와 함께 고려하여야 한다.

경우에 따라서는 배우자의 죽음으로 인한 상실감이 정서적 장애로 발전할 수도 있다. 특히, 여자에 비해 남자가 약 7~10년 정도 일찍 사망하는 관계로 홀로 된 할머니가 늘어나는 것이 보편적인 상황하에서 남자가 아내를 잃었을 때는 믿고 마음을 터놓고 의지할 사람이 없기 때문에 여러 가지 감정적 고통을 당하게 되고 이것이 정서적 장애로 나타날 수 있다. 여성의 경우도 남편이 사망하게 되면 젊은 시절부터 남편으로 인하여 오랫동안 맺어 왔던 사교모임(동창회 및 친목단체 등)에 더 이상 참여할 수 없게 된다. 그러므로 홀로 된 사람들은 정서적으로 의지할 수 있는 사람이 많은 것이 바람직하다. 따라서 노후에 들어서는 배우자의 죽음에 대한 대비를 함과 동시에 자신의 신체적 · 사회적 욕구도 중시하여야 한다.

이혼과 재혼

1. 이 혼

사람들은 서로 사랑하여 결혼한다고 한다. 그러나 그들은 사랑하기 때문에 헤어진다고도 한다. 같은 이유로 결혼하기도 하고 헤어지기도 하는 듯이 보인다. 그렇다면 실제로 이혼하는 이유는 무엇인가?

결혼의 실패인 이혼은 당사자뿐 아니라 관련된 모든 사람에게 상처를 준다. 일반적으로는 이혼을 하지 않기 위해 모든 노력을 기울인 후, 마지막으로 결정적인 한 가지 사건이 이혼에 이르게 한다. 이러한 사건을 '마지막 지푸라기(last straw)' 라고 표현하기도 하는데, 이혼이 일순간에 결정된 일이 아니며, 여러 가지 요인들이 누적된 결과임을 보여 준다. 따라서 이혼은 결혼의 실패가 아니라 새로운 시작을 하기 위한 결단으로 볼 수 있을 것이다.

이혼의 사회적, 물리적 배경뿐 아니라 개인적, 심리적 배경을 살펴보는 것이 이혼을 이해하는 데 도움이 된다. 이혼은 사회적 산물인 동시에 개인적 적응의 결과이다. 이 장에서는 이혼의 사회적, 개인적 배경을 간단히 살펴본 후에, 이혼에 대한 결정과 적응과 관련한 이혼 당사자의 심리적 경험에 초점을 맞춰 볼 것이다.

1) 이혼의 역사적, 사회적 배경

이혼의 역사적 배경 우리나라 사람은 이혼에 대해 어떤 태도를 취하고 있는가? 전통적으로, 우리나라의 이혼은 거의 전적으로 남자에 의해 주도되어 왔다. 고려시대의 고려형률 중 호혼율 4개조에서는 남자는 이유 없이 아내를 버려도 부모의 승낙이 있는 경우에는 어떤 제재도 받지 않았다. 중요한 것은 부모에 대한 불효를 제재하는 것이며 아내를 버렸다는 것은 사회적으로 문제가 되지 않았다.

조선시대에는 중국 대명률의 칠출삼불법에 근거하여 이혼제도가 형성되었는데, 일정한 사유가 있을 때에 한하여 이혼을 인정하는 동시에, 아무리 법정사유가 있을지라도 이혼을 허용하지 않는 사유가 있을 때에는 법이 이혼을 허용하지 않았고 까닭 없이 기처(棄妻)한 자는 처벌하였다. 이혼사유가 되는 칠거(七去)로는 시부모를 잘 섬기지 못했을 때, 아들을 낳지 못했을 때, 부정한 행위를 하였을 때, 질투했을 때, 나병 등의 악질의 질병이 있을 때, 말이 많을 때, 절도를 했을 때 등의 일곱 가지다. 이 중에서 무자와 질투는 조선 후기에 들어서면서 제외되었다. 이혼을 할 수 없는 삼불거(三不去)는 남편의 부모를 위하여 3년상을 지낸 경우, 결혼 당시 빈천하다가 후에 부귀하게 된 경우, 아내가 이혼당한 후 복귀할 집이 없는 경우이다. 이혼과 관련된 민간의 습속으로는 사정파의, 할급휴서가 있고 이혼과 유사한 소박과 축첩 등이 있었다. 이상의 이혼에 대한 남성 위주의 태도는 상당히 오랫동안 결혼과 이혼에 영향을 주었다(김정옥 외, 1997).

8.15 광복 이후 개인화, 산업화 그리고 도시화 과정에서 가족의 형태와 인간관계가 급속하게 변하면서 이혼에 대한 태도에서도 변화를 보이게 되었다. 가족에서 가부장적 질서가 약해지고 평등과 협력을 전제로 하는 새로운 인간관계가 형성되었다. 무엇보다 교육기회가 균등해지고 여성이 경제적 자립이 가능해지면서 이혼은 더 이상 남자의 전유물이 아니게 되었다.

최근 들어 이혼은 개인적 차원에서 부부간의 갈등을 해결하는 마지막 수단이며 결혼존속의 필수품이 되었다(Hunt & Hunt, 1977). 이제 이혼은 결혼에 대한 포기를 의미하는 것이 아니라 불행한 결혼을 참지 않고 행복한 결혼생활로 대체하려는 의지 행동을 의미하고 있다(Lamanna & Riedmann, 1991).

이혼의 사회적 배경 산업화와 현대화는 가족의 구조와 의미를 변화하게 하였으며, 이에 따라 전통적인 가족의 의미는 해체되거나 붕괴되었다(Nimkoff, 1965).

사회변화와 이혼 간의 관계를 살펴보면, 첫째, 부부간의 경제적 의존도가 약화되었으며, 둘째, 사회적, 법적 그리고 도덕적으로 이혼을 억제하는 사회적 장치들이 약화되고 가족가치관이 변화되었다. 즉, 과거에 비해 이혼에 대해 보다 관대한 태도를 취하게 되었다.

셋째, 결혼에 대한 비현실적인 높은 기대에 있다. 이상적인 결혼관과 낭만적인 이혼의 신화가 생겨났다. 과거의 결혼에는 경제적이고 사회적인 의미가 강하게 개입하였으나, 그것이 점차 사라지면서 다른 대안이 필요하게 되었고 이것을 이상적인 결혼이 대체한 것으로 보인다. 실제로 실질적인 관계를 기대하는 부부들은 보다 애정적이고 표현적인 관계를 기대하는 부부들보다 결혼생활에 더 만족하는 것으로 나타났다(Troll & Atchley, 1979).

전쟁 등과 같은 사회적 사건은 이혼을 증가시키는 것처럼 보인다. 우리나라에도 6.25 전쟁 후에 이혼율이 급증하였다. 이것은 장기간 부부가 별거하게 되어 혼외 성관계의 기회가 증가하였기 때문으로 보인다. 1970년대에 사우디 등에서 돌아온 근로자들의 이혼이 문제가 된 것도 유사한 현상으로 보인다. 또한 전쟁이 진행되는 동안보다는 전쟁이 끝난 후에 이혼이 많은 것은 부부간의 재적응에 어려움이 있음을 보여 주고 있다.

이혼에 영향을 미치는 또 다른 원인으로는 경제적 조건을 들 수 있다. 이혼사유 중 성격차이 외에 가장 많이 언급되는 것이 경제적 문제였음은 경제적 조건의 중요성을 짐작케 한다. 그러나 경제적 빈곤과 이혼의 단순한 일대일 관계를 가정하는 것은 무리가 있다. 예를 들면, Price와 Mckenry(1988)는 경기가 후퇴하고 침체되는 시기에 이혼율이 낮고 호황기에 이혼율이 높다고 한다. 경기가 저조할 때는 이혼비용, 분가된 가구 유지, 재산분배, 자녀에 대한 재정지원 등에서 어려움을 겪기 때문이다. 다시 말하면, 경제가 좋을 때는 경제적 어려움이 이혼의 사유가 되지만, 경제가 나쁠 때는 경제적 어려움이 이혼을 하지 못하는 사유가 되는 것이다. 따라서 경제적 문제는 상대적 빈곤감이라는 심리적 문제와 관련되어 있음을 추측할 수 있다. 즉, 삶의 질에 대한 기대를 충족시킬 수 있는지와 관련된다.

마지막으로, 이혼이 전적으로 개인의 결정사항이 아님을 볼 수 있는 자료는 도시 지역의 이혼율이 시골 지역보다 높다는 사실이다. 도시는 독립성과 익명성이 보장되어 타인의 간섭과 통제로부터 상대적으로 자유롭다. 여기서의 독립성은 경제적 독립의 가능성이 높다는 것도 포함하고 있다. 시골은 사람들 간의 상호작용이 빈번하고 문화적으로 동질적인 사회인 반면, 도시는 인간관계가 단절된 이질적인 사회다. 이러한 특성이 이혼을 결정하는 데 보다 용이하게 작용하고 있다고 볼 수 있다.

2) 이혼의 개인적 배경

사회경제적 요인 사람들은 왜 결혼을 하는가에 대해 남자는 정서적 안정을, 여자는 경제적 안정을 원한다고 대답한다. 이것은 경제적 안정이 결혼의 한 요소임을 반증하는 것이다. 경제적인 문제는 직업과 연결된다. 일반적으로 수입의 수준과 이혼의 발생 간에는 반비례관계가 있다.

그러나 부부의 경제력은 물질적인 풍요를 의미하는 것이 아니다. 예를 들면, 수입수준과는 별개로 남편의 수입의 감소는 이혼의 가능성을 증가시킨다. 특히, 수입이 감소된 다음 해의 이혼 가능성은 매우 높다(Cherlin, 1979; Ross & Sawhill, 1975). 또한 부인의 수입이 높을수록 이혼 가능성이 높다. 이 현상은 다양한 설명이 가능할 것이다. 예를 들어, 맞벌이 부부의 경우, 남편의 수입이 높고 부인의 수입이 상대적으로 적은 경우에는 별 문제가 되지 않지만, 부인의 수입이 높고 남편의 수입이 상대적으로 적은 경우에는 문제가 유발된다.

이혼과 수입 간의 관계에서 수입은 총수입과는 관련이 없는 듯이 보인다. 이것은 가정 내에서의 남녀의 역할과 지위의 문제다. 수입의 사용내역을 예로 보면, 남편의 수입은 주택마련, 교육 등에 쓰이고 부인의 수입은 가계 유지에 쓰인다. 부부간 수입의 차이와 관련된 문제는 주변에서 흔히 볼 수 있다. 예를 들면, 부인이 부업으로 시작했던 가게가 잘 되어서 남편의 수입을 능가하게 되면 남편이 직장을 그만두는 경우가 있다. 이것은 남편의 입장에서는 가계부담에서 벗어날 수 있는 이유가 되기도 하고 자존심이 상하기 때문에 새로운 사업을 구상하려는 계기가 되기도 하는 것이다.

연 령 결혼적령기는 시대와 사회에 따라 달라진다. 문화인류학적 관점에서 인구조절이나 노동력과 관련되며, 유아사망률이 높고 수명이 짧았던 시절에는 조혼이 유행하였고, 반대로 산업혁명 이후 여성의 노동력이 중요해지면서 결혼적령기는 점차 늦어지고 있는 경향을 보인다.

한 연구에 의하면, 10대나 20대 후반에 결혼한 사람은 이혼할 확률이 가장 높다(Booth & Edword, 1985). 일반적으로 조혼은 부부의 소득과 직업적 · 교육적 성취가 낮고 자녀가 많은 경향을 보임으로써 불완전한 결혼으로 이어질 가능성이 높다(Otto, 1979). 반면에 만혼의 경우에는 라이프 스타일과 교육수준의 차이로 갈등을 겪는다.

그러나 시대에 따라 생활사건에 관련된 연령은 변한다. 중요한 것은 사건의 순서이며, '순서'는 비교적 고정적이라고 한다. 자연스런 순서를 따르는 경우는 이혼이나 별거로 끝날 가능성이 적다(Hogan, 1978).

혼전 임신 이혼한 쌍 중에서 3분의 1이 혼전 임신이라고 한다. 이것은 결혼 선택의 자유에 대한 지각과 관련된다. 어떤 일에 대한 결정에서 외부적인 압력을 받지 않았다고 지각할수록 자신의 내적인 동기에 의해 결정되었을 것으로 생각하는 경향이 있다. 따라서 결혼 전에 임신했을 경우에는 아기 때문에 어쩔 수 없이 결혼했다고 생각한다(Wallerstein, 1980). 이러한 심리적 이유 외에 결혼을 위한 물질적, 심리적 준비부족과 남자의 경제적 능력 등을 들 수 있다.

부모의 결혼형태 부모의 거의 모든 행동은 자녀에게 영향을 미친다. 그러나 부모의 결혼형태와 관련된 연구 결과들은 일관적이지 않다. 다시 말하면, 부모의 이혼 경력이 차후 그들 자녀의 이혼 가능성을 높인다는 연구 결과도 있고 그렇지 않다는 연구 결과도 있다. 문제는 부모의 이혼 여부가 아니라, 이혼 후의 생활이다. 부모간의 적대감, 양부모와의 관계, 이혼 혹은 재혼 시 아동의 연령 등이 훨씬 더 중요하다.

3) 이혼의 결정

이혼은 누구의 선택인가? 이혼은 일방적이거나 혹은 양자 합의에 의해 이루어진다. 이혼의 형태를 구분하는 이유는 무엇인가? 이혼을 결정한 사람이 누구인지가 문제가 되는 것은 '적응'의 문제와 관련되기 때문이다.

그렇다면 이혼을 결정한 사람이 보다 적응적인 사람인가? 일반적으로 자신의 삶을 통제하는 사람이 보다 정신적으로 건강하다. 그러나 이혼을 요구했던 사람이 이혼 후 이혼을 당한 사람처럼 행동하는 것을 본다. 이것은 겉으로 보이는 결정자가 실제적인 결정자가 아닐 수도 있다는 것을 의미한다. 그렇다면 왜 이런 일이 일어나는지 살펴보자.

이혼의 결정자 이혼은 이혼한 쌍 중에서 한 명만을 대상으로 연구된다. 대중잡지에서 쉽게 발견되는 유명 연예인의 이혼 기사는 대부분 여자 쪽의 이야기에 초점이 맞추어져 왔다. 대개는 남자가 여자를 떠난다고 여겨진다. 그러나 후에 남자 쪽이 버림받았다는 소문이 나기도 한다. 의지적으로 이혼을 결정한 사람과 이혼의 결정을 강요받은 사람이 겉으로는 동일한 이혼결정자로 보인다.

그렇다면 실제로 이혼을 결정하는 사람은 누구인가? Wallerstein과 Kelly(1980)에 따르면, 이혼은 대개 한쪽이 원하고 결정하며 70%가량이 여자 쪽에서 원한다. 여자들은 이혼결정이 상호적이었다고 주장하고 남자들은 부인이 이혼을 원했다고 대답한다. 그러나 이혼에 반대하는 정도를 근거로 누가 결정자인지를 추측할 경우, 실제적 결정자는 남자인 듯하다.

왜 이혼을 당한 사람들은 자신들이 이혼을 결정했다고 주장하는가? 아마도 손상된 자존감을 회복하기 위해 자신이 이혼을 주도했다고 주장하는 듯하다. 따라서 고소인(서류상)과 실제 이혼을 주도한 사람과의 관계성은 약해 보인다.

우리나라의 경우에도 이혼이나 별거 제의를 먼저 한쪽은 여성이 66.7%, 남성이 30.6%로 여성의 비율이 훨씬 높은 것으로 조사됐다. 여성이 이혼이나 별거를 제의하는 비율은 학력이 높고 결혼기간이 짧을수록, 부부간 연령차이가 클수록 더 높아지는 것으로 나타났다(조선일보, 2005).

결정과정 이혼은 어떻게 결정되는가? 이혼을 당하는 사람에게 이혼은 갑작스런 불행이지만 이혼을 결정하는 사람에게 이혼은 수개월 혹은 수년간의 숙고 후에 결정된 일이다.

이혼은 증대된 불만과 공허함, 혼란된 감정 등이 어떤 결정적인 사건을 계기로 발생한다. 이사, 졸업, 새로운 직업과 같은 일상적인 사건이거나 자살시도, 습관성 음주와 같은 일 등이다. 어쨌든 일단 이혼이 결정되면 동요, 우유부단, 미래에 대한 불안 등을 동반한 복잡한 과정이 진행된다. 따라서 이혼을 결정하기 전보다는 결정한 후에 스트레스를 덜 받는 것으로 보인다.

이혼을 결정하려는 사람들의 문제 중 하나는 자신의 현재 상태를 비교할 만한 비교대상이 부족하다는 것이다. 현재 자신이 겪고 있는 문제가 얼마나 심각한지, 어떤 대안들이 존재하는지 등에 대한 규준이 없다. 다시 말하면, 이혼은 혼자 판단하고 결정해야 하는 위험하고 어려운 과제인 것이다.

의사결정의 중요성 이혼결정에 참여하지 못한 사람들은 이혼 상황을 안 후에 큰 혼란과 스트레스를 경험하게 된다. 비록 이들도 역시 결혼생활에 대해 불만이 있었을지라도, 이혼을 하게 된다는 사실에 직면하면 상당한 충격과 혼란을 경험한다. 이들은 준비되지 않은 상태에서 이혼을 경험하게 된다.

이에 비해 이혼 결정자들은 실제적 준비를 하고 있는 사람들이다. 이것은 물질적 준비라기보다는 심리적으로 독립할 준비를 하고 있다는 점에서 적응과 정신 건강에서 유리하다. 또한 이혼을 준비한 배우자는 슬픔, 죄의식, 후회를 느끼지만 통제감이 있고 수치심과 거부되었다는 감정은 없다. 통제감은 자존감과 스트레스와 밀접한 관련이 있는 것으로 알려져 있다.

이혼을 당한 사람들은 굴욕감과 무력감을 느끼며, 분노, 우울, 퇴행적 경향을 보인다. 이들은 이혼이 결정된 후에 더 큰 스트레스를 받게 되고 이것은 이혼 후의 적응에 중요한 영향을 미친다. 이에 반해 이혼을 결정한 사람들은 이혼을 결정하기 전에 스트레스를 받으며, 결정된 후에는 오히려 안정을 찾는 경향을 보인다. 이로 인해 이혼을 누가 결정했는가는 중요한 의미를 갖는다.

4) 실패한 결혼에 대한 지각

결혼생활의 불평거리에서 남녀차이가 난다는 것은 이혼을 이해하는 중요한 단서가 된다. 동일한 사건에 대해 서로 다른 시각을 가질 수 있음은 널리 알려진 사실이다. 관점의 차이는 사건의 원인에 대한 추론과 그에 따른 책임 소재와 관련되며, 또한 같은 상황에서도 서로 다른 정보를 선택하는 사고과정과도 관련된다.

불평에서의 남녀차이 어떤 결혼생활은 한 사람에게는 우울하지만 다른 사람에게는 양육적(nurturing)일 수 있다. 결혼에 대한 불만은 처음부터 시작된 것일 수도 있고 시간에 따라 진행된 것일 수도 있다. 또한 결혼에 대한 불평은 시대에 따라 변화한다. 과거에는 부양 불이행, 외도, 음주, 권위적인 것들이 불평의 대상이었다면, 지금은 상호적인 감정교환, 가치의 불일치, 삶의 질 등이 원인이 되고 있다. 그러나 남녀 모두 대화와 이해의 부족을 가장 큰 원인으로 들고 있다.

예를 들면, 남편은 아내의 무관심 그리고 흥미, 가치, 목표에서의 불일치와 유사성이 없음에 대해 불평하고, 아내는 자신의 능력에 대한 배우자의 무시와 지나친 간섭과 비평(의상, 머리모양, 생각, 양육방식 등)에 대해 불평한다.

또 다른 불평은 남녀간의 성역할 갈등으로 인한 것들이다. 사람들은 삶의 방식에 대한 각본(script)과 도식(schema)을 가지고 있다. 따라서 연애시기에는 성역할에 대해 이상적인 태도를 보이지만, 이들이 결혼하게 되면 결혼과 관련된 성역할을 기대하게 된다. 이 때문에 성역할갈등을 겪게 된다.

남편의 경우에는 결혼생활에서 성역할의 갈등과 자신의 성역할에 대한 아내의 불인정으로 인한 갈등을 경험하고, 아내의 경우에는 내적인 성역할갈등을 경험한다. 다시 말하면, 남편은 아내가 성역할을 혼합하기를 바라며서 아내가 심리적, 성적, 경제적 평등을 원하는 것에 대해서는 혼란스러워한다. 이에 비해 아내는 의존성, 자신의 전체 삶을 통제하려는 욕구와 관련된 여성 자신의 개인적 성격의 투쟁과 관련되어 있다.

흥미로운 것은 사회계층, 결혼기간, 소득 간의 관계다. 사회계층이 높고 결혼기간이 길어지면 정서적 지지와 대인관계의 결핍에 대해, 그리고 사회계층이 낮고 결혼기간이 짧으면 배우자의 실패와 과제수행 능력이 없음에 대해 불평한다.

불평과 관련된 보다 중요한 문제 중의 하나는 결혼생활에 대한 불평의 수준이 다르다는 것과 이것이 이혼과 연결되었을 때 분명하게 나타난다는 것이다. 남편의 불평은 일반적이고 추상적인 수준이고 아내의 불평은 구체적인 수준이다. 이로 인해 이혼이 발생한 이유에 대한 질문에 남편은 왜 이혼하게 되었는지 알 수 없으며 무슨 일이 일어났는지 확신할 수 없다는 반응을 보인 반면, 아내는 혼외정사, 음주, 배우자의 미숙함 등과 같은 분명한 이유를 제시한다. 이것은 결혼생활에서 의사소통 양식이 이혼에 영향을 미치고 있음을 보여 주고 있다.

실패한 결혼에 대한 지각 만족스런 결혼에 대해서는 남녀 모두 유사하게 지각하였다. 가족 간의 유대감에 대해서도 만족스러운 대답을 하였다. 반면, 문제가 되는 결혼관계에 대한 관점에는 남녀차이가 있다.

남자는 결혼생활을 유지하기 위해 배우자와 동등한 노력을 기울였다고 생각하는 반면에, 여자는 대부분 자신만이 결혼생활을 위한 노력을 했다고 생각한다는 것이다. 또한 결혼갈등의 빈도와 강도에 대해서도, 남편은 간헐적이고 덜 강한 것으로, 아내는 지속적이고 보다 강한 것으로 지각하고 있었다. 그러나 결혼의 갈등기간에 대해서는 유사하게 지각하고 있었다. 다시 말하면, 남편과 아내 모두 갈등이 있다는 것을 알고 있지만, 남편은 심각하지 않은 것으로 아내는 심각한 것으로 생각한다는 것이다. 특히, 폭력적인 남편의 경우에는 갈등의 빈도와 강도를 최소화함으로써 자신의 폭력성을 감추는 경향을 보인다.

5) 이혼과 관련된 인구학적 자료

최근 언론 보도에 따르면 결혼 대비 이혼 건수 비율이 47.4%로 우리나라가 머지 않아 세계 최고의 '이혼 국가'가 될 것이라는 어두운 전망이 나왔다(보건복지부, 2003). 이는 지난 해 하루 평균 840쌍이 결혼하고, 이 수치의 절반에 가까운 398쌍이 이혼을 한 것으로 미국(51%)과 스웨덴(48%)에 이어 세계 3위에 해당한다.

2004년 한 해 우리나라에서는 31만 944쌍이 결혼을 하고 13만 9,365쌍이 이혼을 하였다. 인구 천 명당 이혼건수를 나타내는 조이혼율에서도 보이듯이 , 혼인은 최근 1996년을 정점(434만 9,000건)으로 계속 감소하다 2004년 다시 증가세로 돌아섰으며, 이혼은 2003년을 정점(167만1,000건)으로 감소세로 전환하고 있다(〈표 12-1〉 참조).

표 12-1 연도별 조혼인률과 조이혼율 (단위: 인구 천명 당 건수)

연 도	혼인건수	조혼인율[1]	이혼건수	조이혼율[2]
1970	295,137	9.2	11,615	0.4
1980	403,031	10.6	23,662	0.6
1990	399,312	9.3	45,694	1.1
2000	334,030	7.0	119,982	2.5
2001	320,063	6.7	135,014	2.8
2002	306,573	6.4	145,324	3.0
2003	304,932	6.3	167,096	3.5
2004	310,944	6.4	139,365	2.9

주: 1) 조혼인율 = 해당연도 혼인건수 ÷ 해당연도 주민등록연앙인구(7월 1일 기준) × 1000
2) 조이혼율 = 해당연도 이혼건수 ÷ 해당연도 주민등록연앙인구(7월 1일 기준) × 1000

자료: 통계청. 인구동태통계연보(혼인, 이혼편). 각년도.

연령별 이혼율 2004년 이혼율이 가장 높은 계층은 남자는 35~39세로 13.4건이며 여자의 경우는 35~39세로 13.9건이다. 특히, 흥미로운 것은 남녀 모두 50대 이후의 이혼율이 큰 폭으로 증가하고 있다는 것이다. 〈표 12-2〉, 〈표 12-3〉는 남자와 여자의 연령별 이혼율을 보여 주고 있다.

표 12-2 연령별 남자 이혼율 (단위: 해당 연령 인구 1천 명당 건수)

연령 \ 연도	1994	1995	1996	1997	1998	1999	2000	2001	2002	2003	2004
일반이혼율*	3.8	3.9	4.5	5.1	6.4	6.4	6.4	7.2	7.7	8.7	7.2
15~19	0.0	0.0	0.0	0.0	0.0	0.0	0.0	0.0	0.0	0.0	0.0
20~24	0.6	0.6	0.7	0.8	1.0	0.9	0.9	1.0	1.0	0.9	0.8
25~29	3.6	3.6	4.0	4.2	4.9	4.9	5.0	5.6	5.8	5.7	4.5
30~34	7.1	7.1	7.9	8.6	10.2	9.9	10.0	11.2	11.7	13.0	10.4
35~39	8.1	8.1	9.3	10.2	12.7	12.4	12.2	13.6	14.7	16.3	13.4
40~44	7.1	7.5	8.6	9.8	12.6	12.4	12.2	13.4	14.1	16.3	13.2
45~49	5.3	5.6	6.4	7.5	10.0	10.1	10.1	11.0	11.7	13.6	11.4
50~54	3.0	3.4	3.9	4.9	6.9	7.1	7.0	7.5	8.2	10.0	8.4
55세 이상	0.6	0.6	0.8	1.0	2.4	2.5	2.5	2.7	2.9	3.8	3.3

* 일반이혼율 = 총 이혼건수÷15세 이상 남자인구×1000

자료: 통계청. 인구동태연계연보(혼인, 이혼편). 각년도.

표 12-3 연령별 여자 이혼율 (단위: 해당 연령 인구 1천 명당 건수)

연령 \ 연도	1994	1995	1996	1997	1998	1999	2000	2001	2002	2003	2004
일반이혼율*	3.7	3.9	4.4	5.0	6.3	6.3	6.3	7.0	7.5	8.6	7.1
15~19	0.1	0.1	0.2	0.1	0.2	0.2	0.2	0.3	0.3	0.2	0.2
20~24	2.3	2.4	2.8	3.1	3.4	3.3	3.4	3.6	3.6	3.3	2.9
25~29	6.8	6.8	7.6	8.0	9.5	9.4	9.7	10.8	11.2	11.8	9.5
30~34	8.4	8.5	9.5	10.6	12.7	12.4	12.3	13.8	14.7	16.8	13.8
35~39	7.3	7.6	9.0	10.1	12.9	12.9	12.6	14.1	15.2	16.9	13.9
40~44	4.9	5.3	6.4	7.5	10.2	10.4	10.5	11.7	12.5	14.7	12.2
45~49	2.8	3.0	3.6	4.3	6.2	6.4	6.6	7.3	8.2	10.3	8.6
50~54	1.3	1.6	1.8	2.3	3.6	3.8	3.7	4.1	4.6	6.0	5.3
55세 이상	0.2	0.2	0.2	0.3	0.7	0.8	0.8	0.9	1.0	1.3	1.2

* 일반이혼율 = 총 이혼건수÷15세이상 여자인구×1000.

자료: 통계청. 인구동태연계연보(혼인, 이혼편). 각년도.

2004년 이혼부부의 동거기간별 구성비를 보면 4년 이하 함께 살았던 비율은 25.2%로 10년 전(1994년) 33.7%에 비해 크게 줄었으나, 20년 이상 함께 살았던 부부의 비율은 18.3%로 5쌍 중 한 쌍이 '황혼 이혼'을 하는 것으로 나타났다. 이는 10년 전인 1994년 7.2%에 비해 2.5배 이상 증가한 것이다(〈표 12-4〉 참조).

표 12-4 동거기간별 이혼 (단위: 천 건, %)

	1994	1995	1996	1997	1998	1999	2000	2001	2002	2003	2004
계*	65.0	68.3	79.9	91.2	116.7	118.0	120.0	135.0	145.3	167.1	139.4
0 ~ 4년	21.9	22.3	25.7	28.2	34.3	34.5	35.2	38.1	39.1	41.0	35.1
5 ~ 9년	16.5	17.2	19.7	22.1	27.2	26.9	26.7	31.1	33.8	38.6	31.9
10 ~14년	13.9	14.0	15.7	17.8	22.5	22.3	22.4	25.7	28.2	32.8	26.4
15 ~19년	7.5	9.0	11.0	13.3	18.1	18.4	18.4	20.0	21.4	24.9	20.5
20년 이상	4.7	5.6	7.1	8.9	14.5	16.0	17.2	20.1	22.8	29.8	25.5
구 성 비											
계	100.0	100.0	100.0	100.0	100.0	100.0	100.0	100.0	100.0	100.0	100.0
0 ~ 4년	33.7	32.6	32.1	31.0	29.4	29.2	29.3	28.2	26.9	24.6	25.2
5 ~ 9년	25.4	25.1	24.6	24.3	23.3	22.8	22.3	23.0	23.2	23.1	22.9
10 ~14년	21.3	20.6	19.6	19.5	19.2	18.9	18.7	19.0	19.4	19.6	18.9
15 ~19년	11.6	13.1	13.8	14.6	15.5	15.6	15.3	14.8	14.7	14.9	14.7
20년 이상	7.2	8.2	8.9	9.8	12.4	13.5	14.3	14.9	15.7	17.8	18.3

* 미상 포함.

평균 이혼연령 2004년 평균 이혼연령은 남자 41.8세, 여자는 38.3세로 2003년보다 남자 0.5세 여자 0.4세 각각 많아졌으며 10년 전(1994년)에 비해 남자는 3.7세 여자는 4.1세 각각 많아졌다. 이처럼 이혼연령이 증가하는 것은 20년 이상 함께 살던 부부의 이혼 증가와 혼인연령의 상승 등에 기인한 것으로 볼 수 있다(〈표 12-5〉 참조).

표 12-5 평균 이혼연령

	1994	1995	1996	1997	1998	1999	2000	2001	2002	2003	2004
남 자(세)	38.1	38.3	38.6	39.1	39.8	40.0	40.1	40.2	40.6	41.3	41.8
여 자(세)	34.2	34.5	34.8	35.3	36.1	36.4	36.6	36.7	37.1	37.9	38.3

이혼사유별 구성 2004년도의 총 이혼건수는 139만 4,000건으로 2003년 167만 1,000건 대비 약 2만 8,000건(16.6%) 감소하였다. 이혼의 주된 사유는 성격차이가 49.4%, 경제문제 14.7%, 가족간 불화 10.0% 등으로 나타나고 있다. 특히, 성격차이로 인한 이혼비율은 전년보다 4.1% 증가하였으나, 경제문제와 가족간 불화는 각각 1.7%, 3.0% 감소하였다. 여기서 흥미로운 것은 경제문제로 인한 이혼이 증가하고 있다는 것이다. 2000년 10.7%, 2001년 11.6%였던 것이 2004년에는 14. 7%로 증가하였다(〈표 12-6〉 참조).

Price와 Mckenry(1988)는 경제가 침체 불황일 때에는 이혼율이 낮고, 호황일 때는 이혼율이 높다는 지적을 하였다. 그렇다면 이혼의 사유와 경제적 상황 사이

표 12-6 이혼사유

(단위: %, 천 건)

	계	배우자 부정	정신적/육체적 학대	가족간 불화	경제문제	성격차이	건강상 이유	기타[1]
2000	100 (120.0)	8.1 (9.7)	4.3 (5.2)	21.9 (26.3)	10.7 (12.8)	40.1 (48.2)	0.9 (1.0)	14.0 (16.8)
2001	100 (135.0)	8.7 (11.8)	4.7 (6.3)	17.6 (23.8)	11.6 (15.6)	43.0 (58.1)	0.6 (0..9)	13.3 (19.3)
2002	100 (145.3)	8.6 (12.6)	4.8 (6.9)	14.4 (20.9)	13.6 (19.7)	44.7 (65.0)	0.6 (0.9)	13.3 (19.3)
2003	100.0 (167.1)	7.4 (12.3)	4.3 (7.2)	13.0 (21.7)	16.4 (27.4)	45.3 (75.7)	0.6 (1.0)	13.0 (21.7)
2004	100.0 (139.4)	7.0 (9.7)	4.2 (5.9)	10.0 (14.0)	14.7 (20.5)	49.4 (68.8)	0.6 (0.9)	14.1 (19.6)

주: 1) 미상 포함.
자료: 통계청. 인구동태통계연보. 각년도.

에는 어떤 관련성이 있는가를 생각해 볼 필요가 있다.

이혼 당시 미성년 자녀의 수 이혼 당시 미성년 자녀는 중요한 의미를 갖는다. 이혼을 고려하는 부부의 경우, 자녀의 연령은 이혼결정의 중요 요인으로 작용한다. 특히, 감수성이 예민한 시기에 있는 자녀를 가졌을 경우에는 더욱 어려움을 겪는다. 이것은 30대 이혼율이 높다는 것과 50대 이혼이 증가한다는 점에서도 추측할 수 있다. 이들의 자녀는 대개 연령이 아주 어리거나 혹은 이미 성년이 되었다. 이혼이 자녀에게 미칠 수 있는 영향이 가장 적다고 느껴지는 시기에 이혼을 하는 것임을 추측해 볼 수 있다.

자료를 통해 분류할 수 있는 건수를 대상으로 조사해 보면, 2004년에 이혼 당시에 미성년(20세 미만) 자녀를 두고 있는 경우는 65.5%인 것으로 나타났다(〈표 12-7〉 참조). 20세 미만 자녀를 2명 두고 이혼한 경우는 32.7%로 가장 많고, 1명인 경우는 28.1%, 3명 이상인 경우도 4.7%로 나타났다.

표 12-7 이혼당시 20세 미만 자녀 유무 (단위: 천 건, %)

	1994	1995	1996	1997	1998	1999	2000	2001	2002	2003	2004
계	65.0	68.3	79.9	91.2	116.7	118.0	120.0	135.0	145.3	167.1	139.4
자녀 있음	45.9	48.8	57.4	65.3	83.8	84.1	84.5	94.9	101.3	114.3	91.3
1명	21.1	22.5	26.0	29.2	37.0	37.7	38.1	42.2	43.6	47.8	39.1
2명	21.1	22.5	27.3	31.4	41.4	41.2	41.1	46.7	50.8	58.4	45.6
3명 이상	3.7	3.8	4.1	4.6	5.4	5.2	5.3	6.0	6.9	8.1	6.6
자녀 없음*	19.1	19.5	22.5	25.9	32.9	33.9	35.5	40.1	44.0	52.8	48.1
구성비											
계	100.0	100.0	100.0	100.0	100.0	100.0	100.0	100.0	100.0	100.0	100.0
자녀 있음	70.6	71.4	71.9	71.6	71.8	71.2	70.4	70.3	69.7	68.4	65.5
1명	32.5	32.9	32.5	32.1	31.7	31.9	31.8	31.2	30.0	28.6	28.1
2명	32.5	32.9	34.2	34.4	35.5	34.9	34.2	34.6	35.0	34.9	32.7
3명 이상	5.6	5.6	5.2	5.1	4.6	4.4	4.4	4.5	4.7	4.9	4.7
자녀 없음	29.4	28.6	28.1	28.4	28.2	28.8	29.6	29.7	30.3	31.6	34.5

* 미상 포함.

그러나 이혼이 자녀에게 어떤 영향을 미치는가에 대해서는 신중한 고려가 필요하다. 결혼의 형태와 이혼 후의 태도에 따라 이혼의 부정적 영향은 달라질 수 있다. 이혼이 증가하면서 이혼에 대한 부정적 태도가 줄어드는 것도 이혼 후 자녀에게 미치는 부정적 영향을 감소시킬 수 있는 것으로 보인다.

2. 이혼에 대한 적응과정

불만족스런 결혼과 이혼 중에서 어느 것이 스트레스를 더 유발하는가? 현재로는 이혼이 보다 큰 스트레스를 일으키는 것으로 보고되고 있다. 특히, 연령이 높을수록 이혼 후의 생활적응에 더욱 큰 어려움을 겪는다.

1) 이혼에 대한 정서적 반응

이혼 이후에는 여러 가지 문제를 겪게 된다. 일반적으로 사회적, 성적인 삶에서의 변화, 외로움, 지원체계 그리고 변화된 경제상태 등은 눈에 보이는 문제다. 이러한 것들은 타인에게 노출되기 쉽고 예상되는 문제들이기 때문에 외부로부터 도움을 받을 수 있다. 예를 들면, 주변 사람들이 이혼한 사람들의 외로움을 달래주기 위해 집으로 초대하거나 여행을 함께 떠나기도 한다.

위에서 언급한 문제들과는 달리 이혼한 사람들이 경험하는 정서들은 개인적 문제이기 때문에 해결하기가 훨씬 더 어려울 수 있다. 그렇다면 어떤 정서들을 경험할까? 대표적인 정서로는 분노, 적대감, 우울, 퇴행, 헤어진 배우자에 대한 애착, 안도감, 새로운 삶에 대한 기대감과 죄의식 간의 양가감정 등이 있다.

분노　가장 많이 경험하는 정서는 분노다. 특히, 이혼소송을 하는 동안 분노는 극도의 상태에 도달하고 적대감과 공격성을 동반하기도 한다. 따라서 일단 이혼과정에 들어서면 서로 간의 관계는 더욱 적대적이 되기도 한다. 이혼과정에서 돈과 자녀는 중요한 협상의 대상이 된다. 이 둘은 밀접한 관련을 갖는다. 자녀의 양육권이 누구에게 있는가에 따라 경제적 책임에도 차이가 있기 때문이다. 극단적인 경우에는 돈과 자녀 둘 중에서 하나를 택해야 하는 경우도 있다. 예를 들면, 자녀의 양육권이 아버지에게 주어지는 경우, 어머니는 자녀의 양육권을 갖기 위해 위자료를 포기하는 경우도 있다. 이런 경우, 이혼 후에 심각한 경제적 위기를 겪게 되기도 한다.

보다 심각한 문제는 헤어진 배우자에 대한 적대감이 자녀에게 표현되는 것이다. 많은 사람들이 이혼이 자녀에게 미치는 나쁜 영향 때문에 이혼결정을 망설인다. 그러나 최근 연구들에서는 부모가 상대에 대한 비평을 통해 강한 적대감을 표현할 경우 이혼이 자녀에게 나쁜 영향을 미친다고 밝히고 있다.

분노의 강도는 자녀가 있는 경우에 더욱 강하고, 여자가 남자보다 강하게 표현한다. 이런 현상은 일반적으로 남성에 비해 여성이 자신의 감정을 더 강하고 빈번하게 표현하기 때문인 듯하다.

우 울 이혼한 사람들은 자살, 우울, 무력감 등을 보이기도 한다. 이들은 불면증을 호소하고, 체중이 변하며, 에너지가 고갈되는 느낌을 갖고, 낮은 자존감을 보인다. 이들 중에는 이미 결혼생활 중에 우울증을 보이고 서너 차례의 자살 시도를 한 경우도 있다. 특히, 배우자와의 의사소통에 문제가 있는 경우에는 우울하게 될 가능성이 25배나 높은 것으로 나타났다(Coyne & Downey, 1991).

후회 한 조사연구에 따르면 이혼자의 22.9%가 이혼을 후회하고 있으며 이혼자의 절반정도만이 이혼한 것에 대해 만족하는 것으로 나타났다. 또한 이혼에 대한 후회는 남자가 여자에 비해 월등히 높은 것으로 나타났다. 이는 이혼 후 겪게되는 일상생활 영역 및 심리적 영역에서의 적응에 있어 남성이 여성보다 더 어려워한다고 볼 수 있다. 또한 조기 이혼의 경우, 즉 혼인기간이 3년 미만의 이혼자들의 이혼 후회율이 가장 높고(34.8%) 혼인 3~10년의 이혼자가 가장 낮다가(18.6%) 다시 혼인기간이 길어질수록 후회하는 비율이 높아진다. 이혼 후 경과 기간에 따른 이혼에 대한 후회율은 이혼 후 1～3년 사이에 가장 후회율이 높다고 보고되고 있다(가정상담, 2004).

헤어진 배우자에 대한 애착 이혼한 사람들은 헤어진 이후에 지속적인 관계를 맺기도 한다. 어떤 경우에는 다시 재결합을 시도하기도 한다. 여기서 흥미로운 것은 헤어질 때 내적 갈등을 갖고 있지 않은 사람들은 헤어진 배우자에 대해 애착을 보이지 않는다는 것이다. 오히려 갈등을 겪은 사람들이 이혼 후 갈등이 어느 정도 해결되면서 배우자에 대해 애착을 보인다. 특히, 내적 갈등이 해결되지 않은 사람들은 어느 정도 지속적인 애착을 보인다.

이것은 단순히 상대를 다시 좋아하거나 존경하게 되었다는 것과는 다른 배경을 갖는 듯이 보인다. 갈등상황에서 벗어나면서 다른 관점에서 배우자를 보는 기회를 갖기도 하지만, 보다 근본적으로는 새로운 생활에 대한 적응에서 오는 어려움 때문으로 보인다. 다시 새로운 관계를 시작하면서 오는 어색함이나 혹은 새로운 에너지를 투입하려는 노력을 기울이기보다는 이미 알고 있는 관계에서 편안함을 찾으려는 회귀성으로 볼 수 있다. 배우자에 대한 애착은 이혼 후 초기에 주로 보인다는 점이 이런 해석을 가능케 한다.

양가감정 새로운 시작에 대한 기대감과 불행한 결혼이 자녀와 상대에게 주었을 부정적인 영향에 대한 죄의식을 동시에 경험한다. 이러한 양가감정을 해결하는 방식에서도 남녀간에 차이가 있는 듯하다. 여성은 자신과 자녀의 삶을 증진하려는 노력을 하지만, 그 방법으로 재혼을 계획하고 있지 않다. 그러나 남성은 자녀보다는 자신의 삶을 증진시키고자 하는 경향을 보인다.

2) 이혼 후의 적응

이혼한 사람들을 인터뷰한 결과, 이혼에 대해 부정적이거나 부당하다고 느낀 남자들은 이혼 당시와 유사한 심리적 장애나 혹은 혼합된 감정을 보였다. 재혼하거나 혼자 사는 경우, 56% 정도가 이혼이 그들의 삶을 증진시켰다고 대답했다.

여자들은 남자에 비해 적응에 보다 어려움을 겪는 것으로 나타났다. 4분의 1 정도는 경제적 부담, 양육, 사회적 고립, 외로움, 결혼에 대한 기억 등으로 인해 혼합된 감정을 느끼며, 21%는 이혼을 비참한 사건으로 여기며 자신이 실수했다고 여기기도 하였다(Wallerstein et al., 1980).

Hetherington 등(1978)은 자녀가 있는 이혼한 지 2년 된 사람들을 대상으로 연구한 결과 자존감과 만족감에서 이혼 당시에 비해 증진되었음을 발견하였다. 이들은 이혼이 불만족스런 결혼에 대한 해결책이며 더 나은 건강과 심리적 적응의 기회로 생각하고 있었다. 이들의 연구는 이혼 후의 문제에 대한 적응이란 점에서 좀 더 자세히 살펴볼 필요가 있다.

이혼은 가족의 구조와 체계뿐 아니라 가족 내의 구성원과 그 구성원간의 상호작용 등에 영향을 미친다. 이혼 후 가족체계는 이혼 직후의 해체기(disorganization), 회복기(recovery), 재조직화(reorganization)를 거쳐 마침내 새로운 형태의 평형상태(equilibrium)로 변화된다.

이혼 후 어떤 변화를 겪으며, 이런 변화에 대한 적응에 영향을 주는 것은 무엇인가? 이혼 후에 겪게 되는 문제는 크게 세 가지로 분류할 수 있으며, 이 문제에 어떻게 대처하는가가 이혼에 대한 적응에서 중요한 문제다.

실제적인 문제들 이혼한 부모들의 실제적인 문제는 가계(household)를 유지하는 것과 경제적, 직업적 어려움과 연결된다. 이혼한 남자들은 이혼 후에 일상적인 생활에서의 큰 혼란을 경험한다. 그들은 식사, 세탁, 쇼핑 등 모든 점에서 어려움을 겪는 것으로 보인다. 이 문제는 결혼 전의 생활방식과 연결된다. 결혼생활 동안에 전통적인 성역할에 충실했고 부인이 전업 주부였던 경우에는 어려움을 호소한 반면에, 결혼기간 동안에 가사와 양육에 적극적으로 참여했던 남자들은 훨씬 잘 적응하였다. 그리고 이런 혼란은 2년 내에 해결되는 것으로 나타났다.

이혼한 여자들도 마찬가지로 일상적이고 규칙적인 생활패턴이 변하는 데서 혼란을 보인다. 직장에 나가면서 자녀들과 함께 식사하는 시간이 줄어들고, 자녀의 잠자리를 봐 주거나 아침에 자녀들을 등교시키는 일 등에서 문제를 겪는다. 그러나 이런 문제는 개인적인 도움을 주는 친척이나 친구 혹은 시간제 파출부를 고용함으로써 해결된다.

또 다른 문제로는 경제적 스트레스를 들 수 있다. 가계의 수입이 줄어든 것은 아니지만, 두 가계로 분리됨으로써 상대적으로 가계 유지 비용이 증가하게 된 것이다. 특히, 양육비를 담당해야 하는 남자의 경우에는 심리적인 압박감까지 더해진다. 그러나 경제적 문제는 중류층의 가정과 같이 일정한 수입이 유지되는 경우에는 큰 문제를 유발하지는 않는 것으로 나타났다.

자아개념의 변화와 정서적 적응 이혼한 사람들은 이혼 직후에 불안감, 우울, 분노, 거부감, 무능감 등을 느끼게 된다. 특히, 딸을 키우는 이혼한 엄마보다는 아들을 키우는 이혼한 엄마의 경우에 더 많은 불안과 분노를 느끼고 자신의 삶을 통제하지 못한다는 느낌을 받는다. 이런 부정적인 감정은 아들과의 상호작용이 원활하지 못하기 때문이다.

자녀와 헤어져야 하는 이혼한 부모의 경우에는 자녀로부터의 분리로 인한 박탈감을 느낀다. 미국의 경우에는 자녀의 양육권이 거의 엄마에게 있기 때문에 이혼한 아버지들이 자녀와의 관계가 멀어지므로 해서 고통을 받는 것으로 알려졌다. 이것은 부모로서의 역할을 박탈당함으로써 자아개념에도 부정적인 영향을 미칠 수 있다. 특히, 전업 주부였던 경우에는 더욱 심하다. 부모로서의 정체감의 상실 외에 자아개념과 관련된 또 다른 이유는 신체적 매력의 상실감, 무능력감, 삶의 기초가 없어짐 등으로 나타난다. 자아개념이나 정체감의 변화는 나이가 많을수록 그리고 결혼기간이 길수록 더욱 크다. 그러나 이런 자아개념의 혼란은 이혼 후에 새로운 역할을 수행하게 되고 일상적인 삶이 정돈되면서 점차 개선되는 것으로 보인다.

이혼한 부모는 상실감과 우울감을 지속적으로 경험하기는 하지만, 자녀와 만나는 기회가 적어짐에 따라 자녀와의 분리에서 오는 스트레스에 점차 대처하게 된다. 그리고 결혼기간 동안 부부간의 갈등이 심했던 경우에는 오히려 이혼 후 자녀와의 관계가 개선되는 양상을 보인다. 특히, 아버지의 경우에는 자녀와 지내는 것에서 새로운 즐거움을 느낀다고 보고하였다.

이혼한 사람이 경험하는 또 다른 문제는 무능력감이다. 부모로서 그리고 배우자로서 실패했다고 느끼며 이것은 미래의 결혼과 사회적 관계, 새로운 이성과의 관계에 대해 자신감 상실을 초래한다. 이로 인해 사회적 활동이 감소되기도 한다. 그러나 이혼 직후에는 오히려 이런 활동이 급격하게 증가하는 것으로 나타났다. 스트레스에 대한 적응증후군에서 보이듯이, 새로운 삶에 대처하기 위한 전략으로서 폭발적으로 많은 활동이 나타나는 듯이 보인다. 다양한 사회활동, 자기개발 프로그램, 새로운 사람들과의 만남이 증가하는 반면, 오래된 친구와의 접촉은 오히려 줄어든다. 이러한 불균형상태는 새로운 사회적 네트워크가 형성되면서 안정되게 된다. 대개 이혼한 지 2년 정도 지나면 만족스럽고 친밀한 대인관계를 형성할 수 있다.

대인관계, 사회적 생활 그리고 친밀한 관계 이혼한 거의 모든 사람들은 우리나라 문화가 전적으로 부부와 가족을 중심으로 형성되어 있고 독신자를 위한 삶에 대한 배려가 없음을 경험한다. 이들이 결혼상태에서 형성되었던 사회적 관계의 붕괴를 대체하거나 보상할 수 있는 관계를 형성한다는 것은 매우 어렵다. 특히, 결혼상태에서는 인간관계가 남편 위주로 형성되었기 때문에 이혼한 여자는 훨씬 더 많은 고립감을 경험한다.

자녀를 둔 이혼한 엄마들은 때로 "벽에 갇힌 듯 하다."라고 호소한다. 특히, 일이 없는 엄마들의 경우에는 거의 모든 사회적 접촉이 남편을 통해서였기 때문에 이혼과 동시에 사회와의 연결선이 끊어지는 것이다. 이에 비해 취업한 엄마는 동료와의 접촉을 유지할 수 있고 다른 사회적 관계도 유지할 수 있으므로 이혼 후의 적응에 보다 유리하다.

초기에는 결혼한 친구들을 만나게 되지만 이러한 접촉은 급격하게 줄어든다. 공통된 관심이 적어지면서 이런 관계는 서로에게 만족을 주지 못한다. 따라서 공통된 주제와 관심을 가진 사람들과의 접촉이 늘어나고 이것은 이후 재혼으로 이어지기도 한다.

이혼 후의 친밀한 관계형성은 또 다른 중요한 관심사다. 여기에는 성적인 친밀감뿐 아니라 정서적 지지와 이해 등과 같은 친밀한 관계를 의미한다. 많은 이혼한 사람들은 성적 문제보다는 정서적 친밀감을 통해 안정감을 얻는 것으로 나타났다. 따라서 일반적으로 성적 혹은 사회적인 독립과 자유로움 등을 독신의 장점으로 상상하지만, 실제적으로 화려한 독신의 이미지와는 차이가 있다. 이혼 후 일시적으로 새로운 이성과의 성관계를 즐겼던 사람들도 보다 안정적이고 지속적인 관계를 추구하는 것으로 나타났다. 그리고 이혼한 사람의 성적 개방성에 대한 잘못된 사회적 통념으로 인하여 이혼한 사람들이 어려움을 겪기도 한다.

그렇다면 성적 친밀감과 대인적 친밀감은 어떤 관계가 있는가? 친밀감이 높은 사람들이 성적 관계를 맺는 빈도가 높고 친밀감이 낮은 사람들은 빈도가 낮은 것으로 나타났다.

헤어진 배우자와의 관계 헤어진 배우자와의 갈등 요소는 재정적 지원, 자녀방문과 양육 그리고 타인과의 친밀한 관계다. 이혼 초기에는 위기에 직면하면 가장 먼저 연락하는 사람이 헤어진 배우자라고 보고하고 있다. 비록 분노와 미움이 완전히 사라지는 것은 아니지만, 시간이 지남에 따라 갈등과 애착이 줄어들게 되고 이것은 두 사람 간의 관계를 개선시킨다. 심지어는 이혼이 잘못된 결정이었다고 고백하기도 한다.

따라서 헤어진 배우자가 재혼을 하게 되면 다시 분노와 우울, 무력감, 불안을 경험하게 되기도 한다. 남자보다는 여자의 경우가 헤어진 남편의 새로운 배우자를 받아들이지 않는 것으로 나타났다. 당사자와 자녀에게 남편의 새로운 부인에 대해 비판을 함으로써 다시 관계가 악화될 수도 있다.

3) 이혼이 자녀에게 미치는 영향

이혼에 대한 관점의 변화는 영화, 드라마, 소설 등 가상적 세계에서 그 변화를 엿볼 수 있다. 과거에는 이혼한 부부가 자녀를 위해 다시 재결합을 하는 것으로 끝을 내려고 하였으나, 이제 더 이상 그런 노력은 보이지 않는다. 얼마 전에 인기를 끌었던 "미세스 다웃파이어"의 경우에도, 이혼당한 아버지와 자녀들 간의 끈끈한 정을 보여 주지만 결국에는 헤어진 삶을 받아들이면서도 긍정적인 미래를 예견하면서 끝이 났다. 이제 더 이상 함께 사는 것만이 가족이 아니라 서로 자신의 삶을 살아가면서도 가족이 될 수 있다고 주장한다.

이혼은 어떤 부부들에게는 새로운 삶의 기회를 제공해 줄 수도 있고, 어떤 어머니의 경우에는 자녀와의 유대감을 강화시켜 주기도 한다(Gorlick, 1995). 한편 남자에게 의지해서 살던 여자들에게는 자신들이 생각했던 것 이상으로 본인들이 강하다는 것을 깨닫게 해 주는 계기가 되기도 하고(Brown & Fox, 1979), 이혼 후 내면적으로 성숙해지거나 사려가 깊어지기도 한다(Martlin, 1996).

그러나 아직까지는 이혼의 긍정적인 측면보다는 부정적인 측면이 더 많은 듯하다. 이혼한 사람들은 심리적으로 심한 스트레스와 분노, 자괴감, 패배감, 손상된 자존심으로 인해 일어나는 무력감, 사기저하, 우울증, 자살률의 증가, 질병 등과 같은 신체적 건강의 악화를 겪기도 한다(Berman & Turk, 1981). 그리고 이혼한 사람들은 대부분 경제적 어려움에 봉착해 있고(Morgan, 1991), 배우자와 심리적 유대감을 끊지 못해 어려움을 겪기도 한다(Weiss, 1975).

무엇보다 부모가 이혼하는 것은 자녀들의 정신건강, 발달, 일탈행동 등의 측면에서 적지 않은 문제점을 나타내고 있다. 이혼한 가정의 자녀는 정상적인 가정의 아이보다 활동성, 사려성, 사회성이 떨어진다(조희선, 1978; 최선애, 1984).

이혼한 가정의 자녀들은 신체와 사회성 발달에 문제가 나타나기도 하고, 학업성적이 떨어지고, 분노, 공격성, 후회, 억압, 죄의식, 대인관계 문제, 인지능력 저하를 일으키기도 한다. 또한 이혼한 가정의 자녀들은 성인이 되어 결혼했을 때 정상적인 결혼생활을 유지하지 못할 가능성이 높은 것으로 나타났다(Needle et al., 1990). 정상적인 자녀들의 이혼율은 41%인 데 비해, 한 번 이혼한 부모를 둔 자녀들의 이혼율은 58%, 2회 이상 이혼한 부모를 둔 자녀들의 이혼율은 67%였다(염태정, 1997). 이것은 부모의 생활방식을 모델링하거나, 혹은 자신도 모르는 사이에 자신의 생활방식으로 정착하게 된다는 점에서 새로운 문제를 안고 있다.

그러나 최근의 한 연구에 의하면 서로 미워하고 싸우는 부모를 보며 갈등을 겪는 아동은 오히려 이혼 후에 안정을 찾는다. 이혼 후 헤어진 배우자에 대한 적대감을 빈번하게 노출하는 것이 자녀가 이혼 후의 생활에 적응하는 데 가장 부정적인 영향을 미친다.

3. 재 혼

이혼이 증가하면서 이혼은 더 이상 특별한 사건이 아니라 보편적인 사건 중의 하나가 되었다. 이것은 많은 결혼이 이혼으로 결말나고 있다는 부정적인 시각도 있으나, 반대로 이혼에 대한 부정적인 편견이 줄어들고 있음을 반영하고 있다. 따라서 이혼한 사람들이 다시 다른 사람들과 만날 기회도 많아지게 된다. 결혼상태에 있는 사람들조차도 자신의 결혼에 대해 재평가하는 기회를 갖게 된다.

이혼한 사람들은 처음에는 아주 적극적으로 사회적 교제를 시도하지만 2년 후에는 점차로 감소하는 경향을 보인다. 그러나 점차 '독신(single)'에 대한 환상이 사라지면서 혼자인 것에 대해 혐오를 나타내기도 한다. 그리고 외로움을 해결하기 위해 새로운 사회적 네트워크를 형성하기 시작한다. 70~80%의 이혼자들이 2~5년 안에 다시 결혼을 하게 된다(Feldman, 1989).

우리나라도 유사한 형태를 보이는 것으로 나타났는데 통계청의 자료에 따르면, 2004년 남성의 재혼 건수는 5만 5,000건, 여성은 6만 3,600건이었다. 이는 1972년에 비해 각각 4.3배, 9배로 늘어난 것이다. 결혼 가운데 재혼이 차지하는 비율도 높아져 2004년 결혼한 여성 가운데 재혼 여성은 20.4%로, 1972년 2.9%의 7배, 남성의 경우 18.2%로 1972년(5.2%)보다 3.4배 늘어났다. 여성의 재혼건수가 상대적으로 급증하는 현상에 대해 통계청관계자는 "이혼이나 사별을 한 여성들이 적극적으로 재혼에 대한 인식의 변화를 반영하는 것이라고 분석하였다(조선일보, 2005). 2004년 평균 재혼연령은 여성 39.2세, 남성 43.8세로 남녀 모두 이혼과 재혼연령이 2003년보다 높아지고 있고, 10년 전(1994년)에 비해 남자는 4.1세, 여자는 4.2세 많아졌다(<표 12-8> 참조). 이혼 당시 평균 연령이 남자는 39세이며 여자는 35세임을 감안할 때, 이혼 초기에 재혼할 가능성이 가장 높다고 추측할 수 있다.

표 12-8 평균 재혼연령 (단위: 세)

	1994	1995	1996	1997	1998	1999	2000	2001	2002	2003	2004
남자	39.7	40.4	40.2	40.5	41.6	42.2	42.1	42.1	42.2	42.8	43.8
여자	35.0	35.6	35.5	36.0	36.9	37.5	37.5	37.6	37.9	38.3	39.2

결혼 정보회사 '듀오' 에서 전국 재혼희망 남녀 348명을 대상으로 1개월 동안 설문 조사한 결과, 남성들은 '헤어진 뒤 바로 재혼을 결심했다' (21.1%)는 의견이 가장 많았으며, 여성들은 '5년이 지난 뒤' (22.1%)라는 응답이 1위였다. 그 다음으로 남성의 경우, 1년 후(17.8%), '5년 후(17.3%) 등의 순이었고, 여성응답자들은 '3년 후' 와 '헤어진 후 바로' 라는 응답이 각각 19%로 공동 2위를 차지했다(조선일보, 2004).

그렇다면 왜 이처럼 이혼 후 재혼이 높은 비율로 나타나는가? 우선 자녀가 있는 경우, 자녀의 교육과 양육에는 부모가 모두 있는 것이 중요하다고 생각하기 때문이다. 또한 대부분의 생활이 부부중심으로 진행되기 때문에 독신자들은 일반적인 사회적 활동으로부터 소외되었다고 느낀다. 마지막으로 이혼자들의 성적인 욕구와 관련된다.

재혼한 많은 사람들이 초혼보다 재혼이 더 행복하다고 보고하였다. 이는 결혼에 대한 환상이 없이 적절한 현실감을 갖고 결혼생활을 시작하고, 또한 서로가 초혼보다는 개인적으로 성숙한 개인으로 만나기 때문인 것으로 보인다. 성숙하게 자신의 감정을 통제할 수 있으며 타인의 입장을 이해함으로써 생활에 더욱 적응된다.

그러나 재혼의 경우 초혼보다 실패할 가능성이 높다. 아이러니한 것은, 자녀가 재혼의 이유이면서 동시에 재혼의 위험요인이 되기도 한다는 것이다. 상대의 자녀에 대한 적응과 자녀들 간의 갈등이 실패요인이 될 수 있다. 특히, 계모와 계부에 대한 부정적인 태도는 재혼한 부모들의 주요 고민거리 중 하나다.

1) 계모와 계부

미국의 경우 이혼한 부모 중에서 약 75%가 재혼하는 것으로 알려졌다. 일반적으로 양육권이 90% 정도 어머니 쪽에 주어지기 때문에, 많은 아이들이 계부와 살 것으로 예측된다. 이에 비해 우리나라에서는 양육권이 아버지 쪽에 주어지는 경우가 많으므로 계모와 살아가는 경우가 많다.

이혼가정의 자녀들은 이혼 후에 편부모 밑에서 생활하는데 적응한 후에 다시금 새로운 계부나 계모와 함께 사는 데 적응해야 한다. 대개 9세와 13세 사이의 아이들보다는 더 어리거나 더 나이 든 청소년 자녀들이 새로운 상황에 잘 적응하는 것으로 나타났다(Hetherington et al., 1982).

TV 드라마나 동화, 소설 등의 가상적 세계에서 계모나 계부는 사악하고 잔인한 인물로서 아이들의 삶을 비참하게 만든다. 동화에서는 압도적으로 사악한 새엄마가 많이 등장한다. 백설공주의 새엄마, 신데렐라의 새엄마, 백조왕자의 새엄마, 콩쥐의 새엄마 등이 대표적이다. 계부보다는 계모가 많이 등장하는 것은 가부장적인 사회에서 가족이 시작되는 곳은 아버지 쪽이기 때문이다.

동화나 소설이 어느 정도 접근이 제한적인 데 비해, 완전히 노출되어 모든 사람이 쉽게 접근하는 TV에서 보이는 계부와 계모의 모습은 더욱 소름끼친다. 물질적인 박탈이나 신체적 박해에 그치지 않고 성적 추행이나 성적 학대를 하기도 한다. 계부에 의해 성적 학대를 받는 어린 소녀의 사례는 애써 찾아보려는 노력을 하지 않더라도 쉽게 볼 수 있다. 다행히 우리나라 드라마에서는 쉽게 볼 수 있는 소재는 아니지만, 뉴스와 같은 정보전달 프로그램에서 보이는 모습은 가상세계가 아니라 실제 삶이라는 측면에서 더욱 충격적이다. 몇 해 전에 세간에 떠들썩했던 김보은 사건은 아직도 많은 사람의 기억 속에 남아 있다. 이처럼 계부나 계모에 대한 사회적 이미지는 아직도 부정적이다.

소설과 같은 가상세계를 어떻게 이해하는가에 대한 의문은 덩이글(text) 이해와 관련된 연구들에서 밝혀졌다. 독자들은 자신과 주인공의 세계를 구분하여 가상세계가 실제의 세계와는 다르다고 이해한다. 그러나 몇몇 연구들은 독자들이 소설에서 읽은 내용과 실세계에서 경험해서 아는 내용의 구분에 다소 어려움을 겪음을 보고하였다(Lewis & Anderson, 1976). 예를 들면, 역사적 인물과 가상적 사실을 연관지어서 판단하게 하였을 경우에는 판단하는 데 시간이 더 걸리는 것으로 나타났다. 또한 사람들의 정서상태는 상황에 대한 판단에 영향을 미치는 것으로 보인다. 특히, 두려움을 불러일으키는 내용은 아동과 성인 모두에게 지적 판단을 저해하는 것으로 나타났다. 이처럼 계모나 계부에 관련된 가상적 내용은 아동과 성인 모두에게 영향을 미칠 수 있다. 이러한 정보들은 계모나 계부에 대한 부정적 기대를 갖게 하고 이것은 '나쁜 계모 혹은 계부' 라는 도식을 형성하게 만들 것이다.

특히, 아동이 어릴수록 가상세계와 현실세계를 명확히 구분하는 능력에 제한이 있음을 볼 수 있다(Piaget, 1936). 지적인 능력뿐 아니라 무의식적 세계와 동화와의 관련성은 이러한 가상적 세계에 대한 영향이 더욱 심각할 수도 있음을 제시하고 있다. 예를 들면, 콩쥐팥쥐나 장화홍련전 등을 읽은 아동이 계모에 대한 두려움으로 새엄마를 대하게 된다면, 새엄마의 모든 행동은 자신을 해치려는 나쁜 계모라는 도식 속에서 해석되고 그에 따라 반응하게 될 것이다. 이것은 다시 새엄마의 행동에 영향을 미칠 수도 있다. 어떤 형태이든 상황에 대한 부정적 기대를 갖는 것은 부정적 결과를 가져올 가능성을 높인다.

그러나 실제적으로 나타난 결과는 보편적인 관념과는 반대다. 소년들은 계부로부터 이익을 얻는 것으로 나타났다. 특히, 6~11세 소년들은 더욱 성숙하고, 더 적응적이고, 더 사회적인 능력이 있는 것으로 나타났다(Santrock & Warshak, 1979). 이런 결과는 어린 소년일수록 새아빠에 대해 긍정적인 태도를 갖고 있으며 따라서 애착이 빨리 되기 때문이다. 그리고 독신으로 지내는 엄마보다는 재혼한 경우 경제적, 심리적으로 안정되어 아동에게 보다 안정적인 엄마 역할을 하는 것으로 나타났다.

딸의 경우에는 계부에 대해 다소 불안한 반응을 보였다. 이것은 엄마와 밀접한 관계를 맺고 있는 소녀들은 계부를 방해자로 인식하기 때문인 듯하다. 오히려 많은 동화에서 딸과 계모와의 불편한 관계를 표현하고 있으나 수용적이고 양육적인 계모는 양딸의 성장에 긍정적인 영향을 미친다. 시간이 지나면서 계모와 의붓딸 간의 관계는 호전된다. 그러나 생모와의 빈번한 접촉은 자녀가 새로운 가족의 일원으로서의 느낌을 갖는 것에 다소 부정적인 영향을 미치는 것으로 나타났다. 생모와의 잦은 접촉은 딸에게 낮은 자아개념을 가지게 하고 계모와 불편한 관계를 형성하게 했다.

결론적으로 성공적인 재혼의 요소인 성공적인 계부 혹은 계모가 되는 것은 계부의 성을 따르거나 혹은 집에 거주하는 것뿐 아니라, 부모의 성격, 자녀에 대한 흥미, 태도나 양육방식에 달려 있다. 재혼은 부모의 정서적 적응, 긍정적 자아개념 등의 요소에 영향을 주어 자녀와의 관계를 개선할 수 있다. 이것은 자녀와 부모 모두에게 긍정적인 효과를 갖는다.

2) 재혼이 자녀에게 미치는 영향

이혼하고 다시 결혼하는 것이 증가하면서, 아이들은 부모의 새로운 결혼에 적응해야 하는 문제에 직면한다. 과거에는 혼자가 되어 사는 부모의 모습이 자연스러운 모습이었기 때문에, 재혼하는 부모의 모습은 낯설기만 했다. 따라서 계부모에 대해서 좋은 상(image)보다는 특별하고 낯선 모습이었고 이것은 때때로 다르고 이상하다는 이미지를 형성하였다. 그러나 최근에는 각자의 자녀를 데리고 결혼하는 부모들의 모습은 더 이상 이상해 보이지 않는다.

대부분의 경우, 재혼한 사람들은 첫 번째 결혼보다는 더 나은 이상적인(ideal) 결혼을 기대한다. 그러나 재혼이 첫 결혼보다 더 많은 복잡한 문제를 갖고 있어 현실적으로는 더욱 적응하기 어렵다. 재혼에는 훨씬 더 많은 관계들이 얽혀 있기 때문이다. 서로 다른 환경을 가졌던 새로운 부모와 형제 간의 관계를 정립해야 하고, 자신의 부모에 대한 애착과 그에 따른 배신감을 느끼는 양가감정을 경험한다.

이렇게 새롭게 구성된 가족이 늘어나면서, 이들이 겪는 적응문제에 관심을 갖게 된다. 미국에서 한때 방송되어 인기를 끌었던 "step by step" 이란 프로그램도 각기 자신의 자녀를 데리고 결혼한 가족의 문제들을 묘사하였다. 남자의 재혼 연령이 40대 초반이고 여자는 30대 중반임을 감안하면, 대개 자녀들은 초등학교에 다니는 아동일 것이다.

미국의 경우, 이전 결혼에서 얻은 자녀를 맡고 있는 여성과 결혼하는 남자(계부)로 구성된 가족(stepfather family)이 계부모가족의 70%에 달한다고 한다. 반대의 경우는 20%이고, 그 나머지의 소수는 양쪽 부모 모두가 자신의 자녀를 데리고 재혼한 경우다. 또한 젊은 여자는 나이든 여자보다 더 많이 재혼하고, 자녀가 있는 여성보다는 25세 이전에 이혼한 아이가 없는 여성이 더 많이 재혼한다. 이혼한 남성은 돈이 많을수록 재혼할 가능성이 높지만, 여성의 경우에는 반대다. 재혼 후의 만족 정도는 첫 번째 결혼에서의 만족과 마찬가지로 시간이 지나면서 감소한다(Guisinger, Cowan, & Schuldberg, 1989). 실제로 첫 번째 결혼과 재혼에서의 결혼만족도를 예측하는 요소들에는 차이가 거의 없다.

첫 번째 결혼한 부부들과 마찬가지로, 재혼한 부부들도 새로운 가족에 대해 비현실적인 기대를 갖고 있다. 그래서 재구성된 가족구성원에서의 가장 중요한 적응은 현실적 기대를 발전시키는 것이다. 금전과 가족구조의 복잡성이 자주 결혼갈등을 유발한다.

재혼에서 문제가 되는 변인은 '경계애매성(boundary ambiguity)' 이라고 불리는 것이다. 경계애매성이란 누가 가족이고 아닌지가 불명확하고 또한 누가 가족체계 내에서 어떤 과제에 책임이 있는지가 불확실하다는 것이다. 이런 경계의 불명확성은 가족체계에 스트레스를 증가시키고 아동의 문제행동을 유발한다.

현재 재혼한 가족에 대한 연구는 이혼한 가족연구에 가려져 있지만, 몇몇 연구자들은 점차 이런 일반적 가족구조에 관심을 기울이기 시작했다. 최근의 한 연구에 의하면, 9세 이상의 자녀가 있을 때 계부가 생기는 것은 그 이전 연령일 때보다 더 많은 문제를 유발하는 것으로 알려졌다(Hetherington, 1993).

계부모가족에서 아동의 적응력을 증진하기 위해 부모가 해야 할 일은 무엇인가? Hehterington(1993)은 양육기법과 학교환경 모두 아동이 이혼한 가족과 계부모가족의 삶에 효과적으로 적응할지와 연합되어 있다고 하였다. 권위적 환경(명확하게 정의된 기준이 있는 예측 가능하게 조직된 환경과 책임감 있고 양육적인 환경)은 다음의 세 가지 환경보다 아동에게 문제를 덜 유발하고 더 많은 것을 성취한다. 즉, 독재적 환경(칭찬보다 더 많은 비평, 강압적이고 처벌적, 개별적 아동의 욕구에 대해 무책임, 낮은 양육), 허용적 환경(구조화되지 않고 조직적이지는 않지만 따뜻한 분위기) 그리고 혼란스럽고 무시하는 환경(와해되고 비조직적이고 괴상하고 게다가 가혹한 통제, 낮은 기대, 적대적 관계)이 있다. 단지 한 부모만 권위적이거나 혹은 두 부모 모두 권위적이지 않은 이혼한 가정의 경우, 권위적인 학교환경은 아동의 적응을 증진한다. 반면 혼란스럽고 무시하는 학교환경은 아동들에게 가장 부정적인 영향을 미친다.

재혼 이후, 거의 모든 연령의 자녀들에게서 문제행동이 다시 나타났다. 나이가 어릴수록 계부나 계모에게 결국 애착을 형성하고 부모의 역할을 받아들였다. 청소년 자녀의 경우에는 특히 계부모에게 적응하는 데 취약함을 보였다. 이들은 자신의 정체감을 찾고 자신의 가족 이외에서 성적이고 밀접한 관계를 추구하는 시기이므로, 비생물학적인 부모는 자신의 과제와 연합된 스트레스를 증가시키는 것으로 나타났다.

부모의 재혼으로 인해 청소년기 소녀들은 정서적 혼란을 다시 경험하고 소년들의 문제행동이 더욱 강화되는 경향을 보였다. 시간이 지나면서 계부가 있는 청소년 초기의 소년들은 소녀들보다 더욱 좋아졌다. 양육을 맡은 어머니와 갈등적이고 강압적인 관계에 있었던 소년들은 따뜻하고 지지적인 계부가 생김으로써 훨씬 더 많은 이익을 얻는 듯하다. 반대로 양육을 맡은 엄마와 밀접한 관계를 맺고 독립적인 소녀들은 계부가 파괴적이고 강압적이라고 생각한다.

생물학적 부모들과 자녀와의 관계는 계부모와의 관계가 어떤지에 상관없이 계부모보다 더 긍정적이다. 재구성된 가족이 복잡하면 복잡할수록 아동의 적응은 더욱더 어려워진다. 예를 들면, 양쪽 부모 모두 자신의 자녀를 데리고 온 경우에 가장 높은 수준의 문제행동을 갖는다.

이혼과 마찬가지로, 새로운 가족을 구성하는 것은 아동과 청소년의 삶에서 불평형을 유발한다. 대부분의 아동과 청소년들에게 부모의 재혼은 스트레스다. 그럼에도 불구하고 재혼은 편부모가정의 문제를 해결하고 부가적인 자원을 제공한다. 이로 인해 자신들을 보다 능력 있는 개인이 되게 한다.

이혼율과 재혼율의 증가는 새롭게 구성되는 가족에 대한 관심을 요구한다. 복잡한 가족구성원들 간의 상호작용, 구성원 각각의 개인적 요소들(성별, 연령, 성격 등), 그에 따른 적응의 문제에 대한 다양한 연구가 이루어져야 할 것이다.

결혼 외의 삶

이미 많은 사람들이 결혼이 유일한 성인 삶의 형태가 아니라는 것에는 동의하고 있다. 어떤 사람들은 독신의 삶을 선택하고 어떤 사람들은 결혼하지 않은 채 동거하거나 혹은 공동체를 구성하여 살아가고 있다. 혹은 결혼제도 속에서 결혼에 대한 새로운 정의를 시도하고 있는 사람들이 늘어나고 있는 추세다. 특히, 스웨덴과 같은 나라들에서 결혼의 의미는 거의 사라지고 있다고 할 수 있을 것이다. 이러한 급속한 사고와 생활방식의 변화 속에서 결혼 외의 다른 대안들을 살펴볼 필요가 있다.

1. 개방결혼과 집단결혼

이혼의 주요 사유가 배우자의 외도라는 점은 결혼을 형성하고 유지하는 것이 성적인 배타성임을 시사하고 있다. 이 규칙의 위반은 관계의 신뢰를 붕괴하는 가장 주요한 원인이 된다. 그러나 어떤 사람들은 배우자에게 성적 혹은 감정적 성실의 책임을 수행하는 것이 너무 제한적이라고 느낀다. 로빈베이커는 『정자전쟁』이라는 책에서 전 세계 어린이의 10%는 친아버지가 아닌 남자에게서 태어났을 것이라는 주장을 하였다. 가능한 한 많은 자신의 유전자를 남기려는 진화적 동기에서 이런 현상이 나타난다는 것이다. 그 동기가 무엇이든 성적으로 한 대상에게만 성실해야 한다는 것이 어떤 사람들에게는 인간의 본성과는 어긋나거나 혹은 부당한 제약에 불과한 듯하다.

이런 한계를 극복하기 위한 시도로서 Nena와 O'Neill은 1970년대 초에 개방결혼(open marriage)이라는 개념을 발달시켰다. 이것은 혼외 성관계를 허용하는 결혼방식이다. 결혼한 사람들일지라도 각자의 사생활을 중시하고자 한다. 또한 이것은 단순한 성관계의 자율성만을 의미하는 것이 아니라 전통적인 성역할에서의 융통성도 가정하고 있다. 즉, 때로 편리에 의해 성역할이 바뀌는 것에 대해서도 개방적인 태도를 지니고 있다. 개방결혼의 가장 중요한 점은 미래가 아닌 '지금 현재(here and now)'를 강조한다는 것이다. 이상에서 볼 수 있듯이 개방결혼은 성적인 방종이 아니라 개인의 자율성에 근거하여 더 많은 책임과 권리를 갖게 된다.

그러나 실제로 이런 원칙을 지키고 유지하기는 매우 어렵다. 많은 사람들이 배우자의 혼외관계에 대해 질투나 개인적 갈등을 경험하고 결국에는 이혼에 이른다. 결혼의 주요 기반이 감정적 결속임을 상기할 때 이와 같은 주장은 공허하게 보이기도 한다.

또 다른 결혼의 형태로는 집단결혼(group marriage)이 있다. 이것은 세 사람 혹은 그 이상의 사람들이 결혼하는 것이다. 한 남자와 두 여자 혹은 두 남자와 두 여자와 같이 여러 명이 함께 결혼생활을 공유하는 것이다. 물론 경제적인 공유뿐 아니라 성적, 감정적 친밀감도 포함된다. 집단결혼에서 사람들이 형성하는 특수한 관계의 특성에는 약간의 차이가 있을지라도 파트너들은 서로에 대해 친밀감과 성적 유대관계를 형성한다. 그러나 집단결혼의 평균 기간이 일년 반이고, 단지 몇 주만 지속된다는 사실은 이런 결혼형태는 성립되고 유지되기 어렵다는 것을 보여 준다.

개방결혼과 집단결혼은 전통적인 결혼에서 발생하는 문제를 해결하기 위한 대안으로 제시되었으나 실제적인 효과를 보이지는 않는 듯하다. 이 둘 모두 결혼의 대가인 구속감으로 인한 자율성의 상실을 보완하고자 하였으나 성공 여부를 논하기 어렵다.

2. 동 거

동거란 결혼을 하지 않은 서로 좋아하는 남녀가 같이 사는 형태를 일컫는다. 과거에는 동거를 무책임하고 전통을 무시하는 젊은이들의 일탈된 삶의 형태로 보는 부정적인 시각이 많았다. 그러나 최근에는 동거에 대한 시각이 변하고 있다. 이것은 이혼에 대한 사회적, 개인적 태도가 변하는 것과 관련이 있을 것이다. 결혼이 절대적인 결속의 의미가 아니라면 동거는 보다 생산적인 삶의 형태일 수 있으며, 때로는 결혼의 가능성을 확인하는 실험기간으로서의 중요성이 강조되고 있다. 이 때문에 실제적으로 미미하지만 젊은이들 사이에서 늘어나고 있는 추세다.

동거에 대해서 사람들은 동거하는 사람들은 무책임하다는 고정관념을 가지고 있다. 그러나 많은 사람들이 다양한 이유에서 동거를 하고 있다. 어떤 사람들은 경제적인 이유에서 어떤 사람들은 심리적인 이유에서 동거를 선택한다. 그러나 이들이 다른 사람보다 책임감이 적다는 증거는 없으며 이들도 전통적인 관습에 대해 잘 알고 있다. 동거와 관련된 보다 근본적인 편견은 남자와 같이 동거하는 여자들에 대해서 '방탕한 여자' 라든가 혹은 도덕적으로 타락했다고 보는 부정적인 시각이다. 이런 동거에 대한 편견은 동거하는 사람들의 사회적 관계에도 부정적인 영향을 미친다.

그렇다면 이런 부정적인 사회적 시각에도 불구하고 사람들은 왜 동거를 선택하는가? 동거하는 사람들이 제시하는 이유는 크게 다음의 두 가지다.

첫째, 잘못된 결혼의 위험성을 줄이고 싶기 때문이고, 둘째, 결혼으로 인한 개인성장 가능성이 제한되는 것을 피하고 싶기 때문이라 한다. 그렇다면 실제로 동거는 결혼의 문제를 해결하였는가? 여기에는 두 가지 물음이 가능하다.

첫째, 동거는 결혼보다 자유로운가? 비교적 오랜 기간 동안 동거생활을 했던 커플들은 결혼한 커플과 유사한 문제들을 호소한다. 서로에 대한 구속력이 약하다는 것은 관계의 붕괴에 대한 불안감을 갖고 있어야 한다는 것을 의미하기도 한다. 또한 상대에 대한 신뢰가 취약하다는 것이 오히려 상대에 대한 구속감을 증가시키기도 한다. 게다가 동거한 커플에게도 사회적 제재는 존재한다.

둘째, 동거는 결혼보다 관계를 정리하기가 쉬운가? 동거는 법적 구속력이 없기 때문에 헤어질 때도 법적으로 확인하는 절차가 생략될 수 있다. 그러나 헤어지는 사람들이 경험해야 하는 심리적, 사회적 문제들마저 생략되는 것은 아니다. 동거 커플도 갈등하고 선택하고 타협해야 한다. 특히, 자녀가 있는 경우에는 이들과 관련된 문제에 대한 결정과 적응은 필수적이다.

이처럼 동거는 다른 삶과 마찬가지로 장단점을 가지고 있다. 예를 들면, 동거에 대한 법적 규제의 결핍은 장점인 동시에 단점이 되기도 한다. 행정적 절차를 생략함으로써 편리함도 있지만 법적인 보호를 받을 수 없다. 특히, 아이가 태어났을 때 심각한 문제를 유발할 수도 있다.

만일 당신이 동거를 고려하고 있다면 다음과 같은 점들을 생각해야 할 것이다(이수식 외, 1996).

- 동거는 일시적 기분으로 행해져서는 안 된다.
- 함께 살기 전에 행동원칙을 만들어라.
- 당신의 도덕성, 종교적, 윤리적 배경을 조심스럽게 조사하라.
- 가족들이 어떻게 느끼고 있는지를 깊이 고려하라.

3. 독 신

1990년대 초반 미국에서 발표된 한 자료의 내용은 참으로 놀랍다. "대학교육을 받은 30대 미혼 여성이 결혼할 기회는 단지 20%에 불과하며, 나이 35세에는 5%로 내려가고, 40세의 경우 결혼할 확률은 1%로 급격하게 떨어진다(Faludi, 1991)." 이 결과는 결혼적령기에 결혼하지 않는 것은 결혼할 기회를 놓치는 것임을 보여 주었고, 이것은 미혼의 여성들에게는 충격적으로 받아들여졌다. 그러나 또 다른 조사에 의하면 30세는 62%, 35세는 36%, 40세는 20%라는 반론이 제기되었다.

또한 만 18세 이상의 성인 1,200명을 대상으로 한 조사 결과, "반드시 결혼해야 하는가?" 라는 질문에 '반드시 해야 한다.' 는 23.1%, '가급적 하는 것이 좋다.' 는 50.2%로 나타났으며, '삶에 불편이 없으면 안해도 좋다.' 라고 응답한 사람은 26.8%로 나타났다(중앙일보, 2003).

이런 결과들이 어떤 영향을 미칠 것인가는 독신을 자신의 삶의 방식으로 선택한 것인지 혹은 결혼을 미루고 있는 일시적인 독신상태인지에 따라 달라진다. 이미 독신을 선택한 여성에게 이런 보고서의 내용들은 거의 아무런 영향을 주지 않았다. 또한 여기서는 사회에서 여성과 남성을 동일한 관점에서 보고 있지 않음이 드러난다.

결혼적령기는 남자보다는 여자에게 더 많이 관련되어 있는 것으로 보인다. 결혼적령기를 결정하는 가장 객관적인 것처럼 보였던 이론이 임신능력에 근거하고 있음은 이를 반증하고 있다. 건강한 아이를 낳을 수 있는 시기가 언제인가에 따라 결혼적령기를 정하는 것이 과학적이고 타당한 듯이 보였기 때문이다. 그러나 식생활의 변화로 인한 건강상태의 향상과 의학기술의 발달은 결혼적령기를 뒤로 늦추는 데 기여하였다. 또한 사회적으로 여성 인력이 경제적인 가치를 갖는가에 따라 달라졌다. 산업혁명 등과 같은 경제적 부흥기에는 결혼적령기가 늦춰지고 경제적 침체기에는 오히려 결혼적령기가 빨라지는 것이 이를 반영하고 있다.

독신에는 데이트 중이거나 동거중, 이혼하거나 별거중 혹은 동성애자를 모두 포함한다. 미국의 경우, 성인 여성의 40%가 여러 가지 이유에서 독신인 것으로 알려졌다(미국통계국, 1993). 또한 15세 이상의 경우, 여성의 23% 그리고 남성의 31%가 결혼하지 않은 것으로 나타났으며, 이것은 1970년에 비해 두 배가 증가한 수치다.

개인적 혹은 사회적인 이유로 삶의 형태로서 독신의 비율은 점점 증가하는 추세다. 독신의 유형은 유동적 독신, 결혼을 원하는 독신, 영구적 독신, 후회하는 독신으로 구분된다(장휘숙, 1995). 유동적 독신은 자발적으로 독신생활을 선택한 사람들로서, 이들은 현재의 상태가 일시적이라고 생각하고, 교육이나 직업 면에서 능동적으로 활동하며 즐거운 시간을 갖기 위해 노력한다. 결혼을 전제로 한다는 면에서는 유사하지만, 자신의 삶에 만족하지 못하는 독신자를 결혼을 원하는 독신으로 구분하고 있다. 그리고 영구적 독신이란 스스로 '독신주의'를 주장하며, 결코 결혼하지 않을 것을 공언하는 경우다. 여기에는 성직자나 편부모 등이 포함된다. 마지막으로 독신을 후회하는 사람들은 결혼을 원했지만 결혼하지 못한 사람들이다. 이들은 초기에는 독신생활이 결혼에 의해 마감될 것을 기대했으나, 점차 기회가 상실되면서 더 이상 선택이 어렵다고 느끼며 불만족한다. 흔히 교육을 받고 높은 임금을 받는 40대 여성이 이 유형에 속한다고 한다.

어떤 유형의 사람들이 만족할 것인가는 자기 자신의 선택이었는지 아니면 어쩔 수 없이 강요된 것인지에 달려 있다. 따라서 자발적으로 독신을 선택한 사람일수록 만족도가 높다. 이것은 일반적으로 사람들은 자신의 삶을 통제할 수 있다고 믿을수록 더욱 만족감을 느낀다는 사실과 일치한다. 심지어 이혼한 사람들조차도 스스로 이혼을 선택했다고 생각하는 사람들의 만족감과 안녕감(well-being)이 높은 것으로 나타났다. 따라서 독신자에게만 특별히 나타나는 현상이라기보다는 일반적인 경향성으로 보는 것이 타당할 것이다.

그렇다면 독신을 선택하는 이유는 무엇인가?

① 독신이 결혼보다 여러 가지 점에서 이점이 있다고 생각한다.

② 독신이 더 많은 자유와 생활방식에서 융통성이 보장된다고 생각한다.

③ 결혼은 성장잠재력을 축소한다고 생각한다. 즉, 타인의 도움에 의존하는 것이 자기성장에 방해가 된다고 생각한다.

④ 독신자에게 더 큰 성적인 자유가 있다고 생각한다.

⑤ 동성애자는 합법적 결혼이 불가능하기 때문이다.

1) 독신의 장점

여기서는 타의에 의한 독신이거나 혹은 일시적인 상태로서의 독신보다는 자신의 선택에 의한 독신생활에 대해 알아보자. 독신을 선택하는 사람과 결혼을 선택하는 사람 간에는 어떤 차이가 있는가? 일반적으로 결혼한 사람이 결혼하지 않거나 혹은 이혼한 사람들보다 더 나은 정신건강이나 신체적 건강을 유지한다는 연구 결과들은 독신으로 남아 있는 사람에 대한 편견을 갖게 만들고 있다.

독신자들을 성격적 혹은 신체적인 문제가 있는 사람으로 보는 견해가 많다. 그러나 독신을 선택하는 사람들이 증가함에 따라 이러한 견해를 유지하는 것은 어렵다. 독신을 고수하는 사람들이 열거하는 독신의 장점은 다음과 같다.

① 독신은 다양한 이성관계를 가질 수 있다. 또한 여러 명의 성교상대를 가질 수 있다.
② 직업이나 거주, 여행이 자유롭다.
③ 자신에 대한 책임을 질 수 있다.

이것의 특징은 자유, 자율성, 자발성이다. 자신이 선택하는 일—직업, 취미, 대인관계 등—에 대해 자율성이 침해받지 않는다. 즉, 배우자나 자녀에 의해 자신의 선택이 영향을 받지 않는다는 의미로 받아들일 수 있다. 또한 타인에 의해 선택이 강요될 가능성이 적다는 의미에서 자율성이 보장된다. 예를 들면, 배우자가 직장을 옮김에 따라 자신의 직업을 포기하거나 혹은 다른 지역으로 이사해야 하는 것과 같은 것으로부터 자유롭다. 자신의 욕구와 의지에 따라 자신의 삶을 선택하는 것은 자발성과 연결된다. 독신자는 기혼자에 비해 보다 변화가 많은 삶의 방식을 갖고 있다.

기혼자의 생활방식은 상대적으로 일정한 패턴에 따라 움직이게 된다. 결국 어떤 행동을 하는 이유가 불분명해진다. 처음에는 어떤 이유로 시작되었으나 이것이 하나의 습관으로 굳어질 가능성이 많다. 그 이유는 하나의 행동에 관련된 사람과 변인들이 많기 때문에 생활의 변화를 가져오기가 힘들기 때문이다. 이와 같은 다양한 이성교제, 생활 패턴의 융통성, 직업과 여행의 자유로움 등이 독신생활의 신화를 형성하고 있다.

독신생활의 또 다른 주요 동기는 자아발견과 발전이라는 주제와 관련이 있다. 개인에게 있어 자율성의 개념은 타인과 독립된 개체로서 살아가고자 하는 사람에게 핵심적이다. 따라서 자율성을 침해하는 것으로 여겨지는 방식에 대해 많은 사람들은 거부감을 보인다. 독신을 선택한 사람들은 결혼은 개인의 자율성을 제한한다는 점을 강조한다. 또한 남편과 아내의 역할 자체가 개인의 잠재력 실현에 장애가 된다고 느낀다. 특히, 대인관계와 활동영역을 가정에 한정시킴으로써 다양한 삶의 기회를 박탈당한다고 불평한다.

결혼의 경직성이 독신을 선택하는 주요 이유가 된다. '독특한 행동이나 사고방식' 이라고 정의되는 이 특징은 개개인이 특별히 한 특성을 많이 가짐으로써 다른 특성들을 갖기 어려운 약점을 가진다. 따라서 한 사람에게서 내가 원하는 모든 것을 만족할 수는 없다. 다시 말하면, 배우자가 자신의 모든 정서적, 사회적, 신체적, 성적 욕구들을 충족시켜 주기를 기대하기는 어렵다. 이것은 또한 자신도 배우자가 원하는 모든 것을 충족시켜야 하는 무거운 책임을 지고 있다는 것을 의미한다.

결국 배우자의 선택에서 원하는 모든 특성을 갖는 이상적인 배우자를 찾기란 사막에서 바늘을 찾기보다 더 어렵다. 원하는 특성 중에서 가장 중요한 어떤 특성을 갖거나 그나마도 완전하기보다는 근접한 사람을 선택한다는 점에서 이것은 당연한 결과다. 따라서 배우자로부터 만족할 수 없는 욕구들을 다양한 사람들로부터 해결하고자 한다. 그러나 현재의 결혼제도 속에서는 이것은 매우 어렵다. 따라서 독신은 이런 결혼의 경직성으로부터 자유롭게 자신을 계발하는 기회를 제공하는 삶의 형식이 될 수도 있다.

네오싱글족 네오싱글(neo single)족은 과거의 독신층과는 달리 자기주장이 뚜렷하고 개인적 이상을 실현하고자 노력한다. 이들은 전문직업에 종사하며 탄탄한 경제력을 갖고 있다. 이런 경제력을 바탕으로 그들은 남과 달라야 한다는 차별화 경향을 보이는데, 이것은 귀족적 체험을 추구하는 그들의 생활양식에서 잘 드러난다. 예를 들면, 고액의 음악회나 오페라를 즐기고, 윈드서핑이나 스키와 같은 레저 스포츠를 즐긴다.

이런 질적으로 고급스런 삶을 추구하는 사람들의 욕구에 부응하기 위한 서비스나 상품들이 개발되면서 이들의 사회적 위치는 더욱 명확해진다. 독신자를 위한 주거공간으로서 원룸형 아파트가 생겨나고, 미니팬, 에그팬, 미니밥솥과 같은 가전제품과 일상용품에서의 '미니화' 개념은 이를 잘 반영한다. 높이 1.2m, 폭 0.5m 정도 크기의 소형냉장고에서부터 2~3명분의 빨래가 가능한 소형세탁기가 생산되었다. 또한 쌀이나 채소 등의 소형포장이나 낱개포장이 늘어나고 있다. 이들은 결혼은 선택이나 시기의 문제라고 주장하며, 결혼에 대한 강박관념이 없다.

2) 독신의 단점

독신의 장점에도 불구하고 여러 가지 손실에 대해서도 생각해 보아야 한다. 가장 큰 손실은 감정적인 애착을 형성할 대상이 없다는 것이다. 즉, 정서적 혹은 사회적 지지를 제공하는 대상이 없다는 것이다. 또한 경제적 비용에서도 결혼한 가정보다는 평균소득이 낮다. 따라서 생활수준이 결혼한 가정보다 낮다. 그리고 무엇보다 전통적인 결혼이 일반적인 삶의 패턴이기 때문에 대부분의 사회생활은 이들을 위주로 이루어진다는 것이다. 가족을 대상으로 하는 많은 공공의 혹은 사설기관의 행사가 기획되는 데 반해 독신을 대상으로 하는 사회시설은 적다. 또한 부부중심 사회에서 독신자에 대한 태도가 부정적이기 때문에 적응에 많은 문제를 안게 된다. 독신자는 실패한 사람으로 보이거나 혹은 사회제도에 대한 부정적인 태도를 갖고 있는 사람으로 여겨진다.

무엇보다 독신자는 독립의 대가로 외로움을 많이 경험한다. 누구의 간섭도 받지 않게 된다는 것은 프라이버시와 관련된 문제인 반면, 이것은 타인으로부터 지원을 받을 수 있는 범위도 제한되는 것이다. 외로움은 사회적 관계의 결핍이며 불쾌한 경험이다.

외로움을 야기하는 데는 두 가지 조건이 있다. 하나는 사회적 관계의 양이고 다른 하나는 사회적 관계의 질이다. 즉, 친구가 적다는 것도 외로움을 야기하지만, 친구가 아무리 많더라도 관계가 피상적이라면 외로움을 느끼게 된다. 외로움을 해소하는 효과적인 방법으로 적극적인 활동과 타인에게 감정을 드러내는 것이 중요하다고 알려졌다(Davis & Franzo, 1986). 이것은 적극적인 사회활동을 하고 다양한 대인관계를 형성하고 있을수록 독신생활에 대한 만족도가 높다는 연구와 일치한다.

그러나 개인의 자율성을 강조하는 사회도 가족중심의 활동을 중요시하고 많은 가치를 부여하고 있다. 이것은 독신자들이 사회적 관계를 형성하는 데 장애요소가 될 수 있다. 거의 모든 활동이 가족중심으로 이루어지므로 독신자들이 이들과 어울릴 기회는 적다. 따라서 독신자들은 자신들만의 관계를 형성하려는 노력을 기울인다. 예를 들면, 독신자 모임이나 다양한 사회활동이나 레저활동을 통해 이러한 대인관계의 손실을 만회하고자 한다.

이것은 행복한 독신생활을 영위하는 사람의 특성이 많은 친구들과 다양한 활동에 참가한다는 것과 관련된다. 즉, 다양하고 지지적인 사회적 관계를 형성하지 못한 사람들은 외로움을 호소하며 독신생활에서 행복을 찾지 못한다. 특히, 이성과의 관계가 중요한데, 고령의 미혼자(60세 이상)들을 대상으로 한 연구는 데이트가 외로움을 막아 주는 방패의 역할을 하고 있음을 보여 주었다. 이들에게 있어서 데이트 상대는 친구, 마음을 털어놓을 수 있는 사람, 연인이며 동시에 보살펴 주는 사람이었다(Bulcroft & O'Connor, 1986).

외로움과 같은 심리적 측면 외에 독신자가 겪는 문제 중의 하나는 경제적인 것들이다. 일반적으로 독신자는 기혼자에 비해 수입이 상대적으로 적다. 이것은 생활수준을 떨어뜨리는 원인이 되고 또한 이로 인해 삶에 대한 만족감이 떨어진다. 만족감을 나타내는 독신자들은 대개 전문직에 속하며 경제적으로도 여유가 있는

표 13-1 외로움에 대한 진단

각 상황에서 자신을 나타내는 정도를 1~5점으로 평정하시오.

1	2	3	4	5
결코	아주 드물게	때때로	자주	매우 자주

1. 내 주변에 있는 모든 사람이 낯선 사람처럼 느껴진다.
2. 나는 내가 속한 집단으로 만족을 얻지 못한다.
3. 내 주변에는 내 관점과 신념을 이해해 주는 많은 좋은 사람들이 있다.
4. 나는 오랜 동안 가깝다고 느꼈던 사람이 없다.
5. 나를 지지하고 용기를 주는 낭만적인 상대가 있다.
6. 나는 친구의 망(network)에 소속되어 있다.
7. 나는 동료애를 갖고 기댈 수 있는 사람들이 있다.
8. 나는 나를 이해한다고 느끼는 어떤 관계도 형성하고 있지 않다.
9. 나는 타인의 정서적 안녕에 영향을 주는 중요한 부분이다.
10. 나는 특별히 사랑하는 사람이 없다.

* 1, 2, 3, 6, 7은 사회적 외로움을, 4, 5, 8, 9, 10은 정서적 외로움을 나타낸다.
* 점수계산은 1, 2, 4, 8, 10은 각 문항에 평정된 숫자와 동일하다(예: 1=1점, 2=2점 등). 3, 5, 6, 7, 9는 그 반대다(예: 1=5점, 2=4점 등).
* 점수가 높을수록 외롭다고 느낀다.

출처: Wittenberg(1986).

사람들이라는 사실은 경제적 문제의 중요성을 반증하고 있다.

마지막은 독신에 대한 사회적 편견과 관련된다. 독신을 선택하는 이유 중의 하나인 다양한 이성교제와 자유로운 성관계가 가장 특출하게 보인다는 것이다. 사람들은 같은 집단의 사람들은 자신과 더 유사하게, 다른 집단의 사람들은 더 다르게 지각하는 경향을 보이는데 이는 개인이나 집단에 대한 편견을 형성하는 배경이 된다. 따라서 독신자들의 특성들은 사회적으로 과장되게 보일 가능성이 있다. 특히, 소수집단에 대한 부정적 관점은 이것을 더욱 강화한다. 사람들은 자신과 다르다는 것만으로도 거부감을 갖는다. 건강하고 행복한 독신자들의 자존감이 높다는 것은 사회적 편견으로부터 자신을 보호하는 것이 중요함을 보여 준다.

그렇다면 이러한 독신의 단점을 극복하는 방법은 무엇인지 알아보자. 여기서는 외로움과 관련된 심리적인 측면에 초점을 맞추고자 한다. 외로움을 느끼는 사람들이 보이는 반응은 다양하다. 일반적으로 외로움은 자신을 측은하게 여기거나 타인에 대해 비판적이 되도록 만든다. 따라서 타인에게 화를 내고 자신을 평가절하한다. 이것은 사회적 관계를 더욱 악화시킬 뿐이다. 이로 인해 더욱 고립되어 집에서 혼자 TV를 보거나 잠을 잔다. 혹은 멍하니 시간을 보내거나 때로는 약물 중독에 빠지기도 한다.

이런 문제를 해결하는 방법은 '활동' 이다. 예를 들면, 운동이나 취미활동을 통해 사람들과 만날 기회를 늘림으로써 사회로부터 고립되지 않는 것이 중요하다. 여기서 의미하는 관계는 자신의 감정을 드러내고 함께 의논할 수 있는 깊이 있는 대인관계다. 단순히 피상적인 관계만을 형성하는 사회활동은 외로움의 해소에 크게 도움이 되지 않는다. 또한 이런 적극적인 활동은 자신에 대한 관점에도 영향을 미친다는 점에서 중요하다. 즉, 자아상(self-image)이 보다 적극적으로 긍정적으로 변하게 되고 이것은 직업이나 다른 활동에서도 자신감을 갖도록 만든다. 그러나 활동이 모든 사람에게 적용되는 것은 아니다. 개인적 특성에 따라 달라지며, 타인과 어울리는 것이 반드시 개인의 만족감과 연결되는 것은 아니다. 그러나 어떤 특성의 사람이든 목적의식을 가지고 생활하는 것은 중요하다.

실제로 대부분의 독신자는 나름대로의 사회적 네트워크를 형성하고 있다. 특히, 이들은 기혼자들에 비해 형제들의 관계가 돈독하다. 그리고 독신자들 간의 독특한 관계를 통해 서로 도움을 제공하고 정서적 지지를 얻고 있다.

3) 독신 여성

건축설계회사 주임인 송 아무개(37세) 씨는 "지금의 생활에 만족하고 있어요. 결혼을 했다면 남편과 자식, 시시콜콜한 일상에 묶여 이웃을 생각할 겨를이 있겠어요? 물론 생각은 있어도 실천하기가 어렵겠지요. 어려운 이웃들과 만날 때마다 이 길이 바로 내게 주어진 길이란 걸 확신해요."라고 확신에 차서 말한다. 독신을 하나의 삶의 방식으로 선택하는 사람들이 증가하고 있다. 인종에 관계 없이 결혼하지 않고 독신으로 살면서 인생을 즐기려는 젊은 여성이 늘어나고 있는 것은 세계적이고 전반적인 추세다.

우리 사회는 미혼 여성보다는 미혼 남성에게 훨씬 더 관대하고 규제도 적다. 예를 들면, 나이든 남자가 자신보다 훨씬 어린 여자와 결혼하는 것은 비교적 너그러운 반면 여자가 연하의 남자와 결혼하는 것에 대해서는 부정적인 시각으로 바라본다.

독신 여성에 대한 부정적인 태도와 그에 따른 어려움에도 불구하고 왜 많은 여성이 독신을 선택하고 또한 점차 늘어나고 있는가? 한 독신 여성은 말한다. "나는 내가 원하는 곳으로, 내가 원할 때, 누구에게 묻거나 혹은 걱정하지 않고 갈 수 있다. 남편이나 아이가 있는 친구들은 그렇지 못하다. 나는 나 자신에 대해 스스로 결정한다. 이것은 아주 단순하지만 가장 중요한 것이다." 즉, 여성이 독신을 선택하는 이유는 자유(freedom)다.

Jessie Bernard(1972)는 『결혼의 미래』(The Future of Marriage)라는 책에서, 어떤 여성이 독신으로 남아 있는 이유를 설명하였다. 일반적으로 남성은 연령, 교육, 직업에서 자신보다 약간 낮은 위치에 있는 여성과 결혼하는 경향이 있다. 이러한 선택의 경향으로 인해 두 가지 유형의 독신자가 만들어지고 있다.

이에 근거하여 남성과 여성에 다른 형태를 나타내는 '결혼구배(marriage gradient)'가 이루어졌다: 알짜배기 여자 대 밑바닥 남자(cream-of-the-crop women vs. bottom-of-the-barrel men). 여기서 설명되는 여성은 잠재적인 배우자를 찾고 있다(대개 30대). 그러나 그들은 "나는 유사한 자격과 가치를 지닌 진정한 사람을 발견하지 못했다. 그러나 차선을 선택하고 싶지는 않다."고 말한다.

앞에서 언급했던 Faludi(1991)의 연구 결과는 어떤 여성들에게는 불안을 유발한다. 예를 들면, 한 임상심리학자는 많은 수의 독신 여성 내담자들이 자신들은 결코 결혼하지 못할 것이며 사회가 너무 높은 기준을 가진 것에 대해 자신을 책망하고 있다는 데 큰 관심을 보이고 있음을 보고하였다. 어쨌든 이러한 무책임한 연구 결과는 여성은 교육을 받을수록 결혼할 기회는 점점 줄어든다고 경고하고 있다.

그러나 미혼 여성과 기혼 여성을 비교한 결과는 독신 여성에 대한 보다 객관적인 자료를 제공하고 있다. 30대 독신 여성은 같은 연령의 기혼 여성에 비해 대학이나 대학원 출신이 많았으며, 88%가 취업상태이고 전문직에 종사하는 여성이 많았다. 또한 삶의 만족도에서 두 집단 간에 차이가 없었다. 그리고 개인적 적응(personal adjustment)에서도 유사했다. 이 결과는 경제적 능력이 있다는 것이 독신생활의 가능성을 높이는 중요한 요인임을 보여 주고 있다.

독신 여성이 기혼 여성과 차이를 보이는 것은 다소 강박적인 특성이다. 이들은 비판에 대해 화를 잘 내고, 사소한 일을 귀찮아하고, 엄격한 스케줄을 유지하고 있었다. 또한 보다 주장적이고 보다 독설적이다.

여기서 기억해야 할 것은 독신 여성에 대한 정형(stereotype)이 존재하지 않는다는 것이다. Braito와 Anderson(1983)은 미혼의 독신 여성은 두 가지의 서로 다른 유목에 속해 있음을 보여 주었다: 사회적으로 고립된 사람이며, 동시에 사회적으로 능동적인 사람이다. 독신 여성의 29%가 적어도 일주일에 한 번은 친구를 만나고, 21%는 한 달에 한 번 그리고 26%가 1년에 서너 차례 정도이며, 25%는 만나지 않았다(Seccombe & Ishiitcuntz, 1994). 이 결과는 독신 여성이 되는 어떤 특별한 특성을 갖는다거나 혹은 그런 특성을 가진 사람들로 이루어졌다기보다는, 오히려 타인들에 의해 부당하게 특별한 집단으로 취급받고 있음을 나타낸다. 따라서 다양한 독신 여성의 행동은 개인차에 의해 보다 설득력 있게 설명될 수 있는 듯하다.

독신 여성에 대한 태도 (계속해서 읽기 전에, 자기진단에 나타난 독신 여성에 대한 자신의 태도(〈표 13-2〉 참조)를 알아보는 것이 도움이 될 것이다.)

자기 주변에 있는 독신 여성을 떠올려 보라. 만일 결혼하지 않은 언니나 누나가 있다면, 당신은 주변 사람에게 그들을 어떻게 소개하는가?

많은 여자아이들이 "사람들에게 친절하고 상냥하게 행동해라. 그렇지 않으면 아무도 너와 결혼하려고 하지 않을 것이다. 너는 외롭게 혼자 늙어 갈 것이다. 그것은 너무도 슬픈 일이다." 라는 말을 들으며 자란다. 이런 어린 시절부터의 교육은 독신 여성에 대해 어떤 태도를 지녀야 할지를 결정한다. 즉, 독신 여성은 여성답지 못하기 때문에 결혼에 성공하지 못한 불행하거나 불쌍한 사람이다. 예를 들면, "왜 다른 사람은 다 하는데, 너만 그러냐. 도대체 네가 뭐가 모자라서 그러냐?" 혹은 "다른 사람보다 잘난 것도 없는 주제에 너무 사람을 고르는 것 아니냐?" 라는 식으로 공개적으로 혹은 암시적으로 독신 여성을 비난하는 태도를 갖는다.

혹은 이와 반대로 독신 여성 앞에서는 절대로 결혼과 관련된 이야기를 꺼내지

표 13-2 독신 여성에 대한 태도

다음 글을 읽어 보라.

수잔 그래햄은 41세고 결혼했다. 그녀는 위스콘신 주의 메디슨 근처에서 살고 있다. 그녀는 위스콘신 대학에서 석사학위를 받았고, 현재는 상담심리학자로서 일하고 있다.

자 이제 종이 한 장을 꺼내서, 다음의 특성에 따라 수잔을 평가해 보라. 전혀 아니다는 1점을 그리고 매우 그렇다는 7점을 주라. 각 경우에 당신의 첫인상을 고려하라.

1. 경쟁적 2. 사회적 3. 호감이 가는 4. 유창한 5. 안정적인
6. 행복한 7. 지적인 8. 매력적인 9. 일에서 성공적인 10. 뛰어난
11. 친절한 12. 이완된 13. 말이 많은 14. 신뢰할 만한 15. 안정적인

이제 다음 글을 읽어 보라.

수잔 그래햄은 41세고 독신이다. 그녀는 위스콘신 주의 메디슨 근처에서 살고 있다. 그녀는 위스콘신 대학에서 석사학위를 받았고, 현재는 상담심리학자로서 일하고 있다.

다시 새로운 종이를 꺼내라. 그런 다음 위에 읽은 속성에 따라 수잔을 평가하라. 그런 다음 두 가지 조건을 비교해 보라.

출처: Etaugh & Malstrom(1981).

않는 것으로 동정을 표시하기도 한다. 이처럼 아직까지 독신에 대한 태도는 긍정적이라기보다는 부정적인 요소가 강하다는 것을 부정하기 어렵다.

4) 독신의 자녀양육

자녀를 원하지만 결혼은 원치 않는 사람들에 대한 이야기는 이제 더 이상 새삼스러울 것도 없다. 이런 주제는 영화 속에서 쉽게 찾아볼 수 있다. 예를 들면, "데니스는 통화중"이라는 영화에서도 전혀 알지 못하는 남자의 정자를 수정하여 임신한 데니스라는 여자가 정자의 주인공을 찾아내는 줄거리로 되어 있다. 그러나 아직은 이런 상황이 일상적인 것은 아니다. 영화에서조차 정자의 주인인 남자 주인공과 난자의 주인인 여자 주인공이 서로 만나 사랑하고 결혼하는 것으로 결말이 난다.

어쨌든 이런 경향이 증가하는 것은 인공수정이나 시험관 아기와 같은 의학기술의 발전에 힘입은 바 크다. 과거에는 결혼 외에 자녀를 갖기 위해서는 입양을 하거나 혹은 흔히 대리모라고 하는 제삼자를 개입하여 이루어질 수 있었다. 특히, 혈연이 중요시되는 사회에서는 더욱 비밀스럽게 진행되는 사항이었다. 그러나 현대는 독신생활을 영위하면서 동시에 종족번식이라는 인류의 사명을 수행할 수 있는 길이 과학의 지원 아래 이루어지고 있다.

자녀를 갖는 또 다른 방법으로는 입양이 있지만 실제로 공식적인 입양절차를 거치는 경우에는 많은 제약이 있다. 입양부모는 부부관계에 있는 사람이어야 하며 그들의 경제적, 성격적 요소들이 모두 세심하게 고려된다. 입양은 입양하는 사람들보다는 입양되는 아이의 입장에서 보다 건강한 삶을 보장해 줄 수 있는 가정에 보내는 것을 목적으로 하기 때문이다. 따라서 독신자가 입양을 통해 자녀를 갖기는 매우 어렵다.

실제로 독신자가 자녀를 키우는 것은 어려운 일이다. 이미 앞에서 보았듯이, 자녀양육은 매우 어려운 과제다. 또한 아버지와 어머니의 역할이 다소간 분리되어 있기 때문에, 한 사람이 이 모든 것을 감당하기는 더욱 어렵다. 따라서 독신자로서 자녀를 갖기를 원하는 사람은 경제적으로, 정신적으로 보다 여유가 있는 사람이어야 할 것이다. 독신으로서 자녀를 양육하는 사람들을 살펴보는 것은 이 문제에 대한 어떤 시사점을 줄 것이다.

편부모가족 사별, 별거, 이혼 혹은 미혼모 등의 이유로 한쪽의 부모가 없거나 혹은 법적으로 부모의 역할을 수행하지 못하는 편부모 가족이 증가하고 있다. 특히, 이혼의 증가와 미혼모의 증가로 인해 많은 가정에서 여성이 가장이 된다. 현대 사회가 과거에 비해 여성들에게 많은 사회경제적 기회를 제공하는 것은 분명하지만, 남성과 동등한 대우를 받는 것은 아니다. 따라서 여성이 가장이 된다는 것은 경제적 빈곤과 사회적 관계에서 불이익을 당할 가능성이 높다.

우리나라의 경우, 한국모자복지법(1989년 제정)을 통해 국가적인 지원체계를 갖고 있으나, 여성 가장이 책임져야 할 가사노동, 경제적 부양 그리고 부모역할이라는 부담은 여전히 개인에게 남아 있다.

4. 동성애가족

동성애자로 이루어진 배우자나 가족을 인정할 것인가는 아직도 논쟁의 대상이 되고 있다. 최근 들어 후천성 면역결핍증에 대한 잘못된 편견으로 인해 동성애자에 대한 차별이 노골적으로 표면화되면서, 동성애자의 인권에 대한 관심이 증가하고 있다. 영화배우나 운동선수 중에서 자신이 동성애자임을 밝히는 'coming out' 을 선언한 경우가 있다.

우리나라의 경우에는 대학에서 이런 움직임이 확산되고 있다. 이들은 동성애바, 조직, 친구집단을 형성하면서 사회조직으로서의 자리를 찾아가고 있다. 특히, 레즈비언으로 알려진 여성 동성애자들은 연대조직이 강하고 자율성과 평등관계를 갖고 있으며 관계의 친밀성과 만족도가 높은 것으로 알려졌다.

동성애 부부들은 결혼 이전에 자녀를 갖고 있는 경우가 많다. 남성의 16%, 여성의 26%는 이미 자녀가 있는 상태에서 동성의 배우자와 재혼한다. 이것은 처음부터 동성애자가 아니었거나 혹은 자신이 동성애자라는 것을 후에 인식했음을 보여 주고 있다. 그러나 동성애 부부들도 이성애 부부들과 마찬가지 갈등을 경험한다. 특히, 부부간의 폭력은 이성애 부부들에 비해 밖으로 노출되지 않았을 뿐 심각하다고 보고되었다(뉴스위크, 1995).

참고문헌

가족 · 환경연구회(1986). 가족과 환경. 서울: 교문사.
강은숙(1981). 서울시와 제주시의 미혼남녀의 결혼관에 관한 연구. 이화여대 석사학위논문.
강호철(1984). 대학생들의 결혼관에 대한 조사연구. 경상대 석사학위논문.
권석만(2004). 젊은이를 위한 인간관계의 심리학. 서울: 학지사
김경희, 이재연(1997). 부모교육. 서울: 양서원.
김광웅(1989). 유아생활지도. 서울: 교육과학사.
김시업 역(1994) 생활적응을 위한 심리학. 서울: 문음사.
김양희, 이형실(1997). 결혼과 가족. 서울: 중앙대학교 출판부.
김영일(1997). 현대인의 결혼과 가정. 서울: 학문사.
김정옥 외(1997). 결혼과 가족. 서울: 학지사.
김정휘, 김병선, 김정인(1995). 여성은 남자와 무엇이 어떻게 다른가. 서울: 양서원.
김태련 외 4인(1996). 여성심리. 서울: 이화여자대학교 출판부.
김태련, 장휘숙(1994). 발달심리학. 서울: 박영사.
김태현 (1994). 노년학. 서울: 교문사
김태현, 이성희(1996). 결혼과 사회. 서울: 성신여자대학교 출판부.
노영주, 서동인, 원효종 공역(1995). 가족관계와 의사소통. 서울: 하우.
대한가족계획협회(1997). 성과 인간. 성문화연구소.
변화순(1992). 부부간의 갈등과 해소. 여성한국사회연구회.
서동인(1991). 친조부모, 손자녀에 대한 모의 관점 및 중재에 관한 연구. 대한가정학회지, 34, 2.
송명자(1995). 발달심리학. 서울: 학지사.
송영자(1990). 부부간 갈등표출 방법에 관한 연구. 숙명여자대학교 석사학위논문.
송재희(1988). 대학생들의 이성교제 실태 및 결혼관에 관한 연구. 이화여자대학교 석사학위논문.

송찬호(1990). 불임증 처치의 최근 추세. 대한의학협회지, 제33권, 1호.

신화용(1991). 가족내의 성: 결혼, 일 그리고 부모역할에 있어서의 여성과 남성. 조복희 · 신화용 편저, 인간발달의 이해(pp. 251-271). 서울: 교육과학사.

여성한국사회연구회(1992). 한국 가족의 부부관계. 사회문화연구소.

유영주(1984). 신가족관계학. 서울: 교문사.

유영주, 김순옥, 김경신(1996). 가족관계학. 서울: 경희대학교 출판부.

유영주, 서동인, 홍숙자, 전영자, 오윤자, 이인수 (1995). 결혼과 가족. 서울: 경희대학교 출판국

육아문화연구소 역(1994). 태교와 그 수정방법. 서울: 동천사

윤가현(1997). 성심리학. 서울: 성원사.

이광규 (1981). 한국사회의 심리문제. 서울:일지사.

이길표, 주영애 (1995). 가정경영과 자원관리. 서울: 정일출판사

이수식, 장미옥, 진복선 편역(1996). 생활속의 적응. 서울: 양서원.

이승신 · 김기옥 · 김경자 · 심영 · 정순희, (1996). 가계경제학. 서울: 학지사.

이원호(1997). 오늘의 태내교육. 부산: 부산대학교 출판부.

이인수 (1995). 노인복지와 실버산업. 서울: 일지사.

이정덕, 김경신, 문혜숙, 송현애, 김일명(1998). 결혼과 가족의 이해. 서울: 학지사.

이정우(1997), 최신가정경영학, 수학사.

이정우, 김규원(1989). 청소년기 자녀가 지각한 어머니와의 커뮤니케이션 유형 및 만족도 연구. 대한가정학회지, 27권, 3호.

이정우, 김명자, 계선자(1993). 결혼과 가족관계. 서울: 숙명여자대학교 출판부.

이정춘(1994). 커뮤니케이션 과학. 서울: 나남출판사.

이현송(1997). 배우자 선택과정의 변화와 결정요인. 가족학 논집, 제9집, 3-28.

이혜련(1991). 반응성 애착장애. 소아정신건강, 2.

이혜성 역(1996). 남녀의 행동연구. 서울: 이화여자대학교 출판부.

장휘숙(1995). 가족심리학. 서울: 박영사.

장휘숙(1996). 여성심리학. 서울: 박영사.

장휘숙(1997). 아동기 이후의 애착에 관한 최근 연구의 개관. 한국심리학회 연차학술대회, 439-454.

정철영 역(1996). SEX 공부하기. 펀앤런북스.

정현숙, 최연실, 유계숙(1998). 결혼학개론. 상명대학교 출판부.

조경애 (2004). 이혼숙려기간 도입에 대한 요구 높아, 조사 대상자의 74.1% 찬성. 가정상담, 6권, 250호, 5-10.

조선경제. 2004. 2. 9. '한국 고령화속도 세계서 제일 빨라 경제 · 사회적 충격 대비책 서둘러야'

조선일보. 2004. 12. 27. '성역할 고정관념 무너졌다.'

조선일보. 2004, 5. 6. '여성을 읽어야 한국이 보인다.'

조선일보. 2004. 5. 25. '여성 이야기'

조선일보. 2004. 5. 27. '이혼 후 재혼 결심시기 1위는?'

조선일보. 2005. 6. 22. '결혼 여성 5명 중 1명은 재혼.'

조선일보. 2005. 7. 1. '여성이 먼저 이혼 별거하자.'

중앙일보(1998. 9. 24.). 국민의식 조사.

최신덕(1978). 결혼과 가족. 서울: 이화여대 출판부.

통계청(2005). 2005 인구동태 통계연보.

통계청(1998). 통계로 보는 여성의 삶.

한국교육학회 편(1996). 부모교육학. 서울: 교육과학사.

홍대식 역(1994). 인간관계의 심리. 양영각.

Adams, V. (1980). Getting at the heart of jealous love. *Psychology Today, 13* (12), 38-47, 102, 105-106.

Adler, R., & Towne, N. (1975). *Looking out I looking in: Interpersonal communication*. San Francisco: Rinehart Press.

Ainsworth, M. D. S. (1973). The development of infant-mother attachment. In B. M. Caldwell, & H. N. Ricciuti (Eds.), *Review of Child Development Research* (Vol. 3). Chicago: University of Chicago Press.

Albert, A. A., & Porter, J. R. (1986). Children's gender role stereotypes. *Journal of Cross-Cultural Psychology, 17*, 45-66.

Allen, J. B., Kenrick, D. T., Linder, D. E., & McCall, M. A. (1989). Arousal and attraction: A response-facilitation alternative to misattribution and negative-reinforcement models. *Journal of Personality and Soical Psychology, 57*, 261-270.

Altman, I., & Taylor, D. A. (1973). *Social penetration: The development of interpersonal relationships*. New York: Holt, Rinehart & Winston.

American Psychiatric Association (1994). *Diagnostic and Statistical Manual of Mental Disorders* (4th ed.) (DSM-IV.). Washington, DC: American Psychiatric Association.

Anderson, S., & Sabatelli, R. (1999). *Family interaction: A mulitigenerational developmental perspective*. Boston: Allyn and Bacon.

Archer, J. (1984). Gender roles as developmental pathway. British *Journal of Social Psychology, 23*, 245-256.

Argyle, M., & Henderson, M. (1985). The rules of friendship. *Journal of Social and Personal Relationships, 1*, 211-238.

Aron, A., Dutton, D. G., Aron, E. N., & Iverson, A. (1989). Experiences of falling in love. *Journal of Social and Personal Relationships, 6*, 243-257.

Athanasiou, R., & Sarkin, R. (1974). Premarital sexual behavior and post-marital adjustment. *Archives of Sexual Behavior, 3*, 207-225.

Austrom, D., & Hanel, K. (1985). Psychological issues of single life in Canada: An exploratory study. International *Journal of Women' s Studies, 8,* 12-23.

Averill, J. R., & Boothroyd, P. (1977). On falling in love in conformance with the romantic ideal. *Motivation and Emotion, 1,* 235-247.

Bandura, A. (1977). *Social learning theory.* Englewood Cliffs, NJ: Prentice Hall.

Barfield, R. E., & Morgan, J. N. (1978). Trends in satisfaction with retirement. *The Gerontologist, 18,* 19-23.

Baucom, D. H., Sayer, S. L., & Duhe, A. (1989). Attributional style and patterns among married couples. *Journal of Personality and Social Psychology, 56,* 596-607

Baumrind, D. (1971). Current patterns of parental authority. *Developmental Psychology Monographs, 4*(1, Part 2).

Baumrind, D. (1971). Harmonious parents and their preschool children. *Developmental Psychology, 4,* 99-102.

Baxter, L. A. (1984). Trajectories of relationship disengagement. *Journal of Social and Personal Relationships, 1,* 29-48.

Baxter, L. A. (1990). Dialectical contradictions in relationship development. *Journal of Social and Personal Reationships, 7,* 69-88.

Baxter, L. A., & Wilmot, W. W. (1985). Taboo topics in close relationships. *Journal of Social and Personal Relationships, 2,* 253-270.

Beck, D. F., & Jones, M. A. (1973). *Progress on family problems: A nationwide study of client' and counselors' views on family agency services.* New York: Family Service Association of America.

Bell, A. P., & Weinberg, M. S. (1978). *Homosexualities: A study of diversity among men and women.* New York: Simon & Schuster.

Bell, R. R., Turner, S., & Rosen, L. (1975). A multivariate analysis of female extramarital coitus. *Journal of Marriage and the Family, 37,* 375-383.

Bem, D. J. (1965). An experimental analysis of self-persuasion. *Journal of Experimental Social Psychology, 1,* 199-218.

Bem, D. J. (1972). Self-perception theory. In L. Berkowitz (Ed.), *Advances in experimental social psychology* (Vol. 6). New York: Academic Press.

Bem, S. (1974). The Measurement of Psychological Androgyny. *Journal of Consulting and Clinical Psychology, 42,* 2, 155-162.

Bem, S. (1975). Androgeny vs. the tight little lives of fluffy woman and chesty men. *Psychology Today, 9,* 4.

Bengtson, V. L. (1979). Research across the generation gap. In P. Ragan (Ed.), *Aging parents.* L. A: University of Southern California Press.

Bergstrom, L. R. (1990). Retiring with security. *Security Management, 34,* 97-100.

Berman, W. H., & Turk, D. C. (1981). Adaptation to divorce: Problems and coping strategies. *Journal of Marriage and the Family, 43,* 179-189.

Berne, E. (1972). *What do you say after you say hello?* New York: Grove Press.

Bersheid, E., & Walster, E. (1978). Interpersonal attraction. Reading, Mass.: Addsion-Wesley.

Beubien, C. O. (1970). Adolescent-parent communication style. The Pennsyl- vania State Univ. Ph. D.

Birkelt, D. P. (1991). *Psychiatry in the nursing home: Assessment, evaluation, and intervention.* Binghamton, NY: Haworth.

Birren, J. E., & Renner, V. J. (1980). Concepts and issues of mental health and aging. In J. E. Birren, & R. B. Sloane (Eds.), *Handbook of mental health and aging.* Englewood Cliffs, NJ: Prentkce-Hall.

Blazer, D., George, L. K., & Hughes, D. (1991). The epidemiology of anxiety disorders: An age comparison. In C. Salzman, & B. D. Lebowitz (Eds.), *Anxiety in the elderly: Treatment and Research.* New York: Springer.

Blumberg, R. L., & Winch, R. F. (1977). Social complexity and familial complexity: Evidence for the cuvilinear hypothesis. American *Journal of Sociology, 77.*

Bonkowski, S. E., Boomhower, S. J., & Bequette, S. Q. (1985). What you don't know can hurt you: Unexpressed and feelings children from divorcing families. *Journal of Divorce, 9,* 33-46.

Bossard, J. H. S. (1931). Residential propinquity as a factor inmate selection. *American Journal or Sociology, 58,* 219-224.

Bosse, R., Aldwin, C. M., Levenson, M. R., & Workman-Daniels, K. (1991). How stressful if retirement? Findings from the normative aging study. *Journal of Gerontology: Psychological Sciences, 46,* 9-14.

Bosse, R., Aldwin, C. M., Levenson, M. R., Spiro, A., III, & Mroczek, D. K. (1993). Change in social support after retirement: Longitudinal findings from the normative aging study. *Journal of Gerontology: Psychological Sciences, 48,* 210-217.

Bowlby, J. (1969). *Attachment and loss. Vol. 1: Attachment.* London: Hogarth Press.

Bowman, A. M. (1992). The relationship of anxiety to development of postoperative delirium. *Journal of Gerontological Nursing, 18(1),* 24-30.

Bowman, H. A., & Spanier, G. B. (1978). Modern Marriage. N. Y.: McGraw Hill Book Company.

Brackbill, Y., Kane, J., Manniello, R. L., & Abramson, D. (1974). Obstetric premedication and infant outcome. *American Journal of Obstetrics and Gynecology, 118,* 377-384.

Braito, R., & Anderson, D. (1983). The ever-single elderly woman. In E. W. Markson (Ed.), *Older women* (pp.195-225). Lexington, MA: Lexington Books.

Brasel, J. (1974). Cellular changes in intrauterine malnutrition. In M. Winick (Ed.), *Nutrition and fetal development*. New York: Wilesy.

Bringle, R. G., & Williams, L. J. (1979). Parental offspring similarity on jealousy and related personality dimensions. *Motivation and Emotion, 3*, 265-286.

Brown, P., & Fox, H. (1979). Sex differences in divorce. In E. S. Gomberg. & V. Franks (Ed.), *Gender and disordered behavior: Sex differences in psychopathology* (pp. 101-123). New York: Brunner/Mazrel.

Bulcroft, K., & O'Connor, M. R. (1986). The importance of dating relationships on quality of life for older persons. *Family Relations, 35*, 397-402.

Buss, D. M. (1988). Love acts. The evolutionary biology of love. In R. J. Sternberg & M. L. Barnes (Eds.), *The Psychology of Love* (pp. 100-118). New Haven, CT: Yale University Press.

Buss, D. M. (1989a). Conflict between the sexes: Strategic interference and the evocation of anger and upset. *Journal of Personality and Social Psychology, 56*, 735-747.

Buss, D. M. (1989b). Sex differences in human mate preferences: Evolutionary hypotheses tested in 37 cultures. *Behavioral and Brain Sciences, 12*, 1-49.

Buunk, B. (1982). Anticipated sexual jealousy: Its relationship to selfesteem, dependency, and reciprocity. *Personality and Social Psychology Bulletin, 8,* 310-316.

Buunk, B., & Bringle, R. G. (1987). Jealousy in love relationships. In D. Perlman & S. Duck (Eds.), *Intimate relationships. Development dynamics, and deterioration* (pp. 123-147). Newbury Park, CA: Sage.

Byrne, D. (1971). *The attraction paradigm*. New York: Academic Press.

Byrne, D., & Murnen, S. (1988). Maintaining loving relationships. In R. J. Sternberg, & M. L. Barnes (Eds.), *The psychology of love* (pp. 293-310). New Haven, Conn: Yale University Press.

Campbell, A. (1975). The American way of mating: Marriage is, children only maybe. *Psychology Today, 8* (12), 37-43.

Cantor, M. H. (1983). Strain among caregivers: A study of experience in the United States. *Gerontologist, 23(6),* 597-604.

Caplan, P. J. (1985). Single life and married life. *International Journal of Women's Studies, 8*, 6-11.

Carstensen, L. L. (1991). Selectivity theory: Social activity in life-span context. *In Annul review of gerontoloty and geriatrics* (vol. 11). New York: Springer.

Carter, B., & McGoldrick, M., (1980). *The Family Life Cycle: A framework for family therapy.*

1st ed. New York: Gardner.

Charles H. Culp, & Downar, D. J. (1985), Add/Shed Load Control According to Multiple Add/Shed Sequences, *U.S. Patent Number 4*, 510, 398.

Chase-Lansdale, P. L., & Owen, M. T. (1987). Maternal employment in a family context: Effects on infant-mother and infant-father attachments. *Child Development, 58*, 1505-1512.

Cherlin, A. (1979). Work life and marital dissolution. In G. Levinger, & O. Moles (Eds.), *Divorce and separation: Context, cause and consequences*. New York: Basic Books.

Cherlin, A., & Furstenberg, F. (1986). *The new American grandparent: A place in the family, a life apart*. New York: Basic Books.

Christopher, F. S., & Cate, R. M. (1984). Factors involved in premarital sexual decision-making. *Journal of Sex Research, 20*, 363-376.

Christopher, F. S., & Cate, R. M. (1985). Premarital sexual pathways and relationship development. *Journal of Social and Persoanl Relationships, 2*, 271-288.

Cicirelli, V. G. (1980). *Adult children's views on providing services for elderly parents*. Report to the Andrus Foundation.

Clanton, G. (1973). The contemporary experience of adultery: Bob and Carol and Updike and Rimmer. In R. W. Libby, & R. N. Whitehurst (Eds.), *Renovating marriage*. Danville, Calif.: Consensus Publishers.

Clark, M. S., & Waddell, B. (1985). Perceptions of exploitation in communal and exchange relationships. *Journal of Social and Personal Relationships, 2*, 403-418.

Coberly, S. (1991). Older workers and the older Americans act. *Generations, 15*(3), 27-30.

Cohen, G. D. (1987). Alzheimer's disease. In G. L. Maddox (Ed.), *The encyclopedia of aging*. New York: Springer.

Cohen, H. (1980). *You can negotiate anything*. New York: Lyle Stuart.

Coleman, J. S. (1988). Social capital in the creation of human capital. *American Journal of Sociology*. 94: s95-s120.

Colemn, P. G. (1986). *Aging and reminiscence process: Social and clinical implications*. New York: Wiley.

Comfort, A. (1973). Sexuality in a zero growth society. *Current, 148*, 29-34.

Cook, A. S. (1991). A comparison of leisure patterns and morale between retired professional and nonprofessional women. *Journal of Women and Aging, 3*(3), 59-68.

Cowgill, D. O., & Homes, L. D. (1972). *Aging and Modernization*. New York: Meredith Corporation.

Coyne, J. C., & Downey, G. (1991). Social factors and psychopathology: Stress, social support, and coping processes. *Annual Review of Psychology, 42,* 401–425.

Crystal, S., & Shea, D. (1990). Cumulative advantage, cumulative disadvantate, and inequality among elderly people. *Gerontologist, 30*(4), 437–443.

Cuber. J. F., & Harroff, P. (1965). *Sex and the significant American.* Baltimore: Penguin.

D'Augelli, J. F., & Cross, H. J. (1975). Relationship of sex guilt and moral reasoning to premarital sex in college women and in couples. *Journal of Consulting and Clinical Psychology, 43,* 40–47.

DeLamater, J. (1981). The social control of sexuality. *Annual Review of Sociology, 7,* 263–290.

Delamater, J., & MacCorquodale, P. (1979). *Premarital sexuality: Attitudes, relationships, behavior.* Madison: University of wisconsin Press.

Derlega, V. J., Winstead, B. A., Wong, P. T. P., & Hunter, S. (1985). Gender effects in an initial encounter: A case where men exceed women in disclosure. *Journal of Social and Personal Relationships, 2*(1), 25–44.

Diamond, M., & Karlen, A. (1980). *Sexual decision.* Boston: Little, Brown.

Dion, K. L., & Dion, K. K. (1975). Self-esteem and romantic love. *Journal of Personality, 43,* 39–57.

Dion, K. L., & Dion, K. K. (1988). Romantic love: Individual and cultural perspectives. In R. J. Sternberg & M. L. Barnes (Eds.), *The Psychology of Love* (pp. 264–289). New Haven, CT: Yale University Press.

Donvan, Elizabeth, & Joseph Adleson. (1966). *The Adolescent Experience.* New York: Wiley.

Driscoll, R., Davis, K. E., & Lipetz, M. E. (1972). Parental interference and romantic love: The Romeo and Juliet effect. *Journal of Personality and Social Psychology, 24,* 1–10.

Duck, S. W. (1982). A topography of relationship disengagement and dissolution. In S. W. Duck (Ed.), *Personal relationships 4: Dissolving personal relationships.* London & New York: Academic Press.

Duck, S., Lock, A., McCall, G., Fitzpatrick, M. A., & Coyne, J. C. (1984). Social and personal relationships: A joint editorial. *Journal of Social and Personal Relationships, 1,* 1–10.

Dutton, D. G., & Aron, A. P. (1974). Some evidence for heightened sexual attraction under conditions of high anxiety. *Journal of Personality and Social Psychology, 30,* 510–517.

Duvall, E. (1977). *Marriage and family development* (5th ed.). Philadelphia: Lippincott.

Duvall, E., & Miller, B. (1985). *Marriage & family development* (6th ed.). New York: Harper and Row.

Ekerdt, D. J. (1987). Why the notion persists that retirement harms health. *The*

Gerontologist, 27, 454-457.

Ekman, P., & Friesen, W. V. (1969). The repertorie of nonverbal behavior: Categories, origins, usage, and coding. *Semiotica, 1,* 49-98.

Elliss, A. (1973). *Humanistic psychotheraphy: The rational-emotive approach.* New York: Julian Press.

Eme, R. E. (1979). Sex difference in childhood psychopathology: A review. *Psychological Bulletin, 86,* 574-596.

Erickson, A., Kallen, B., & Westerholm, P. (1979). Cigarette smoking as an etiologic factor in cleft lip and palate. American *Journal of Obstetrics and Gynecology, 35,* 348-351.

Etaugh, C., & Malstrom, J. (1981). The effect of marital status on person perception. *Journal of Marriage and the Family, 43,* 801-805.

Fabes. R. A., & Laner, M. R. (1986). How the sexes perceives each other. *Sex Roles, 15* (3/4), 129-143.

Fagot, B. (1987). Socialization of sex roles within the family. In P. Bruce Carter (Ed.), *Current conceptions of sex roles and sex typing.* New York: Praeger.

Falbo, T., & Shepperd, J. A. (1986). Self-righteousness: Cognitive, power, and religious characteristics. *Journal of Research in Personality, 20,* 145-157.

Faludi, S. (1991). *Backlash: The undeclared war against American women.* New York: Crown.

Featherman, D. L., Smith, J., & Peterson, J. G. (1990). Successful aging in a post-retired society. In P. B. Baltes, & M. M. Baltes (Eds.), *Successful aging: Perspectives from the behavioral sciences.* New York: Cambridge University Press.

Feingold, A. (1990). Gender differences in effects of physical attractiveness on romantic attraction: A comparison across five research paradigms. *Journal of Personality and Social Psychology, 59,* 981-993.

Feingold, A. (1992). Gender differences in mate selection preferences: A test of the parental investment model. *Psychological Bulletin, 112* (1), 125-139.

Fisher, T. (1988). The relationship between parent-child communication about sexuality and college students' sexual behavior and attitudes as a function of parental proximity. *Journal of Sex Research, 25,* 305-311.

Forsyth, D. R., & Nye, J. L. (1990). Personal moral philosophies and moral choice. *Journal of Research in Personality, 24,* 398-414.

Frauman, D. C. (1982). The relationship between physical exercise, sexual activity, and desire for sexual activity. *Journal of Sex Research, 18,* 41-46.

Freund, J. (1983). *Sociologie du conflict.* Paris: P. U. F.

Fried, P. A., & Watkinson, B. (1990). 36-and 48-month neurobehavioral follow-up of children prenatally exposed to marijuana, cigarettes, and alcohol. *Developmental and Behavioral Pediatrics, 11*, 49-58.

Friedman, M., & Rosenman, R. (1974). *Type A Behavior and Your Heart*. New York: Knopf.

Furstenberg, F. F., Jr. (1976). Premarital pregnancy and marital instability. *Journal of Social Issues, 32* (1), 67-86.

Gadpaille, W. J. (1975). *The cycle of sex*. New York: Scribner's.

Gall, T. L., Evans, D. R., & Howard, J. (1997). The retirement adjustment process: changes in the well-being of male retirees across time. *Journal of Gerontology: Psychological Sciences, 52,* 110-117.

Galvin, K. N., & Brommel, B. J. (1982). *Family communication: The cohesion and change*. Scott Foresman and Company.

George, L. K. (1990). Gender, age, and psychiatric disorders. *Generations, 14* (3), 22-24.

Gilford, R. (1984). Contrasts in marital satisfaction throughout old age: An exchange theory analysis. *Journal of Gerontology, 39,* 325-333.

Gilligan, C., Kohlberg, L., Lerner, J., & Belenky, M. (1970). Moral reasoning about sexual dilemmas. *In Technical report of the commission on obscenity and pornography* (Vol. 1, pp. 141-174). Washington, D. C.: U. S. Government Printing Office.

Glenn M. MacDonald (1982). Specific Investments and Nonlabor Income. *Bell Journal of Economics, RAND*, Vol. 13(1), 225-233.

Goode, W. J. (1982). *The Family* (2nd ed.). Englewood cliffs: Pretice-Hall. Inc.

Gorlick, C. A. (1995). Divorce: Options available, constraints forced, pathways taken. In N. Mandell, & A. Duffy (Eds.), *Canadian families: Diversity conflict and change* (pp. 211-234). Toronto: Harcourt Brace Canada.

Gould, R. L. (1978). *Transformations: Growth and change in adult life*. New York: Simon & Schuster.

Gratton, B., & Harber, C. (1996). Three phases in the history of American grandparents: Authority, burden, companion. *Generations, 20,* 7-12.

Greenblat, C. S. (1983). The salience of sexuality in the early years of marriage. *Journal of Marriage and the Family, 45* (2), 289-299.

Gregersen, E. (1983). *Sexual pratices: The Story of human sexuality*. New York: Franklin Watts.

Guisinger, S., Cowan, P., & Schuldberg, D. (1989). Changing parent and spouse relations in the first years of remarriage of divorced fathers. *Journal of Marriage and the Family, 51*, 445-456.

Hansen, G. L. (1985). Dating jealousy among college students. *Sex Roles, 12*, 713-721.

Harbison, J. J. M., Graham, P. J., Quinn, J. T., McAllister, H., & Woodward, R. (1974). A questionnaire measure of sexual interests. *Archives of Sexual Behavior, 3*, 357-366.

Harlow, H. F., & Zimmerman, R. R. (1959). Affectional responses in the infant monkey. *Science, 130*, 421-432.

Harvey, J. H., Weber, A. L., Yarkin, K. L., & Stewart, B. E. (1982). An attributional approach to relationship breakdown and dissolution. In S. W. Duck (Ed.), *Personal relationships*. London & New York: Academic Press.

Hatfield, E. (1983). What do women and men want from love and sex? In E. R. Allgeier, & N. B. McCormick (Eds.), *Changing boundaries: Gender roles and sexual behavior*. Palo Alto, Calif.: Mayfield.

Hatfield, E. (1988). Passionate and companionate love. In R. J. Sternberg, & M. L. Barnes (Eds.), *The psychology of love* (pp. 191-217). New Haven, C. T.: Yale University Press.

Hatfield, E., & Rapson, R. L. (1987). Passionate love/sexual desire: Can the same paradigm explain both? *Archives of Sexual Behavior, 16*, 259- 278.

Hatfield, E., & Sprecher, S. (1986a). Measuring passionate love in intimate relations. *Journal of Adolescence, 9*, 383-410.

Havighurst, R. F., Neugarten, B. L., & Tobin, S. S. (1968). Disengagement and patterns of aging. In B. L. Neugarten (Ed.), *Middle age and aging*. Chicago: University of Chicago Press.

Havighurst, R. J. (1972). *Developmental tasks and education*. New York: Mckay.

Hellman, S., & Hellman, L. H. (1991). *Medicare and Medigaps: A Guide to Retirement Health Insurance*. Newbury Park, CA: Sage.

Hendrick, C., & Hendrick, S. (1986). A theory and method of love. *Journal of Personality and Social Psychology, 50*, 392-402.

Hendrick, C., Hendrick, S., Foote, F. H., & Slapion-Foote, M. J. (1984). Do men and women love differently? *Journal of Social and Personal Relatio- nships, 1*, 177-195.

Hendrick, S., Hendrick, C., & Adler, N. L. (1988). Romantic relationships: Love, satisfaction, and staying together. *Journal of Personality and Social Psychology, 54*, 980-988.

Hennenborn, W. J., & Cogan, R. (1975). The effect of husband participation in reported pain and the probability of medication during labor and birth. *Journal of Psychosomatic Research, 19*, 215-222.

Heston, L. L., & White, J. A. (1983). *Dementia*. New York: Freeman.

Hetherington, E. H. (1979). Divorce: A child' s perspective. *American Psycho- logist, 34*, 851-858.

Hetherington, E. H., Cox , M., & Cox, R. (1976). Divorced fathers. *Family Coordinator, 25*, 417-428.

Hetherington, E. H., Cox , M., & Cox, R. (1982). Effects of divorce on parents and children. In M. Lamb (Ed.), *Nontraditional families*. Hillsdale, NJ: Erlbaum.

Hetherington, E. M. (1993). An overview of the Virginia longitudinal study of divorce and remarriage with a focus on early adolescence. Paper presented at the biennial meeting of the Society for Research in Child Development, New Orleans.

Hetherington, E. M., Cox, M., & Cox, R. (1982). Effects of divorce on parents and children. In M. Lamb (Ed.), *Nontraditional families*. Hillsdale, NJ: Erlbaum.

Heun, L. R., & Heun, R. E. (1975). *Developing skills for human interaction*. Collombus, Ohio: Charles E. Merrill.

Hill, C. T., Rubin, Z., & Peplau, L. A. (1976). Breakups before marriage. The end of 103 affairs. *Journal of Social Issues, 32*, 147-168.

Hine, J. R. (1980). *What comes after you say "I love You."* Palo Alto, CA: Pacific.

Hite, S. (1976). The Hite report. New York: MacMillan.

Hofstede. G. (1995). *Cultures and Organizations Software of the mind*. McGraw-Hill

Hudson, J. W. (1980). College men's attitudes regarding female chastity. *Medical Aspects of Human Sexuality, 14* (1), 137.

Hughes, B. (1990). Quality of life In S. M. Peace (Ed.), *Researching social gerontology: Concepts, methods, and issues*. Newbury Park, CA: Sage.

Hunt, M. (1974). *Sexual behavior in the 1970s*. Chicago: Playboy Press.

Iams, H. M., & McCoy, J. L. (1991). Predictors of mortality among newly retired workers. *Social Security Bulletin, 54* (3), 2-10.

Inerichen, B. (1979). The social geography of marriage. In M. Cook, & G. Wilson (Eds.), *Love and attraction*. New York: Pergamon Press.

Ingraham, M. (1974). *My purpose holds: Reactions and experiences in retirement of TIAA/CREF annuitants*. New York: Educational Research Division, Teachers Insurance and Annuity Association-College Retirement Equities Fund.

Istvan, J., & Griffitt, W. (1980). Effects of sexual experience on dating desirability and marriage desirability. *Journal of Marriage and the Family, 42*, 377-385.

Istvan, J., Griffitt, W., & Weidner, G. (1983). Sexual arousal and the polarization of perceived sexual attractiveness. *Basic and Applied Social Psychology, 4*, 307-318.

Iverson, M. A. (1964). Personality impressions of punitive stimulus persons of differential status. *Journal of Abnormal and Social Psychology, 68*, 617-626.

Janda, L. H., & Klenke-Hamel, K. E. (1980). *Human sexuality*. New York: D. Van Nostrand.

Jendrek, M. (1994). Grandparents who parent their grandchildren: Effects on lifestyle. *Journal of Marriage and the Family, 55*, 609-622.

Jerome, D. (1990). Intimate relationships. In J. Bond, & P. Coleman (Eds), *Aging in society: An introduction to social gerontology*. Newbury, Park, CA: Sage.

Johnson, D. J., & Rusbult, C. E. (1989). Resisting temptation: Devaluation of alternative partners as a means of maintaining commitment in close relationships. *Journal of Personality and Social Psychology, 57*, 967–980.

Johnson, D. R., White, L. K., Edwards, J. N., & Booth, A. (1986). Dimensions of marital quality: Toward methodological and conceptual refinement. *Journal of Family Issues, 7*, 31–49.

Jones, M. E., & Stanton, A. L. (1980). Dysfunctional beliefs, belief similarity, and marital distress: A comparison of models. *Journal of Social and Clinical Psychology, 7*, 1–14.

Jorgensen, S. R. (1986). *Marriage and the family*. New York Macmillian Publishing Co.

Kagan, J. (1989). Temperamental contributions to social behavior. *American Psychologist, 44*, 668–674.

Kagan, J., Keasley, R. B., & Zelazo, P. (1978). *Infancy: Its place in human development*. Cambridge: Harvard University Press.

Kahn, R. L., & Antonucci, T. C. (1980). Convoys over the life course: Attachment, roles, and social support, In P. B. Baltes, & O. G. Brim, Jr. (Eds.), *Life-span development and behavior* (vol. 3). New York: Academic.

Kandel, D. B. (1978). Similarity in real-life adolescent friendship pairs. *Journal of Personality and Social Psychology, 36*, 306–312.

Kaplan, H. S. (1974). *The new sex therapy: Active treatment of sexual dysfunction*. New York: Brunner/Mazel.

Kaplan, H. S. (1979). *Disorder of sexual desire and other new concepts and techniques in sex therapy*. New York: Simon & Schuster

Kaplan, H. S. (1979a). *The new sex therapy* (Volume II). New York: Brunner/ Marzel.

Kaufman, M. T. (1980b). *Loving upsetting Bombay's view of path to altar*. New York Times, 3.

Kellerman, J., Lewis, J., & Laird, J. D. (1989). Looking and loving: The effects of mutual gaze on feeling of romantic love. *Journal of Research in Personality, 23*, 145–161.

Kelley, C., Huston, T. L., & Cate, R. M. (1985). Premarital relationships correlates of the erosion of satisfaction in marriage. *Journal of Social and Personal Relationships, 2*, 167–178.

Kelly, K., & Rolker-Dolinsky, B. (1986). The psychosexology of female initiation and dominance. In S. Duck, & D. Perlman (Eds.), *Intimate relationships 6: Heterosexual relationships, marriage, and divorce* (Vol. 6, pp.63–88). London: Sage Publications.

Kerckhoff, A. C., & Davis, K. E. (1962). Value consensus and need complemen- tarity in mate selection. American Sociological Review, 27, 295-303.

Kessler, R. C., & Neighbors, H. W. (1986). A new perspective on the relation- ships among race, social class, and psychological distress. *Journal of Health and Social Behavior, 27,* 107-115.

Kiesler, S. B., & Baral, R. L. (1970). The search for a romantic partner: The effects of self-esteem and physical attractiveness on romantic behavior. In K. J. Gergen, & D. Marlowe (Eds.), *Personality and social behavior.* Reading, Mass.: Addison-Wesley.

Kinsey, A. C., Pomeroy, W. B., & Martin, C. E. (1948). *Sexual behavior in the human male.* Philadelphia: Saunders.

Kinsey, A. C., Pomeroy, W. B., Martin, C. E., & Gebhard, P. H. (1953). *Sexual behavior in the human female.* Philadelphia: Saunders.

Knox, D., & Wilson, K. (1983). Dating problems of university students. College student *Journal, 17,* 225-228.

Kohlberg, L. (1984) *Essays on moral development: Vol. 2.* The psychology of moral development N.Y.: Harper.

Kohlberg, L. A. (1966). Coginitive-developmental analysis of children's sex-role concepts and attitudes. In E. E. Macoby (Ed.), *The development of sex differences.* Stanford, Calif.: Stanford University Press.

Kohlberg, L. A. (1981). *The philosophy of moral development.* San Francisco: Harper & Row.

Kohlberg, Lawrence (1969). Stage and sequence: The cognitive-developmental approach to socialization. In D. A. Goslin (Ed.), *Handbook of socialization theory and research.* Chicago: Rand McNally.

LaGapia, J. J. (1982). *Rules and rituals in disengaging from relationships.* London & New York: Academic Press.

Lamanna, M. A., & Riedmann, A. (1991). *Marriages and families* (4th ed.). Wadsworth Publishing company.

Lantz, H. R., Shultz, M., & O'Hara, M. (1977). The changing American family from the preindustrial to the industrial period: A final report. *American Sociological Review, 42,* 406-421.

Larrick, R. P., Morgan, J. N., & Nisbett, R. E. (1990). Teaching the use of cost-benefit reasoning in everyday life. *Psychological Science, 1,* 362-370.

Lauer, J., & Lauer, R. (1985). Marriage made to last. *Psychology Today,* 22-26.

Lee, G. R., & Shehan, C. L. (1989). Retirement and marital satisfaction. *Journal of Gerontology, 44,* 226-230.

Lee, L. (1984). Sequences in separation: A framework for investigating endings of the personal (romantic) relationship. *Journal of Social and Personal Relationships, 1,* 49–74.

Lehfeldt, H. (1971). Psychology of contraceptive failure. *Medical Aspects of Human Sexuality, 5*(5), 68–77.

Lerner, J. V., & Galambos, N. L. (1985). Maternal role satisfaction, mother-child interaction and child temperament: A process model. *Developmental Psychology, 21,* 1157–1164.

Lerner, R. M., Lerner, J. V., Windle, M., Hooker, K., Lenerz, K., & East, P. L. (1986). Children and adolescents in their contexts: Tests of a goodness of fit model. In R. Plomin, & J. Dunn (Eds.), *The study of temperament: Changes, continuities, and challenges.* Hillsdale, NJ: Erlbaum.

Levine, S. (1987). More on the nature of sexual desire. *Journal of Sex and Marital Therapy, 13,* 35–44.

Levinger, G. (1980). Toward the analysis of close relationships. *Journal of Experimental Social Psychology, 16,* 510–544.

Levinger, G. (1988). Can we picture "love"? In R. J. Sternberg, & M. L. Barnes (Eds.), *The psychology of love* (pp. 139–158). New Haven, CT: Yale University Press.

Levinson, D. J., Darrow, C. M., Klein, E. G., Levinson, M. H., & Mckee, B. (1978). *The seasons of a man's life.* New York: Knopf.

Lewis, C. H., & Anderson, J. R. (1978). Interference with real world knowledge. *Cognitive Psychology, 8,* 311–335.

Lewis, C. S. (1960). *The four loves.* New York: Harcourt Brace Jovanovich.

Lewis, R. A. (1973). A longitudinal test of a development framework for premarital dynamic formation. *Journal of Marriage and the Family, 35*(1), 16–25.

Lieberman, A. (1974). Parkinson's diease: A clinical review. *American Journal of Medical Science, 267,* 66–80.

Lloyd, S. A., & Cate, R. M. (1985a). The developmental course of conflict in dissolution of premarital relationships. *Journal of Personality and Social Psychology, 2,* 179–194.

Lloyd, S. A., & Cate, R. M. (1985b). Attributions associated with significant turning points in premarital relationship development and dissolution. *Journal of Social and Personal Relationships, 2*(4), 419–436.

LoPiccolo, J., & Lobitz, C. (1972). The role of masturbation in the treatment of sexual dysfunction. *Archives of Sexual Behavior, 2,* 163–171.

Lund, M. (1985). The development of investment and commitment scales for predicting continuity of personal relationships. *Journal of Social and Personal Relationships, 2,*

3-24.

Maccoby, E. E., & Jacklin, C. N. (1974). *The Psychology of Sex Differences.* Stanford: Stanford University Press.

Mahl, G. F. (1968). Gestures and body movements in interviews. In J. M. Shlien (Ed.), *Research in Psychotherapy* (Vol. 3). Washington, D. C.: American Psychological Assoiation.

Margaret, M. (1996). *The psychology of women.* New York: Harcourt Brace College Publishers.

Margolin, G., John, R. S., & O'Brien, M. (1989). Sequential affective patterns as a function of marital conflict style. *Journal of Social and Clinical Psychology, 8,* 45-61.

Markman, H. J. (1981). Prediction of marital distress: A 5-year followup. *Journal of Consulting and Clinical Psychology, 49,* 760-762.

Marsh, D. L. (1991). Retirement careers: *Combining the best of work and leisure.* Charlotte, VT: Williamson Publishing.

Marshall, D. S. (1971). Sexual behavior in Mangaia. In D. S. Marshall, & R. C. Suggs (Eds.), *Human sexual behavior* (pp. 103-162) Englewood Cliffs, H. J.: Prentice Hall.

Martindale, J. A., & Moses, M. J. (1991). *Creating your own future: A woman's guide to retirement planning.* Naperville, IL: Sourcebooks Trade.

Marx, J. L. (1973). Drugs during pregnancy: *Do they effect the unborn child?* Science, 180, 174.

Masters, W. H., & Johnson, V. E. (1966). *Human sexual response.* Boston: Little, Brown.

Masters, W. H., & Johnson, V. E. (1970). *Human sexual inadequacy.* Boston: Little, Brown.

Masters, W. H., & Johnson, V. E. (1976). *The Pleasure bond.* New York: Bantam Books.

Mathes, E. W., Adams, H. E., & Davies, R. M. (1985). Jealousy: Loss of relation- ship rewards, loss of self-esteem, depression, anxiety, and anger. *Journal of Personality and Social Psychology, 48,* 1522-1561.

Matlin, M. (1996). The Psychology of women. Harcourt Brace College Publi- shers: New York.

Matlin, M. W. (1987). *The psychology of women.* New York: Holt, Rinehart and Winston.

McAdams, D. P. (1982). Experiences of intimacy and power: Relationships between social motives and autobiographical memory. *Journal of Personality and Social Psychology, 42,* 292-302.

McCall, G. J. (1982). Becoming unrelated: The management of bond dis- solution. In S. W. Duck (Ed.), *Personal relationships 4: Dissolving personal relationships.* London and New York: Academic Press.

McCormack, P. (1980). Sex creates stress on college campuses. *Albany Kni- ckerbocker*

News, 1-B.

Melman, A., & Leiter, E. (1983). The urologic evaluation of impotence (male excitement phase disorder). In H. S. Kaplan (Ed.), *The evaluation of sexual disorders: Psychological and medical aspects.* New York: Brunner/Mazel.

Mendelsohn, M. J., & Mosher, D. L. (1979). Effects of sex guilt and premarital sexual permissiveness on role-played sex education and moral attitudes. *Journal of Sex Research, 15,* 174-183.

Messenger, J. C. (1971). Sex and repression in an Irish folk community. In D. S. Marshall, & R. C. Suggs (Eds.), *Human sexual behavior* (pp. 3-37). Englewood Cliffs, N. J. ; Prentice Hall.

Milardo, R. M., Johnson, M. P., & Huston, T. L. (1983). Developing close relati- onships: Changing patterns of interaction between pair members and social networks. *Journal of Personality and Social Psychology, 44,* 964-976.

Mintz, L. B., & Betz, N. E. (1986). Sex differences in the nature, realism, and correlates of body image. *Sex Roles, 15*(3/4), 185-195.

Moore, M. M. (1985). Nonverbal courtship patterns in women: Context and consequences. *Ethology and Sociobiology, 6,* 237-247.

Moore. K. L., & Persaud, T. V. N(1993). Before we are born(4th ed.). Phila- delphia: W. B. Saunders Company.

Morgan, L. A. (1991). *After marriage ends: Economic consequences for midlife women.* Newbury Park, CA: Sage.

Mosher, D. L. (1980). Three dimensions of depth of involvement in human sexual response. *Journal of Sex Research, 16,* 1-42.

Murstein, B. I. (1972). Physical attractiveness and marital choice. *Journal of Personality and Social Psychology, 22,* 8-12.

Murstein, B. I. (1980). Mate selection in the 1970's. *Journal of Marriage and the Family, 42* (3), 777-792.

Murstein, B.I. (1970) Stimulus-value-role: A theory of marital choice, *Journal of Marriage and the Family 32,* 465-481.

Needle, R. H., Su, S. S., & Doherty, W. J. (1990). Divorce, remarriage, and adolescent substance use: A prospective longitudinal study. *Journal of Marriage and the Family, 52,* 57-169.

Nelson, J. H. (1983). Women's loss of desire after childbirth. *Medical Aspects of Human Sexuality, 17*(7), 172.

Nevid, J. S. (1984). Sex differences in factors of romantic attraction. *Sex Roles, 11,* 410-411.

Nimkoff, F. (1965). *Camparative family systems.* Boston: Houghton Mifflin.

Osgood, N. J. (1991). Prevention of suicide in the elderly. *Journal of Geriatric Psychiatry, 24*(2), 293-306.

Palmore, E. B., Burchett, B. M., Fillenbaum, C. G., George, L. K., & Wallman, L. M. (1985). *Retirement: Causes and consequences*. New York: Springer.

Paludi, M. A., & Baner, W. D. (1983). Goldberg revisited: What's in an author's name? *Sex Roles, 9*, 387-396.

Parnes, H. S., & Sommers, D. G. (1994). Shunning retirement: Work experience of men in their seventies and early eighties. *Journal of Gerontology: Social Sciences, 49*, 117-124.

Parsons, T., & Bales, R. F. (1955). *Family, socialization and interaction process*. New York: Free Press.

Pearson, J. C. (1996). Forty-forever years: Primary relationships and senior citizens. In N. Vanzetti, & S. Duck (Eds.), *A lifetime of relationship*. Pacific Grove, CA: Brooks/Cole

Peplau, L. A., Rubin, Z., & Hill, C. T. (1977). Sexual intimacy in dating relati- onships. *Journal of Social Issues, 33*(2), 86-109.

Pfeiffer, E., & Davis, G. L. (1972). Determinants of sexual behavior in middle and old age. *Journal of American Geriatric Society, 20*, 82-87.

Pfeiffer, E., Verwoerdt, A., & Wang, H. S. (1968). Sexual behavior in aged men and women. *Archives of General Psychiatry, 19*, 757-758.

Piaget, J. (1954). *The construction of reality in the child*. Translated by Margaret Cook. New York: Basic Books.

Pines, A., & Aronson, E. (1983). Antecedents, correlates, and consequences of sexual jealously. *Journal of Personality, 51*, 108-136.

Pittman, F. S. (1987). *Turning points: Treating families in transition and crisis*. New York: Norton.

Pleck, J. H., & Sawyer, J. (Eds.) (1974). *Men and masculinity*. Englewood Cliffs, NJ: Prentice?Hall.

Price, S. J., & McKenry, P. C. (1988). *Divorce*. Newbury Park: Sage.

Przybyla, D. P. J., Murnen, S. K., & Byrne, D. (1985). Arousal and attraction: Anxiety reduction, misattribution, or response strength? Unpublished manuscript, University at Albany, State University of New York.

Pulkinnen, L. (1982). Self-control and continuity from childhood to adole- scence. In P. B. Baltes, & O. G. Brim (Eds.), *Life span development and behavior* (Vol. 4, pp. 63-105). New York Academic Press.

Randolph, B. J., & Winstead, B. (1988). Sexual decision making and object relations theory. *Archives of Sexual Behavior, 17*, 389-409.

Reeder, G. D., & Coovert, M. D. (1986). Revising an impression of morality. *Social Cognition, 4,* 1-17.

Reevy, W. R. (1972). Petting experience and marital success: A review and statement. *Journal of Sex Research, 8,* 48-60.

Reisberg, B. (1983). *Alzheimer's disease.* New York: Free Press.

Reiss, I. L. (1960). *Premarital sexual standards in America.* New York: Free Press.

Reiss, I. L. (1967). *The social context of premarital permissiveness.* New York: Holt, Rinehart and Winston.

Reiss, I. L., & Miller, B. C. (1979). Heterosexual permissiveness: A theoretical analysis. In W. R. Burr, R. Hill, F. I. Nye, & I. L. Reiss (Eds.), *Contemporary theories about the family*: Vol. 1, Research based theories (pp. 57-100). New York: Free Press.

Rice, F. P. (1979). *Marriage and parenthood.* Boston: Ally & Bacon.

Riemer, J. W., & Bridwell. L. M. (1982). How women survive in nontraditional occupations. *Free Inquiry in Creative Sociology, 10,* 153-158.

Rinehart, W. A. D., & Hanel, K. (1988). Psychological issues of single life in Canada: An exploratory study. *International Journal of Women's Studies, 8,* 12-23.

Riordan, C. A., & Tedeschi, J. T. (1983). Attraction in aversive environments: Some evidence for classical conditioning and negative reinforcement. *Journal of Personality and Social Psychology, 44,* 684-692.

Robinson, B., & Thurnher, M. (1981). Taking care of aged parents: A family cycle transition. *Gerontologist, 19*(6), 586-593.

Robinson, J. P. (1991). Quitting time. *American Demographics, 13*(5), 34-36.

Roose, P. (1987). Sex-roles and social support as moderators of life stress adjustment. *Journal of Personality and Social Psychology, 52,* 3.

Ross, H. L., & Sawhill, I. V. (1975). *Time of transition: The growth of families headed by women.* Washington, D. C.: The urban Institute.

Rubin, Z. (1973). *Liking and loving: An invitation to social psychology.* New York: Holt, Rinehart and Winston.

Ruchlin, H. S., & Morris, J. H. (1992). Deteriorating health and the cessation of employment among older workers. *Journal of Aging and Health, 4*(1), 43-57.

Rusbult, C. E. (1983). A longitudinal test of the investment model: The development and deterioration of satisfaction and commitment in heterosexual involvements. *Journal of Personality and Social Psychology, 45,* 101-117.

Rusbult, C. E., & Zembrodt, I. M. (1983). Response to dissatisfaction in romantic involvements: A multidimensional scaling analysis. *Journal of Experi- mental Social Psychology, 19,* 274-293.

Rusbult, C. E., Johnson, D. J., & Morrow, G. D. (1986). Impact of couple patter- ns of problem solving on distress and nondistress in dating relationships. *Journal of Personality and Social Psychology, 50*, 774-753.

Santrock, J. W. (1994). *Child Development* (6th ed.). Wm. C. Brown Comm- unications, Inc.

Santrock, J. W., & Warshak, R. A. (1979). Father custody and social development in boys and girls. *Journal of Social Issues, 35*(4), 112-135.

Scanzoni, J., & Szinovacz, M. (1980). *Family decision-making*. Sago Liburary of Social Research.

Schachter, S. (1964). The interaction of cognitive and physiological determinants of emotional state. In L. Berkowitz (Ed.), *Advances in experimental social psychology* (Vol. 1). New York: Academic Press.

Schoedorf, K. C., & Kiely, J. L. (1992). Relationships of sudden infant death syndrom to maternal smoking during and after pregnancy. *Pediatrics, 90*, 905-908.

Schoen, R., & Wooldredge, J. (1989). Marriage choices in North Carolina and Virzinia, 1969-71 and 1979-81. *Journal of Marriage and the Family, 51* (2), 465-481.

Schoof-Tams, K., Schlagel, J., & Walczak, I. (1976). Differentiation of sexual morality between 11 and 16 years. *Archives of Sexual Behavior, 5*, 353-370.

Schooler, C. (1992). Statistical and caused interaction in the diagnosis and outcome of depression. In K. W. Schaie, D. Blazer, & J. S. House (Eds.), *Aging, health, behaviors, and health outcomes: Social structure and aging*. Hillsdale, NJ: Erlbaum.

Schullo, S. A., & Alperson, B. L. (1984). Interpersonal phenomenology as a function of sexual orientation, sex, sentiment, and trait categories in long-term dyadic relationships. *Journal of Personality and Social Psychology, 47*, 983-1002.

Schumm, W. R., & Bugaighis, M. A. (1986). Marital quality over the marital career: Alternative explanations. *Journal of Marriage and the Family, 48*, 165-168.

Seccombe, K., & Ishii-Kuntz, M. (1994). Gender and social relationships among the never-marriagee. *Sex Roles, 30*, 585-603.

Sherwin, R., & Corbett, S. (1985). Campus sexual norms and dating relationships: A trend analysis. *Journal of Sex Research, 21*, 258-274.

Sigall, H., & Landy, D. (1973). Radiating beauty: The effects of having a physically attractive partner on person perception. *Journal of Personality and Social Psychology, 28*, 218-224.

Singh, B., & Forsyth, D. R. (1989). Sexual attitudes and moral values: The importance of idealism and relativism. *Bulletin of the Psychonomic Society, 27*, 160-162.

Skinner, B. F. (1986). What is wrong with daily life in the Western world? *American*

Psychologist, 41, 568-574.

Smith, R. H., Kim, S. H., & Parrot, W. G. (1988). Envy and jealousy: Semantic problems and experimental distinctions. *Personality and Social Psychology Bulletin, 14,* 401-409.

Sollie, D. L., & Fischer, J. L. (1985). Sex-role orientation, intimacy of topic, and target person differences in self-disclosure among women. *Sex Roles, 12,* 917-929.

Solomon, R. C. (1981). The love lost in cliches. *Psychology Today, 15*(10), 83-85, 87-88.

Sosa, R., Kennell, J., Klaus, M., Robertson, S., & Urrutia, J. (1980). The effect of a supportive companion on prenatal problems, length of labor, and mother-infant interaction. *New England Journal of Medicine, 303,* 597-600.

Sprecher, S. (1985). Sex differences in bases of power in dating relationships. *Sex Roles, 12,* 449-462.

Staebler, R. (1991). Medicaid: Providing health care to (some of) America's Poor. *Caring, 10*(6), 4-6.

Steck, L., Levitan, D., McLane, D., & Kelley, H. H. (1982). Care, need,and conceptions of love. *Journal of Personality and Social Psychology, 43,* 481-491.

Stein, P. J. (1976). *Single.* Englewood Cliffs, N. J.: Prentice-Hall.

Stephen, T., & Harrison. T. (1985). *A Longitudinal comparison of couples with sex-typical and non-sex-typical orientations to intimacy.* Brown and Company.

Sternberg, R. J. (1986). A triangular theory of love. *Psychological Review, 93,* 119-135.

Sternberg, R. J. (1988). Triangulating love. In R. J. Sternberg, & M. L. Barnes (Eds.), *The psychology of love* (pp. 119-138). New Haven, CT: Yale University Press.

Sternberg, R. J., & Grajek, S. (1984). The nature of love. *Journal of Personality and Social Psychology, 47,* 312-329.

Stinett, N., & Walters, J. (1977). *Relationships in marriage and family.* New York: Machillan Publishing Co., Inco.

Stull, D. E., & Hatch, L. R. (1984). Unraveling the effects of multiple life changes. *Research on Aging, 6,* 560-571.

Sue, D. (1979). Erotic fantasies of college students during coitus. *Journal of Sex Reasearch, 15,* 299-305.

Suomi, S. J., & Harlow, H. F. (1972). Social rehabilitation of isolate-reared monkeys. *Developmental Psychology, 6,* 487-496.

Tavris, C., & Sadd, S. (1977). *The Redbook report on female sexuality.* New York: delacorte Press.

Tennov, D. (1979). *Love and limerance.* New York: Stein and Day.

Tesch, S. A. (1985). The Psychological Intimacy Questionnaire: Validational studies and an investigation of sex roles. *Journal of Social and Personal Relationships, 2,* 471-488.

Tesser, A., & Paulhus, D. L. (1976). Toward a causal model of love. *Journal of Personality and Social Psychology, 34,* 1095-1105.

Thompson, A. P. (1983). Extramarital sex: A review of the research literature. *Journal of Sex Research, 19*(1), 1-22.

Tolstedt, B. E., & Stokes, J. P. (1984). Self-disclosure, intimacy, and the depenetration process. *Journal of Personality and Social Psychology, 46,* 84-90.

Troll, E., Miller, S. J., & Atchley, R. C. (1979). *Families in later life.* Belmont: Wadsworth.

Udly, R. (1971). *The social contest of marriage.* N. Y. :Lippincott, C.

Utne, M. K., Hatfield, E., Traupmann, J., & Greenberger, D. (1984). Equity, marital satisfaction, and stability. *Journal of Social and Personal Relationships, 1,* 323-332.

Valins, S. (1966). Cognitive effects of false heart-rate feedback. *Journal of Personality and Social Psychology, 4,* 400-408.

VanGrop, G., Stempfle, J., & Olson, D. (1969). Dating, attitudes, expectations and physical attractiveness. University of Michigan. Cited in H. Harari, & R. M. Kaplan, *Psychology: Personal and social adjustment.* New York: Harper & Row, 1977.

Ventura, S. J. (1989). Trends and variations in first births to older woman, United States, 1970-1986 (*Vital and Health Statistics Series 21,* No. 47). National Center for Health Statistics.

Victor, J. S. (1980). *Human sexuality: A social psychological approach.* Englewood Cliffs, N. J.: Prentice-Hall.

Wagner, D. G., Ford, R. S., & Ford, T. W. (1986). Can gender differences in equality be reduced? *American Social Behavior, 51,* 46-61.

Wallerstein, J. S., & Kelly, J. B. (1980). *Surviving the breakup: How children and parents cope with divorce.* New York: Basic Books.

Walster, E. H., Aronson, V., & Abrahams, D. (1966). On increasing the persuasiveness of low prestige communicator. *Journal of Experi- mental Social Psychology, 2,* 325-342.

Walster, E., Walster, G. W., Piliavin, J., & Schmidt, L. (1973). Playing hard-to-get: Understanding an elusive phenomenon. *Journal of Personality and Social Psychology, 26,* 113-121.

Weber, A. (1983). The breakdown of relationships. Paper presented to conference on Social Interaction and Relationships, Nags Head, North Carolina, May.

Weiss, R. S. (1975). *Marital separation.* New York: Basic Books.

Westoff, C. (1974). Coital frequency and contraception. *Family Planning Perspectives, 6,* 136-141.

White, H. (1980b). A Heteroskedasticity-Consistent Covariance Matrix Estimator and a Director Test for Heteroskedasticity. *Econometrica, 48,* 817-838.

White, G. L. (1980). Inducing jealousy: A power perspective. *Personality and Social Psychology Bulletin, 6,* 222-227.

White, G. L., & Mullen, P. E. (1990). *Jealousy: Theory, research, and clinical strategies.* New York: Guilford.

Williams (1985). *Writing Home.* Oxford University Press.

Wilson, W. C. (1975). The distribution of selected sexual attitudes and behaviors among the adult population of the United States. *Journal of Sex Research, 11,* 46-64.

Wittenberg, M. T. (1986). Emotional and social loneliness: An examination of social skills, attributions, sex role, and abject relations perspectives. Unpublished doctoral dissertation, Rochester, NY: University of Rochester,

Wolman, B. B. (1982). *Handbook of developmental psychology.* New Jersey: Prentice-Hall.

Wright, P. H. (1984). Self-referent motivation and the intrinsic quality of friendship. *Journal of Social and Personality relationships, 1,* 115-130.

Zabin, L. S., Hirsch, M. B., Smith E. A., & Hardy, J. B. (1984). Adolescent sexual attitudes and behaviors: Are they consistent? *Family Planning Perspectives, 16,* 181-185.

Zajonc, R. B. (1968). Attitudinal effects of mere exposure. *Journal of Personality and Social Psychology, Monograph Supplement, 9*(2, Pt. 2), 2-27.

Zelnick, M., & Kantner, J. F. (1977). Sexual and contraceptive experience of young unmarried women in the United States, 1976 and 1971. *Family Planning Perspectives, 9,* 55-71.

Zisook, S., & Schucter, S. R. (1994). Diagnostic and treatment considerations in depression associated with late life bereavement. In L. S. Schneider, C. F. Reynolds, B. D. Lebowitz, & A. J. Friedhoff (Eds.), *Diagnosis and treatment of depression in late life: Results of the NIH consensus development conference.* Washington, DC: American Psychiatric Press.

찾아보기

인 명

내 용

내 용

〈2판〉
결혼과 가정

1998년 10월 15일 1판 1쇄 발행
2005년 9월 15일 1판 5쇄 발행
2006년 3월 10일 2판 1쇄 발행
2011년 9월 20일 2판 9쇄 발행

지은이 • 김 시 업
펴낸이 • 김 진 환
펴낸곳 • ㈜ 학지사
121-837 서울시 마포구 서교동 352-29 마인드월드빌딩 5층
대표전화 • 02) 330-5114 팩스 • 02) 324-2345
등록번호 • 제313-2006-000265호

홈페이지 • http://www.hakjisa.co.kr
커뮤니티 • http://cafe.naver.com/hakjisa

ISBN 978-89-5891-291-0 93590

정가 14,000원